"十二五"职业教育国家规划教材
全国职业教育教材审定委员会审定
高职高专机电一体化专业规划教材

PLC应用技术与实践

向晓汉　主　编
向定汉　副主编
奚小网　主　审

電子工業出版社
Publishing House of Electronics Industry

北京 · BEIJING

内容简介

本书主要以9个实际的工程项目作为“教学载体”，内容涵盖可编程控制器、变频器和现场总线。具体内容为西门子S7-200系列PLC的常用指令及其编程、S7-200在过程控制中的应用、S7-200在变频调速中的应用、西门子的PPI通信、自由口通信、Modbus通信、USS通信和PLC在运动控制中的应用等。

本书内容丰富，重点突出，强调知识的实用性，重视对学生实践技能的培养。本书每章配有典型、实用的例题，共计100多道，另外每章还配有习题，供读者训练之用。

本书可以作为高等职业技术院校机械类、电气类专业的教材，也可以作为职大、电大等有关专业的教材，还可以供工程技术人员参考。

图书在版编目(CIP)数据

PLC应用技术与实践/向晓汉主编. --北京：电子工业出版社，2014.12
高职高专机电一体化专业规划教材
ISBN 978-7-121-25061-3

Ⅰ.①P… Ⅱ.①向… Ⅲ.①plc技术—高等职业教育—教材 Ⅳ.①TM571.6

中国版本图书馆CIP数据核字(2014)第286333号

策划编辑：朱怀永
责任编辑：朱怀永　　　特约编辑：王　纲
印　　刷：北京七彩京通数码快印有限公司
装　　订：北京七彩京通数码快印有限公司
出版发行：电子工业出版社
　　　　　北京市海淀区万寿路173信箱　邮编　100036
开　　本：787×1 092　1/16　印张：20.75　字数：528千字
版　　次：2014年12月第1版
印　　次：2020年3月第2次印刷
定　　价：42.80元

凡所购买电子工业出版社图书有缺损问题，请向购买书店调换，若书店售缺，请与本社发行部联系，联系及邮购电话：(010)88254888。

质量投诉请发邮件至zlts@phei.com.cn，盗版侵权举报请发邮件至dbqq@phei.com.cn。

服务热线：(010)88258888。

丛书序言

2006年国家先后颁布了一系列加快振兴装备制造业的文件，明确指出必须加快产业结构调整，推动产业优化升级，加强技术创新，促进装备制造业持续稳定发展，为经济平稳较快发展做出贡献，使我们国家能够从世界制造大国成长为世界制造强国、创造强国。党的十八大又一次强调坚持走中国特色新型工业化、信息化道路，推动信息化和工业化深度融合，推动战略性新兴产业、先进制造业健康发展，加快传统产业转型升级。随着科技水平的迅猛发展，机电一体化技术的广泛应用大幅度地提高了产品的性能和质量，提高了制造技术水平，实现了生产方式的自动化、柔性化、集成化，增强了企业的竞争力，因此，机电一体化技术已经成为全面提升装备制造业、加快传统产业转型升级的重要抓手之一，机电一体化已是当今工业技术和产品发展的主要趋向，也是我国工业发展的必由之路。

随着国家对装备制造业的高度重视和巨大的传统产业技术升级需求，对机电一体化技术人才的需求将更加迫切，培养机电一体化高端技能型人才成为国家装备制造业有效高速发展的必要保障。但是，相关部门的调查显示，机电一体化技术专业面临着两种矛盾的局面：一方面社会需求量巨大而迫切，另外一方面职业院校培养的人才失业人数不断增大。这一现象说明，我们传统的机电一体化人才培养模式已经远远不能满足企业和社会需求，现实呼吁要加大力度对机电一体化技术专业人才培养能力结构和专业教学标准的研究，特别是要进一步探讨培养“高端技能型人才”的机电一体化技术人才职业教育模式，需要不断探索、完善机电一体化技术专业建设、教学建设和教材建设。

正式基于以上的现状和实际需求，电子工业出版社在广泛调研的基础上，2012年确立了“高职高专机电一体化专业工学结合课程改革研究”的课题，统一规划，系统设计，联合一批优秀的高职高专院校共同研究高职机电一体化专业的课程改革指导方案和教材建设工作。寄希望通过院校的交流，以及专业标准、教材及教学资源建设，促进国内高职高专机电一体化专业的快速发展，探索出培养机电一体化“高端技能型人才”的职业教育模式，提升人才培养的质量和水平。

该课题的成果包括《工学结合模式下的高职高专机电一体化专业建设指导方案》和专业课程系列教材。系列教材突破传统教材编写模式和体例，将专业性、职业性和学生学习指南以及学生职业生涯发展紧密结合。具有以下特点：

1. 统一规划、系统设计。在电子工业出版社统一协调下，由深圳职业技术学院等二十余所高职高专示范院校共同研讨构建了高职高专机电一体化专业课程体系框架及课程标准，较好地解决了课程之间的序化和课程知识点分配问题，保证了教材编写的系统性和内在关联性。

2. 普适性与个性结合。教材内容的选取在统一要求的课程体系和课程标准框架下考虑，特别是要突出机电一体化行业共性的知识，主要章节要具有普适性，满足当前行业企业的主要能力需求，对于具有区域特性的内容和知识可以作为拓展章节编写。

3. 强调教学过程与工作过程的紧密结合，突破传统学科体系教材的编写模式。专业课程教材采取基于工作过程的项目化教学模式和体例编写，教学项目的教学设计要突出职业性，突出将学习情境转化为生产情境，突出以学生为主体的自主学习。

4. 资源丰富，方便教学。在教材出版的同时为教师提供教学资源库，主要内容为：教学课件、习题答案、趣味阅读、课程标准、教学视频等，以便于教师教学参考。

为保证教材的产业特色、体现行业发展要求、对接职业标准和岗位要求、保证教材编写质量，本系列教材从宏观设计开发方案到微观研讨和确定具体教学项目(工作任务)，都倾注了职业教育研究专家、职业院校领导和一线教学教师、企业技术专家和电子工业出版社各位编辑的心血，是高等职业教育教材为适应学科教育到职业教育、学科体系到能力体系两个转变进行的有益尝试。

本系列教材适用于高等职业院校、高等专科学校、成人高校及本科院校的二级职业技术学院机电一体化专业使用，也可作为上述院校电气自动化、机电设备等专业的教学用书。

本系列教材难免有不足之处，请各位专家、老师和广大读者不吝指正，希望本系列教材的出版能为我国高职高专机电类专业教育事业的发展和人才培养做出贡献。

"高职高专机电一体化专业工学结合课程改革研究"课题组

2013年6月

前　言

可编程控制器、变频器和现场总线,已经广泛应用于工业控制。因此,全国很多高职高专院校均将可编程控制器应用技术、变频器应用和现场总线技术作为三门课程来开设。我们考虑到这三门技术通常应用于同一个控制系统,不宜于人为分割,故将可编程控制器、变频器和现场总线合并成一门课程,这种做法更加切合实际。此门课程是机电、电气类专业的核心课程,为了使学生能更好地掌握相关技能和知识,我们在总结长期的教学经验的基础上,联合相关企业人员,共同编写了本书。

本书主要以 9 个实际的工程项目作为“教学载体”,让学生在“学中做、做中学”,以提高学生的学习兴趣和学习效果。本书与其他相关教材相比,具有以下特点。

(1) 项目的编排从简单到复杂,符合学生的认知规律。

(2) 是“理实一体”的教材。作者精选了 9 个实际的工程项目,学生通过完成工作任务达到学习知识、掌握技能的目的。

(3) 体系完整。9 个项目未涵盖的内容,在每个项目的结尾都有“知识和应用拓展”进行补充,以确保知识体系的完整。

(4) 针对高职高专院校培养“应用型人才”的特点,本书在编写时,弱化理论知识,注重实践,让学生在“工作过程”中完成项目。

(5) 内容力求简洁,尽可能做到少而精。本书使用了 300 多张图片对相关知识进行说明,讲解时注重难易结合。

(6) 体现最新技术。本书在技术上紧跟当前技术发展,如变频器、PLC 的通信等。

本书的参考学时为 80 学时,各章的参考学时参见下面的学时分配表。

项　　目	课程的主要内容	学时分配
项目 1　三相异步电动机的控制与调试	PLC 的工作原理、历史、功能及软硬件,PLC 型号确定,PLC 编译软件使用,数据类型和常用寄存器,用常用基本指令编写简单程序	8
项目 2　鼓风机系统的控制与调试	STEP 7-Micro/WIN 软件的高级功能,S7-200 的仿真软件,定时器指令	4
项目 3　十字路口交通灯的控制与调试	定时器、比较指令、时钟指令和传送指令,完成交通灯程序编写和调试	8
项目 4　洗衣机电机寿命测试仪的控制与调试	计数器指令、移位指令和顺控指令,流程图,用 PLC 常用的基本指令、顺控指令、复位/置位指令和功能指令,完成洗衣机电机寿命测试仪程序的编写和调试	16
项目 5　箱体折边机的控制与调试	电源计算,逻辑控制程序的编写	6

续表

项　　目	课程的主要内容	学时分配
项目 6　电炉温度的控制与调试	PID 控制的原理，中断和子程序，调整 PID 三个参数，算术运算指令、转换指令、程序控制指令，模拟量模块的使用，用 PID 指令编写电炉的温度控制程序	8
项目 7　跳动度测试仪的控制与调试	变频器的工作原理、调速、正反转和制动、USS 通信、多段速、模拟量速度给定，高速计数器指令，跳动度测试仪程序的编写和调试	12
项目 8　工业氮气管道流量监控系统的控制与调试	通信的基本概念，编写 PPI 通信、自由口通信、Modbus 通信和 PROFIBUS 通信的程序	10
项目 9　十字滑台的控制与调试	高速输出指令，十字滑台的程序编写	8
课时总计		80

本书由无锡职业技术学院的向晓汉任主编，向定汉教授任副主编，无锡职业技术学院的奚小网教授任主审。其中，项目 1 由无锡职业技术学院郑贞平编写，项目 2 由无锡雷华科技有限公司的陆彬编写，项目 3 由无锡职业技术学院黎雪芬编写，项目 5 由无锡雪浪环境科技有限公司刘摇摇和青岛职业技术学院丁晓玲编写，项目 4、6、9 由桂林电子科技大学向定汉编写，项目 7 和 8 由向晓汉编写。参加本书编写的还有钱晓忠、李润海和陆伟。

由于编者水平和时间有限，书中不足之处在所难免，敬请广大读者批评指正。

编　者

2013 年 6 月

目　　录

项目1　三相异步电动机的控制与调试

项目知识点

1. PLC的工作原理和结构；

2. S7-200系列PLC的数据结构和数据类型；

3. 常用的基本指令，如装载、与、或、指令块、复位/置位、逻辑堆栈；

4. 常用寄存器和特殊寄存器。

项目技能点

1. 能根据项目，确定PLC的型号；

2. 能分配PLC外部I/O，并会接线；

3. 会安装STEP 7-Micro/WIN软件；

4. 能使用STEP 7-Micro/WIN软件编译程序；

5. 会查询PLC系统手册(编程手册、硬件手册)；

6. 能用常用的基本指令(如装载、与、或、指令块、复位/置位、逻辑堆栈)编写简单的程序，如电动机的启停控制、电动机的正反转控制和星-三角启动等程序。

本项目建议学时：8学时。

1.1　项目提出

电动机的启停控制、正反转控制和星-三角启动控制虽然简单，但应用却非常广泛。即使是最简单的生产机械，也需要对它进行启动和停止控制。在用到PLC控制的场合，几乎都要用到启停控制，加之启停控制很简单，因此将“启停控制”作为入门项目。

1.2　项目分析

图1-1是电动机的启停控制电路。这是典型的利用接触器的自锁实现连续运转的电气控制电路。当合上电源开关QS，按下启动按钮SB1，控制线路中的接触器的线圈KM上电，接触器的衔铁吸合，使接触器的常开触头闭合，电动机的绕组通电，电动机全压启动。需要电动机停止时，只需要按下按钮SB2，线圈回路断开，衔铁复位，主电路及自锁电路均断开，电动机断电停止。

显然这个控制电路是利用接触器和按钮进行控制的。要求保留主电路，而控制回路用PLC进行控制。

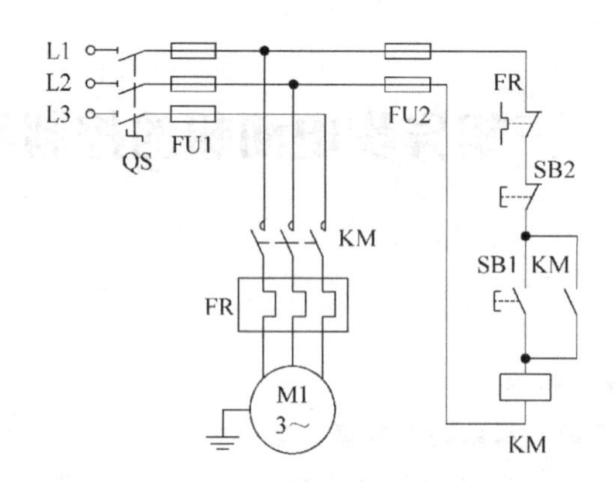

图 1-1　电动机启停控制电路图

1.3　必备知识

1.3.1　初识可编程序控制器

1. 可编程序控制器简介

可编程序控制器(Programmable Logic Controller,PLC),国际电工委员会(IEC)于1985 年对其做了如下定义:可编程序控制器是一种数字运算操作的电子系统,专为在工业环境下应用而设计。它采用可编程序的存储器,用来在其内部存储执行逻辑运算、顺序控制、定时、计数和算术运算等操作的指令,并通过数字、模拟的输入和输出,控制各种类型的机械或生产过程。可编程序控制器及其有关设备,都应按易于与工业控制系统连成一个整体,易于扩充功能的原则设计。PLC 是一种工业计算机,其种类繁多,不同厂家的产品有各自的特点,但作为工业标准设备,可编程序控制器又有一定的共性。西门子的整体式 PLC 外形如图 1-2 所示,西门子的模块化 PLC 外形如图 1-3 所示。

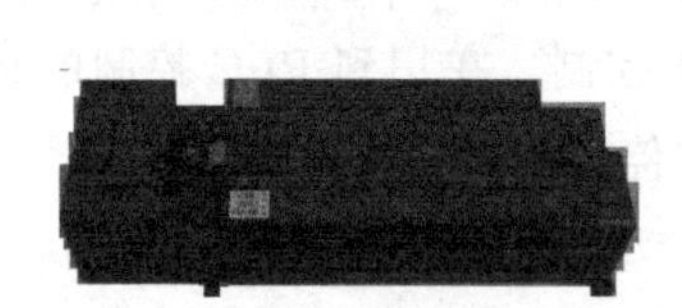

图 1-2　西门子整体式 PLC 外形图

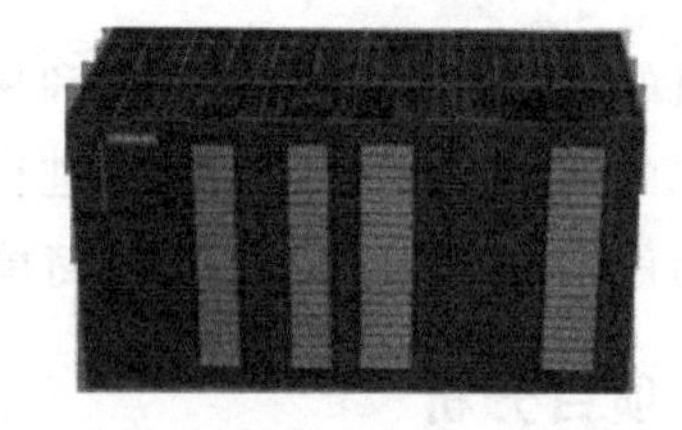

图 1-3　西门子模块化 PLC 外形图

2. 可编程序控制器的发展历史

20 世纪 60 年代以前,汽车生产线的自动控制系统基本上都由继电器控制装置构成。当时每次改型都直接导致继电器控制装置的重新设计和安装,福特汽车公司的老板曾经说,无论顾客需要什么样的汽车,福特的汽车永远是黑色的,从侧面反映了汽车改型和升级换代比较困难。为了改变这一现状,1969 年,美国的通用汽车公司(GM)公开招标,要求用新的装置取代继电器控制装置,并提出十项招标指标,要求编程方便、现场可修改程序、维修方便、采用模块化设计、体积小、可与计算机通信等。同一年,美国数字设备公司(DEC)研制出了世界上第一台可编程序控制器PDP-14，在美国通用汽车公司的生产线上试用成功，并取得了满意的效果，可编程序控制器从此诞生。由于当时的PLC只能取代继电器接触器控制，功能仅限于逻辑运算、计时、计数等，所以称为“可编程逻辑控制器”。伴随着微电子技术、控制技术与信息技术的不断发展，可编程序控制器的功能不断增强。美国电气制造商协会(NEMA)于1980年正式将其命名为“可编程序控制器”，简称PC，由于这个名称和个人计算机的简称相同，容易混淆，因此在我国，很多人习惯称可编程序控制器为PLC。可以说PLC是在继电器控制系统基础上发展起来的。

由于PLC具有易学易用、操作方便、可靠性高、体积小、通用灵活和使用寿命长等一系列优点，因此，很快PLC就在工业中得到了广泛的应用。同时，这一新技术也受到其他国家的重视。1971年日本引进这项技术，很快研制出日本第一台PLC，欧洲于1973年研制出第一台PLC，我国从1974年开始研制，1977年国产PLC正式投入工业应用。

进入20世纪80年代以来，随着电子技术的迅猛发展，以16位和32位微处理器构成的微机化PLC得到了快速发展(例如GE的RX7i，使用的是赛扬CPU，其主频达1GHz，其信息处理能力几乎和个人计算机相当)，使得PLC在设计、性价比以及应用方面有了突破，不仅控制功能增强，功耗和体积减小，成本下降，可靠性提高，编程和故障检测更为灵活方便，而且随着远程I/O和通信网络、数据处理和图像显示的发展，已经使得PLC普遍用于控制复杂生产过程。PLC已经成为工厂自动化的三大支柱(PLC、机器人和CAD/CAM)之一。

3. 可编程序控制器的应用

目前，PLC在国内外已广泛应用于机械制造、钢铁、石油、化工、电力、建材、汽车、纺织、交通运输、环保以及文化娱乐等各行各业。随着PLC性价比的不断提高，其应用范围还将不断扩大。其应用大致可归纳为如下几类。

(1) 顺序控制

这是PLC应用最基本、最广泛的领域，它取代了传统的继电器顺序控制，PLC用于单机控制、多机群控制、自动化生产线的控制，例如数控机床、注塑机、印刷机械、电梯控制和纺织机械等。

(2) 位置控制

大多数的PLC制造商，目前都提供拖动步进电动机或伺服电动机的单轴或多轴位置控制模块，这一功能可广泛用于各种机械，如金属切削机床、装配机械等。

(3) 模拟量控制

PLC通过模拟量的输入/输出模块，实现模拟量与数字量的转换，并对模拟量进行控制，有的还具有PID控制功能，例如用于锅炉的水位、压力和温度控制。

(4) 数据处理

现代的PLC具有数学运算、数据传递、转换、排序和查表等功能，也能完成数据的采集、分析和处理。

(5) 通信联网

PLC的通信包括PLC相互之间、PLC与上位计算机、PLC和其他智能设备之间的通信。PLC系统与通用计算机可以直接或通过通信处理单元、通信转接器相连构成网络，以实现信息的交换，并可构成“集中管理、分散控制”的分布式控制系统，满足工厂自动化系统的需要。

4. PLC 的性能指标

(1) 输入/输出(I/O)点数

输入/输出(I/O)点数是最重要的一项技术指标，是指 PLC 的面板上连接外部输入/输出端子数，常称为“点数”，用输入与输出点数的和表示。点数越多表示 PLC 可接入的输入器件和输出器件越多，控制规模越大。点数是 PLC 选型时最重要的指标之一。

(2) 扫描速度

扫描速度是指 PLC 执行程序的速度。以 ms/K 为单位，即执行 1K 步指令所需的时间。1 步占 1 个地址单元。

(3) 存储容量

存储容量通常用 k 字(kW)或 K 字节(KB)、k 位来表示，这里 1K=1024。有的 PLC 用“步”来衡量，一步占用一个地址单元。存储容量表示 PLC 能存放多少用户程序。例如，三菱型号为 FX2N-48MR 的 PLC 的存储容量为 8000 步。

(4) 指令系统

指令系统表示该 PLC 软件功能的强弱。指令越多，编程功能就越强。

(5) 内部寄存器(继电器)

PLC 内部有许多寄存器用来存放变量、中间结果、数据等，还有许多辅助寄存器可供用户使用。因此寄存器的配置也是衡量 PLC 功能的一项指标。

(6) 扩展能力

扩展能力是反映 PLC 性能的重要指标之一。PLC 除了主控模块外，还可配接实现各种特殊功能的功能模块，例如 A/D 模块、D/A 模块、高速计数模块、远程通信模块等。

5. PLC 的分类

(1) 从组成结构形式分类

可以将 PLC 分为两类：一类是整体式 PLC(也称单元式)，其特点是电源、中央处理单元、I/O 接口都集成在一个机壳内。小型 PLC 通常采用这种结构，其优势是性价比比较高；另一类是标准模板式结构化的 PLC(也称组合式)，其特点是电源模板、中央处理单元模板、I/O 模板等在结构上是相互独立的，可根据具体的应用要求，选择合适的模块，安装在固定的机架或导轨上，构成一个完整的 PLC 应用系统。大中型 PLC 多采用这种结构。

(2) 按 I/O 点容量分类

① 小型 PLC。小型 PLC 的 I/O 点数一般在 128 点以下。较为常见的有三菱的 FX 系列 PLC 和西门子的 S7-200 系列 PLC 等。

② 中型 PLC。中型 PLC 采用模块化结构，其 I/O 点数一般在 256～1024 点之间。较为常见的有西门子的 S7-300 系列 PLC 和 GE 的 RX3i 系列等。

③ 大型 PLC。一般 I/O 点数在 1024 点以上的称为大型 PLC。较为常见的有西门子的 S7-400 系列 PLC 和 GE 的 RX7i 系列等。

6. 国外 PLC 品牌

目前，PLC 在我国得到了广泛的应用，很多知名厂家的 PLC 在我国都有应用。

① 美国是 PLC 生产大国，有 100 多家 PLC 生产厂家。其中 A-B 公司的 PLC 产品规格

比较齐全,主推大中型 PLC,主要产品系列是 PLC-5。通用电气也是知名 PLC 生产厂商,大中型 PLC 产品系列有 RX3i 和 RX7i 等。美国德州仪器公司也生产大、中、小全系列 PLC 产品。

② 欧洲的 PLC 产品也久负盛名。德国的西门子公司、AEG 公司和法国的 TE 公司都是欧洲著名的 PLC 制造商。其中西门子公司的 PLC 产品与美国的 A-B 公司的 PLC 产品齐名。

③ 日本的小型 PLC 具有一定的特色,性价比较高,比较有名的品牌有三菱、欧姆龙、松下、富士、日立和东芝等,在小型机市场,日系 PLC 的市场份额曾经高达 70%。

7. 国产 PLC 品牌

我国自主品牌的 PLC 生产厂家有 30 余家。在目前已经上市的众多 PLC 产品中,还没有形成规模化的生产和名牌产品,甚至还有一部分是以仿制、来件组装或"贴牌"方式生产。单从技术角度来看,国产小型 PLC 与国际知名品牌小型 PLC 差距正在缩小,使用越来越多。例如和利时、深圳汇川和无锡信捷等公司生产的微型 PLC 已经比较成熟,其可靠性在许多低端应用中得到了验证,逐渐被用户认可,但其知名度与世界知名品牌还有相当的差距。

总地来说,我国使用的小型可编程序控制器主要以日本的品牌为主,而大中型可编程序控制器主要以欧美的品牌为主。目前 95%以上的 PLC 市场被国外品牌所占领。

1.3.2　可编程序控制器的硬件组成

可编程序控制器种类繁多,但其基本结构和工作原理相同。可编程序控制器的功能结构区由 CPU(中央处理器)、存储器和输入模块/输出模块三部分组成,如图 1-4 所示。

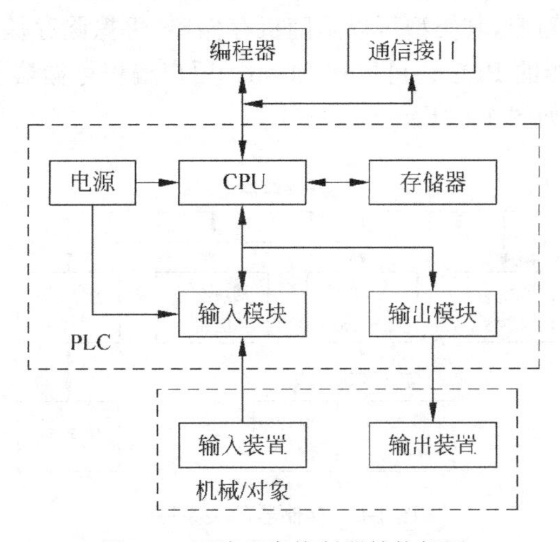

图 1-4　可编程序控制器结构框图

1. CPU(中央处理器)

CPU 的功能是完成 PLC 内所有的控制和监视操作。中央处理器一般由控制器、运算器和寄存器组成。CPU 通过数据总线、地址总线和控制总线与存储器、输入/输出接口电路连接。

2. 存储器

在 PLC 中使用两种类型的存储器：一种是只读类型的存储器，如 EPROM 和 EEPROM；另一种是可读/写的随机存储器 RAM。PLC 的存储器分为 5 个区域，如图 1-5 所示。

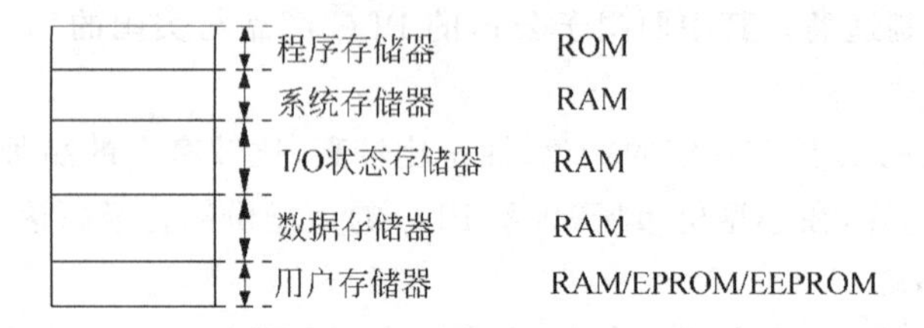

图 1-5　存储器的区域划分图

程序存储器的类型是只读存储器(ROM)，PLC 的操作系统存放在这里，程序由制造商固化，通常不能修改。有的 PLC 厂商对部分 PLC 产品(如西门子的 S7-200 SMART)提供操作系统升级服务。存储器中的程序负责解释和编译用户编写的程序、监控 I/O 口的状态、对 PLC 进行自诊断、扫描 PLC 中的程序等。系统存储器属于随机存储器(RAM)，主要用于存储中间计算结果和数据、系统管理，有的 PLC 厂家用系统存储器存储一些系统信息，如错误代码等，系统存储器，不对用户开放。I/O 状态存储器属于随机存储器，用于存储 I/O 装置的状态信息，每个输入模块和输出模块都在 I/O 映象表中分配一个地址，而且这个地址是唯一的。数据存储器属于随机存储器，主要用于数据处理功能，为计数器、定时器、算术计算和过程参数提供数据存储。有的厂家将数据存储器细分为固定数据存储器和可变数据存储器。用户编程存储器，其类型可以是随机存储器、可擦除存储器(EPROM)和电擦除存储器(EEPROM)，高档的 PLC 还可以用 Flash。用户编程存储器主要用于存放用户编写的程序。存储器的关系如图 1-6 所示。

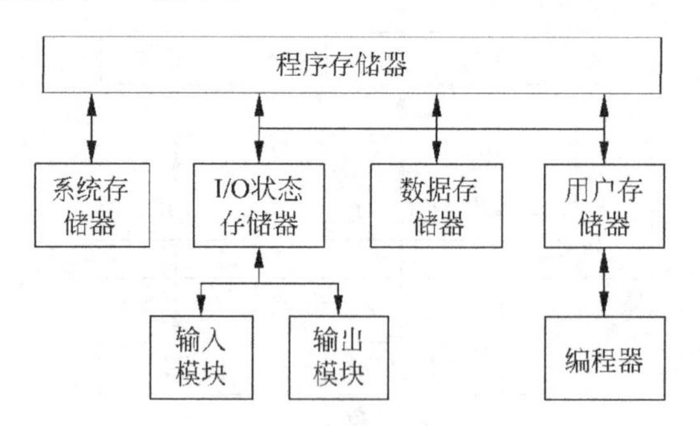

图 1-6　存储器的关系图

只读存储器可以用来存放系统程序，PLC 断电后再上电，系统内容不变且重新执行。只读存储器也可用来固化用户程序和一些重要参数，以免因偶然操作失误而造成程序和数据的破坏或丢失。随机存储器中一般存放用户程序和系统参数。当 PLC 处于编程工作时，CPU 从 RAM 中取指令并执行。用户程序执行过程中产生的中间结果也在 RAM 中暂时存放。RAM 通常由 CMOS 型集成电路组成，功耗小，但断电时内容消失，所以一般使用大电容或后备锂电池保证掉电后 PLC 的内容在一定时间内不丢失。

3. 输入/输出接口

可编程序控制器的输入和输出信号可以是开关量或模拟量。输入/输出接口是 PLC 内部弱电(Low power)信号和工业现场强电(High power)信号联系的桥梁。输入/输出接口主要有两个作用，一是利用内部的电隔离电路将工业现场和 PLC 内部进行隔离，起保护作用；二是调理信号，可以把不同的信号(如强电、弱电信号)调理成 CPU 可以处理的信号(5V，3.3V 或 2.7V 等)，如图 1-7 所示。

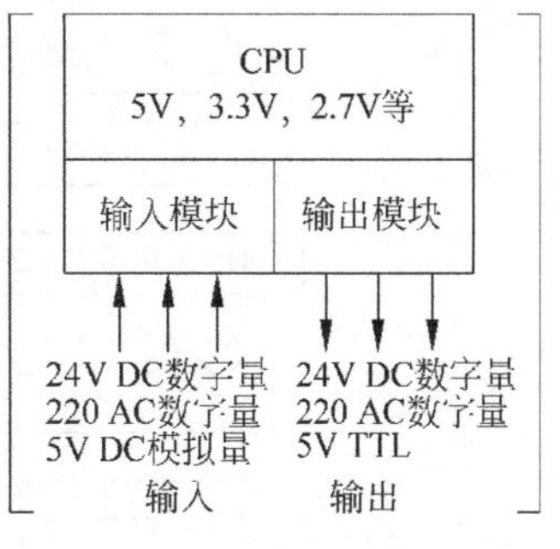

图 1-7　输入/输出接口

输入/输出接口模块是 PLC 系统中最大的部分，输入/输出接口模块通常需要电源，输入电路的电源可以由外部提供，对于模块化的 PLC 还需要背板(安装机架)。

(1) 输入接口电路

输入接口电路的组成和作用。输入接口电路由接线端子、信号调理和转换电路、状态显示电路、电隔离电路和多路开关模块组成，如图 1-8 所示。现场的信号必须连接在输入端子才可能将信号输入到 CPU 中，它提供了外部信号输入的物理接口；信号调理和转换电路十分重要，可以将工业现场的信号(如强电 220V AC 信号)转化成电信号(CPU 可以识别的弱电信号)。电隔离电路主要利用电隔离器件将工业现场的机械或者电输入信号和 PLC 的 CPU 的信号隔开，它能确保过高的电干扰信号和浪涌不串入 PLC 的微处理器，起保护作用。有三种隔离方式，用得最多的是光电隔离，其次是变压器隔离和干簧继电器隔离。当外部有信号输入时，输入模块上有指示灯显示，这个电路比较简单，当线路中有故障时，它帮助用户查找故障，由于氖灯或 LED 灯的寿命比较长，所以这个灯通常是氖灯或 LED 灯。多路开关模块接受调理完成的输入信号，并存储在多路开关模块中，当输入循环扫描时，多路开关模块中信号输送到 I/O 状态寄存器中。PLC 在设计过程中就考虑到了电磁兼容(EMC)。

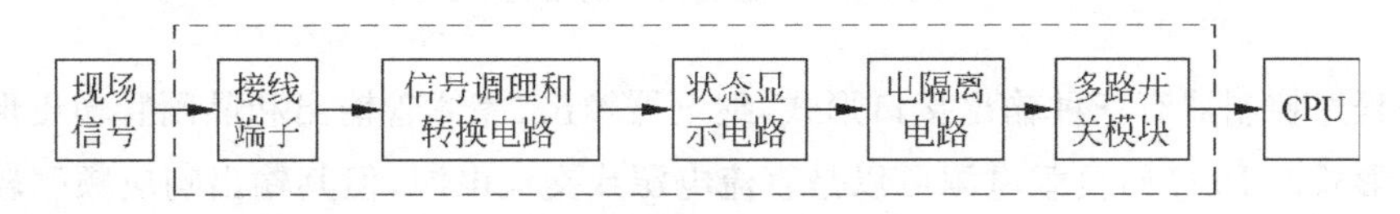

图 1-8　输入接口的结构

输入信号可以是离散信号和模拟信号。当输入端是离散信号时，输入端的设备类型可以是限位开关、按钮、压力继电器、继电器触点、接近开关、选择开关、光电开关等，如图 1-9 所示。当输入为模拟量输入时，输入设备的类型可以是压力传感器、温度传感器、流量传感器、电压传感器、电流传感器、力传感器等。

(2) 输出接口电路

输出接口电路由多路开关模块、信号锁存器、电隔离电路、状态显示电路、输出转换电路和接线端子组成，如图 1-10 所示。在输出扫描期间，多路选择开关模块接受来自映象表中的输出信号，并对这个信号的状态和目标地址进行译码，最后将信息送给锁存器；信号锁存器将多路选择开关模块的信号保存起来，直到下一次更新；输出接口的电隔离电路的作用

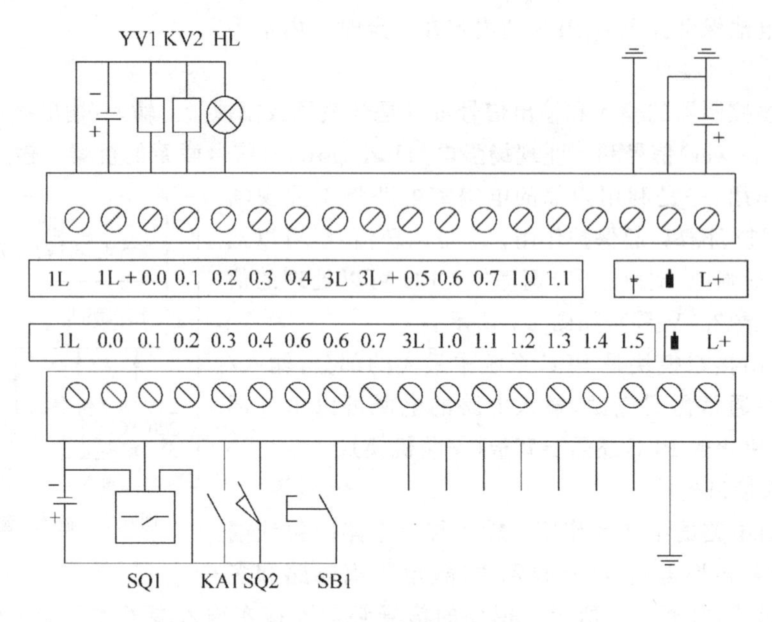

图 1-9　输入/输出接口电路

和输入模块的一样，但是由于输出模块输出的信号比输入信号要强得多，因此要求隔离电磁干扰和浪涌的能力更高；输出电平转换电路将隔离电路送来的信号放大成足够驱动现场设备的信号，放大器件可以是双向晶闸管、三极管和干簧继电器等；输出端的接线端子用于将输出模块与现场设备相连接。

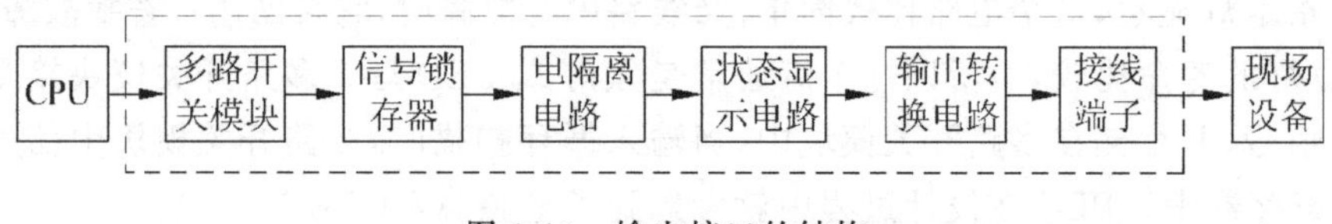

图 1-10　输出接口的结构

可编程序控制器有三种输出接口形式，继电器输出、晶体管输出和晶闸管输出形式。继电器输出形式的 PLC 的负载电源可以是直流电源或交流电源，但其输出响应频率较慢。晶体管输出的 PLC 负载电源是直流电源，其输出响应频率较快。晶闸管输出形式的 PLC 的负载电源是交流电源。选型时要特别注意 PLC 的输出形式。

输出信号的设备的种类。输出信号可以是离散信号和模拟信号。当输出端是离散信号时，输出端的设备类型可以是电磁阀的线圈、电动机启动器、控制柜的指示器、接触器线圈、LED 灯、指示灯、继电器线圈、报警器和蜂鸣器等，如图 1-9 所示。当输出为模拟量输出时，输出设备的类型可以是流量阀、AC 驱动器（如交流伺服驱动器）、DC 驱动器、模拟量仪表、温度控制器和流量控制器等。

1.3.3　可编程序控制器的工作原理

PLC 是一种存储程序的控制器。用户根据某一对象的具体控制要求，编制好控制程序后，用编程器将程序输入 PLC（或用计算机下载到 PLC）的用户程序存储器中寄存。PLC 的控制功能就是通过运行用户程序来实现的。

1. PLC 的运行阶段

PLC 运行程序的方式与微型计算机相比有较大的不同，微型计算机运行程序时，一旦执行到 END 指令，程序运行结束。而 PLC 从 0 号存储地址所存放的第一条用户程序开始，在无中断或跳转的情况下，按存储地址号递增的方向顺序逐条执行用户程序，直到 END 指令结束。然后再从头开始执行，并周而复始地重复，直到停机或从运行(RUN)切换到停止(STOP)工作状态。把 PLC 这种执行程序的方式称为扫描工作方式。每扫描完一次程序就构成一个扫描周期。另外，PLC 对输入/输出信号的处理与微型计算机不同。微型计算机对输入/输出信号实时处理，而 PLC 对输入/输出信号是集中批处理。下面具体介绍 PLC 的扫描工作过程。其运行和信号处理如图 1-11 所示。

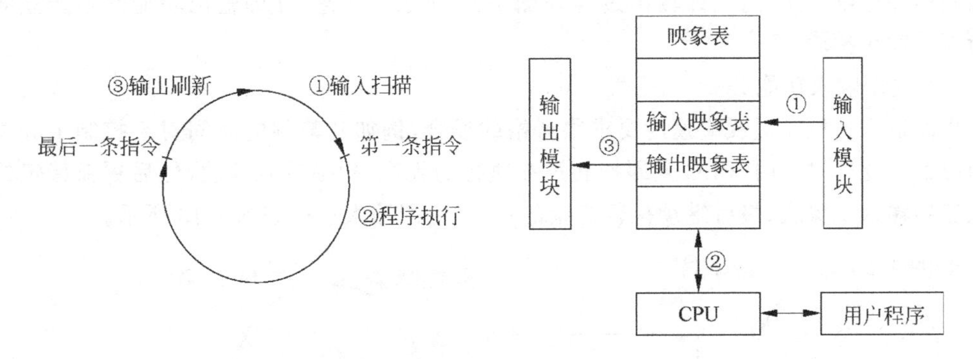

图 1-11　PLC 内部运行和信号处理示意图

PLC 扫描工作方式主要分为三个阶段：输入扫描、程序执行和输出刷新。

(1) 输入扫描

PLC 在开始执行程序之前，首先扫描输入端子，按顺序将所有输入信号，读入到寄存器-输入状态的输入映象寄存器中，这个过程称为输入扫描。PLC 在运行程序时，所需的输入信号不是实时取输入端子上的信息，而是取输入映象寄存器中的信息。在本工作周期内这个采样结果的内容不会改变，只有到下一个扫描周期输入扫描阶段才被刷新。PLC 的扫描速度很快，取决于 CPU 的时钟速度。

(2) 程序执行

PLC 完成了输入扫描工作后，按顺序从 0 号地址开始的程序进行逐条扫描执行，并分别从输入映象寄存器、输出映象寄存器以及辅助继电器中获得所需的数据进行运算处理。再将程序执行的结果写入输出映象寄存器中保存。但这个结果在全部程序未被执行完毕之前不会送到输出端子上，也就是物理输出是不会改变的。扫描时间取决于程序的长度、复杂程度和 CPU 的功能。

(3) 输出刷新

在执行到 END 指令，即执行完用户所有程序后，PLC 将输出映象寄存器中的内容送到输出锁存器中进行输出，驱动用户设备。扫描时间还与输出模块的数量有关。

从以上的介绍可以知道，PLC 程序扫描特性决定了 PLC 的输入和输出状态并不能在扫描的同时改变,例如一个按钮开关的输入信号的输入刚好在输入扫描之后,那么这个信号只有在下一个扫描周期才能被读入。

上述三个步骤是 PLC 的软件处理过程,可以认为就是程序扫描时间。扫描周期通常由三个因素决定,一是 CPU 的时钟速度,越高档的 CPU,时钟速度越高;二是 I/O 模块的数量;三是程序的长度。一般的 PLC 执行容量为 1K 的程序需要的扫描时间是 1～10ms。

2. 可编程序控制器的立即输入/输出功能

一般的 PLC 都有立即输入/输出功能。

(1) 立即输出功能

所谓立即输出功能就是输出模块在执行用户程序时,能立即被刷新。PLC 临时挂起(中断)正常运行的程序,将输出映象表中的信息输送到输出模块,立即进行输出刷新,然后再回到程序中继续运行,立即输出过程如图 1-12 所示。注意,立即输出功能并不能立即刷新所有的输出模块。

(2) 立即输入功能

立即输入适用于对反应速度要求很严格的场合,例如几毫秒的时间对于控制十分关键的情况下。立即输入时,PLC 立即挂起正在执行的程序,扫描输入模块,然后更新特定的输入状态到输入映象表,最后继续执行剩余的程序,立即输入过程如图 1-13 所示。

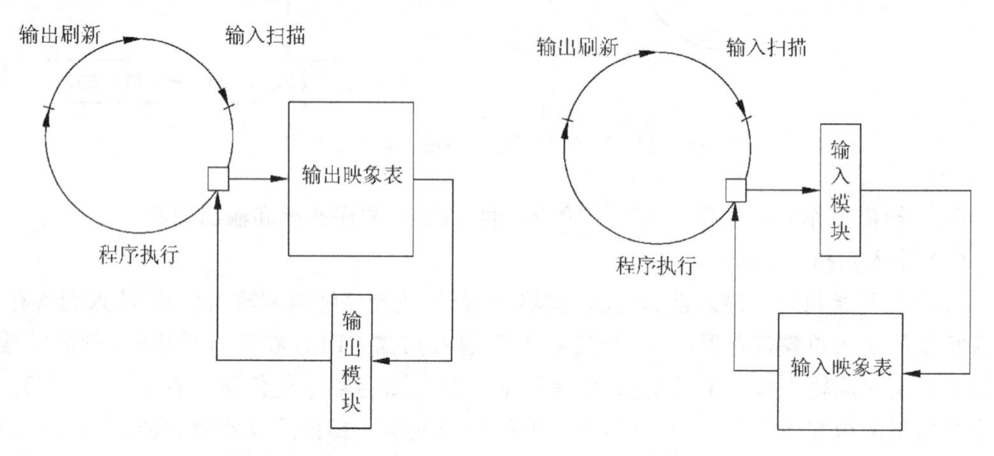

图 1-12　立即输出过程　　　　图 1-13　立即输入过程

1.3.4　认识 S7-200 系列 PLC

德国的西门子(SIEMENS)公司是欧洲最大的电子和电气设备制造商之一,生产的 SIMATIC 可编程序控制器在欧洲处于领先地位。其第一代可编程序控制器是 1975 年投放市场的 SIMATIC S3 系列的控制系统。之后在 1979 年,西门子公司将微处理器技术应用到可编程序控制器中,研制出了 SIMATIC S5 系列,取代了 S3 系列,目前 S5 系列产品仍有小部分在工业现场使用,在 20 世纪末,西门子又推出了 S7 系列产品。最新的 SIMATIC 产品为 SIMATIC S7 和 C7 等几大系列。C7 基于 S7-300 系列 PLC,同时集成了 HMI。

SIMATIC S7 系列产品分为:通用逻辑模块(LOGO!)、S7-200 系列、S7-200 SMART 系列、S7-1200 系列、S7-300 系列、S7-400 系列和 S7-1500 系列七个产品系列。S7-200 是在

西门子收购的小型 PLC 的基础上发展而来的，因此其指令系统、程序结构和编程软件和 S7-300/400 有较大的区别，在西门子 PLC 产品系列中是一个特殊的产品。S7-200 SMART 是 S7-200 的升级版本，是西门子家族的新成员，于 2012 年 7 月发布。其绝大多数的指令和使用方法与 S7-200 类似，其编程软件也和 S7-200 的类似，而且在 S7-200 上运行的程序，大部分可以在 S7-200 SMART 上运行。S7-1200 系列是在 2009 年才推出的新型小型 PLC，定位于 S7-200 和 S7-300 产品之间。S7-300/400 是由西门子的 S5 系列发展而来的，是西门子公司的最具竞争力的 PLC 产品。2013 年西门子公司又推出了新品 S7-1500 系列产品。西门子的 PLC 产品系列的定位见表 1-1。

S7-200 系列可编程序控制器的硬件包括 CPU 模块和扩展模块，扩展模块则包括模拟量 I/O 扩展模块、数字量 I/O 扩展模块、温度测量扩展模块、特殊功能模块（如定位模块）和通信模块等。

表 1-1　SIMATIC 控制器的定位

序号	控制器	定位	主要任务和性能特征
1	LOGO!	低端独立自动化系统中简单的开关量解决方案和智能逻辑控制器	简单自动化 作为时间继电器、计数器和辅助接触器的替代开关设备 模块化设计，柔性应用 有数字量、模拟量和通信模块 用户界面友好，配置简单 使用拖放功能和智能电路开发
2	S7-200	低端的离散自动化系统和独立自动化系统中使用的紧促型辑控制器模块	串行模块结构、模块化扩展 紧促设计，CPU 集成 I/O 实时处理能力，高速计数器和报警输入和中断 易学易用的软件 多种通信选项
3	S7-200 SMART	低端的离散自动化系统和独立自动化系统中使用的紧促型辑控制器模块，是 S7-200 的升级版本	串行模块结构、模块化扩展 紧促设计，CPU 集成 I/O 实时处理能力，高速计数器和报警输入和中断 集成了 PROFINET 接口 易学易用的软件 多种通信选项
4	S7-1200	低端的离散自动化系统和独立自动化系统中使用的小型控制器模块	可升级及灵活的设计 集成了 PROFINET 接口 集成了强大的计数、测量、闭环控制及运动控制功能 直观高效的 STEP 7 Basic 工程系统可以结合组态控制器和 HMI

续表

序号	控制器	定位	主要任务和性能特征
5	S7-300	中端的离散自动化系统中使用的控制器模块	通用型应用和丰富的 CPU 模块种类 高性能 模块化设计，紧促设计 由于使用 MMC 存储程序和数据，系统免维护
6	S7-400	高端的离散和过程自动化系统中使用的控制器模块	特别高的通信和处理能力 定点加法或乘法的指令执行速度最快为0.03μs 大型 I/O 框架和最高 20MB 的主内存 快速响应，实时性强，垂直集成 支持热插拔和在线 I/O 配置，避免重启 具备等时模式，可以通过 PROBUS 控制高速机器
7	S7-1500	中高端系统	S7-1500 控制器除了包含多种创新技术之外，还设定了新标准，最大限度提高生产效率。无论是小型设备还是对速度和准确性要求较高的复杂设备装置，都一一适用。SIMATIC S7-1500 无缝集成到 TIA 途中，极大提高了工程组态的效率

1. S7-200 的 CPU 模块的技术性能

S7-200 系列 CPU 模块外形如图 1-14 所示。

图 1-14　S7-200 系列 CPU 模块外形图

CPU 模块将微处理器、集成电源和多个数字量 I/O 点集成在一个紧凑的盒子中。西门子 PLC 的中央处理器是 32 位的。西门子提供多种类型的 CPU 模块，以适用各种应用要求。不同的 CPU 模块有不同的技术参数。其规格(节选)见表 1-2。读懂这个性能表格是很重要的，设计者在选型时，必须要参考这个表格。例如继电器输出时，输出电流为 2A，若这个点控制一台电动机的启/停，设计者必须考虑这个电流是否足够驱动接触器，从而决定是否增加一个中间继电器。

表 1-2　S7-200 系列 CPU 模块规格表

项　　目		CPU221	CPU222	CPU224	CPU224XP	CPU226
程序存储字节	使用运行编程模式	4096		8192	12288	16384
	不使用运行编程模式			12288	16384	24576
数字量 I/O		6/4	8/6	14/10		24/16
模拟量 I/O		无			2/1	无
本位通信口		1 个 RS-485			2 个 RS-485	
PPI、DP/T 波特率		9.6,19.2,187.5kB/s				
自由口波特率		1.2～115.2kB/s				
高速脉冲输出/kHz		20×2			100×2	20×2
数字量输入特性		典型数值：24V DC,4mA				
数字量输出特性		输出电压：20.4～28.8V DC 每个点的额定电流：0.75A(晶体管输出)/2A(继电器输出)				
供电能力/mA	DC 5V	0	340	660		1000
	DC 24V	180	180	280		400
定时器		256				
计数器		256				

2. S7-200 PLC 的工作方式

PLC 的前面板，即存储卡插槽的上部，有三盏指示灯显示当前工作方式。指示灯为绿色时，表示运行状态，指示灯为红色时，表示停止状态，标有“SF”的灯亮表示系统故障，PLC 停止工作。

① STOP(停止)，PLC 在停止工作方式时，不执行程序。程序的上传和下载时，都应将 PLC 置于停止工作方式。停止方式可以通过 PLC 上的拨钮设定，也可以在编译软件中设定。

② RUN(运行)，PLC 在运行工作方式时，PLC 按照自己的工作方式运行用户程序。运行方式可以通过 PLC 上的拨钮设定，也可以在编译软件中设定。

3. CPU22X 的输入端子的接线

S7-200 系列 CPU 模块的输入端接线与三菱 FX 系列的 PLC 的输入端接线不同，后者不需要接入直流电源，其电源由系统内部提供，而 S7-200 系列 PLC 的输入端则必须接入直流电源。以 CPU224 为例介绍输入端的接线。“1M”和“2M”是输入端的公共端子，与 24V DC 电源相连，电源有两种连接方法对应 PLC 的 NPN 型和 PNP 型接法。当电源的负极与公共端子相连时，为 PNP 型接法，如图 1-15 所示。而当电源的正极与公共端子相连时，为 NPN 型接法，如图 1-16 所示。“M”和“L＋”端子可以向传感器提供 24V DC 的电压，注意这对端子不是电源输入端子。

【关键点】 PLC 的输入和输出信号的控制电压通常是 DC 24V，DC 24V 电压在工业控制中最为常见。

初学者往往不容易区分 PNP 型和 NPN 型的接法，经常混淆，若读者记住以下的方法，就不会出错。把 PLC 作为负载，以输入开关(通常为接近开关)为对象，若信号从开关流出(信号从开关流出，向 PLC 流入)，则 PLC 的输入为 PNP 型接法；把 PLC 作为负载，以输入开关(通常为接近开关)为对象，若信号从开关流入(信号从 PLC 流出，向开关流入)，则 PLC

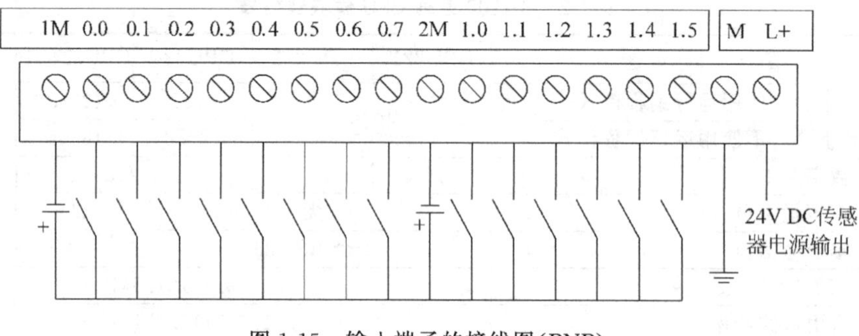

图 1-15 输入端子的接线图(PNP)

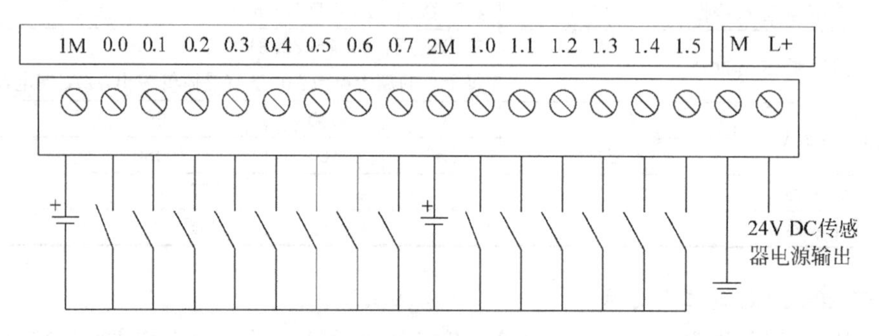

图 1-16 输入端子的接线图(NPN)

的输入为 NPN 型接法。三菱的 FX 系列(FX3U 除外)PLC 只支持 NPN 型接法。

【关键点】 CPU224XP 的高速输入(I0.3/4/5)可以是 5V DC 信号,其他输入点接 24V DC 信号,只需要将两种信号供电电源的公共端都连接到 1M 端子。但这两种信号必须同时为漏型或源型输入信号。S7-200 的其他型号 PLC 的输入端子只能接 24V DC 信号。

当 PLC 的输入端连接普通按钮、限位开关时,采用 NPN 或者 PNP 接法均可,而当 PLC 的输入端连接 NPN 接近开关时,则必须采用 NPN 接法。同理,当 PLC 的输入端连接 PNP 接近开关时,则必须采用 PNP 接法。

【例 1-1】 有一台 CPU224,输入端有一只三线 PNP 接近开关和一只二线 PNP 式接近开关,应如何接线?

【解】 对于 CPU224,公共端接电源的负极。而对于三线 PNP 接近开关,只要将其正负极分别与电源的正负极相连,将信号线与 PLC 的“I0.0”相连即可;而对于二线 PNP 接近开关只要将电源的正极分别与其正极相连,将信号线与 PLC 的“I0.1”相连即可,如图 1-17 所示。

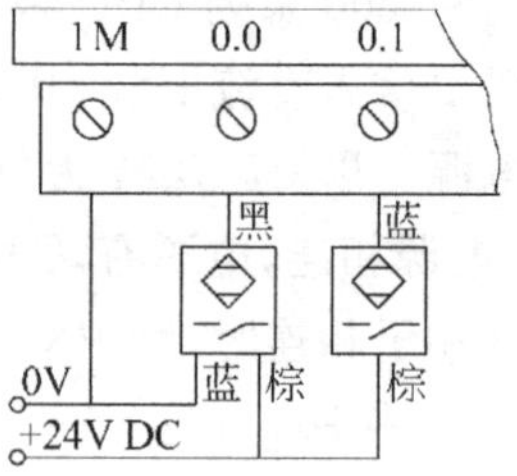

图 1-17 例 1-1 输入端子的接线图

4. CPU22X 的输出端子的接线

S7-200 系列 CPU 模块的数字量输出有两种形式,一种是 24V 直流输出(即晶体管输出),另一种是继电器输出。PLC 上的标注“DC/DC/DC”的含义:第一个 DC 的含义是供电电源电压为 24V DC,第二个 DC 的含义是输入端的电源电压为 24V DC,第三个 DC 的含义是输出为直流输出(晶体管输出)。对于西门子 S7-200 系列 CPU 模块,供电为 24V DC 的

CPU 模块，其输出为晶体管输出。“AC/DC/Relay”的含义：AC 表示供电电源电压为 220V AC，DC 的表示输入端的电源电压为 24V DC，Relay 的含义是输出为继电器输出。对于西门子 S7-200 系列 CPU 模块，供电为 220V AC 的 PLC，其输出为继电器输出。

S7-200 的直流输出有两种形式，即 PNP 型 NPN 型输出，NPN 型就是常说的高电平输出，这点与三菱 FX 系列 PLC 不同，三菱 FX 系列 PLC(FX3U 除外，FX3U 为 PNP 型和 NPN 型两种输出形式)为 NPN 型输出，也就是低电平输出，理解这一点十分重要，特别是利用 PLC 进行运动控制(如控制步进电动机)时，就必须考虑这一点。晶体管输出如图 1-18 所示。继电器输出没有方向性，可以是交流信号也可以是直流信号，但不能使用 380V 的交流电。继电器输出如图 1-19 所示。可以看出输出是分组安排的，每组既可以接直流也可以接交流电源，而且每组电源的电压的大小可以不同，接直流电源时，没有方向性。在接线时，务必看清接线图。注意，当 PLC 的高速输出点 Q0.0 和 Q0.1 接 5V 电源，其他点如 Q0.2/3/4 接 24V 电压时必须成组连接相同的电压等级。

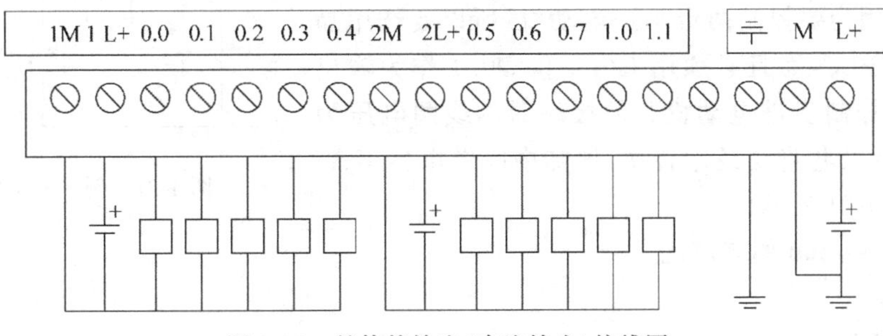

图 1-18 晶体管输出(直流输出)接线图

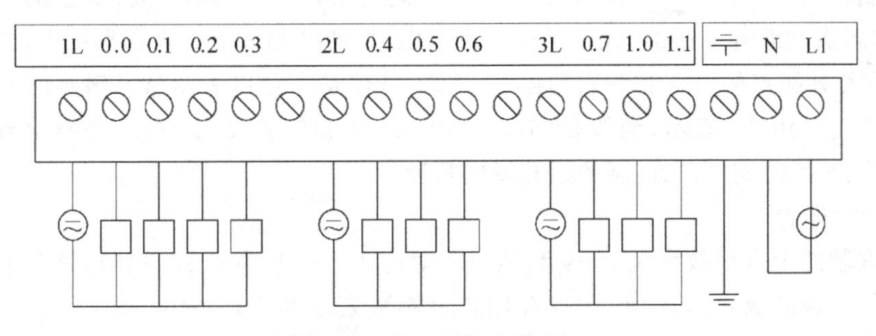

图 1-19 继电器输出接线图

【关键点】 在给 CPU 模块进行供电接线时，一定要特别小心分清是哪一种供电方式，如果把 220V AC 接到 24V DC 供电的 PLC 上，或者不小心接到 24V DC 传感器输出电源上，都会造成 PLC 的损坏。

PNP 型输出是西门子 PLC 的常见类型，而 NPN 型输出的 CPU 模块很少。

【例 1-2】 有一台 CPU224，控制一只线圈电压为 24V DC 的电磁阀和一只线圈电压为 220V AC 电磁阀，输出端应如何接线？

【解】 因为两个电磁阀的线圈电压不同，而且有直流和交流两种电压，所以如果不经过转换，只能用继电器输出的 PLC，而且两个电磁阀分别在两个组中。其接线如图 1-20 所示。

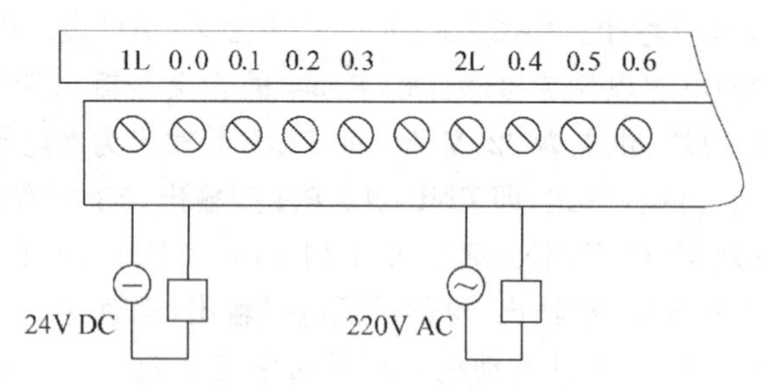

图 1-20 例 1-2 接线图

【例 1-3】 有一台 CPU224,控制两台步进电动机和一台三相异步电动机的启停,三相电动机的启停由一只接触器控制,接触器的线圈电压为 220V AC,输出端应如何接线(步进电动机部分的接线可以省略)?

【解】 因为要控制两台步进电动机,所以要选用晶体管输出的 PLC,而且必须用 Q0.0 和 Q0.1 作为输出高速脉冲点控制步进电动机。但接触器的线圈电压为 220V AC,所以电路要经过转换,增加中间继电器 KA,其接线如图 1-21 所示。

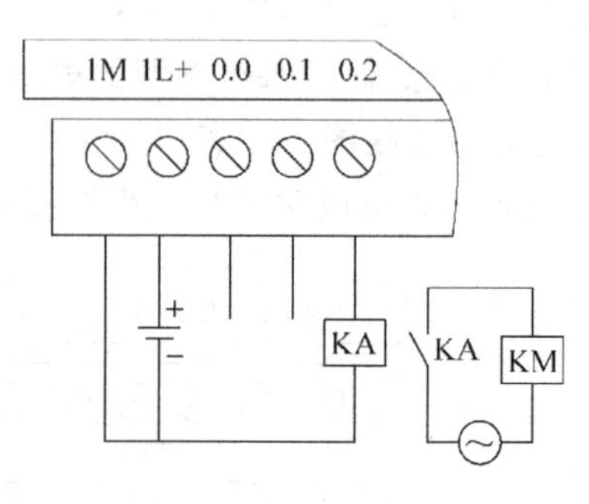

图 1-21 例 1-3 接线图

1.3.5 S7-200 的存储区

1. 数制

(1) 二进制

二进制数的 1 位(bit)只能取 0 和 1 两个不同的值,可以用来表示开关量的两种不同的状态,例如触点的断开和接通、线圈的通电和断电、灯的亮和灭等。在梯形图中,如果该位是 1 可以表示常开触点的闭合和线圈的得电,反之,该位是 0 可以表示常开触点的断开和线圈的断电。二进制用 2# 表示,例如 2#1001 1101 1001 1101 就是 16 位二进制常数。十进制的运算规则是逢 10 进 1,二进制的运算规则是逢 2 进 1。

(2) 十六进制

十六进制的十六个数字是 0~9 和 A~F(对应于十进制中的 10~15),每个十六进制数字可用 4 位二进制数表示,例如 16#A 用二进制数表示为 2#1010。B#16#、W#16#、DW#16# 分别表示十六进制的字节、字和双字。十六进制的运算规则是逢 16 进 1。学会二进制数和十六进制数之间的转化对于学习西门子 PLC 来说是十分重要的。

(3) BCD 码

BCD 码用 4 位二进制数(或者 1 位十六进制数)表示 1 位十进制数,例如 1 位十进制数 9 的 BCD 码是 1001。4 位二进制有 16 种组合,但 BCD 码只用到前十个,而后六个(1010~1111)没有在 BCD 码中使用。十进制的数字转换成 BCD 码是很容易的,例如十进制数 366 转换成十六进制 BCD 码则是 W#16#366。

【关键点】 十进制数 366 转换成十六进制数是 W#16#16E,这是要特别注意的。

BCD 码的最高 4 位二进制数用来表示符号,16 位 BCD 码字的范围是 −999~+999。

32 位 BCD 码双字的范围是－9999999～＋9999999。不同数制的数的表示方法见表 1-3。

表 1-3　不同数制的数的表示方法

十进制	十六进制	二进制	BCD 码	十进制	十六进制	二进制	BCD 码
0	0	0000	00000000	8	8	1000	00001000
1	1	0001	00000001	9	9	1001	00001001
2	2	0010	00000010	10	A	1010	00010000
3	3	0011	00000011	11	B	1011	00010001
4	4	0100	00000100	12	C	1100	00010010
5	5	0101	00000101	13	D	1101	00010011
6	6	0110	00000110	14	E	1110	00010100
7	7	0111	00000111	15	F	1111	00010101

2. 数据的长度和类型

S7-200 将信息存于不同的存储器单元，每个单元都有唯一的地址。可以明确指出要存取的存储器地址。这就允许用户程序直接存取这个信息。表 1-4 列出了不同长度的数据所能表示的数值范围。

表 1-4　不同长度的数据表示的十进制数范围

数据类型	数据长度	取值范围
字节(B)	8 位(1 字节)	0～255
Word	16 位(2 字节)	0～65535
位(bit)	1 位	0、1
整数(int)	16 位(2 字节)	0～65535(无符号)，－32768～32767(有符号)
双整数(dint)	32 位(4 字节)	0～4 294 967 295(无符号) －2 147 483 648～2 147 483 647(有符号)
双字(dword)	32 位(4 字节)	0～4 294 967 295
实数(real)	32 位(4 字节)	1.175495E－38～3.402823E＋38(正数) －1.175495E－38～3.402823E＋38(负数)
字符串(string)	8 位(1 字节)	

3. 常数

在 S7-200 的许多指令中都用到常数，常数有多种表示方法，如二进制、十进制数和十六进制数等。在表述二进制数和十六进制时，要在数据前分别加“2＃”或“16＃”，格式如下。

二进制常数：2＃1100。

十六进制常数：16＃234B1。

其他的数据表述方法举例如下。

ASCII 码：“HELLOW”。

实数：－3.1415926。

十进制数：234。

几个错误表示方法：八进制的“33”表示成“8＃33”，十进制的“33”表示成“10＃33”，“2”用二进制表示成“2＃2”，这些错误要避免。

若要存取存储区的某一位，则必须指定地址，包括存储器标识符、字节地址和位号。图1-22是一个位寻址的例子(也称“字节.位寻址”)。在这个例子中，存储器区、字节地址(I代表输入，2代表字节3)和位地址(第4位)之间用点号(.)相隔开。

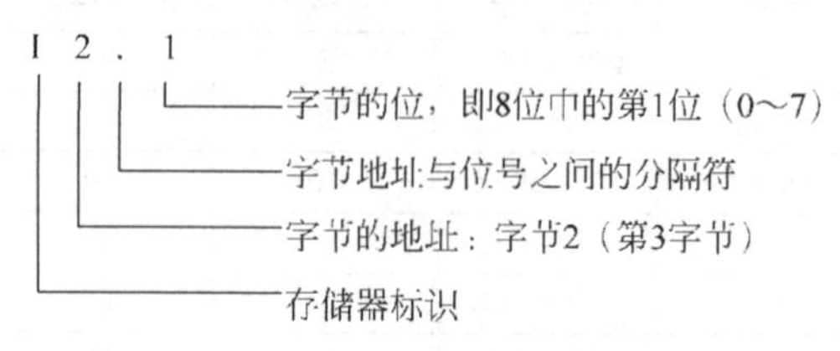

图1-22 位寻址的例子

1.3.6 元件的功能及其地址分配

存储器的单位可以是位(Bit)、字节(Byte)、字(Word)和双字(Double Word)，那么编址的方式也可以是位、字节、字和双字编址。

1. 输入过程映象寄存器：I

在每次扫描周期的开始，PLC对物理输入点进行采样，并将采样值写入输入过程映象寄存器中。可以按位、字节、字或双字来存取输入过程映象寄存器中的数据。

位：I[字节地址].[位地址] I0.1

字节、字或双字：I[长度][起始字节地址] IB4

2. 输出过程映象寄存器：Q

在每次扫描周期的结尾，PLC将输出过程映象寄存器中的数值复制到物理输出点上。可以按位、字节、字或双字来存取输出过程映象寄存器。

位：Q[字节地址].[位地址] Q1.1

字节、字或双字：Q[长度][起始字节地址] QB5

3. 变量存储区：V

可以用V存储区存储程序执行过程中控制逻辑操作的中间结果，也可以用它来保存与工序或任务相关的其他数据，并且可以按位、字节、字或双字来存取V存储区中的数据。

位：V[字节地址].[位地址] V10.2

字节、字或双字：V[长度][起始字节地址] VW100

4. 位存储区：M

可以用位存储区作为控制继电器来存储中间操作状态和控制信息，并且可以按位、字节、字或双字来存取位存储区。

位：M[字节地址].[位地址] M6.7

字节、字或双字：M[长度][起始字节地址] MD0

【例1-4】 如果MD0=16#1F，那么，MB0、MB1、MB2和MB3的数值是多少？

【解】 因为1个字节占2个十六进制位，所以1个双字占8个十六进制位(4个字节)，而16#1F只有2个十六进制位，只占1个字节，而且是低字节。根据图1-23可知，低字节MB3=16#1F，其他3个高字节MB0=0，MB1=0，MB2=0。

【关键点】 初学者很容易错误地认为MB0是低字节，因此得出错误的结果MB0=

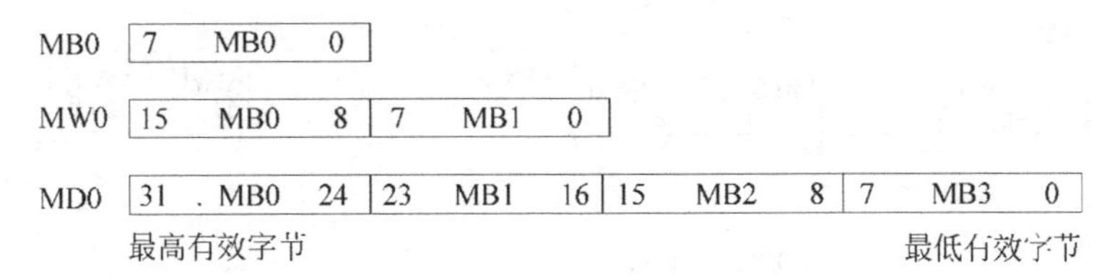

图1-23　字节、字和双字的起始地址

16＃1F。这点不同于三菱PLC，要注意区分。

1.3.7　基本逻辑指令

1. 装载及线圈驱动指令

LD(Load)：常开触点逻辑运算开始。

LDN(Load Not)：常闭触点逻辑运算开始。

＝(Out)：线圈驱动。

图1-24所示梯形图及语句表表示了上述三条指令的用法。

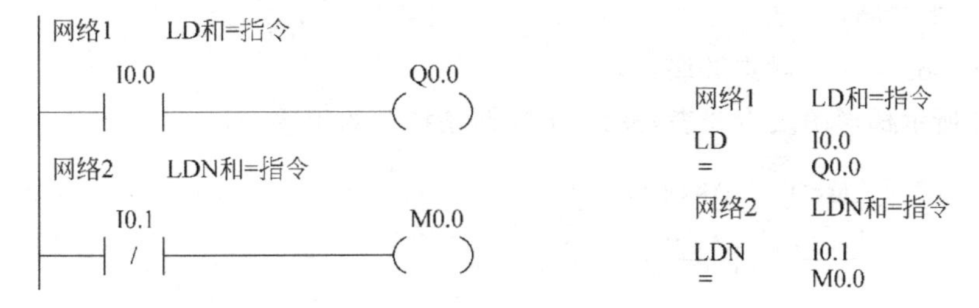

图1-24　LD、LDN、＝ 指令应用举例

装载及线圈驱动指令使用说明如下。

① LD(Load)：装载指令，对应梯形图从左侧母线开始，连接常开触点。

② LDN(Load Not)：装载指令，对应梯形图从左侧母线开始，连接常闭触点。

③ ＝(Out)：线圈输出指令，可用于输出过程映像寄存器、辅助继电器、定时器及计数器等，一般不能用于输入过程映象寄存器。

④ LD、LDN的操作数：I，Q，M，SM，T，C，S。

⑤ ＝的操作数：Q，M，SM，T，C，S。

图1-24中梯形图的含义解释：当网络1中的常开触点I0.0接通，则线圈Q0.0得电，当网络2中的常闭触点I0.1接通，则线圈M0.0得电。此梯形图的含义与以前学过的电气控制中的电气图类似。

2. 触点串联指令

图1-25所示梯形图及指令表表示了触点串联指令的用法。

A(And)：常开触点串联。

AN(And Not)：常闭触点串联。

触点串联指令使用说明如下。

① A、AN：与操作指令，是单个触点串联指令，可连续使用。

网络1
I0.0　M0.0　Q0.0
网络2
I0.1　M0.1　Q0.1

网络1	A指令
LD	I0.0
A	M0.0
=	Q0.0
网络2	A指令
LD	I0.1
AN	M0.1
=	Q0.1

图 1-25　A、AN 指令应用举例

② A、AN 的操作数：I,Q,M,SM,T,C,S。

图 1-25 中梯形图的含义解释：当网络 1 中的常开触点 I0.0、M0.0 同时接通，则线圈 Q0.0 得电，常开触点 I0.0、M0.0 都不接通，或者只有一个接通，线圈 Q0.0 不得电，常开触点 I0.0、M0.0 是串联(与)关系。当网络 2 中的常开触点 I0.1、常闭触点 M0.1 同时接通，则线圈 Q0.1 得电，常开触点 I0.1 和常闭触点 M0.1 是串联(与非)关系。

3. 触点并联指令

O(Or)：常开触点并联。

ON(Or Not)：常闭触点并联。

图 1-26 所示梯形图及指令表表示了上述两条指令的用法。

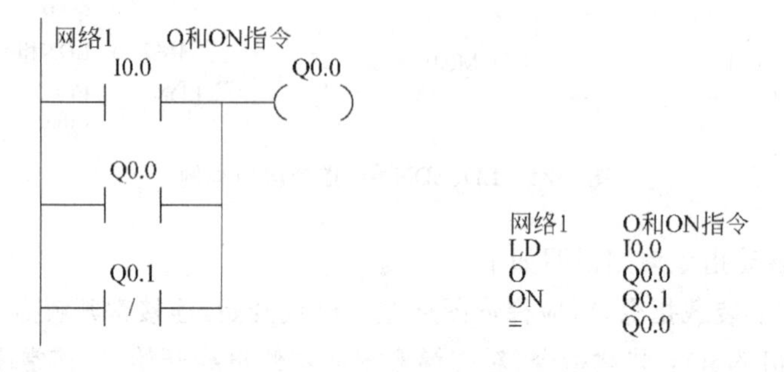
网络1　O和ON指令
I0.0
Q0.0
Q0.0
Q0.1
网络1　O和ON指令
LD　I0.0
O　Q0.0
ON　Q0.1
=　Q0.0

图 1-26　O、ON 指令应用举例

① O、ON：或操作指令，是单个触点并联指令，可连续使用。

② O、ON 的操作数：I,Q,M,SM,T,C,S。

图 1-26 中梯形图的含义解释：当网络 1 中的常开触点 I0.0、Q0.0，常闭触点 Q0.1 有一个或者多个接通，则线圈 Q0.0 得电，常开触点 I0.0、Q0.0 和常闭触点 Q0.1 是并联(或、或非)关系。

4. 置位/复位指令

普通线圈获得能量流时线圈通电(存储器位置 1)，能量流不能到达时，线圈断电(存储器位置 0)。置位/复位指令将线圈设计成置位线圈和复位线圈两大部分。置位线圈受到脉冲前沿触发时，线圈通电锁存(存储器位置 1)，即从起始位(S-BIT)开始的 N 个元件置 1 并保持。复位线圈受到脉冲前沿触发时，线圈断电锁存(存储器位置 0)，从起始位(S-BIT)开始的 N 个元件清 0 并保持。下次置位、复位操作信号到来前，线圈状态保持不变(自锁)。指令格式见表 1-5。

表 1-5　置位/复位指令格式

LAD	参数	数据类型	说　明	位 存 储 区
S-BIT —(S) N	S-BIT	BOOL	位	I,Q,M,SM,T,C,V,S,L
	N	BYTE	设置(置位)指定的点数,从指定的地址(位)开始,可设置 1 至 255 个点	V,I,Q,M,SM,S,L,AC,常数,* VD,* AC,* LD
S-BIT —(R) N	S-BIT	BOOL	位	I,Q,M,SM,T,C,V,S,L
	N	BYTE	设置(复位)指定的点数,从指定的地址(位)开始。可设置 1 至 255 个点	V,I,Q,M,SM,S,L,AC,常数,* VD,* AC,* LD

【例 1-5】 梯形图和 I0.0、I0.1 的时序图如图 1-27 所示,试分析程序运行结果。

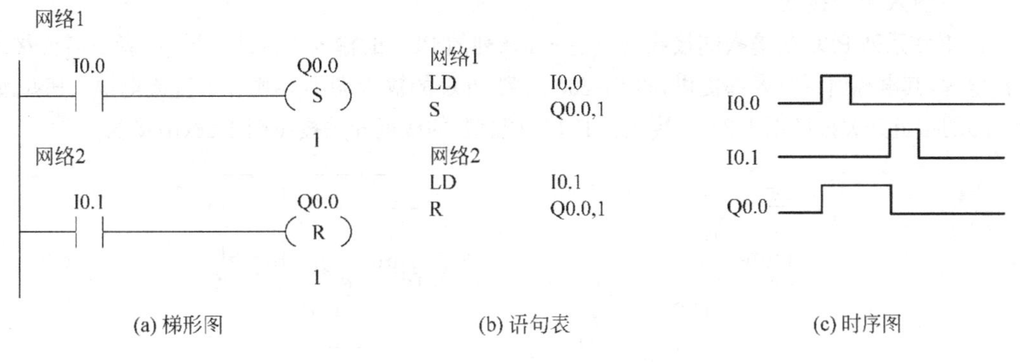

图 1-27　例 1-5 的程序和时序图

【解】 I0.0 的上升沿使 Q0.0 接通并保持,即使 I0.0 断开也不影响 Q0.0 的状态。I0.1 的上升沿使 Q0.0 断开并保持,直到 I0.0 的下一个脉冲到来。

【关键点】 编程时,置位、复位指令之间间隔的网络个数可以任意,置位、复位线圈通常成对使用,也可单独使用。

1.4　项目实施

1.4.1　确定 PLC 的型号

1. 初步确定机型

由于电动机启停的控制比较简单,控制逻辑不复杂,因此初步确定选用性价比较高的模块化的小型 PLC,国内外的小型 PLC 都能满足要求。而西门子的 S7-200 系列 PLC 和三菱的 FX 系列 PLC 在低端市场有一定的优势,因此初步确定在这两个产品上选择,本例选择 S7-200 系列 PLC 作为电动机启停控制的控制器。

2. PLC 型号的确定

(1) PLC 的内存容量的估算

由图 1-1 知道:输出有一个线圈,需要占用 PLC 的 1 个输出点,因此输出点数为 1 点。系统有 SB1、SB2 共 2 个按钮,需要占用 PLC 的 2 个输入点,2 点。输入和输出点数之和为

3，通常，在选型时输入和输出点数要比实际多20%～30%，富裕的点数通常预留给用户。所以输入、输出点数为3×(1+25%)=3.75，查表1-2，CPU221CN的输入点为6，输出点为4，即输入、输出点数和为10的PLC。

由于选定PLC的PLC模块CPU221的数字量I/O有10点，足够使用，因此不需要选用数字量I/O扩展模块。注意，CPU221CN没有扩展功能，即不能接扩展模块。

(2) 供电形式的选择

由于接触器一般用交流电控制，因此为了供电方便，选用CPU221CN(AC/DC/Relay)。

注意：如果用S7-200系列的PLC的高速输出点控制步进电动机或伺服电动机时，应选用CPU2XXDC/DC/DC形式，这点将在下文介绍。

1.4.2 确定PLC的接线方案

1. S7-200系列PLC的接线方法

(1) 输入端的接线

S7-200系列PLC的输入端接线与三菱FX系列的PLC的输入端接线不同，后者不需要接入直流电源，其电源由系统内部提供，而S7-200系列PLC的输入端则必须接入直流电源。PNP型(源型)的接近开关按照图1-28(a)接线，NPN型(漏型)的接近开关按照图1-28(b)接线。

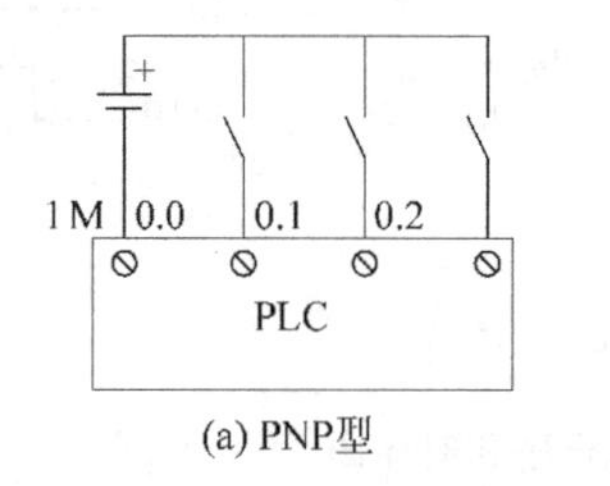

(a) PNP型

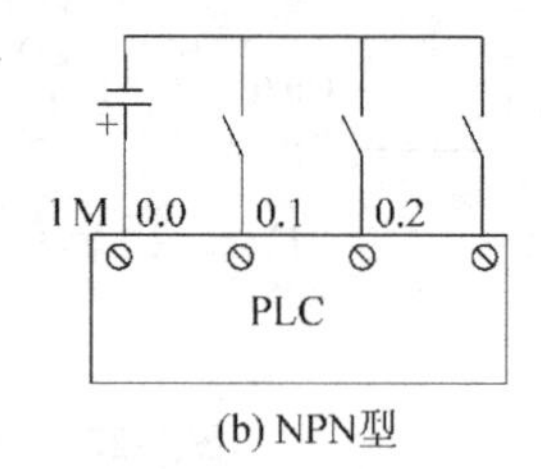

(b) NPN型

图1-28 输入端的接线图

(2) 输出端的接线

S7-200系列PLC的输出点有两种类型：24V直流(晶体管)输出和继电器输出。晶体管输出形式只能按照图1-29(a)接线，且一般接24V直流电。推荐外接电源。若PLC需要高速输出时(如控制步进电动机)，要用晶体管输出。

继电器输出形式按照图1-29(b)接线，电源可以为直流电或交流电，若接直流电，则极性任意。

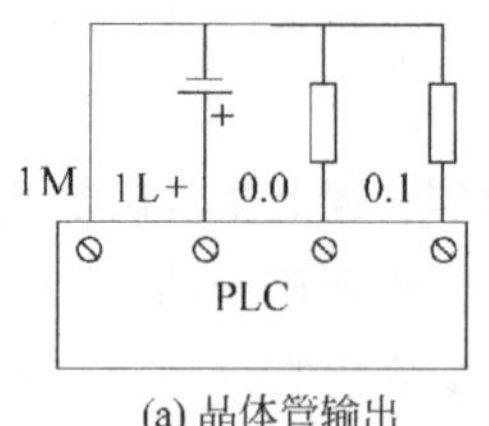

(a) 晶体管输出

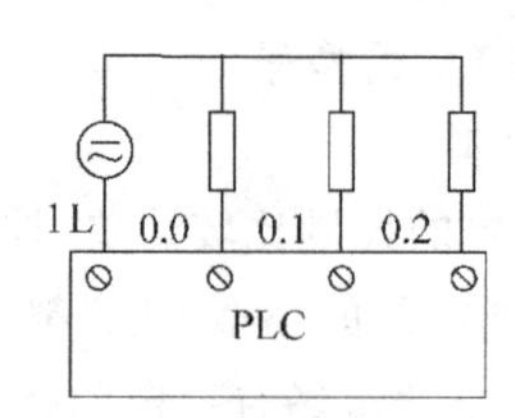

(b) 继电器输出

图1-29 输出端的接线图

【关键点】 本书提到的NPN输入、PNP输入，其对象是指传感器，而不是PLC，如对象为PLC，则刚好相反，变为PNP输入、NPN输入。

2. PLC的I/O分配

PLC的I/O分配见表1-6。

表1-6　PLC的I/O分配表

输　　入			输　　出		
名称	符号	输入点	名称	符号	输出点
开始按钮	SB1	I0.0	驱动电动机	KM	Q0.0
停止按钮	SB2	I0.1			

3. 控制系统的接线与测试

(1) 控制系统的接线

电动机的启停控制的接线比较简单，如图1-30所示。

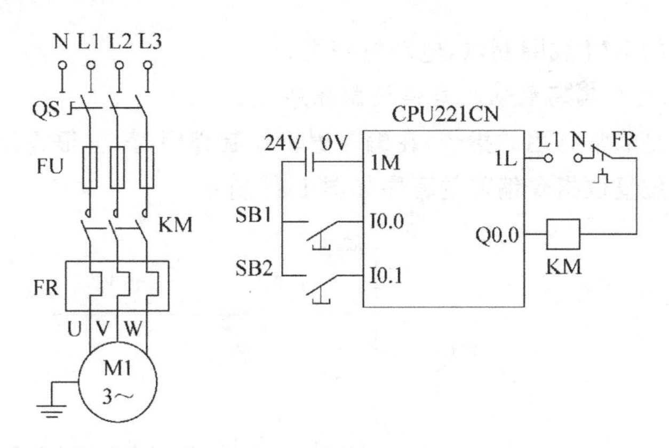

图1-30　电气原理图

图1-30所示的原理图从表面看没有错误，但在工程应用时，有两个问题：一是PLC的继电器触头最大允许通过电流为2A，驱动能力有限，如果使用较大容量的接触电器时，很容易损坏PLC内部的继电器，因此可靠的做法是加一个中间继电器；二是停止按钮，最好不要使用常开触头，而要使用常闭触头，主要是基于安全考虑，因为如果使用常闭触头时，一旦停止按钮与PLC的连线断线，电动机不能启动，一定要维修完成后才能开启，这样可以确保系统的安全。改进后的电气原理图如图1-31所示，此图更加符合工程实际。

(2) 控制系统的测试

完成接线后，要认真检查，在不带电的状态，用万用表测试，以确保接线正确。要特别注意线路中不允许有短路。

1.4.3　编写电动机启停控制程序

1. 用基本指令编写电动机启停控制程序

编写电动机的启停控制的程序比较简单，可以用多种方法编写程序，先用基本指令编写，如图1-32所示。

程序的含义是，当SB1按钮闭合时，I0.0触点闭合，线圈Q0.0得电，之后Q0.0常开触点闭合自锁，线圈Q0.0持续得电。从图1-31可以看出，继电器的KA线圈得电，KA常开触头闭合，接触器线圈得电，电动机启动。当SB2按钮闭合时，I0.1常闭触点断开，线圈

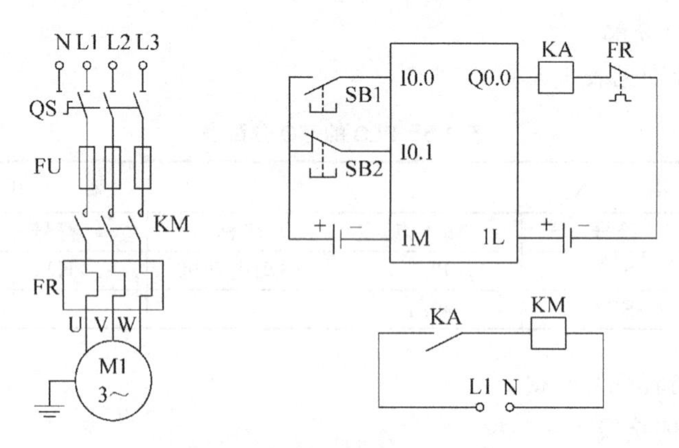

图 1-31　电气原理图(改进后)

Q0.0 断电,接触器的 KM 线圈断电,电动机停机。

2. *用置位复位指令编写电动机启停控制程序*

置位复位指令是非常有用的指令,在编写逻辑控制程序时,也很方便,在后续的章节中同样会用到。用置位复位指令编写的程序如图 1-33 所示。

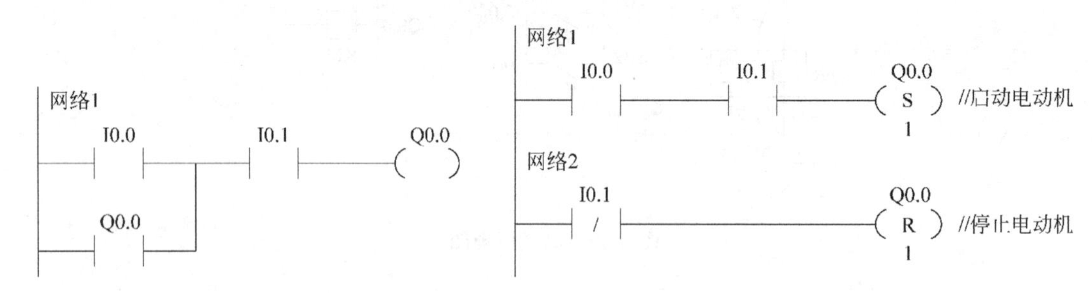

图 1-32　电动机的启停控制程序 1　　图 1-33　电动机的启停控制程序 2

1.4.4　程序的下载和调试

1. *初识 STEP 7-Micro/WIN 软件*

STEP 7-Micro/WIN 是一款功能比较强大的软件,此软件易学易用,用于 S7-200 系列 PLC 编程软件,支持三种模式：LAD(梯形图)、FBD(功能块图)和 STL(语句表)。STEP 7-Micro/WIN 可提供程序的在线编辑、监控和调试。目前此软件的最新版本是 STEP 7-Micro/WIN V4.0 SP9,建议读者使用最新版本,因为新版本的功能要更加强大一些,如增加了 Modbus 的主站功能等。此外老版本(中文)的帮助中的部分翻译不准确或者错误,在新版本中得到了更正。

2. *使用 STEP 7-Micro/WIN 软件的前提*

(1) 计算机中必须安装 STEP 7-Micro/WIN 软件

如果计算机没有安装此软件,可以在西门子(中国)自动化与驱动集团的网站(网址为 http://www.ad.siemens.com.cn/)上下载软件并安装,此软件是免费的。安装此软件对计算机的要求如下：

① Windows 2000 SP3 以上操作系统，或 Windows XP Home 和 Windows XP Professional 操作系统；

② 至少 350MB 硬盘空间；

③ 有鼠标和键盘。

【关键点】 安装西门子的软件前最好将计算机上的监控和杀毒软件关闭；一般不建议用使用 Windows XP Home 操作系统，最好使用 Windows XP Professional、Windows 7 旗舰版操作系统(以后可能要使用更高级别的操作系统)。Windows 7 操作系统要安装 STEP 7-Micro/WIN V4.0 SP9，不可安装低版本。

(2) 有一台 PLC 及一根 PC/PPI 电缆

有了 PLC 和配置必要软件的计算机，两者之间必须有一根 PC/PPI 电缆，此电缆与计算机端相连的是 RS-232C 接口，与 PLC 端相连的是编程口(RS-485 接口)，有的 PLC 只有一个编程口(如 CPU221)，有的 PLC 则有两个编程口(如 CPU226)，任何一个编程口与 PC/PPI 电缆相连均可，其连接如图 1-34 所示。还有 USB 形式的 PC/PPI 电缆出售，但这种 PC/PPI 电缆不支持自由口协议(例如，不能用 Windows 中的超级终端与 PLC 进行自由口通信)。当然，也可以使用 CP 卡通信，CP 卡的功能比上述的 PC/PPI 电缆的功能强得多，它还可以用于 S7-300 和 S7-400 系列 PLC 的通信，但价格要贵很多。

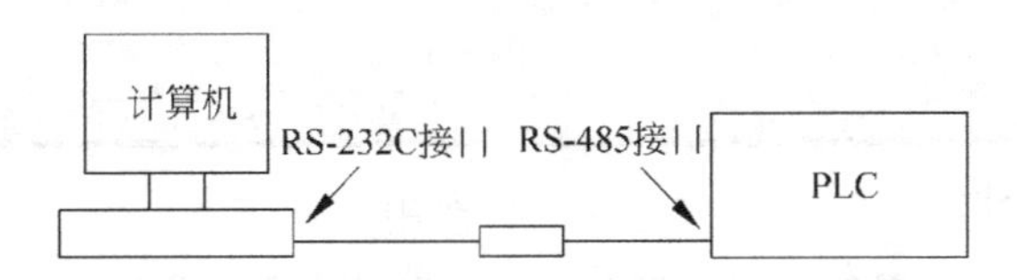

图 1-34　计算机的 RS-232C 接口与 PLC 连线图

【关键点】 如果笔记本电脑上没有配置 RS-232C 接口，并不意味着不能使用笔记本电脑下载程序，读者只需要将 USB-RS232(USB/Serials)转换器安装在笔记本电脑的 USB 接口和通信电缆的 RS-232C 接口之间，即可实现可靠的通信。但计算机可能会出现通信故障，请读者认真阅读 USB/Serials 转换器的说明书，并安装 USB/Serials 转换器驱动程序。

3. 程序的下载和调试

在下载和调试程序前必须先完成如下任务：

① 安装 STEP 7-Micro/WIN 软件。

按照 STEP 7-Micro/WIN 软件的使用说明书，安装此软件。

② 安装 PC/PPI 电缆。

在计算机的 RS-232C 接口和 PLC 的编程口之间连接上 PC/PPI 电缆。注意，连接 PC/PPI 电缆时，应先切断计算机和 PLC 的电源。

以下为程序下载和调试的步骤。

(1) 启动 STEP 7-Micro/WIN 软件

STEP 7-Micro/WIN 软件首次启动时，会弹出如图 1-35 所示的界面，可以看到，界面中都是英文。

图 1-35　STEP 7-Micro/WIN 软件初始界面

(2) 改换成中文界面

很多读者更喜欢中文界面，STEP 7-Micro/WIN 软件提供了德语、英语、中文等 6 种文字供选择。先选择菜单栏中的 Tools→Options，弹出如图 1-36 所示的“Options”对话框。选中 Options 指令树下的 General，再在 Language 列表框中选中所需要的语言 Chinese，单击 OK 按钮即可。这时会弹出如图 1-37 所示的对话框，只要单击“确定”按钮即可，接着弹出如图 1-38 所示的对话框，单击“是”按钮即可，接着 STEP 7-Micro/WIN 软件自动关闭。下一次运行 STEP 7-Micro/WIN 软件时，会自动弹出中文界面。

【关键点】英文界面的 STEP7－Micro/WIN 软件是不能和 CPU2XXCN 通信的，必须要切换到中文界面。

(3) PLC 的类型选择

展开指令树中的“项目 1”，选中并双击“CPU2XX”(可能是 CPU221)，这时弹出“PLC 类型”对话框，在“PLC 类型”下拉列表框中选定“CPU221CN”(这是本例的机型)，然后单击“确定”按钮，如图 1-39 所示。

(4) 输入程序

展开指令树下的“位指令”，依次双击“—| |—”(或者拖入程序编辑窗口)、“—| |—”、

“()”,换行后再双击“—| |—”,弹出如图 1-40 所示程序输入界面。接着单击红色的问号,输入寄存器及其地址,本例中输入 I0.0、Q0.0 等,如图 1-41 所示。

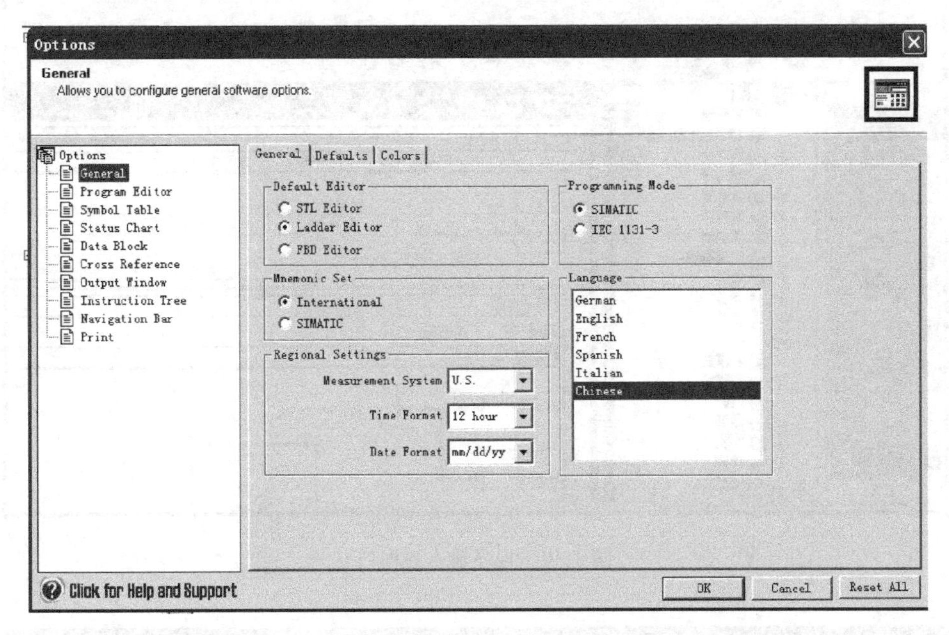

图 1-36　“Options”对话框

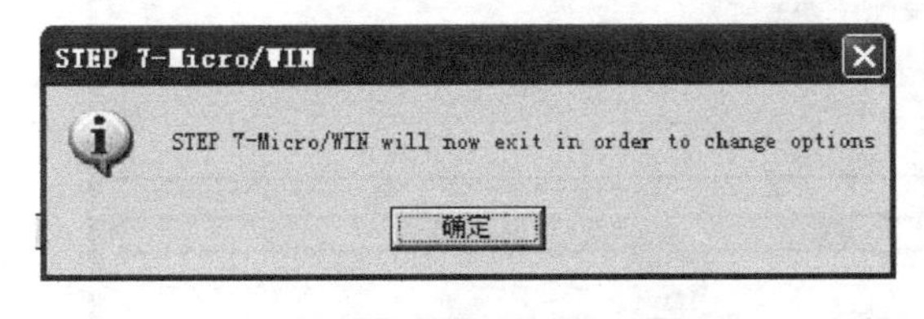

图 1-37　确认改变选项对话框

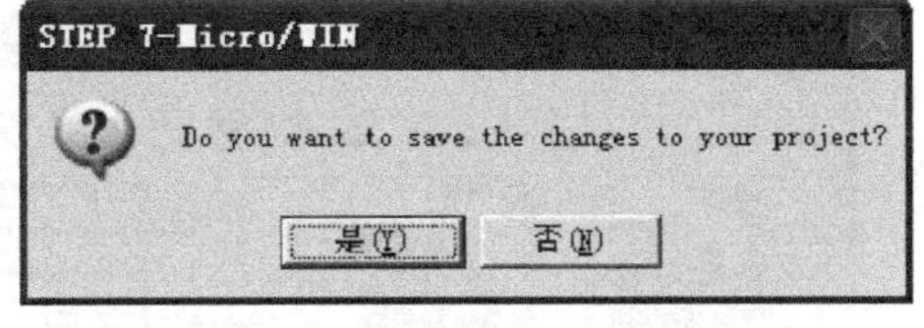

图 1-38　默认保存项目路径对话框

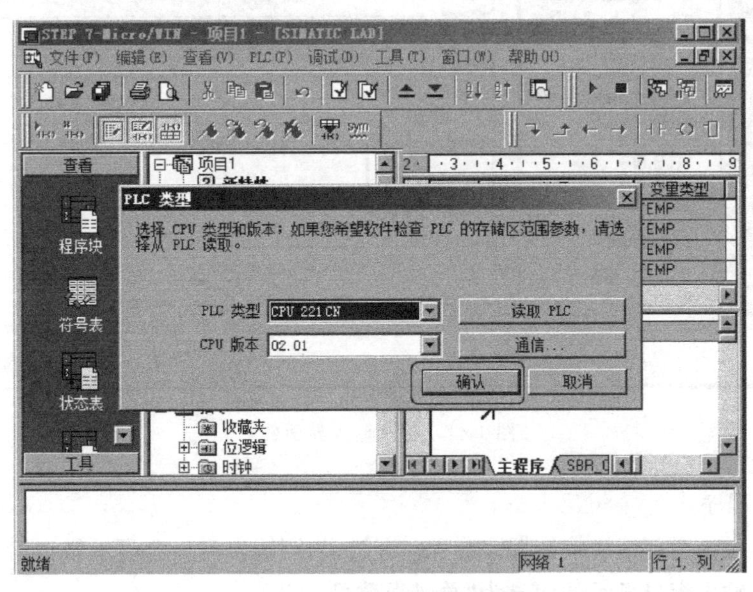

图 1-39　“PLC 类型”对话框

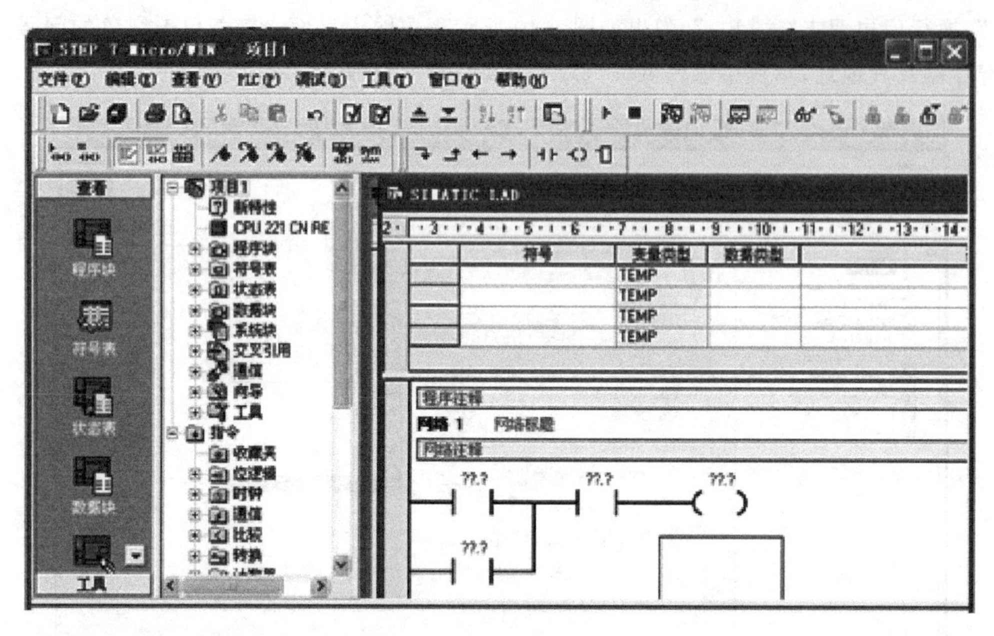

图 1-40 程序输入界面(1)

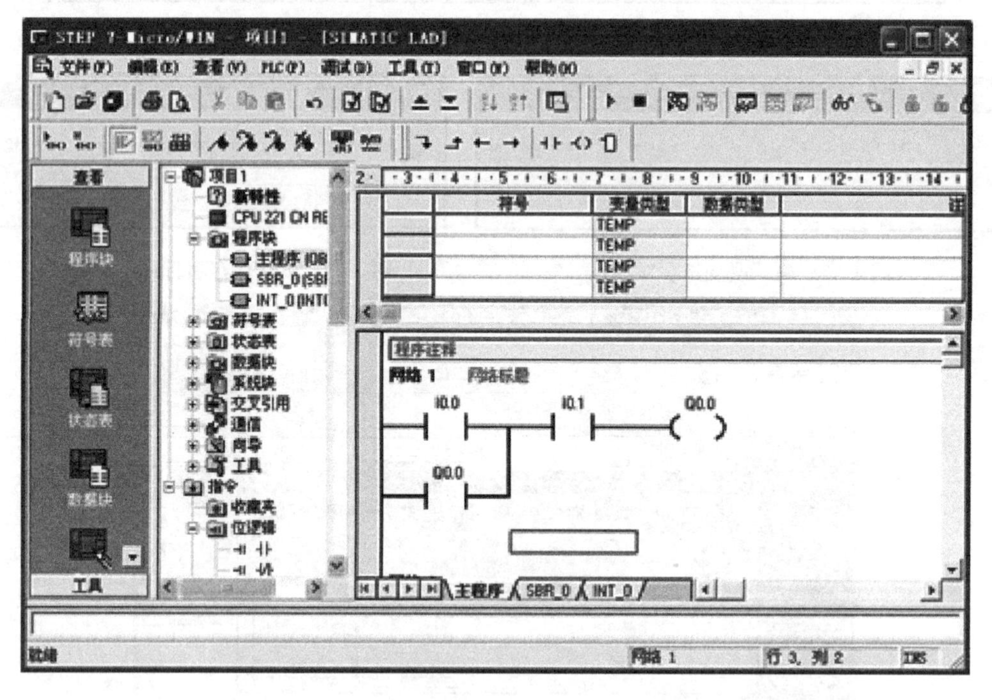

图 1-41 程序输入界面(2)

(5) 编译程序

单击工具栏的全部编译按钮 ,若程序有错误,则输出窗口会显示错误信息,本例很简单,没有错误,输出窗口显示的信息为“总错误数目：0”。

(6) 设置通信

单击浏览条中的“设置 PG/PC 接口”，弹出“设置 PG/PC 接口”对话框；选中“为使用的接口分配参数”下拉列表框中的“PC/PPI cable (PPI)”选项，并单击“属性”按钮，弹出“属性-PC/PPI cable (PPI)”对话框，可使用默认设置，如图 1-42 所示。再单击“本地连接”，在下拉对列表框中选择 PC/PPI 电缆与计算机相连的接口，本例为“COM1”，如图 1-43 所示，最后单击“确定”按钮。

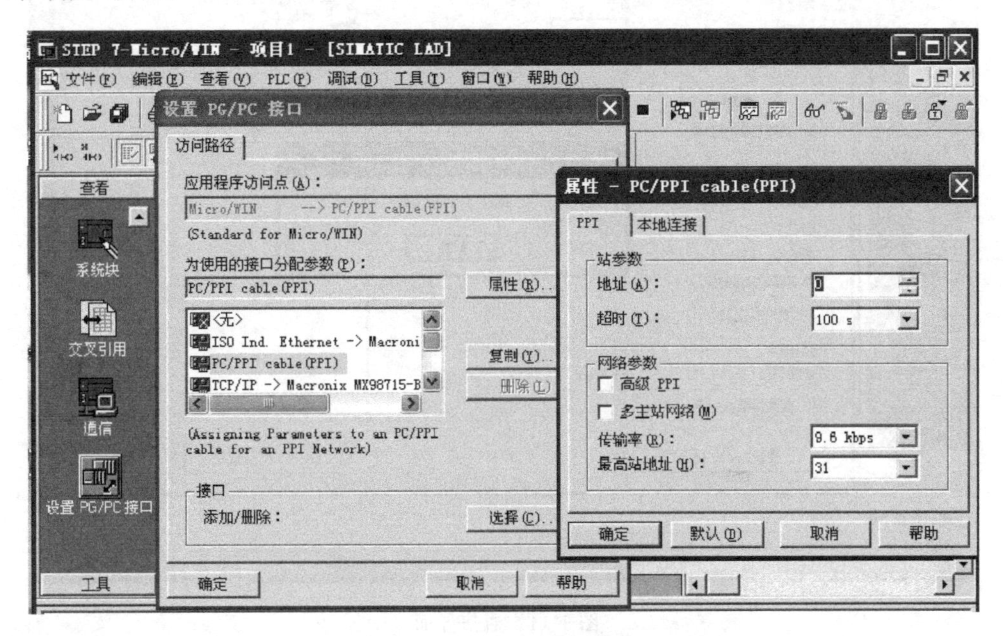

图 1-42　通信设置界面(1)

图 1-43　通信设置界面(2)

(7) 联机通信

单击浏览条中的“通信”，弹出“通信”对话框；再进行刷新，计算机自动搜索 PLC，若找到则自动将目标 PLC 的地址和型号等信息显示出来，如图 1-44 所示。搜索完成后，单击

“确定”按钮，这时计算机与 PLC 已经可以通信了。有时搜索完成，单击“确定”按钮，有错误信息，原因在于远程的地址和 PLC 的地址不一致。本例中的远程地址和搜索的地址都为“2”。

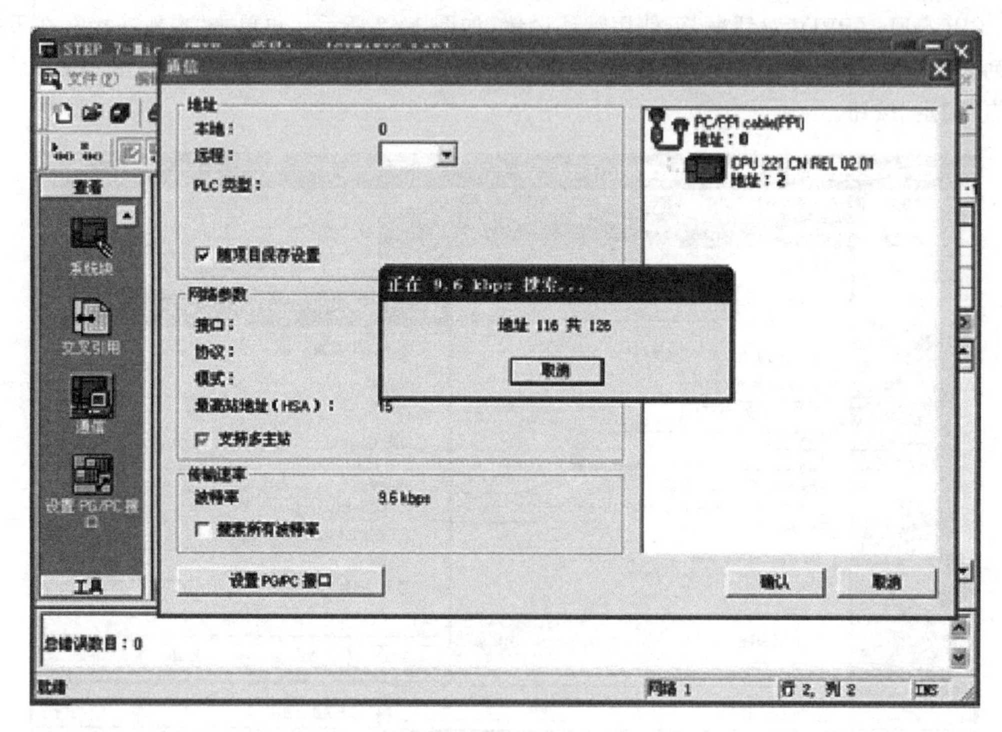

图 1-44　通信界面

(8) 下载程序

单击工具栏上的下载按钮，弹出“下载”对话框，单击“下载”对话框中的“下载”按钮，若 PLC 此时处于“运行”模式（RUN 模式），有一个对话框弹出，要求在下载程序前，将 PLC 设置成“停止”模式（STOP 模式），只要单击“确定”按钮，程序会自动下载到 PLC。下载成功后，输出窗口有“下载成功”字样的提示。下载界面如图 1-45 所示。

(9) 程序状态监控

在调试程序时，“程序状态监控”功能非常有用，当开启此功能时，闭合的触点中有蓝色的矩形，而断开的触点中没有蓝色的矩形，如图 1-46 所示。开启“程序状态监控”功能只须要单击工具栏上的程序状态监控按钮即可。

【关键点】 初学者往往容易碰到 STEP 7-Micro/WIN 与 PLC 通信失败的情况，请按照如下步骤查找。

① STEP 7-Micro/WIN 中设置的对方通信地址与 PLC 的实际地址不同。

② STEP 7-Micro/WIN 中设置的本地（编程计算机）地址与 PLC 通信口的地址相同（应当将 STEP 7-Micro/WIN 的本地地址设置为“0”）。

③ STEP 7-Micro/WIN 使用的通信波特率与 PLC 端口的实际通信速率设置不同。

④ 有些程序会将 PLC 上的通信口设置为自由口模式，此时不能进行编程通信。编程

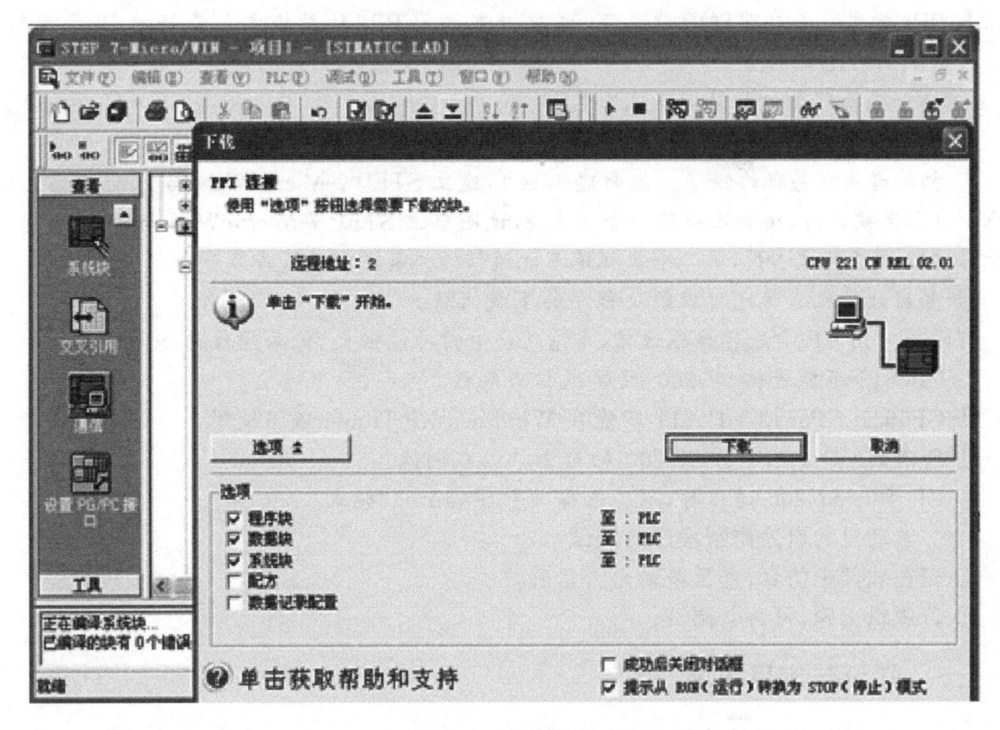

图 1-45　下载界面

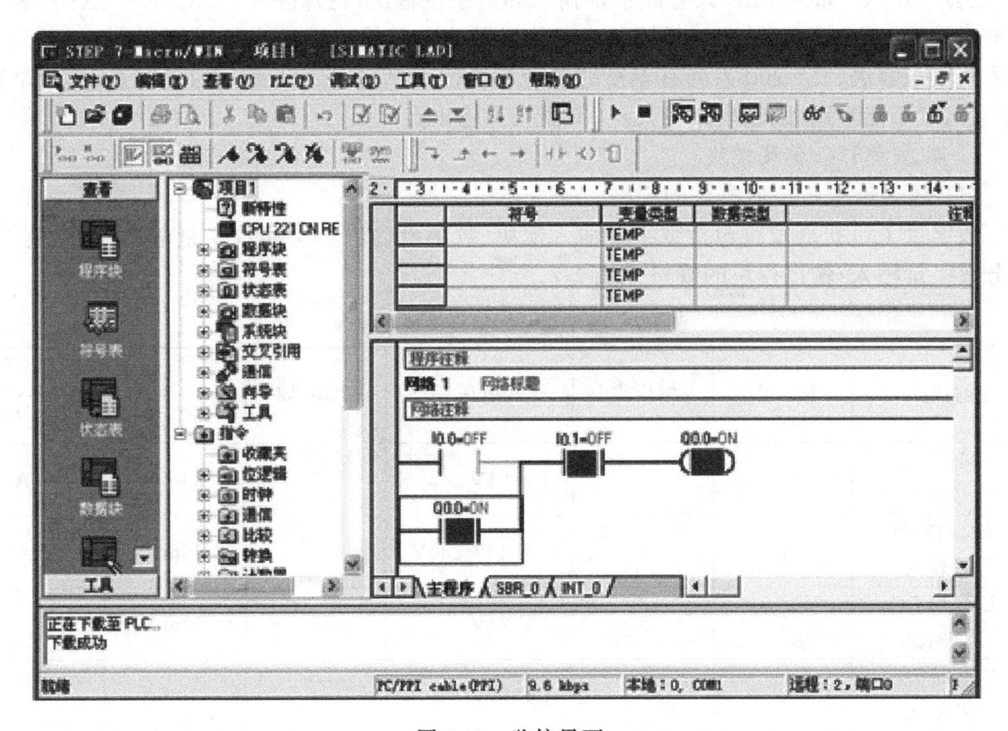

图 1-46　监控界面

通信是 PPI 模式。而在 STOP 状态下，通信口永远是 PPI 从站模式。最好把 PLC 上的模式开关拨到 STOP 的位置。

⑤ 换一根西门子的原装 PC/PPI 电缆。

⑥ 编程口烧毁，必须送修。

⑦ 初学者最容易犯的错误。先新建工程 1，建立 STEP 7-Micro/WIN 与 PLC 通信，此时 COM1 口已经被占用，接着又新建一个工程 2，试图建立 STEP 7-Micro/WIN 与 PLC 的通信，由于 COM1 口已经被占用，第二个工程是不能通信的。解决方案是将第一个工程关闭。

⑧ 重启计算机有时也可以解决程序的下载问题。

有的用户用 CP 卡进行编程通信，尽管 CP 卡的功能强大，但必须注意如下问题：

① CP5613 不能连接 S7-200 PLC 通信口编程。

② CP5511/CP5512/CP5611 不能在 Windows XP Home 版下使用。

③ 所有的 CP 卡不支持 S7-200 的自由口编程调试。

④ CP 卡与 S7-200 通信时，不能选择“CP 卡(auto)”模式。

(10) 电动机的启停控制程序的调试

① 先在软件中仿真，查看逻辑是否正确。

② 若逻辑正确，可通电调试。

1.5 知识与应用拓展

1.5.1 S7-200 扩展模块的接线

通常 S7-200 系列 PLC 只有数字量输入和数字量输出(特殊除外，如 CPU224XP)，要完成模拟量的输入、模拟量输出、现场总线通信以及当数字输入输出点不够用时，都可以选用扩展模块来解决。S7-200 系列有丰富的扩展模块供用户选用。S7-200 的数字量、模拟量输入/输出点不能复用(既能当做输入点，又能当做输出点)。

1. 数字量 I/O 扩展模块

(1) 数字量 I/O 扩展模块的规格

数字量 I/O 扩展模块包括数字量输入模块、数字量输出模块和数字量输入/输出模块。部分数字量输入/输出模块的规格见表 1-7。

表 1-7 数字量 I/O 扩展模块规格表

模块型号	输入点	输出点	电压	功耗/W	电源要求	
					DC 5V	DC 24V
EM221 DI DC 输入	8	0	DC 24V	1	30mA	32mA
EM221 DI AC 输入	8	0	AC 120/230V	3	30mA	—
EM222 DO DC 输出	0	8	DC 24V	3	50mA	—
EM222 DO AC 输出	0	8	DC 24V	4	110mA	—
EM223	8 DC	8 DC	DC 24V	2	80mA	32mA

(2) 数字量 I/O 扩展模块的接线

数字量 I/O 模块有专用的扁平电缆与 PLC 通信，并通过此电缆由 PLC 向扩展 I/O 模块提供 5V DC 的电源。EM221 数字量输入模块的接线如图 1-47 所示，EM222 数字量输出模块的接线如图 1-48 所示。可以发现，扩展数字量输入/输出模块的接线与 PLC 的数字量输入/输出端子的接线是类似的。

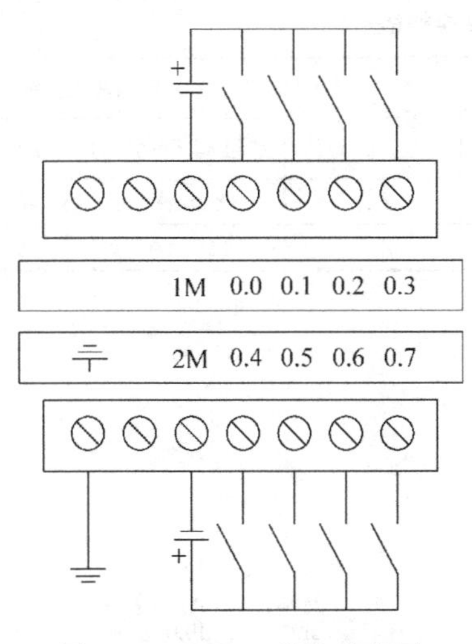

图 1-47　EM221 模块接线图

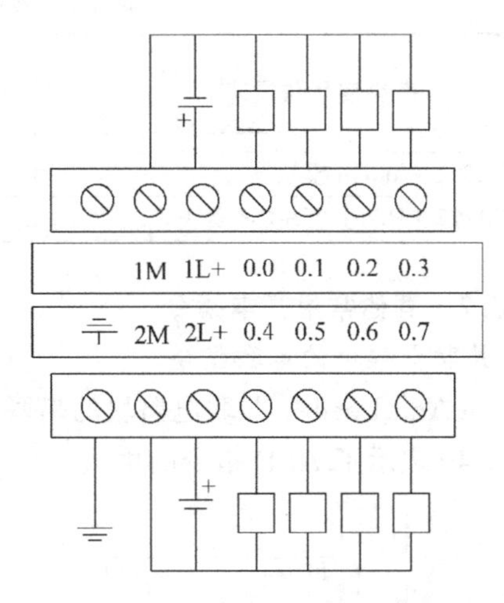

图 1-48　EM222 模块接线图

S7-200 编程时不必配置 I/O 地址。S7-200 扩展模块上的 I/O 地址按照离 PLC 的距离递增排列。离 PLC 越近，地址号越小。在模块之间，数字量信号的地址总以 8 位(1 字节)为单位递增。如果 PLC 上的物理输入点没有完全占据一字节，其中剩余未用的位也不能分配给后续模块的同类信号。CPU222(8 点输入、6 点输出)配置一块 EM223(4 点输入、4 点输出)模块，扩展模块的输入地址为 I1.0～I1.3，而 I1.4～I1.7 空置不可用，扩展模块的输出地址为 Q1.0～Q1.3，而 Q1.4～Q1.7 空置不可用。

当 PLC 和数字量的扩展模块的输入点/输出点有信号输入或者输出时，LED 指示灯会亮，显示有输入/输出信号，调试时可能会用到。

2. 模拟量 I/O 扩展模块

模拟量 I/O 扩展模块包括模拟量输入模块、模拟量输出模块和模拟量输入/输出模块，其规格见表 1-8。

表 1-8　模拟量 I/O 扩展模块规格表

模块型号	输入点	输出点	电压	功耗/W	电源要求	
					DC 5V	DC 24V
EM231	4	0	DC 24V	2	20mA	60mA
EM232	0	2	DC 24V	2	20mA	70mA
EM235	4	1	DC 24V	2	30mA	60mA

3. 其他模块

其他的扩展模块规格见表 1-9。EM241 Modem 模块是调制解调器模块，用于长距离通信，目前已经不常用了。EM277 PROFIBUS-DP 模块主要用于 S7-200 系列 PLC 的 PROFIBUS-DP 通信和 MPI 通信，也可以当做 RS-485 扩展口使用，用于连接西门子系列的触摸屏等。

表 1-9 其他扩展模块规格表

模块型号与描述	重量/kg	功耗/W	电源要求	
			DC 5V	DC 24V
EM241 Modem 模块	0.190	2.1	80mA	70mA
EM277 PROFIBUS-DP 模块	0.175	2.5	150mA	80mA

1.5.2 其他常用基本指令

1. 并联电路块的串联指令

ALD(And Load)：并联电路块的串联连接。

图 1-49 表示了 ALD 指令的用法。

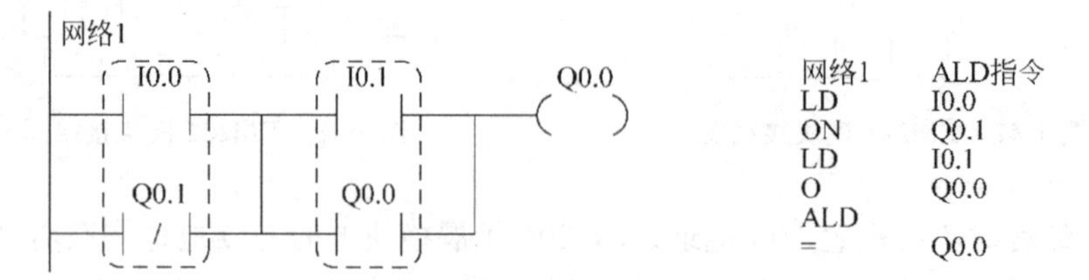

图 1-49 ALD 指令应用举例

并联电路块的串联指令使用说明：

① 并联电路块与前面电路串联时，使用 ALD 指令。电路块的起点用 LD 或 LDN 指令，并联电路块结束后，使用 ALD 指令与前面电路块串联。

② ALD 无操作数。

图 1-49 中梯形图的含义解释：实际上就是把第一个虚线框中的触点 I0.0 和触点 Q0.1 并联，再将第二个虚线框中的触点 I0.1 和触点 Q0.0 并联，最后把两个虚线框中并联后的结果串联。

2. 串联电路块的并联指令

OLD(Or Load)：串联电路块的并联连接。

图 1-50 表示了 OLD 指令的用法。

串联电路块的并联指令使用说明：

① 串联电路块并联连接时，其支路的起点均以 LD 或 LDN 开始，终点以 OLD 结束。

② OLD 无操作数。

图 1-50 中梯形图的含义解释：实际上就是把第一个虚线框中的触点 I0.0 和触点 I0.1 串联，再将第二个虚线框中的触点 Q0.1 和触点 Q0.0 串联，最后把两个虚线框中串联后的结果并联。

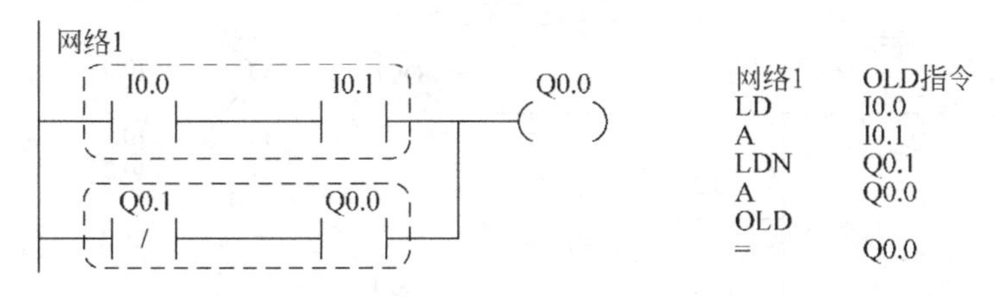

图 1-50　OLD 指令应用举例

3. 逻辑栈操作指令

LD 装载指令是从梯形图最左侧的母线画起的，如果要生成一条分支的母线，则需要利用语句表的栈操作指令来描述。

栈操作语句表指令格式如下。

LPS：逻辑堆栈指令，即把栈顶值复制后压入堆栈，栈底值丢失。

LRD：逻辑读栈指令，即把逻辑堆栈第二级的值复制到栈顶，堆栈没有压入和弹出。

LPP：逻辑弹栈指令，即把堆栈弹出一级，原来第二级的值变为新的栈顶值。

图 1-51 所示为逻辑栈操作指令对栈区的影响，图中 ivx 表示存储在栈区某个程序断点的地址。

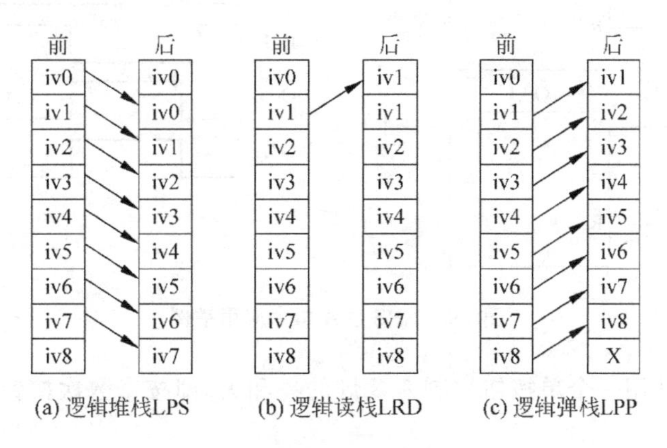

图 1-51　栈操作指令的操作过程

图 1-52 所示的例子说明了这几条指令的作用。其中只用了两层栈，实际上逻辑堆栈有 9 层，故可以连续使用多次 LPS 指令。但要注意 LPS 和 LPP 必须配对使用。

4. RS 触发器指令

RS 触发器具有置位与复位的双重功能，RS 触发器是复位优先，当置位(S)和复位(R)同时为真时，输出为假。而 SR 触发器是置位优先触发器，当置位(S)和复位(R)同时为真时，输出为真。RS 触发指令应用如图 1-53 所示。

【例 1-6】 抢答器有 I0.0、I0.1 和 I0.2 三个输入，对应的输出为 Q0.0、Q0.1 和 Q0.2，输入复位为 I0.3。要求 3 个人任意抢答，先按动瞬时按钮的指示灯优先亮，且只能亮一盏灯，主持人按复位按钮后，抢答重新开始。

【解】 程序如图 1-54 所示。

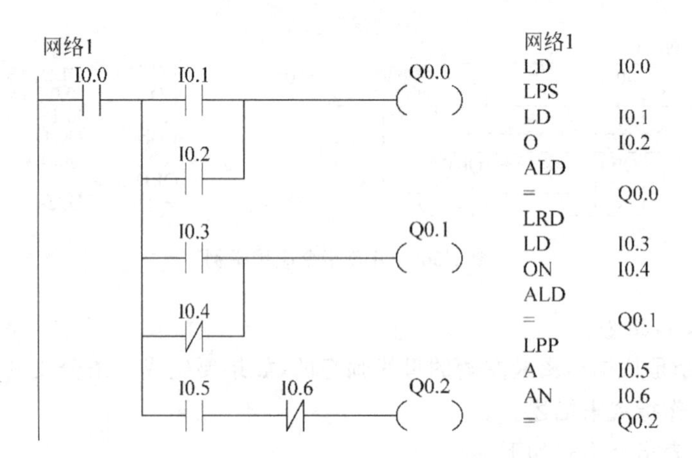

图 1-52　LPS、LRD、LPP 指令应用举例

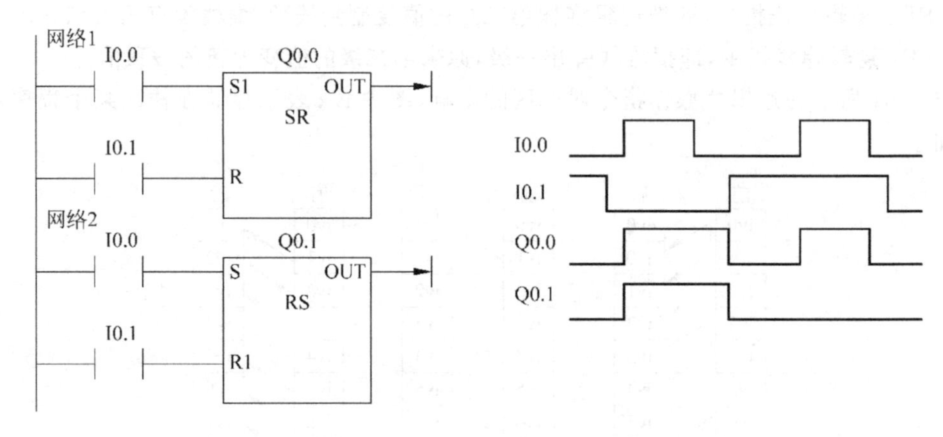

图 1-53　RS 触发指令应用举例

【例 1-7】 设计用一个单按钮控制一盏灯的亮和灭，即按奇数次按钮灯亮，按偶数次按钮灯灭。

【解】 最简单的方法是用 SR 或者 RS 指令编写程序，先用 SR 指令，程序如图 1-55 所示。当第一次压下 I0.0 按钮时，Q0.0 置位；当第二次压下 I0.0 按钮时，Q0.0 复位，灯灭。

这个题目还有另一种解法，就是用 RS 指令，梯形图如图 1-56 所示。当第一次压下按钮时，Q0.0 线圈得电（灯亮），Q0.0 常开触点闭合；当第二次压下按钮时，S 和 R1 端子同时高电平，由于复位优先，所以 Q0.0 线圈断电（灯灭）。

5. 边沿触发指令

边沿触发是指用边沿触发信号产生一个机器周期的扫描脉冲，通常用于脉冲整形。边沿触发指令分为正跳变触发（上升沿）和负跳变（下降沿）两大类。正跳变触发指输入脉冲的上升沿使触点闭合（ON）一个扫描周期。负跳变触发指输入脉冲的下降沿使触点闭合（ON）一个扫描周期。边沿触发指令格式见表 1-10。

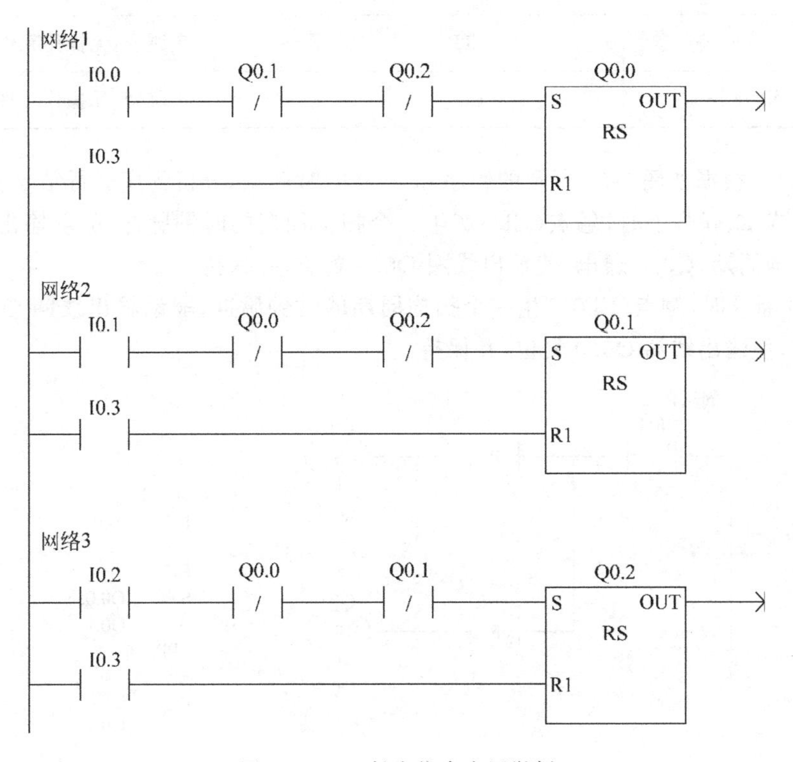

图 1-54　RS 触发指令应用举例

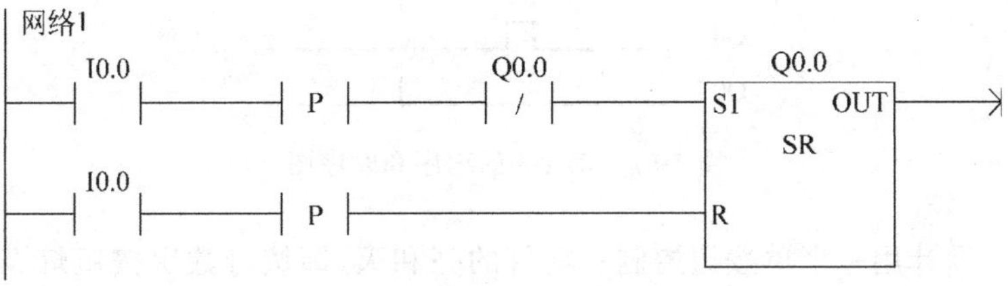

图 1-55　SR 触发指令应用举例

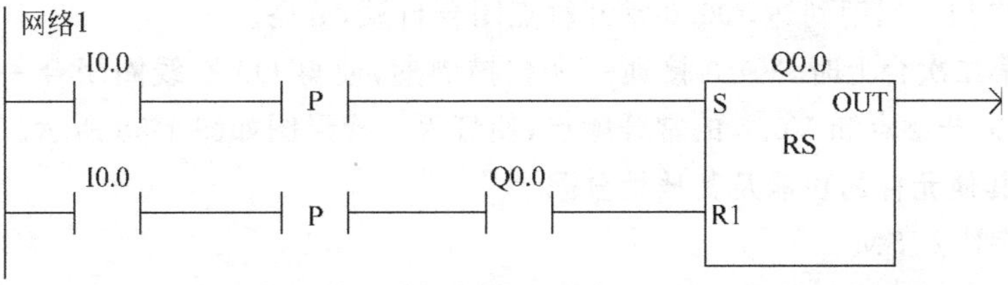

图 1-56　RS 触发指令应用举例

表 1-10　边沿触发指令格式

LAD	STL	功　能
─┤P├─	EU	正跳变,无操作元件
─┤N├─	ED	负跳变,无操作元件

【例 1-8】 根据如图 1-57 所示的程序和 I0.0 的时序图,分析程序运行结果。

【解】 当 I0.0 合上时,触点(EU)产生一个扫描周期的时钟脉冲,驱动输出线圈 Q0.1 通电一个扫描周期,Q0.0 通电,使输出线圈 Q0.0 置位,并保持。

当 I0.0 断开时,触点(ED)产生一个扫描周期的时钟脉冲,驱动输出线圈 Q0.2 通电一个扫描周期,使输出线圈 Q0.0 复位,并保持。

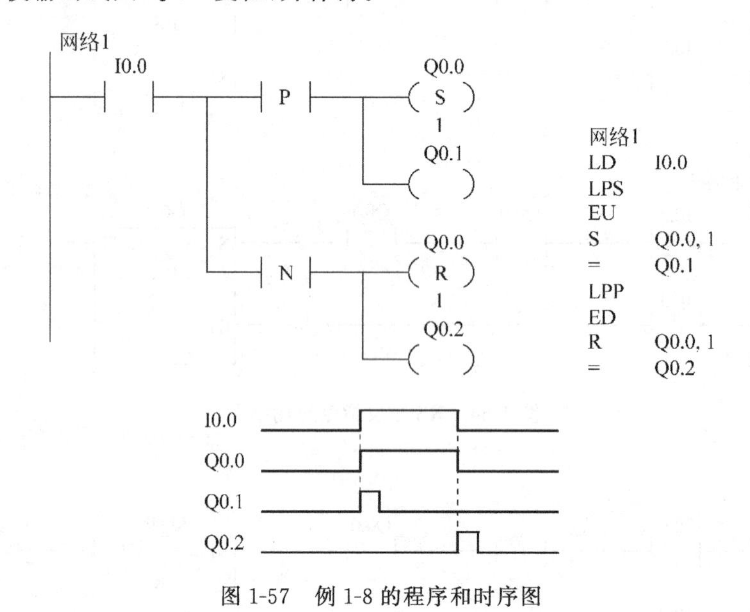

图 1-57　例 1-8 的程序和时序图

【例 1-9】 设计用一个单按钮控制一盏灯的亮和灭,即按奇数次按钮灯亮,按偶数次按钮灯灭。

【解】 当 I0.0 第一次合上时,V0.0 接通一个扫描周期,使得 Q0.0 线圈得电一个扫描周期,当下一次扫描周期到达,Q0.0 常开触点闭合自锁,灯亮。

当 I0.0 第二次合上时,V0.0 接通一个扫描周期,使得 Q0.0 线圈闭合一个扫描周期,切断 Q0.0 的常开触点和 V0.0 的常开触点,使灯灭。梯形图如图 1-58 所示。

1.5.3　其他元件的功能及其地址分配

1. 特殊存储器 SM

SM 位为 PLC 与用户程序之间传递信息提供了一种手段。可以用这些位选择和控制 S7-200 PLC 的一些特殊功能。例如,首次扫描标志位(SM0.1)、按照固定频率开关的标志位或者显示数学运算或操作指令状态的标志位,并且可以按位、字节、字或双字来存取 SM 位。

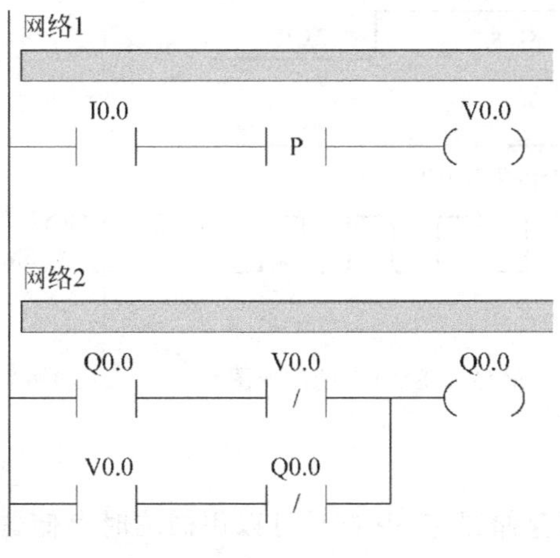

图 1-58　例 1-9 的梯形图

位格式：SM[字节地址].[位地址]，如 SM0.1。

字节、字或者双字格式：SM[长度][起始字节地址]，如 SMB86、SMW32、SMD52。

特殊寄存器的范围为 SM0～SM549，全部记住是比较困难的，使用特殊寄存器可参考有关手册，常用的特殊寄存器见表 1-11。为了便于理解 SM0.0、SM0.1 和 SM0.5，用波形图表示，如图 1-59 所示。

表 1-11　特殊存储器字节 SMB0(SM0.0～SM0.7)

SM 位	描　述
SM0.0	该位始终为 1
SM0.1	该位在首次扫描时为 1，用途之一是调用初始化子程序
SM0.2	若保持数据丢失，则该位在一个扫描周期中为 1。该位可用做错误存储器位，或用来调用特殊启动顺序功能
SM0.3	开机后进入运行(RUN)方式，该位将被置 1 个扫描周期，该位可用做在启动操作之前给设备提供一个预热时间
SM0.4	该位提供一个时钟脉冲，30s 为 1，30s 为 0，周期为 1min，它提供了一个简单易用的延时或 1min 的时钟脉冲
SM0.5	该位提供一个时钟脉冲，0.5s 为 1，0.5s 为 0，周期为 1s，它提供了一个简单易用的延时或 1s 的时钟脉冲
SM0.6	该位为扫描时钟，本次扫描时置 1，下次扫描时置 0，可用做扫描计数器的输入
SM0.7	该位指示 PLC 工作方式开关的位置(0 为 TERM 位置，1 为 RUN 位置)。当开关在 RUN 位置时，用该位可使自由端口通信方式有效，当切换至 TERM 位置时，同编程设备的正常通信也会有效

【例 1-10】　图 1-60 所示的梯形图中，Q0.0 控制一盏灯，请分析当系统上电后灯的明暗情况。

【解】　因为 SM0.5 是周期为 1s 的脉冲信号，所以灯亮0.5s，然后暗 0.5s，以 1s 为周期闪烁。

SM0.5 常用于报警灯的闪烁。

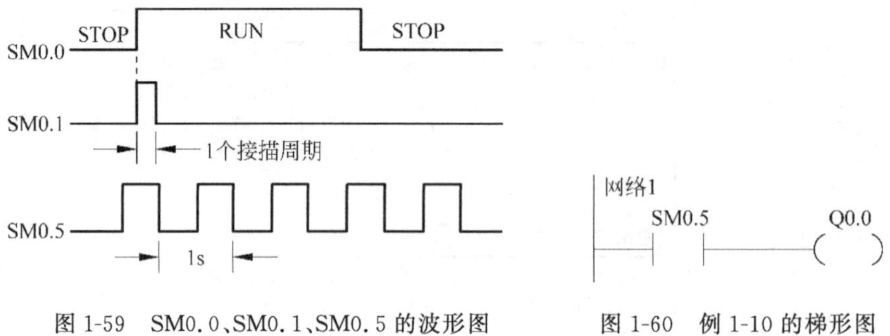

图 1-59　SM0.0、SM0.1、SM0.5 的波形图　　图 1-60　例 1-10 的梯形图

2. *局部存储器 L*

S7-200 有 64B 的局部存储器，其中 60B 可以用做临时存储器或者给子程序传递参数。如果用梯形图或功能块图编程，STEP 7-Micro/WIN 保留这些局部存储器的最后 4B。局部存储器和变量存储器 V 很相似，但只有一个区别：变量存储器是全局有效的，而局部存储器只在局部有效。全局是指同一个存储器可以被任何程序存取（包括主程序、子程序和中断服务程序），局部是指存储器区和特定的程序相关联。S7-200 给主程序分配了 64B 的局部存储器，给每一级子程序嵌套分配了 64B 的局部存储器，同样给中断服务程序分配了 64B 的局部存储器。

子程序不能访问分配给主程序、中断服务程序或者其他子程序的局部存储器。同样，中断服务程序也不能访问分配给主程序或子程序的局部存储器。S7-200 PLC 根据需要分配局部存储器。也就是说，当主程序执行时，分配给子程序或中断服务程序的局部存储器是不存在的。当发生中断或者调用一个子程序时，需要分配局部存储器。新的局部存储器地址可能会覆盖另一个子程序或中断服务程序的局部存储器地址。

局部存储器在分配时 PLC 不进行初始化，初值可能是任意的。当在子程序调用中传递参数时，在被调用子程序的局部存储器中，由 PLC 替换其被传递的参数的值。局部存储器在参数传递过程中不传递值，在分配时不被初始化，可能包含任意数值。L 可以作为地址指针。

位格式：L[字节地址].[位地址]，如 L0.0。

字节、字或双字格式：L[长度][起始字节地址]，如 LB33。下面的程序中，LD10 作为地址指针。

```
LD   SM0.0
MOVD &VB0,LD10   //将 VB0 的起始地址装载到指针中
```

3. *模拟量输入映象寄存器 AI*

S7-200 将模拟量值（如温度或电压）转换成 1 个字长（16 位）的数字量。可以用区域标识符（AI）、数据长度（W）及字节的起始地址来存取这些值。因为模拟输入量为 1 个字长，并且从偶数位字节（如 0、2、4）开始，所以必须用偶数字节地址（如 AIW0、AIW2、AIW4）来存取这些值，如 AIW1 是错误的数据。模拟量输入值为只读数据。

格式：AIW[起始字节地址]，如 AIW0。以下为通道 0 模拟量输入的程序。

```
LD SM0.0
MOVW AIW0,MW10   //将通道0模拟量输入量转换为数字量后存入MW10中
```

4. 模拟量输出映象寄存器AQ

S7-200把1个字长的数字值按比例转换为电流或电压。可以用区域标识符(AQ)、数据长度(W)及字节的起始地址来改变这些值。因为模拟量为1个字长,且从偶数字节(如0,2,4)开始,所以必须用偶数字节地址(如AQW0、AQW2、AQW4)来改变这些值。模拟量输出值为只读数据。

格式: AQW[起始字节地址],如AQW0。以下为通道0模拟量输出的程序。

```
LD SM0.0
MOVW 1234,AQW0   //将数字量1234转换成模拟量(如电压)从通道0输出
```

5. 定时器T

在S7-200 PLC中,定时器可用于时间累计,其分辨率(时基增量)分为1ms、10ms和100ms三种。定时器有以下两个变量。

- 当前值: 16位有符号整数,存储定时器所累计的时间。
- 定时器位: 按照当前值和预置值的比较结果置位或者复位。预置值是定时器指令的一部分。

可以用定时器地址来存取这两种形式的定时器数据。究竟使用哪种形式取决于所使用的指令: 如果使用位操作指令,则是存取定时器位; 如果使用字操作指令,则是存取定时器当前值。存取格式为: T[定时器号],如T37。

S7-200系列中定时器可分为接通延时定时器、有记忆的接通延时定时器和断开延时定时器三种。它们是通过对一定周期的时钟脉冲的进行累计而实现定时的,时钟脉冲的周期(分辨率)有1ms、10ms、100ms三种,当计时达到设定值时触点动作。

6. 计数器存储区C

在S7-200 PLC中,计数器可以用于累计其输入端脉冲电平由低到高的次数。PLC提供了三种类型的计数器,一种只能增加计数; 一种只能减少计数; 另外一种既可以增加计数,又可以减少计数。计数器有以下两种寻址方式。

- 当前值: 16位有符号整数,存储累计值。
- 计数器位: 按照当前值和预置值的比较结果置位或者复位。预置值是计数器指令的一部分。

可以用计数器地址来存取这两种形式的计数器数据。究竟使用哪种形式取决于所使用的指令: 如果使用位操作指令,则是存取计数器位; 如果使用字操作指令,则是存取计数器当前值。存取格式为: C[计数器号],如C24。

7. 高速计数器HC

高速计数器用于对高速事件计数,它独立于PLC的扫描周期。高速计数器有一个32位的有符号整数计数值(或当前值)。若要存取高速计数器中的值,则应给出高速计数器的地址,即存储器类型(HC)加上计数器号(如HC0)。高速计数器的当前值是只读数据,仅可以作为双字(32位)来寻址。

格式：HC[高速计数器号]，如 HC1。

8. 累加器 AC

累加器是可以像存储器一样使用的读写设备。例如，可以用它来向子程序传递参数，也可以从子程序返回参数，以及用来存储计算的中间结果。S7-200 提供了 4 个 32 位累加器（AC0、AC1、AC2 和 AC3），并且可以按字节、字或双字的形式来存取累加器中的数值。

被访问的数据长度取决于存取累加器时所使用的指令。当以字节或者字的形式存取累加器时，使用的是数值的低 8 位或低 16 位。当以双字的形式存取累加器时，使用全部 32 位。

格式：AC[累加器号]，如 AC0。以下为将常数 18 移入 AC0 中的程序。

```
LD SM0.0
MOVB 18,AC0  //将常数 18 传送到 AC0
```

9. 顺控继电器存储 S

顺控继电器位(S)用于组织机器操作或者进入等效程序段的步骤。SCR 提供控制程序的逻辑分段。可以按位、字节、字或双字来存取 S 位。

位：S[字节地址].[位地址]，如 S3.1。

字节、字或者双字：S[长度][起始字节地址]。

1.5.4 三相异步电动机的正反转控制

【例 1-11】 用西门子 S7-200 PLC 对一台三相异步电动机进行“正-停-反”控制，请设计电气原理图，编写梯形图指令。

【解】 三相异步电动的“正-停-反”控制，类似于使用二次三相异步电动机的“启停”控制，不难设计，电气原理图和梯形图如图 1-61 和图 1-62 所示。

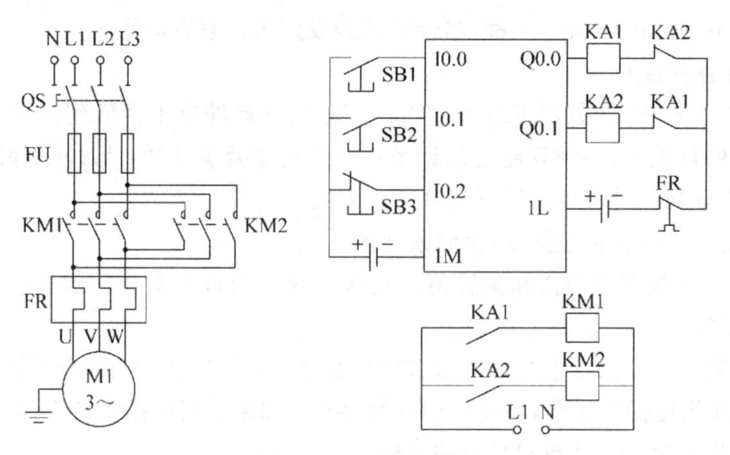

图 1-61 电气原理图

【关键点】 SB3 是停止按钮，应该接常闭触点，这主要是基于安全考虑，这点读者务必注意。由于 SB3 接常闭触点，所以在梯形图中，I0.2 要用常开触点，这点初学者容易出错。

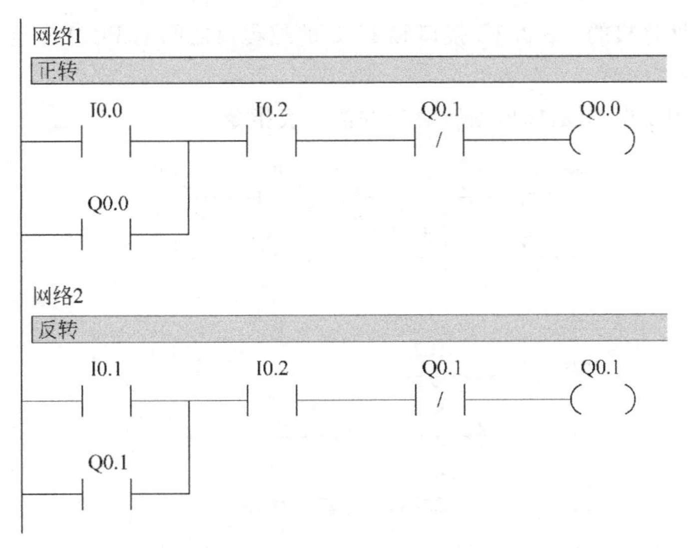

图 1-62　“正-停-反”梯形图

习　题　1

1-1　PLC 的主要性能指标有哪些?

1-2　PLC 主要用在哪些场合?

1-3　PLC 是怎样分类的?

1-4　PLC 的发展趋势是什么?

1-5　PLC 主要由哪几个部分组成?

1-6　PLC 的输入和输出模块主要由哪几个部分组成?每部分的作用是什么?

1-7　PLC 的存储器可以细分为哪几个部分?

1-8　PLC 是怎样进行工作的?

1-9　举例说明常见的哪些设备可以作为 PLC 的输入设备和输出设备?

1-10　什么是立即输入和立即输出?在何种场合应用?

1-11　S7 系列的 PLC 有哪几类?

1-12　S7-200 系列 PLC 有什么特色?

1-13　S7-200 系列 PLC 有几种工作方式?下载文件时,能否置于“运行”状态?

1-14　当 S7-200 PLC 处于监控状态时,能否用软件设置 PLC 为“停止模式”?

1-15　将 16#33FF 转换成二进制数,将 2#11001111 转换成十六进制数。

1-16　将 255 转换成 BCD 码,将 BCD 码 16#255 转化成十进制数。

1-17　S7-200 系列 PLC 的输入和输出怎样接线?

1-18　PLC 控制与继电器控制相比有何优缺点?

1-19　计算机安装 STEP 7-Micro/WIN 软件需要哪些软、硬件条件?

1-20　没有 RS-232C 接口的笔记本电脑要使用具备 RS-232C 接口的 PC/PPI 电缆下载程序到 S7-200 PLC 中,应该做哪些预处理?

1-21　在 STEP 7-Micro/WIN 软件中,“局部编译”和“完全编译”的区别是什么?

1-22　连接计算机的 RS-232C 接口和 PLC 的编程口之间的 PC/PPI 电缆时，为什么要关闭 PLC 的电源？

1-23　写出图 1-63 所示梯形图所对应的语句表指令。

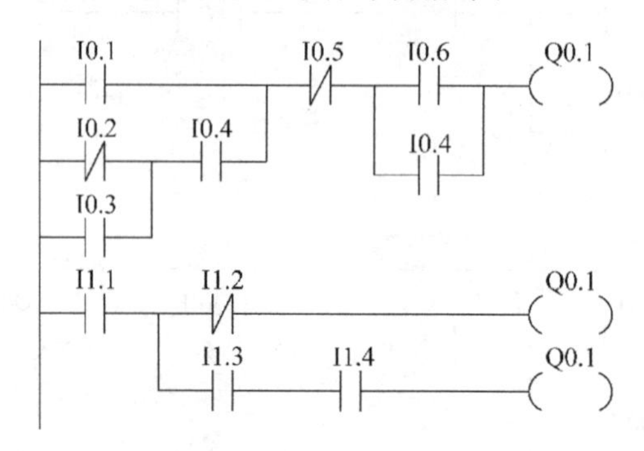

图 1-63　习题 1-23 图

1-24　根据下列语句表程序，画出梯形图。

```
LD    I0.0
AN    I0.1
LD    I0.2
A     I0.3
O     I0.4
A     I0.5
OLD
LPS
A     I0.6
=     Q0.1
LPP
A     I0.7
=     Q0.2
A     I1.1
=     Q0.3
```

1-25　以下哪些表达有错误？请改正。

AQW3、8＃11、10＃22、16＃FF、16＃FFH、2＃110、2＃21

1-26　PLC 是在(　　)基础上发展起来的。

A. 继电控制系统　　B. 单片机　　C. 工业计算机　　D. 机器人

1-27　工业中控制电压一般是(　　)。

A. 24V　　B. 36V　　C. 110V　　D. 220V

1-28　工业中控制电压一般是(　　)电压。

A. 交流　　B. 直流　　C. 混合式　　D. 交变

1-29　电磁兼容性英文缩写是(　　)。

A. MAC　　B. EMC　　C. CME　　D. AMC

1-30　若系统中有 4 个输入，其中任何一个输入打开时，系统的传送机启动，系统中另有 3 个故障检测输入开关，若其中任何一个有输入时传送机立即停止工作。

1-31　用置位和复位指令编写电动机正反转的程序。

1-32　设计一个 3 个按钮控制一个灯的电路，要求 3 个按钮位于不同位置。按任意一个按钮灯亮，再按任意一个按钮灯灭。

1-33　设计出满足如图 1-64 所示时序图的梯形图。

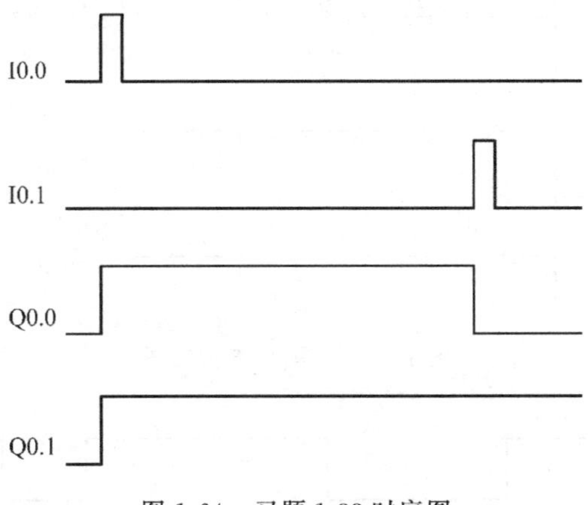

图 1-64　习题 1-33 时序图

1-34　已知如图 1-65 所示的输入触点时序图，结合如图 1-66 所示的梯形图画出 Q0.0 的时序图。

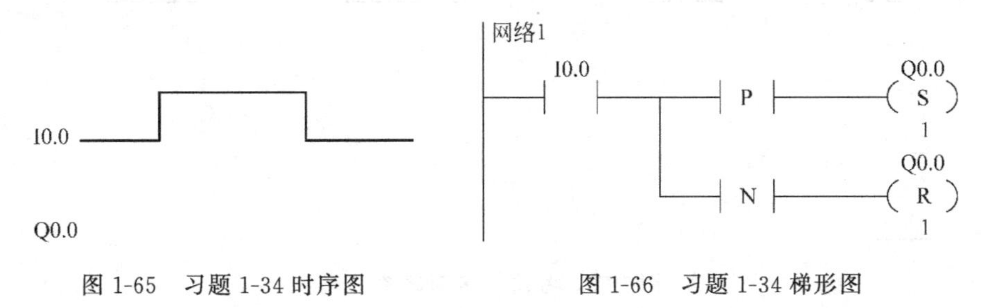

图 1-65　习题 1-34 时序图　　　　图 1-66　习题 1-34 梯形图

1-35　已知如图 1-67 所示的输入触点时序图，结合图 1-68 所示的梯形图画出 Q0.0 和 Q0.1 的时序图。

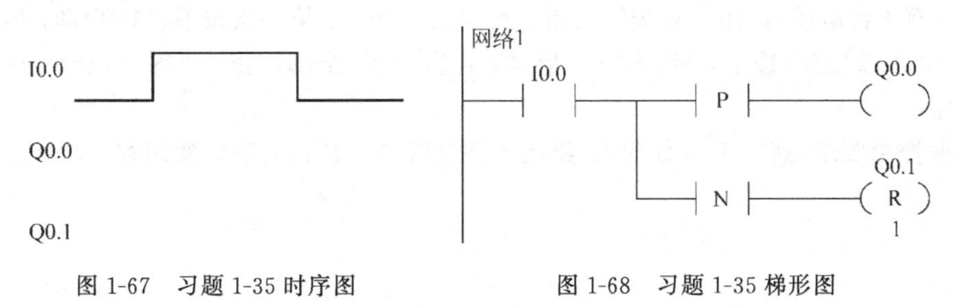

图 1-67　习题 1-35 时序图　　　　图 1-68　习题 1-35 梯形图

1-36　梯形图如图 1-69 所示，已知输入点 I0.0、I0.1 和 I0.2 的时序图如图 1-70 所示，画出的输出点 Q0.0、Q0.1 和 Q0.2 时序图。

1-37　试编制程序实现下述控制要求：用一个开关控制三个灯的亮灭。开关闭合一次

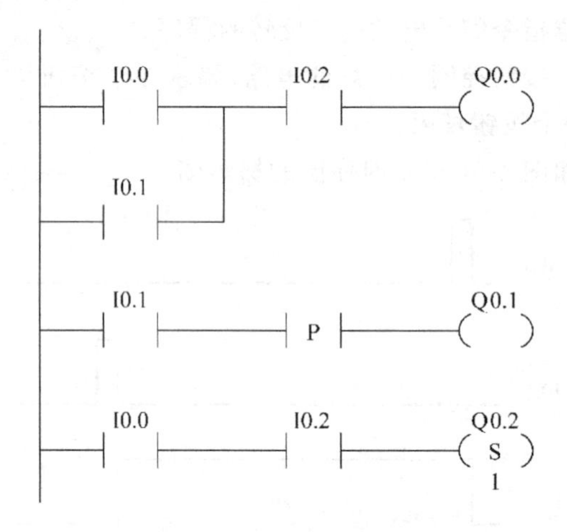

图 1-69　习题 1-36 梯形图

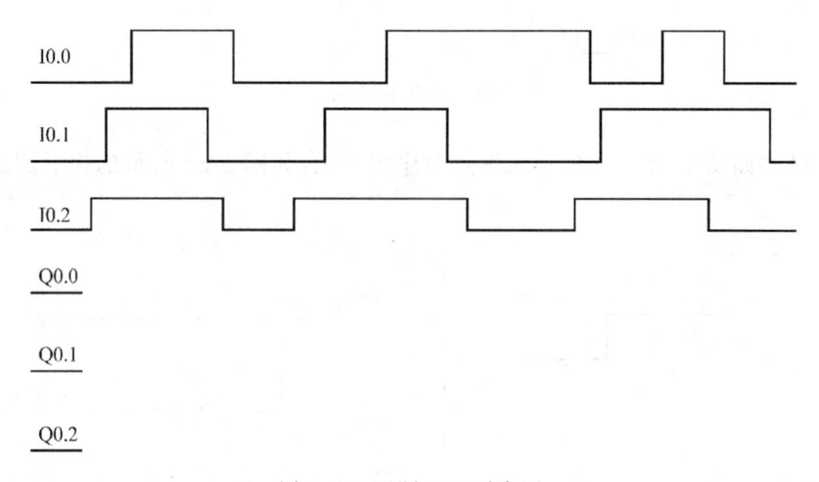

图 1-70　习题 1-36 时序图

一盏灯点亮；开关闭合两次两盏灯点亮；开关闭合三次三盏灯点亮；开关闭合四次三盏灯全灭；开关再闭合一次一盏灯又点亮……，如此循环。

1-38　有 4 台电动机，用一只按钮控制。控制要求如下：第一次按下，M1 启动；第二次按下，M2 启动；第三次按下，M3 和 M4 启动；再次按下，全部停止；可循环控制；有必要的保护措施。

请根据控制要求，列写 I/O 分配表，绘制硬件接线图，编写并调试，实现控制功能。

项目2 鼓风机系统的控制与调试

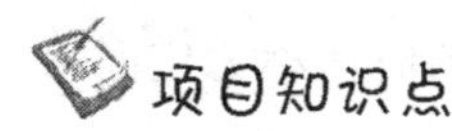

定时器指令(TON、TONR、TOF)。

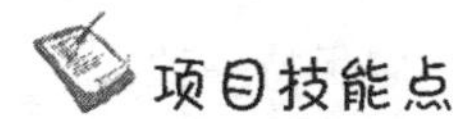

1. 根据项目,确定PLC的型号;

2. 能分配PLC外部I/O,并会接线;

3. 会使用STEP 7-Micro/WIN软件的高级功能(如写入、强制、设置密码等),会使用仿真软件;

4. 会查询PLC系统手册(编程手册、硬件手册);

5. 会使用定时器指令和基本指令编写和调试鼓风机系统控制程序。

本项目建议学时:8学时。

2.1 项目提出

鼓风机系统一般由引风机和鼓风机两级构成。当按下启动按钮之后,引风机先工作,工作5s后,鼓风机工作。按下停止按钮之后,鼓风机先停止工作,5s之后,引风机才停止工作。

2.2 项目分析

首先,鼓风机控制系统只有启停引风机和鼓风机的控制,因此只要4个I/O点,一般的小型PLC都能满足这个要求。

由于有定时要求,所以需要用到PLC的定时器。

2.3 必备知识

S7-200 PLC的定时器为增量型定时器,用于实现时间控制,可以按照工作方式和时间基准分类。

1. 工作方式

按照工作方式,定时器可分为通电延时型(TON)、有记忆的通电延时型或保持型(TONR)、断电延时型(TOF)三种类型。

2. 时间基准

按照时间基准(简称时基),定时器可分为1ms、10ms和100ms三种类型,时间基准不同，定时精度、定时范围和定时器的刷新方式也不同。

定时器的工作原理是：定时器的使能端输入有效后，当前值寄存器对 PLC 内部的时基脉冲增 1 计数，最小计时单位为时基脉冲的宽度。故时间基准代表着定时器的定时精度（分辨率）。

定时器的使能端输入有效后，当前值寄存器对时基脉冲递增计数，当计数值大于或等于定时器的预置值后，状态位置 1。从定时器输入有效到状态位置 1，经过的时间称为定时时间。定时时间等于时基乘以预置值，时基越大，定时时间越长，但精度越差。

1ms 定时器每隔 1ms 刷新一次，与扫描周期和程序处理无关。因而当扫描周期较长时，定时器在一个周期内可能被多次刷新，其当前值在一个扫描周期内不一定保持一致。

10ms 定时器在每个扫描周期开始时自动刷新。由于每个扫描周期只刷新一次，故在每次程序处理期间，其当前值为常数。

100ms 定时器在定时器指令执行时被刷新，下一条执行的指令即可使用刷新后的结果，使用方便可靠。但应当注意，如果定时器的指令不是每个周期都执行（条件跳转时），定时器就不能及时刷新，可能会导致出错。

CPU22X 的 256 个定时器分属 TON（TOF）和 TONR 工作方式，以及三种时基标准（TON 和 TOF 共享同一组定时器，不能重复使用，例如当 T37 用于 TON 工作方式，就不可以用于 TOF 工作方式）。其详细分类方法见表 2-1。

表 2-1　定时器工作方式及类型

工作方式	时间基准/ms	最大定时时间/s	定时器型号
TONR	1	32.767	T0，T64
	10	327.67	T1～T4，T65～T68
	100	3276.7	T5～T31，T69～T95
TON/TOF	1	32.767	T32，T96
	10	327.67	T33～T36，T97～T100
	100	3276.7	T37～T63，T101～T255

3. 工作原理

下面分别叙述 TON、TONR、TOF 三种类型定时器的使用方法。这三类定时器均有使能输入端 IN 和预置值输入端 PT。PT 预置值的数据类型为整数（INT），最大预置值是 32767。

(1) 通电延时型定时器（TON）

使能端（IN）输入有效时，定时器开始计时，当前值从 0 开始递增，大于或等于预置值（PT）时，定时器输出状态位置 1。使能端输入无效（断开）时，定时器复位（当前值清 0，输出状态位置 0）。通电延时型定时器指令和参数见表 2-2。

表 2-2　通电延时型定时器指令和参数

LAD	参数	数据类型	说　明	存　储　区
Txxx IN　TON PT　PT　???ms	Txxx	WORD	表示要启动的定时器号	T32,T96,T33～T36,T97～T100,T37～T63,T101～T255
	PT	INT	定时器时间值	I,Q,M,D,L,T,S, SM,AI,T,C,AC,常数,＊VD,＊LD,＊AC
	IN	BOOL	使能	I,Q,M,SM,T,C,V,S,L

【例 2-1】 已知梯形图和 I0.1 时序如图 2-1 所示,请画出 Q0.0 的时序图。

【解】 当接通 I0.1,延时 3s 后,Q0.0 得电。

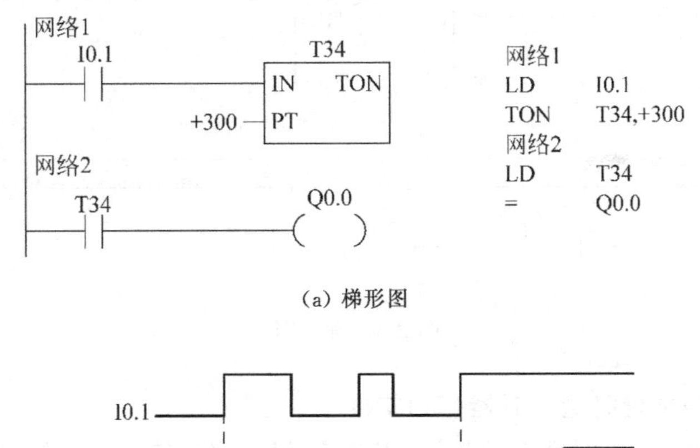

(a) 梯形图

(b) 时序图

图 2-1　通电延时型定时器应用举例

【例 2-2】 设计一段程序,实现一盏灯亮 3s,灭 3s,不断循环,且能实现启停控制。

【解】 当接通 SB1 按钮,灯 HL1 亮,T37 延时 3s 后,灯 HL1 灭,T38 延时 3s 后,切断 T37,灯 HL1 亮,如此循环。接线图如图 2-2 所示,梯形图如图 2-3 所示。

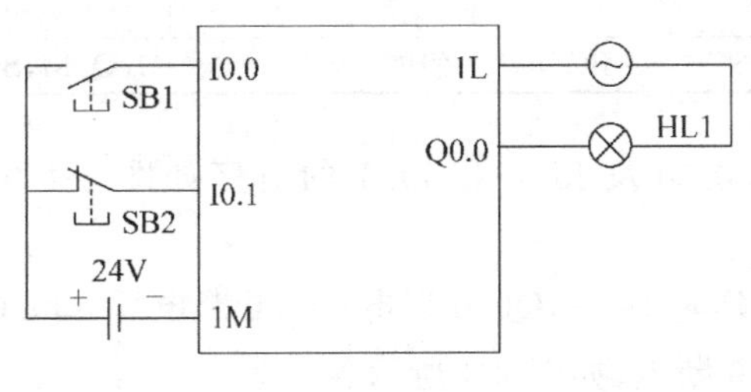

图 2-2　接线图

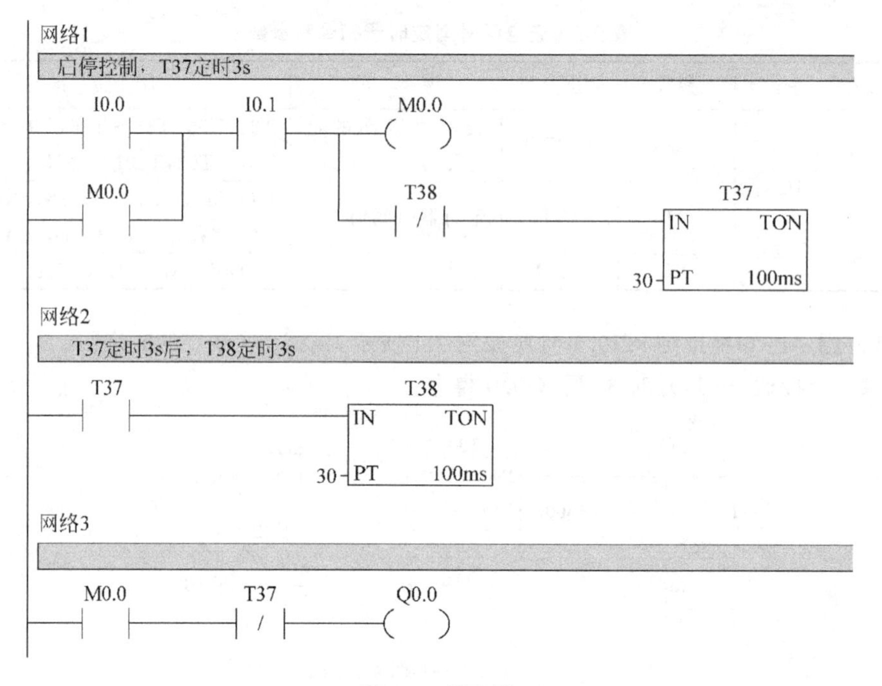

图 2-3　梯形图

（2）有记忆的通电延时型定时器（TONR）

使能端输入有效时，定时器开始计时，当前值递增，当前值大于或等于预置值时，输出状态位置 1。使能端输入无效时，当前值保持（记忆），使能端再次接通有效时，在原记忆值的基础上递增计时。有记忆的通电延时型定时器采用线圈的复位指令进行复位操作，当复位线圈有效时，定时器当前值清 0，输出状态位置 0。有记忆的通电延时型定时器的指令和参数见表 2-3。

表 2-3　有记忆的通电延时型定时器的指令和参数

LAD	参数	数据类型	说　明	存　储　区
Txxx IN　TONR PT - PT　???ms	Txxx	WORD	表示要启动的定时器号	T0，T64，T1～T4，T65～T68，T5～T31，T69～T95
	PT	INT	定时器时间值	I，Q，M，D，L，T，S，SM，AI，T，C，AC，常数，* VD，* LD，* AC
	IN	BOOL	使能	I，Q，M，SM，T，C，V，S，L

【例 2-3】 已知梯形图以及 I0.0 和 I0.1 的时序如图 2-4 所示，请画出 Q0.0 的时序图。

【解】 当接通 I0.0，延时 1s 后，Q0.0 得电；I0.0 断电后，Q0.0 仍然保持得电，当 I0.1 接通时，定时器复位，Q0.0 断电，如图 2-4 所示。

（3）断电延时型定时器（TOF）

使能端输入有效时，定时器输出状态位立即置 1，当前值清 0。使能端断开时，开始计

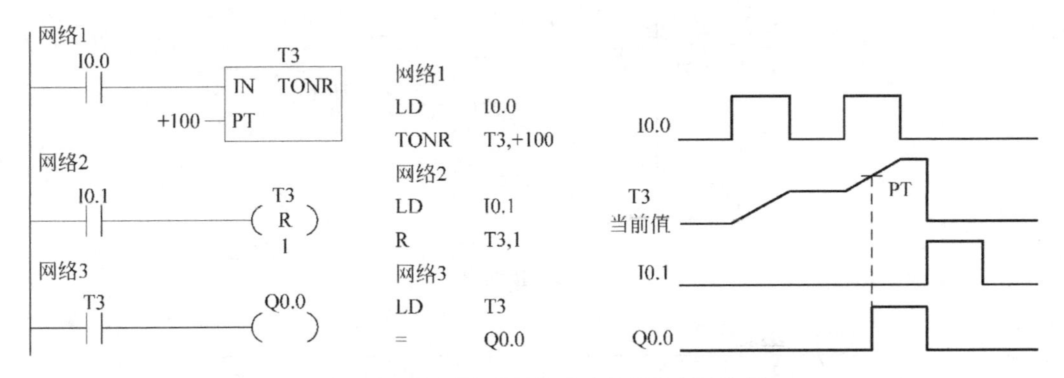

图 2-4　有记忆的通电型延时定时器应用举例

时，当前值从 0 递增，当前值达到预置值时，定时器状态位复位置 0，并停止计时，当前值保持。断电延时型定时器的指令和参数见表 2-4。

表 2-4　断电延时型定时器的指令和参数

LAD	参数	数据类型	说　明	存　储　区
Txxx IN TOF PT PT ???ms	Txxx	WORD	表示要启动的定时器号	T32，T96，T33～T36，T97～T100，T37～T63，T101～T255
	PT	INT	定时器时间值	I，Q，M，D，L，T，S，SM，AI，T，C，AC，常数，* VD，* LD，* AC
	IN	BOOL	使能	I，Q，M，SM，T，C，V，S，L

【例 2-4】 已知梯形图以及 I0.0 的时序如图 2-5 所示，请画出 Q0.0 的时序图。

【解】 当接通 I0.0，Q0.0 得电；I0.0 断电 5s 后，Q0.0 也失电，如图 2-5 所示。

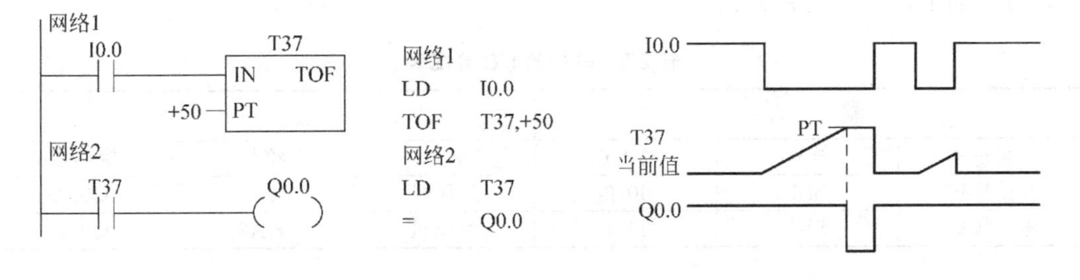

图 2-5　断电延时型定时器应用举例

【例 2-5】 某车库中有一盏灯，当人离开车库后，按下停止按钮，5s 后灯熄灭，请编写程序。

【解】 当接通 SB1 按钮，灯 HL1 亮；按下 SB2 按钮 5s 后，灯 HL1 灭。接线图如图 2-6 所示，梯形图如图 2-7 所示。

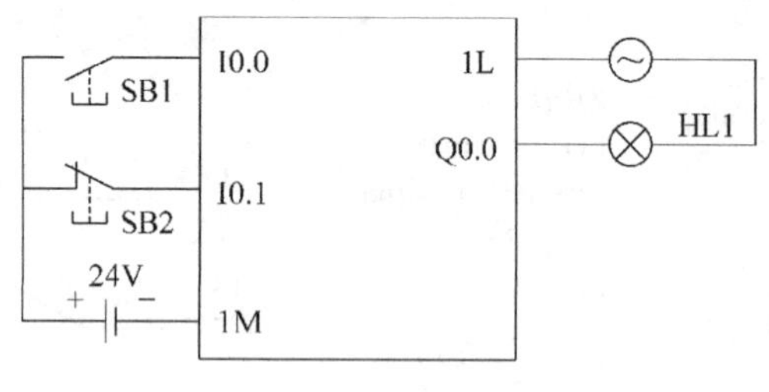

图 2-6　接线图

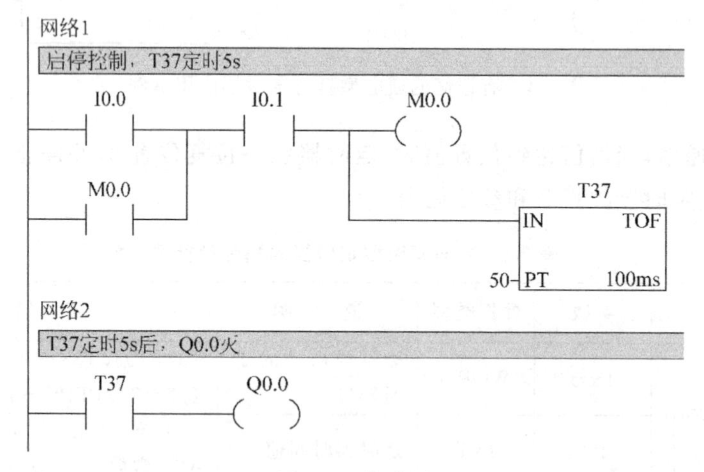

图 2-7　梯形图

2.4　项目实施

2.4.1　PLC的I/O分配

PLC的I/O分配见表2-5。

表 2-5　PLC的I/O分配表

输　入			输　出		
名称	符号	输入点	名称	符号	输出点
开始按钮	SB1	I0.0	鼓风机	KA1	Q0.0
停止按钮	SB2	I0.1	引风机	KA2	Q0.1

2.4.2　控制系统的接线与测试

1. 控制系统的接线

鼓风机控制系统的接线比较简单，如图2-8所示。

2. 控制系统的测试

完成接线后，要认真检查，在不带电的状态，用万用表测试，以确保接线正确。要特别注意，电路中不允许有短路。

2.4.3　编写程序

引风机在按停止按钮后还要运行5s，容易想到要使用TOF定时器；鼓风机在引风机工

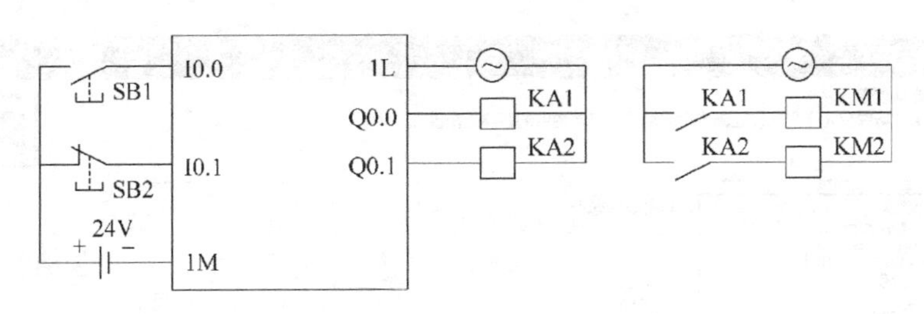

图 2-8　PLC 接线图

作 5s 后才开始工作，因而容易想到用 TON 定时器，不难设计梯形图，如图 2-9 所示。

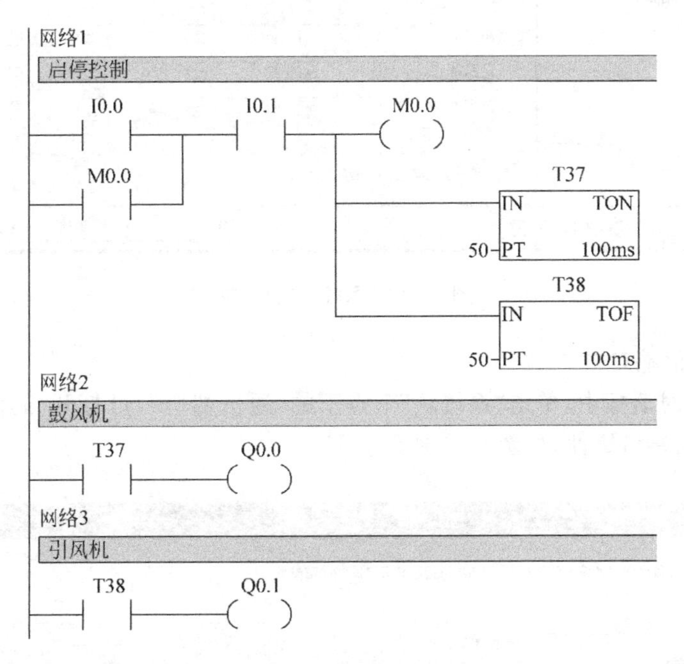

图 2-9　鼓风机控制梯形图

2.5　知识与应用拓展

2.5.1　STEP 7-Micro/WIN 软件使用

项目 1 中介绍了程序的编译、下载和监控的完整过程，但使用 STEP 7-Micro/WIN 软件仅仅掌握这些知识是不够的，还必须掌握一些其他常用的功能。

1. 系统块的设置

S7-200 PLC 提供了多种参数和选项设置以适应具体应用，这些参数和选项在“系统块”对话框内设置。系统块必须下载到 PLC 中才起作用。有的初学者修改程序后往往会忘记重新下载程序，这是不对的。

单击工具浏览条的“查看”视图中的“系统块”图标，或者使用菜单中的“查看”→“组件”→“系统块”命令打开“系统块”对话框，如图 2-10 所示。

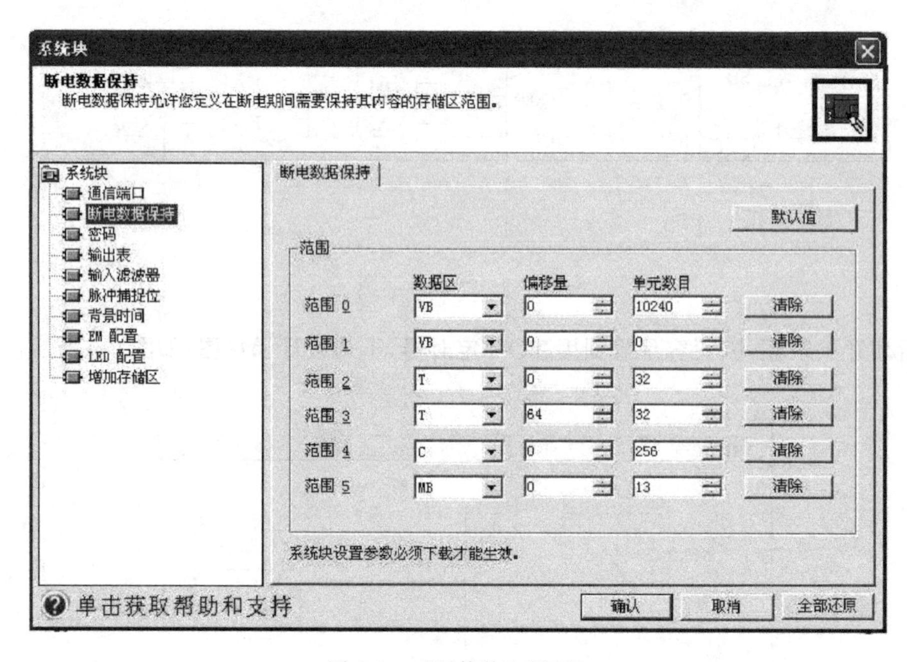

图 2-10 “系统块”对话框

(1) 设置通信端口

在“系统块”对话框中,单击“系统块”节点下的“通信端口”,可打开“通信端口”选项卡,设置 PLC 的通信端口属性,如图 2-11 所示。

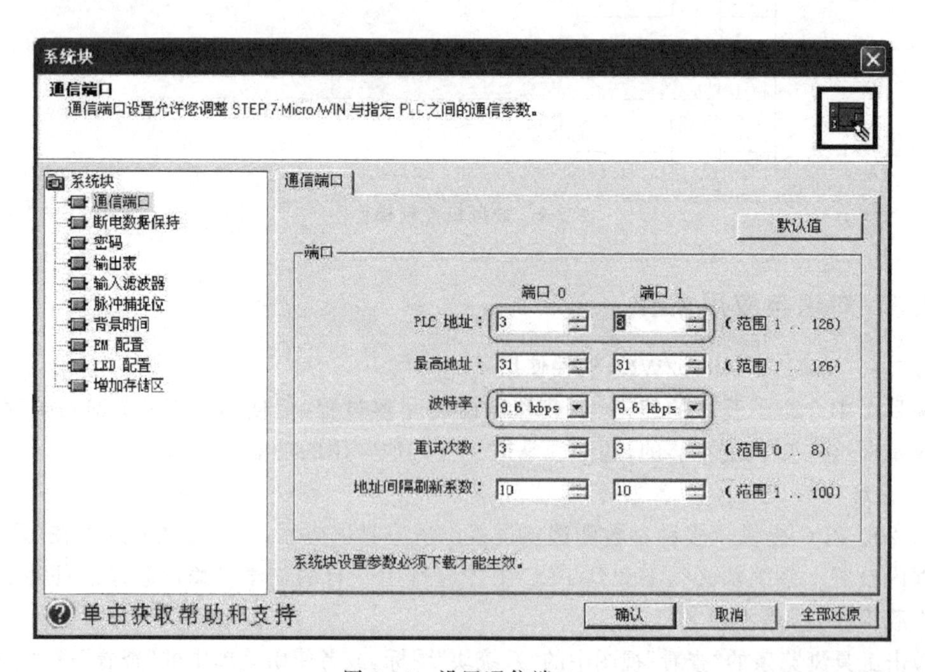

图 2-11 设置通信端口

PLC 的默认地址为 2，但 PLC 通信时，通信端口的地址不能重复，通信端口的地址必须是唯一的(同一台 PLC 的两个端口的地址一般相同)，因此需要更改 PLC 的地址。波特率必须和开始设置的波特率一致。更改完成后，必须下载到 PLC 中，运行 PLC 后才起作用。当然，使用指令“SET_ADDR”也可以更改通信端口的地址，但必须运行程序。

(2) 设置断电数据保持

在“系统块”对话框中，单击“系统块”节点下的“断电数据保持”，可打开“断电数据保持”选项卡，如图 2-12 所示。断电数据保持设置就是定义 PLC 如何处理各数据区的数据保持任务。在数据保持设置区中选中的就是要保持其数据内容的数据区。所谓“保持”就是在 PLC 断电后再上电，数据区域的内容保持断电前的状态。在这里设置的数据保持功能依靠如下几种方式实现。

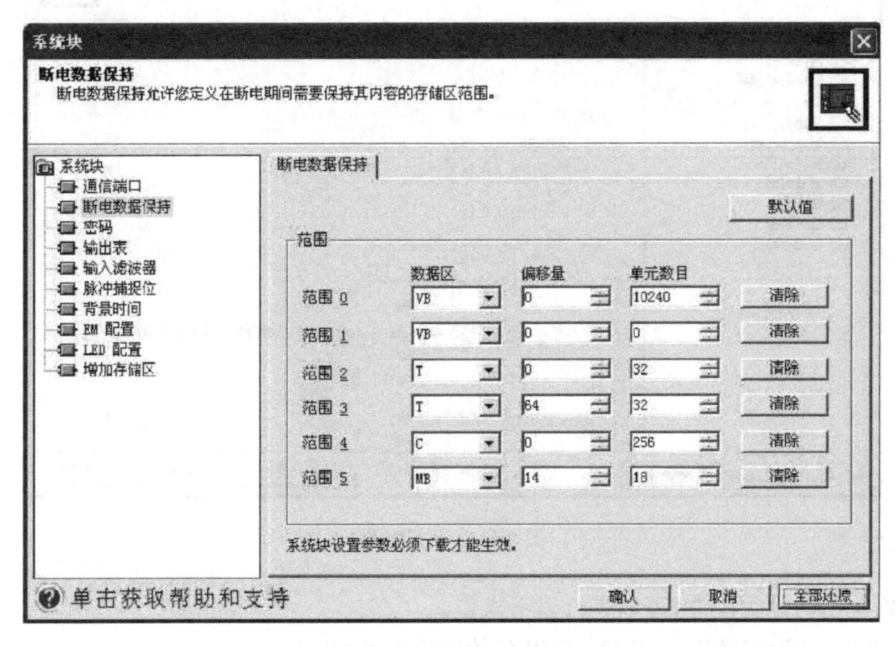

图 2-12　设置断电数据保持

① PLC 的内置超级电容，在断电时间不太长时，可以为数据和时钟的保持提供电源缓冲。

② PLC 上可以附加电池卡，与内置电容配合，长期为时钟和数据保持提供电源。

③ 设置系统块，在 PLC 断电时自动保存 M 区中的 14 字节的数据。

④ 在数据块中定义不需要更改的数据，下载到 PLC 内可以永久保存。

⑤ 用户编程使用相应的特殊寄存器功能，将数据写入 EEPROM 永久保存。

如果将 MB0～MB13 共 14 字节范围中的存储单元设置为“保持”，则 PLC 在断电时会自动将其内容写入 EEPROM 的相应区域中，在重新上电后用 EEPROM 的内容覆盖这些存储区。如果将其他数据区的范围设置为“不保持”，PLC 会在重新上电后将 EEPROM 中的数值复制到相应的地址；如果将数据区的范围设置为“保持”，一旦内置超级电容(＋电池卡)未能成功保持数据，则会将 EEPROM 的内容覆盖相应的数据区，反之则不覆盖。

如果关断 PLC 的电源再上电，观察到 V 存储区的相应的单元内还保存有正确的数据，则可说明数据已经成功地写入 PLC 的 EEPROM。

(3) 设置密码

通过设置密码可以限制对 S-200 PLC 的内容的访问。在“系统块”对话框中，单击“系统块”节点下的“密码”，可打开“密码”选项卡，设置密码保护功能，如图 2-13 所示。密码的保护等级分为 4 个等级，除了“全部权限(1 级)”外，其他的均需要在“密码”和“验证”文本框中输入起保护作用的密码。

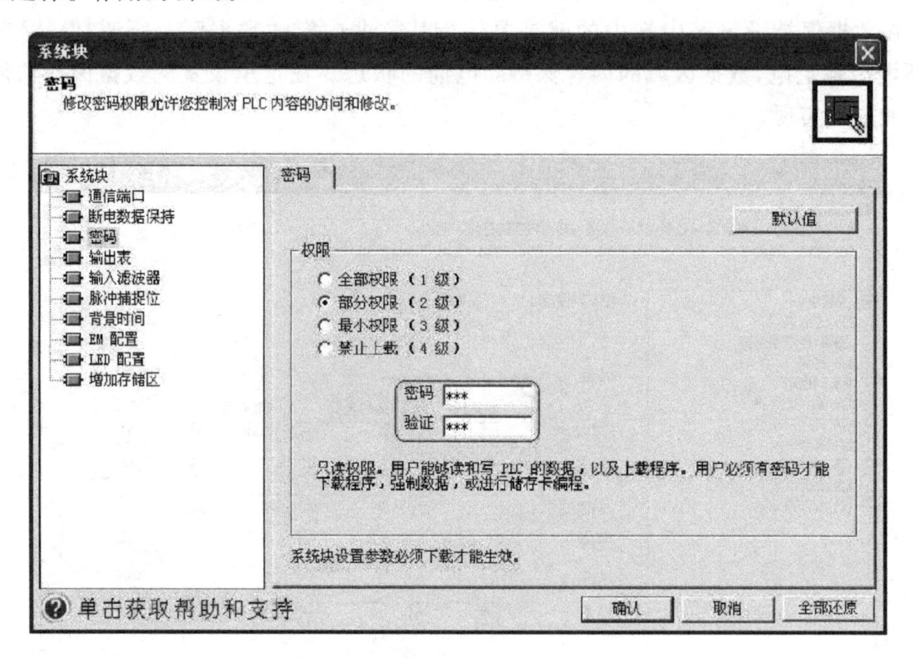

图 2-13 设置密码

要检验密码是否生效，可以进行以下操作。

① 停止 STEP 7-Micro/WIN 与 PLC 的通信 1min 以上。

② 关闭 STEP 7-Micro/WIN 程序，再打开。

③ 停止 PLC 的供电，再送电。

如果忘记了密码，必须清除 PLC 的内存才能重新下载程序。执行清除 PLC 指令并不会改变 PLC 原有的网络地址、波特率和实时时钟；如果有外插程序存储卡，其内容也不会改变。清除密码后，PLC 中原有的程序将不存在。要清除密码，可按如下 3 种方法操作。

① 在 STEP 7-Micro/WIN 中选择“PLC”→“清除”，选择程序块、数据块和系统块，并单击“确定”按钮确认。

② 另外一种方法是通过程序 wipeout. exe 来恢复 PLC 的默认设置。这个程序可在 STEP 7-Micro/WIN 安装光盘中找到。

③ 此外，还可以在 PLC 上插入一个含有未加密程序的外插存储卡，上电后此程序会自动装入 PLC 并且覆盖原有的带密码的程序，然后 PLC 可以自由访问。

西门子公司随编程软件 STEP 7-Micro/WIN 提供的库指令、指令向导生成的子程序、中断程序都进行了加密。加密并不妨碍使用它们。加密的程序会显示一个锁形标记，不能打开查看程序内容。将加密的程序下载到 PLC 中，再上传后也保持加密状态。

如果用户想保护编写的程序项目，可以使用“文件”→“设置密码”命令来保存程序项目。

【关键点】 PLC 的软件加密比较容易被破解，不能绝对保证程序的安全，目前网络上有一些破解软件可以轻易破解 PLC 的用户程序的密码，编者强烈建议读者在保护自身权益的同时，必须尊重他人的知识产权。

2. 数据块

数据块用于为 V 存储器指定初始值。可使用不同的长度（字节、字或双字）在 V 存储器中保存不同格式的数据。单击工具浏览条的“查看”视图中的“数据块”图标，或者选择菜单中的“查看”→“组件”→“数据块”命令打开“数据块”窗口。在图 2-14 中输入“VB0 100”和“VW2 100”两行数据，实际上就是起初始化的作用，与图 2-15 中的梯形图程序的作用相同。

数据块必须下载到 PLC 中才起作用，数据块保存在 PLC 的 EEPROM 存储单元中，因此断电后仍然能保持数据。

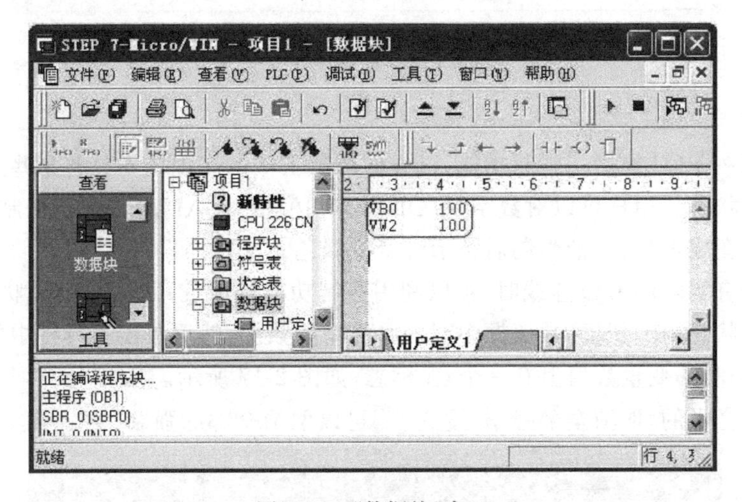

图 2-14 “数据块”窗口

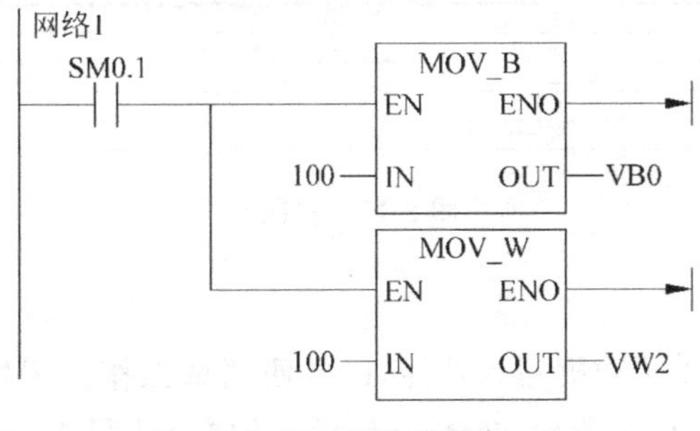

图 2-15 初始化程序

3. 程序调试

程序调试是工程中的一个重要步骤，因为初步编写完成的程序不一定正确，有时虽然逻辑正确,但需要修改参数,因此程序调试十分重要。STEP 7-Micro/WIN 提供了丰富的程序调试工具供用户使用,下面分别介绍。

(1) 状态表

使用状态表可以监控数据,各种参数(如 PLC 的 I/O 开关状态、模拟量的当前数值等)都在状态表中显示。此外,配合"强制"功能还能将相关数据写入 PLC,改变参数的状态,例如可以改变 I/O 开关状态。

单击工具浏览条的"查看"视图中的"状态表"图标,弹出"状态表"窗口,选择菜单中的"查看"→"组件"→"状态表"命令也可以打开,如图 2-16 所示。在其中可以设置相关参数,单击工具栏中的"状态表监控"按钮可以监控数据。

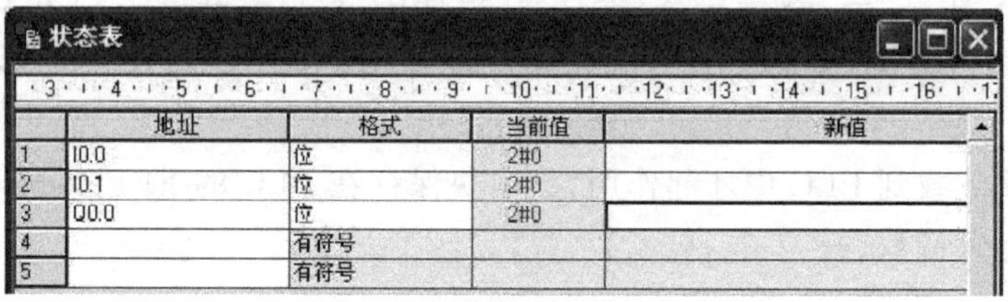

状态表

	地址	格式	当前值	新值
1	I0.0	位	2#0	
2	I0.1	位	2#0	
3	Q0.0	位	2#0	
4		有符号		
5		有符号		

图 2-16 "状态表"窗口

(2) 强制

S7-200 系列 PLC 提供了强制功能,以方便调试工作。在现场不具备某些外部条件的情况下模拟工艺状态。用户可以对数字量(DI/DO)和模拟量(AI/AO)进行强制。强制时,运行状态指示灯变成黄色,取消强制后指示灯变成绿色。

如果在没有实际的 I/O 连线时,可以利用强制功能调试程序。先打开"状态表"窗口并使其处于监控状态,在"新值"数值框中写入要强制的数据,然后单击工具栏中的"强制"按钮,此时,被强制的变量数值上有一个标志,如图 2-17 所示。

单击工具栏中的"取消全部强制"按钮可以取消全部的强制。

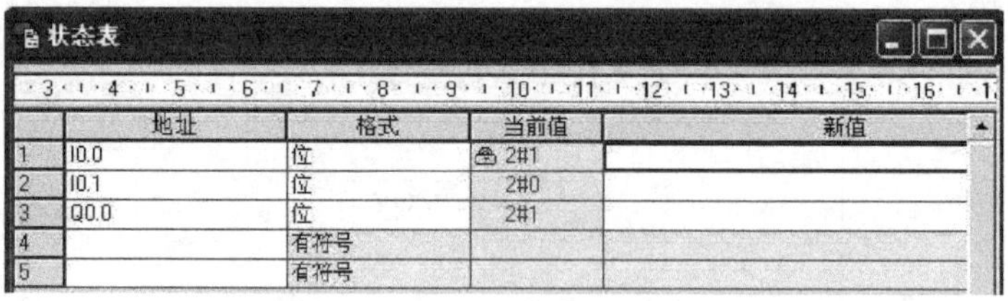

状态表

	地址	格式	当前值	新值
1	I0.0	位	2#1	
2	I0.1	位	2#0	
3	Q0.0	位	2#1	
4		有符号		
5		有符号		

图 2-17 强制

(3) 写入数据

S7-200 系列 PLC 提供了数据写入功能,以方便调试工作。例如,在"状态表"窗口中输入 Q0.0 的新值"0",如图 2-18 所示,单击工具栏上的"全部写入"按钮,或者选择菜单中的"调试"→"全部写入"命令即可更新数据。

利用"全部写入"功能可以同时输入几个数据。"全部写入"的作用类似于"强制"的作用。但两者是有区别的:强制功能的优先级别要高于"全部写入",例如 I0.0 可以被强制为

状态表

	地址	格式	当前值	新值
1	M0.0	位	2#1	2#1
2	M0.1	位	2#0	
3	Q0.0	位	2#1	
4		有符号		
5		有符号		

图 2-18　写入数据

“1”,但不可以用“全部写入”为“1”。“全部写入”的数据可能改变参数状态,但当与逻辑运算的结果抵触时,写入的数值也可能不起作用,例如 M0.0 的逻辑运算为“1”,即使用“全部写入”M0.0 为“0”,M0.0 仍为“1”。

(4) 趋势图

前面提到的状态表可以监控数据,趋势图同样可以监控数据,只不过使用状态表监控数据时的结果是以表格的形式表示的,而使用趋势图时则以曲线的形式表达。利用后者能够更加直观地观察数字量信号变化的逻辑时序或者模拟量的变化趋势。

单击调试工具栏上的“切换趋势图状态表”按钮,可以在状态表和趋势图形式之间切换,趋势图如图 2-19 所示。

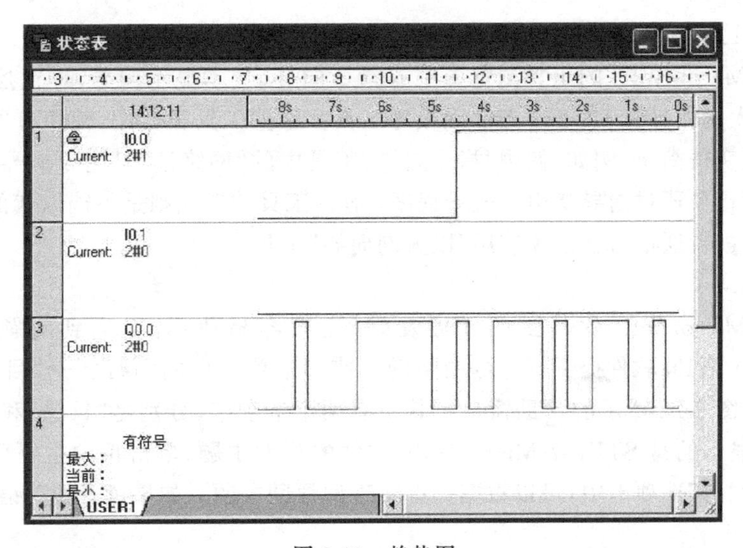

图 2-19　趋势图

趋势图对变量的反应速度取决于 STEP 7-Micro/WIN 与 PLC 通信的速度以及图中的时间基准。在趋势图中单击可以选择图形更新的速率。当停止监控时,可以冻结图形以便仔细分析。

4. 交叉引用

交叉引用表能显示程序中元件使用的详细信息。交叉引用表对查找程序中数据地址的使用十分有用。在工具浏览条的“查看”视图下单击“交叉引用”图标,可弹出如图 2-20 所示的界面。当双击交叉引用表中某个元素时,界面立即切换到程序编辑器中显示交叉引用对应元件的程序段。例如，双击“交叉引用表”中第一行的“I0.0”，界面切换到程序编辑器中，而且光标(方框)停留在“I0.0”上，如图 2-21 所示。

	元素	块	位置	关联
1	I0.0	程序块 (OB1)	网络 1	-||-
2	I0.0	程序块 (OB1)	网络 2	-||-
3	Q0.0	程序块 (OB1)	网络 1	-()
4	VB10	程序块 (OB1)	网络 2	MOV_B

图 2-20　交叉引用表

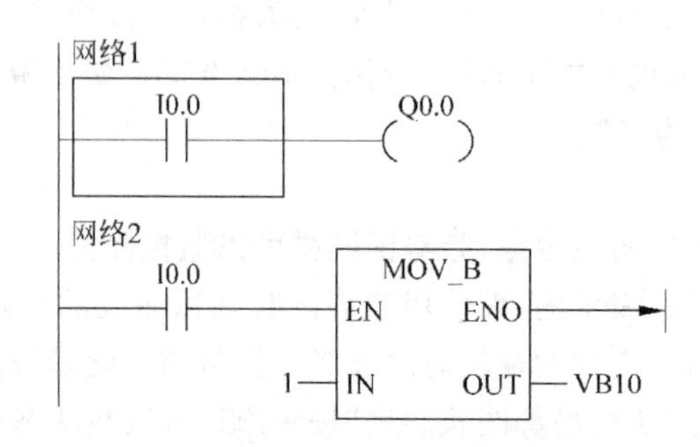

图 2-21　交叉引用表对应的程序

5. 工具浏览条

STEP 7-Micro/WIN 的工具浏览条中有指令向导、文本显示向导、位置控制向导、PID 控制面板、以太网向导和 EM253 控制面板等工具。这些工具很实用，使用有的工具能使比较复杂的编程变得简单，例如，使用“指令向导”工具中的“网络读写”指令向导，就能将较复杂的网络读写指令通过向导指引生成子程序；有的工具的功能则是不能取代的，例如，要使用以太网模块进行通信时就必须使用“以太网向导”工具。

6. 帮助菜单

STEP 7-Micro/WIN 软件虽然界面友好，比较容易使用，但遇到问题是难免的。STEP 7-Micro/WIN 软件提供了详尽的帮助。使用菜单栏中的“帮助”→“目录和索引”命令可以打开如图 2-22 所示的帮助窗口。其中有两个选项卡，分别是“目录”和“索引”。“目录”选项卡中显示的是 STEP 7-Micro/WIN 软件的帮助主题，单击帮助主题可以查看详细内容。而在“索引”选项卡中，可以根据关键字查询帮助主题。如果读者的英语水平较高，建议阅读英文帮助。

2.5.2　小区门禁控制

【例 2-6】 常见的小区门禁，用来阻止陌生车辆直接出入。要求编写门禁系统控制程序实现如下控制功能，小区保安可以手动控制门开，到达门开限位开关时，停止 20s 后自动关闭，在关闭过程中如果检测到有人通过(用一个按钮模拟)，则停止 5s，然后继续关闭，到达门关限位时停止。

【解】

1. PLC 的 I/O 分配

PLC 的 I/O 分配见表 2-6。

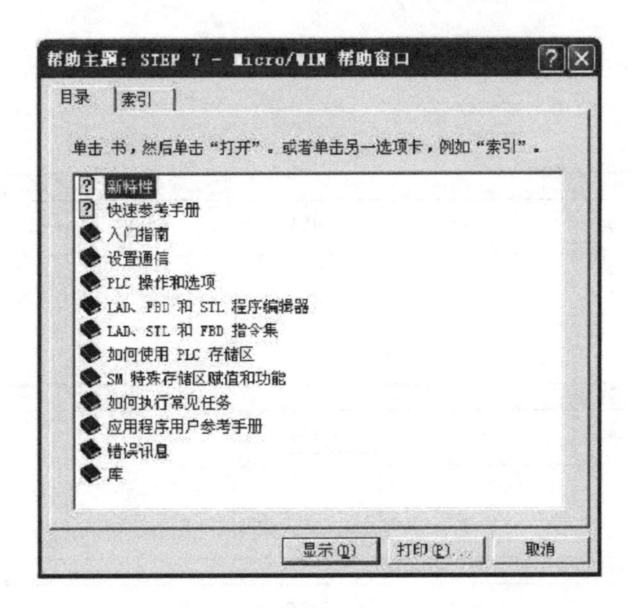

图 2-22　STEP 7-Micro/WIN 的帮助窗口

表 2-6　PLC 的 I/O 分配表

输　入			输　出		
名称	符号	输入点	名称	符号	输出点
开始按钮	SB1	I0.0	开门	KA1	Q0.0
停止按钮	SB2	I0.1	关门	KA2	Q0.1
行人通过	SB3	I0.2			
关门限位开关	SQ1	I0.3			
开门限位开关	SQ2	I0.4			

2. 系统的接线图

系统的接线图如图 2-23 所示。

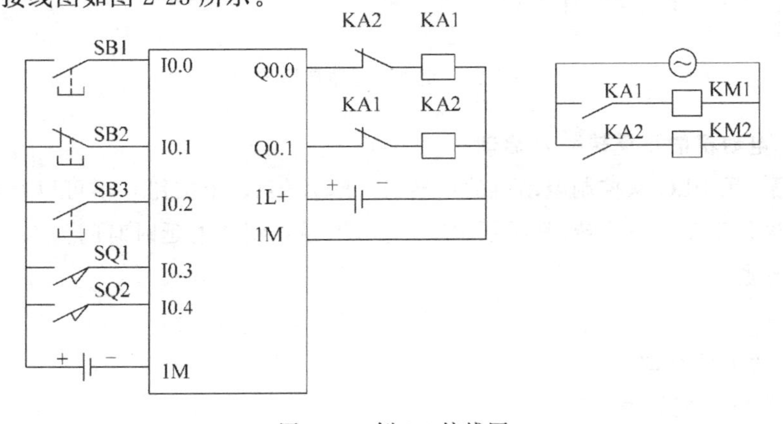

图 2-23　例 2-6 接线图

3. 编写程序

梯形图如图 2-24 所示。

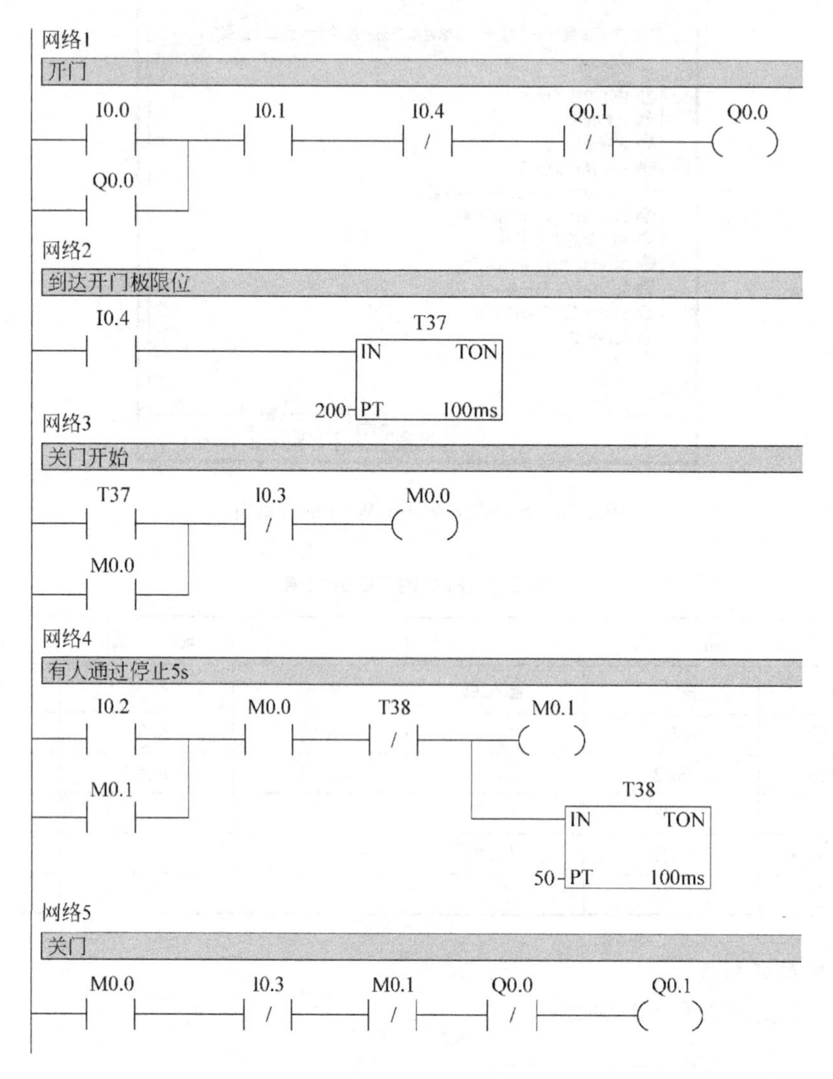

图 2-24 例 2-6 程序梯形图

2.5.3 电动机的正反转Y-△启动

【例 2-7】 用 PLC 来控制电动机的正转、停止、反转(3 个按钮),不可以在运行当中改变方向。无论是正转还是反转,都必须用Y-△启动,从Y到△的延时时间为 3s,Y和△绝对不可以同时导通。

【解】

1. PLC 的 I/O 分配

PLC 的 I/O 分配见表 2-7。

表 2-7　PLC 的 I/O 分配表

输　　入			输　　出		
名称	符号	输入点	名称	符号	输出点
正转按钮	SB1	I0.0	正转	KA1	Q0.0
反转按钮	SB2	I0.1	反转	KA2	Q0.1
停止按钮	SB3	I0.2	星形启动	KA3	Q0.2
			三角形运行	KA4	Q0.3

2. 系统的接线图

系统的接线图如图 2-25 所示。

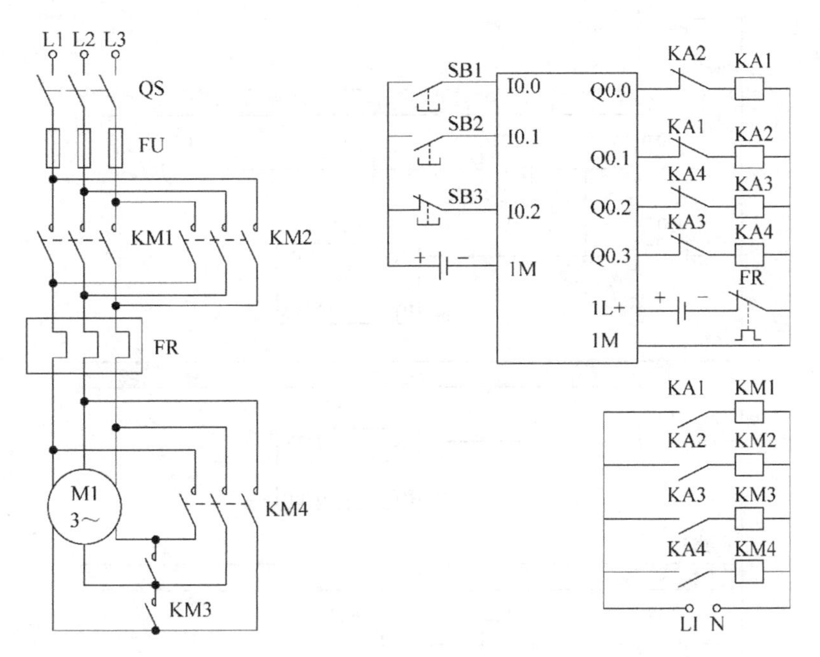

图 2-25　例 2-7 系统接线图

3. 编写程序

梯形图如图 2-26 所示。

2.5.4　仿真软件的应用

仿真软件可以在计算机或者编程设备(如 Power PG)中模拟 PLC 运行和测试程序,就像运行在真实的硬件上一样。西门子公司为 S7-300/400 系列 PLC 设计了仿真软件 PLCSIM,但遗憾的是没有为 S7-200 系列 PLC 设计仿真软件。下面将介绍应用较广泛的仿真软件 S7-200 SIM 2.0(非西门子公司设计)。

S7-200 SIM 2.0 仿真软件的界面友好,使用非常简单,下面以如图 2-27 所示的程序的仿真为例,介绍 S7-200 SIM 2.0 的使用。

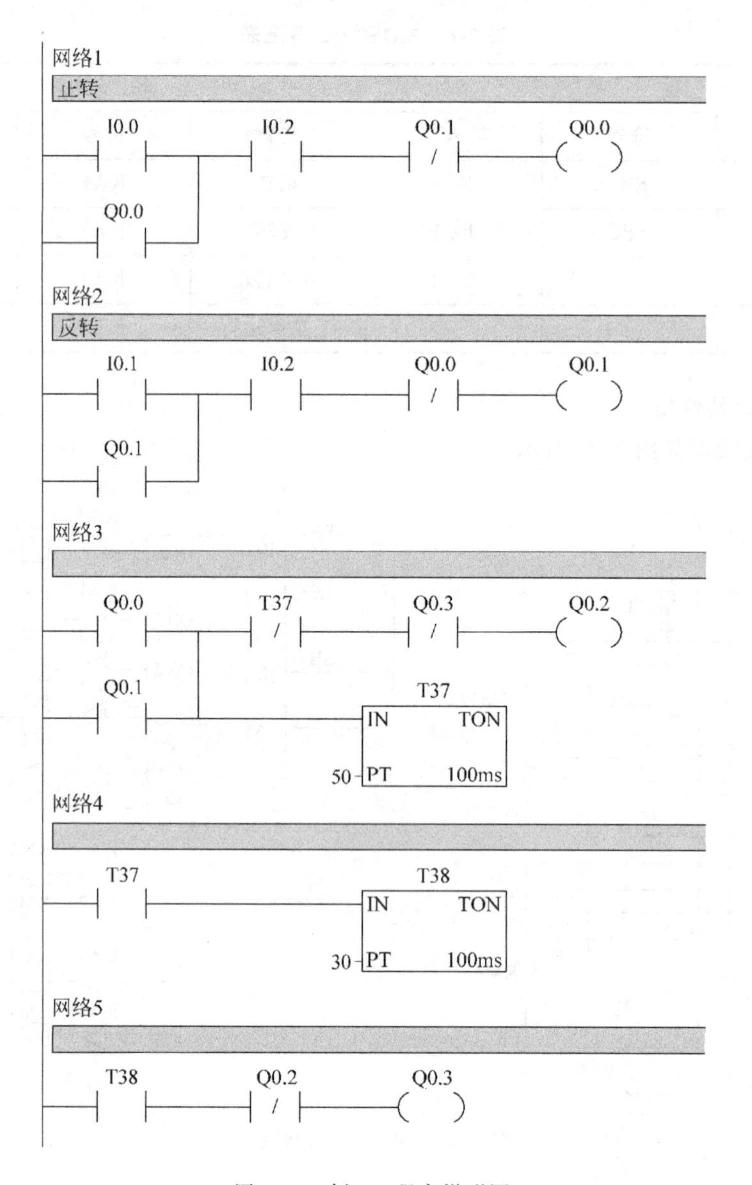

图 2-26　例 2-7 程序梯形图

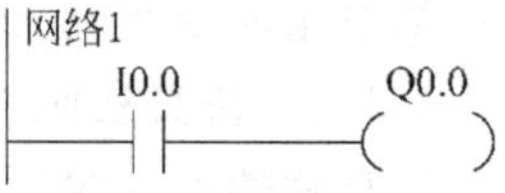

【例 2-8】 将如图 2-27 所示的程序，用 S7-200 SIM 2.0 进行仿真。

网络1
I0.0　　Q0.0

图 2-27　仿真程序

【解】

① 在 STEP 7-Micro/WIN 软件中编译如图 2-27 所示的程序，再选择菜单栏中的"文件"→"导出"命令，并将导出的文件保存，文件的扩展名为默认的".awl"(文件的全名保存为 123.awl)。

② 打开 S7-200 SIM 2.0 软件，选择菜单栏中的"配置"→"CPU 型号"命令，弹出"CPU Type"(CPU 型号)对话框，选定所需的 PLC，如图 2-28 所示，再单击"Accept"(确定)按钮即可。

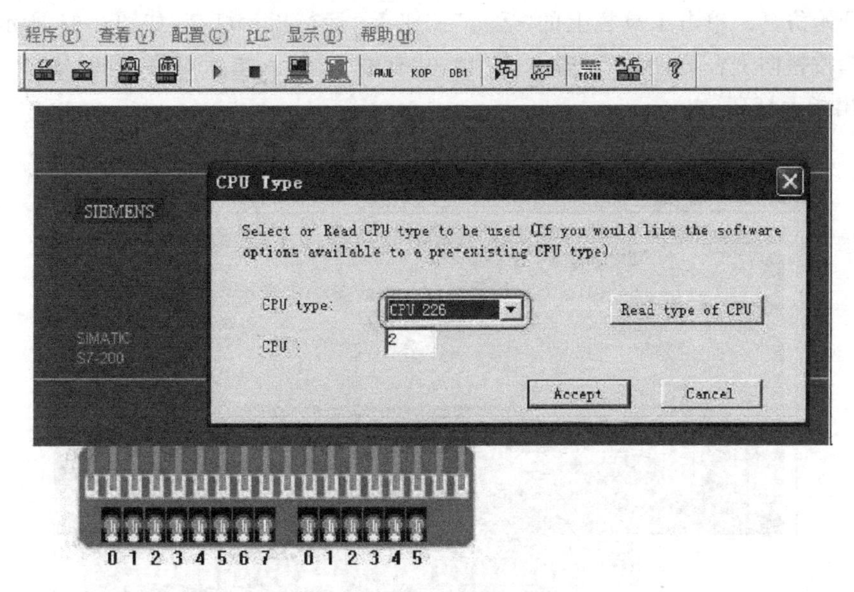

图 2-28　CPU 型号设定

③ 装载程序。选择菜单栏中的“程序”→“装载程序”命令，弹出“装载程序”对话框，设置如图 2-29 所示，再单击“确定”按钮，弹出“打开”对话框，如图 2-30 所示，选中要装载的程序“123. awl”，最后单击“打开”按钮即可。此时，程序已经装载完成。

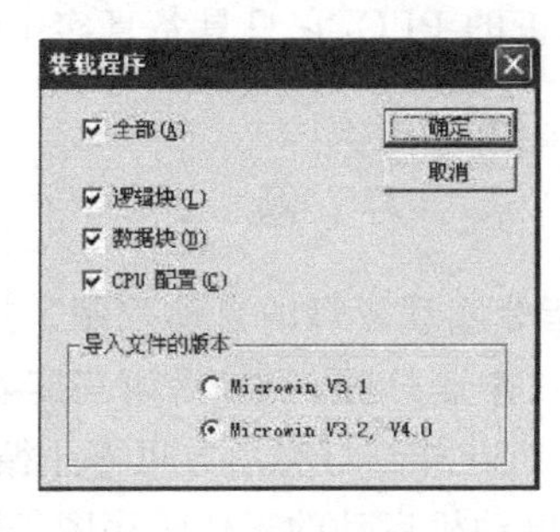

图 2-29　“装载程序”对话框

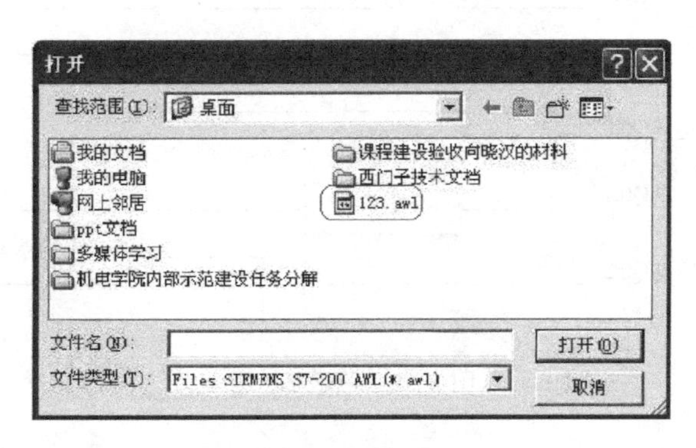

图 2-30　打开文件

④ 开始仿真。单击工具栏上的"运行"按钮 ▶，运行指示灯亮，如图 2-31 所示，单击按钮"I0.0"，按钮向上合上，PLC 的输入点"I0.0"有输入，输入指示灯亮，同时输出点"Q0.0"输出，输出指示灯亮。

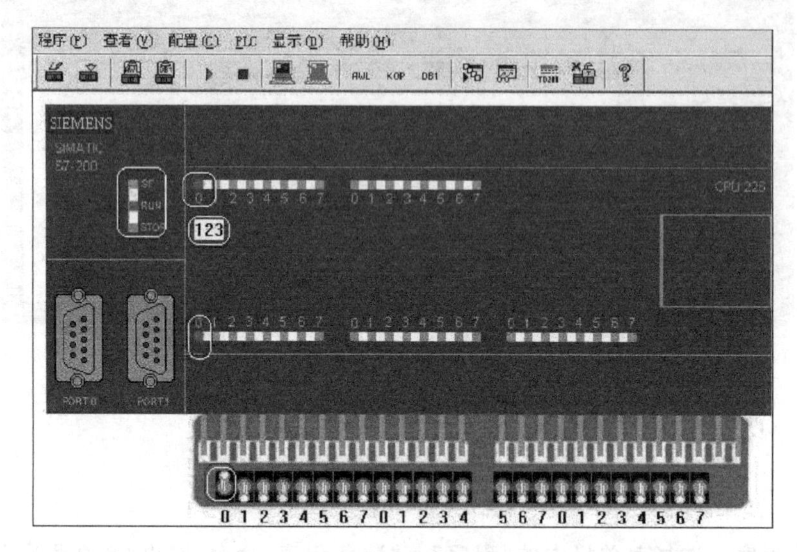

图 2-31　进行仿真

与真实 PLC 相比，S7-200 SIM 2.0 软件仿真软件有成本低、使用方便等优势，适合自学者使用，但仿真软件毕竟不是真正的 PLC，它只具备真实 PLC 的部分功能，不能实现完全仿真。

习　题　2

2-1　用 PLC 的置位、复位指令实现彩灯的自动控制。控制过程为：按下启动按钮，第一组花样绿灯亮；10s 后第二组花样蓝灯亮；20s 后第三组花样红灯亮，30s 后第一组花样绿灯亮，如此循环，并且仅在第三组花样红灯亮后方可停止循环。

2-2　如图 2-32 所示为一台电动机启动的工作时序图，试画出梯形图。

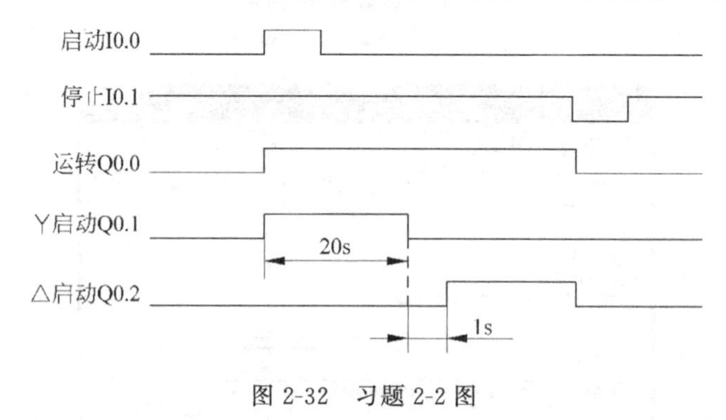

图 2-32　习题 2-2 图

2-3　用 3 个开关(I0.1、I0.2、I0.3)控制一盏灯 Q1.0，当 3 个开关全通或者全断时灯亮，其他情况灯灭。

2-4　交叉引用有什么作用？

2-5　如何设置 PLC 的密码？怎样清除密码？怎样对整个工程加密？

2-6　断电数据保持有几种形式实现？怎样判断数据块已经写入 EEPROM？

2-7　状态表和趋势图有什么作用？怎样使用？二者有何联系？

2-8　工具浏览条中有哪些重要的功能？

2-9　如图 2-33 所示为电动机Y-△启动的电气原理图，请编写程序。

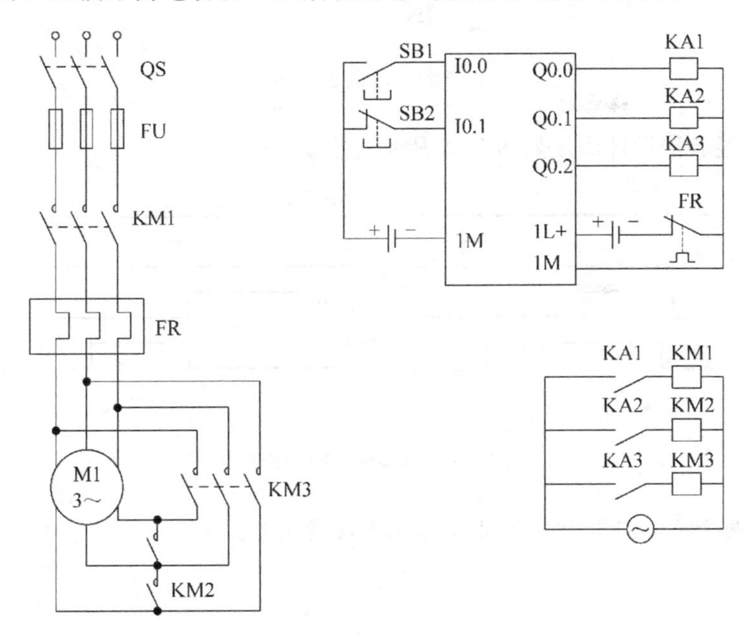

图 2-33　习题 2-9 图

2-10　用可编程序控制器实现两台三相异步电动机的控制，控制要求如下：

(1) 两台电动机互不干扰地独立操作；

(2) 能同时控制两台电动机的启停；

(3) 当一台电动机过载时，两台电动机都停止工作。

试画出接线图，编写控制程序。

2-11　用可编程序控制器分别实现下面两种控制。

(1) 电动机 M1 启动后，M2 才能启动，M2 停止之后 M1 才能停止；

(2) 电动机 M1 既能正向启动和点动，又能反向启动和点动。

2-12　有三台通风机，设计一个监视系统，监视通风机的运转。如果 2 台或 2 台以上运转，信号灯持续发光；如果只有一台运转，信号灯以 2s 时间间隔闪烁；如果 3 台都停转，信号灯以 1s 时间间隔闪烁。

2-13　第 1 次按按钮指示灯亮，第 2 次按按钮指示灯闪亮，第 3 次按下按钮指示灯灭，如此循环，试编写其 PLC 控制的 LAD 程序。

2-14　用一个按钮控制 2 盏灯，第 1 次按下时第 1 盏灯亮，第 2 盏灯灭；第 2 次按下时第 1 盏灯灭，第 2 盏灯亮；第 3 次按下时 2 盏灯都灭。

2-15　编写 PLC 控制程序，使 Q0.0 输出周期为 5s，占空比为 20%的连续脉冲信号。

2-16　根据如图 2-34 所示的时序图画出梯形图。

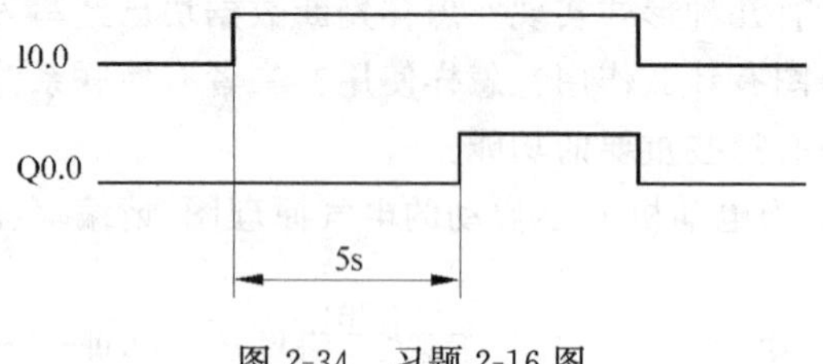

图 2-34　习题 2-16 图

2-17　用经验法设计满足如图 2-35 所示时序图。

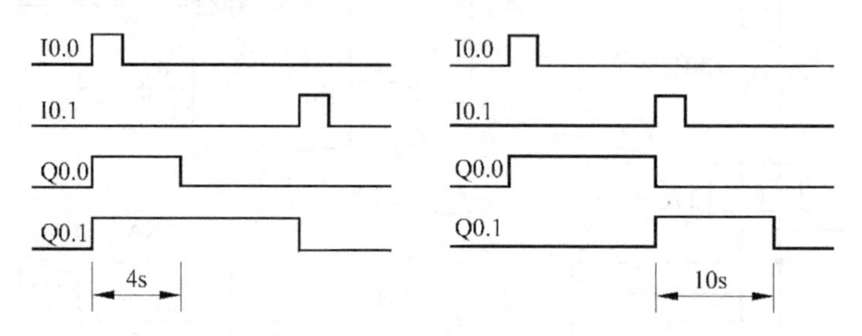

图 2-35　习题 2-17 时序图

2-18　用两个定时器组成一个间隔 5s 的方波发生器。

项目3　十字路口交通灯的控制与调试

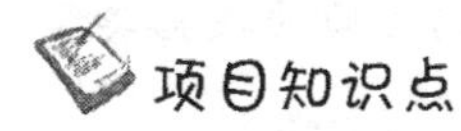

项目知识点

1. 掌握比较指令、时钟指令、转换指令和数据传送指令；
2. 掌握时序图。

项目技能点

1. 根据项目，确定 PLC 的型号；
2. 能分配 PLC 外部 I/O，并会接线；
3. 会查询 PLC 系统手册(编程手册、硬件手册)；
4. 会使用基本指令及比较指令编写和调试交通灯程序。

本项目建议学时：6 学时。

3.1　项目提出

某十字路口的交通灯，如图 3-1 所示。其中，R、Y、G 分别代表红、黄、绿的交通灯。要完成如下功能：

① 设置启动按钮、停止按钮。正常启动情况下，东西向绿灯亮 30s，转东西向绿灯以 0.5s 间隔闪烁 4s，转东西向黄灯亮 3s，转南北向绿灯亮 30s，转南北向绿灯以 0.5s 间隔闪烁 4s，转南北向黄灯亮 3s，再转东西向绿灯亮 30s，以此类推。

② 在东西向绿灯亮时，南北向应显示红灯。同理，南北绿灯亮时，东西向应显示红灯。

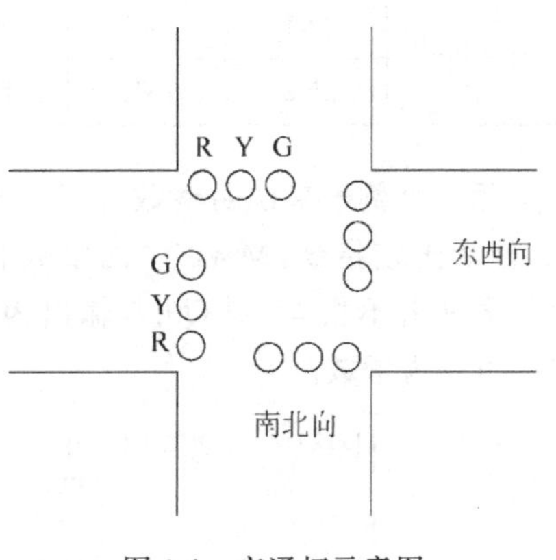

图 3-1　交通灯示意图

3.2　项目分析

首先，十字交通灯控制系统只有启停、控制、东西向三种颜色的信号灯和南北向三种颜色的信号灯，因此只要 8 个 I/O 点，一般的小型 PLC 都能满足这个要求。

由于有定时要求，所以需要用到定时器指令。

3.3　必备知识

STEP 7 提供了丰富的比较指令，可以满足用户的多种需要。STEP 7 中的比较指令可以对下列数据类型的数值进行比较。

① 两个字节的比较(每字节为 8 位);

② 两个字符串的比较(每个字符串为 8 位);

③ 两个整数的比较(每个整数为 16 位);

④ 两个双整数的比较(每个双整数为 32 位);

⑤ 两个实数的比较(每个实数为 32 位)。

【关键点】 一个整数和一个双整数是不能直接进行比较的,因为它们之间的数据类型不同。一般先将整数转换成双整数,再对两个双整数进行比较。

比较指令有等于(EQ)、不等于(NQ)、大于(GT)、小于(LQ)、大于或等于(GE)和小于或等于(LE)等指令。比较指令对输入 IN1 和 IN2 进行比较。

比较指令是将两个操作数按指定的条件作比较,比较条件满足时,触点闭合,否则断开。比较指令为上、下限控制等提供了极大的方便。在梯形图中,比较指令可以装入,也可以串、并联。

1. 等于比较指令

等于指令有字节等于比较指令、整数等于比较指令、双整数等于比较指令、符号等于比较指令和实数等于比较指令五种。整数等于比较指令和参数见表 3-1。

表 3-1 整数等于比较指令和参数

LAD	参数	数据类型	说 明	存 储 区
IN1 ─┤==I├─ IN2	IN1	INT	比较的第一个数值	I,Q,M,S,SM,T,C,V,L,AI,AC,常数,* VD,* LD,* AC
	IN2	INT	比较的第二个数值	

用一个例子来说明整数等于比较指令,梯形图和指令表如图 3-2 所示。当 I0.0 闭合时,激活比较指令,MW0 中的整数和 MW2 中的整数比较,若两者相等,则 Q0.0 输出为“1”,若两者不相等,则 Q0.0 输出为“0”。在 I0.0 不闭合时,Q0.0 的输出为“0”。IN1 和 IN2 可以为常数。

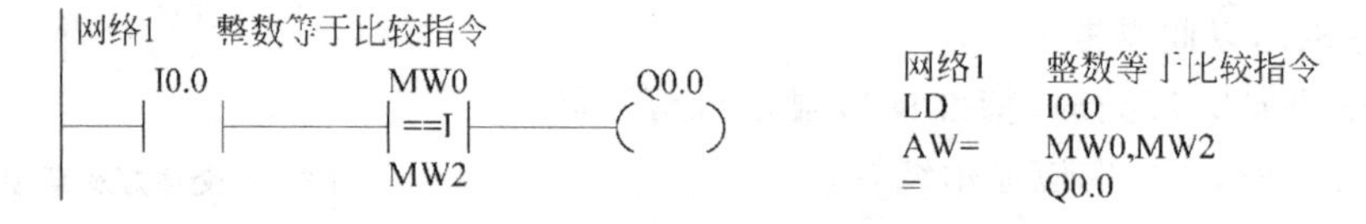

图 3-2 整数等于比较指令举例

图 3-2 中,若无常开触点 I0.0,则每次扫描时都要进行整数比较运算。

双整数等于比较指令和实数等于比较指令的使用方法与整数等于比较指令类似,只不过 IN1 和 IN2 的参数类型分别为双整数和实数。

2. 不等于比较指令

不等于比较指令有字节不等于比较指令、整数不等于比较指令、双整数不等于比较指令、符号不等于比较指令和实数不等于比较指令五种。整数不等于比较指令和参数见表 3-2。

表 3-2　整数不等于比较指令和参数

LAD	参数	数据类型	说　　明	存　储　区
IN1 ┤<>I├ IN2	IN1	INT	比较的第一个数值	I,Q,M,S,SM,T,C,V,L,AI,AC,常数,＊VD,＊LD,＊AC
	IN2	INT	比较的第二个数值	

用一个例子来说明整数不等于比较指令,梯形图和指令表如图 3-3 所示。当 I0.0 闭合时,激活比较指令,MW0 中的整数和 MW2 中的整数比较,若两者不相等,则 Q0.0 输出为"1",若两者相等,则 Q0.0 输出为"0"。在 I0.0 不闭合时,Q0.0 的输出为"0"。IN1 和 IN2 可以为常数。

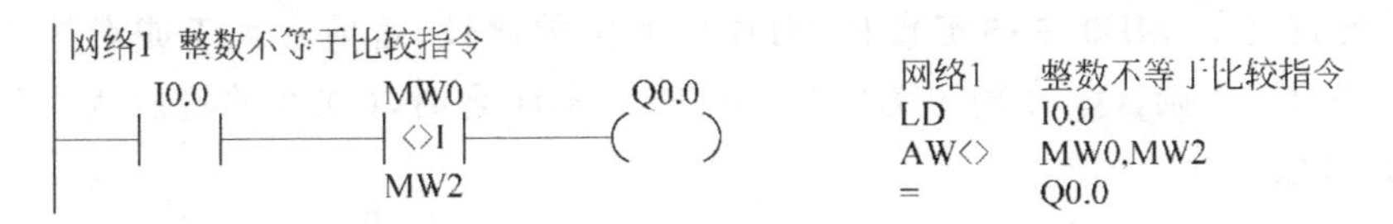

图 3-3　整数不等于比较指令举例

双整数不等于比较指令和实数不等于比较指令的使用方法与整数不等于比较指令类似,只不过 IN1 和 IN2 的参数类型分别为双整数和实数。使用比较指令的前提是数据类型必须相同。

3. 小于比较指令

小于比较指令有字节小于比较指令、整数小于比较指令、双整数小于比较指令和实数小于比较指令四种。双整数小于比较指令和参数见表 3-3。

表 3-3　双整数小于比较指令和参数

LAD	参数	数据类型	说　　明	存　储　区
IN1 ┤<D├ IN2	IN1	DINT	比较的第一个数值	I,Q,M,S,SM,V,L,HC,AC,常数,＊VD,＊LD,＊AC
	IN2	DINT	比较的第二个数值	

用一个例子来说明双整数小于比较指令,梯形图和指令表如图 3-4 所示。当 I0.0 闭合时,激活双整数小于比较指令,MD0 中的双整数和 MD4 中的双整数比较,若前者小于后者,则 Q0.0 输出为"1",否则,则 Q0.0 输出为"0"。在 I0.0 不闭合时,Q0.0 的输出为"0"。IN1 和 IN2 可以为常数。

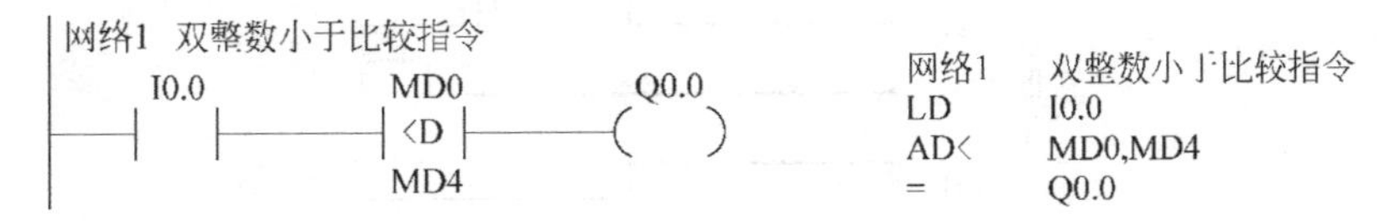

图 3-4　双整数小于比较指令举例

整数小于比较指令和实数小于比较指令的使用方法与双整数小于比较指令类似,只不过 IN1 和 IN2 的参数类型分别为整数和实数。

4. 大于或等于比较指令

大于等于比较指令有字节大于等于比较指令、整数大于等于比较指令、双整数大于等于比较指令和实数大于等于比较指令四种。实数大于等于比较指令和参数见表 3-4。

表 3-4　实数大于等于比较指令和参数

LAD	参数	数据类型	说　明	存　储　区
IN1 ┤>=R├ IN2	IN1	REAL	比较的第一个数值	I，Q，M，S，SM，V，L，AC，常数，* VD，* LD，* AC
	IN2	REAL	比较的第二个数值	

用一个例子来说明实数大于等于比较指令，梯形图和指令表如图 3-5 所示。当 I0.0 闭合时，激活比较指令，MD0 中的实数和 MD4 中的实数比较，若前者大于或者等于后者，则 Q0.0 输出为“1”，否则，Q0.0 输出为“0”。在 I0.0 不闭合时，Q0.0 的输出为“0”。IN1 和 IN2 可以为常数。

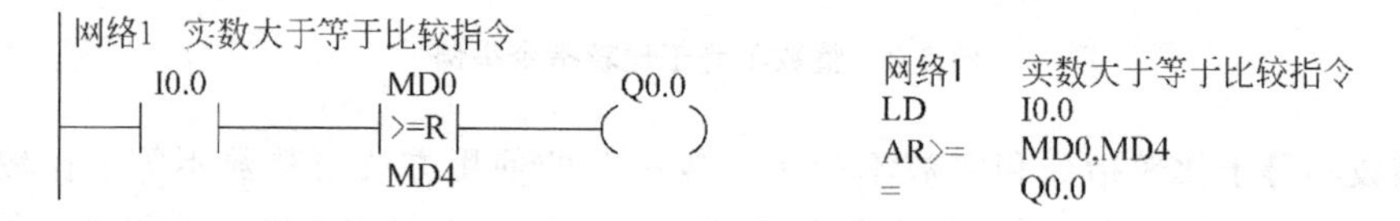

图 3-5　实数大于等于比较指令举例

整数大于等于比较指令和双整数大于等于比较指令的使用方法与实数大于等于比较指令类似，只不过 IN1 和 IN2 的参数类型分别为整数和双整数。

小于等于比较指令和小于比较指令类似，大于比较指令和大于等于比较指令类似，在此不再赘述。

3.4　项目实施

3.4.1　绘制时序图

由于十字交通灯的逻辑比较复杂，为了方便编写程序，可先根据题意绘制时序图，如图 3-6 所示。

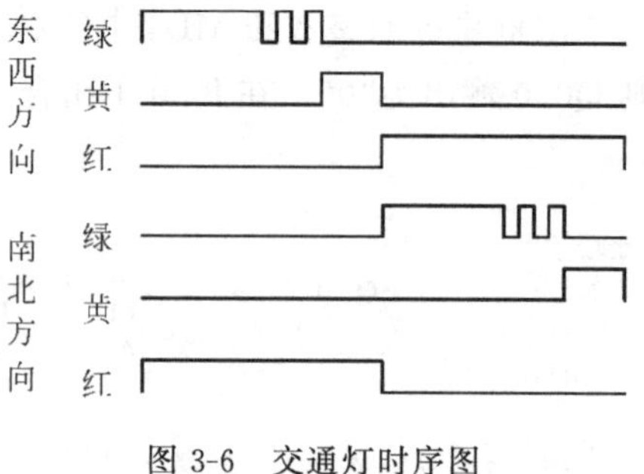

图 3-6　交通灯时序图

把不同颜色的灯的亮灭情况罗列出来，具体如下。

1. 东西方向

$T<30$s,绿灯亮；$30 \leqslant T<34$s,绿灯闪烁。

$34 \leqslant T<37$s,黄灯亮。

$37 \geqslant T \geqslant 74$s,红灯亮。

2. 南北方向

$T<37$s,红灯亮。

$37 \leqslant T<67$s,绿灯亮；$67 \leqslant T<71$s 绿灯闪烁。

$74 \geqslant T \geqslant 71$s,黄灯亮。

3.4.2　PLC 的 I/O 分配

PLC 的 I/O 分配见表 3-5。

表 3-5　PLC 的 I/O 分配表

输　　入			输　　出		
名称	符号	输入点	名称	符号	输出点
开始按钮	SB1	I0.0	绿灯(东西)	HL1	Q0.0
停止按钮	SB2	I0.1	黄灯(东西)	HL2	Q0.1
			红灯(东西)	HL3	Q0.2
			绿灯(南北)	HL4	Q0.3
			黄灯(南北)	HL5	Q0.4
			红灯(南北)	HL6	Q0.5

3.4.3　控制系统的接线与测试

1. 控制系统的接线

交通灯控制系统的接线比较简单,如图 3-7 所示。

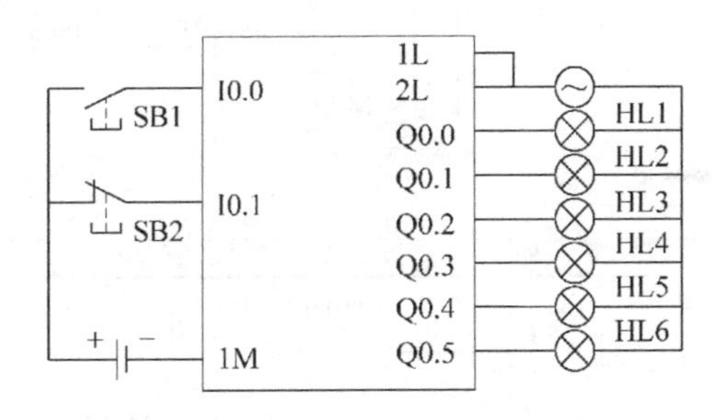

图 3-7　PLC 接线图

2. 控制系统的测试

完成接线后,要认真检查,在不带电的状态,用万用表测试,以确保接线正确。要特别注意,线路中不允许有短路。

3.4.4　用基本指令编写交通灯程序

东西和南北方向各有 3 盏指示灯,从图 3-6 的时序图容易看出,共有 6 个连续的时间段,因此要用到 6 个定时器,这是解题的关键,用这 6 个定时器控制两个方向 6 盏灯的亮或灭,不难设计梯形图,如图 3-8 所示。

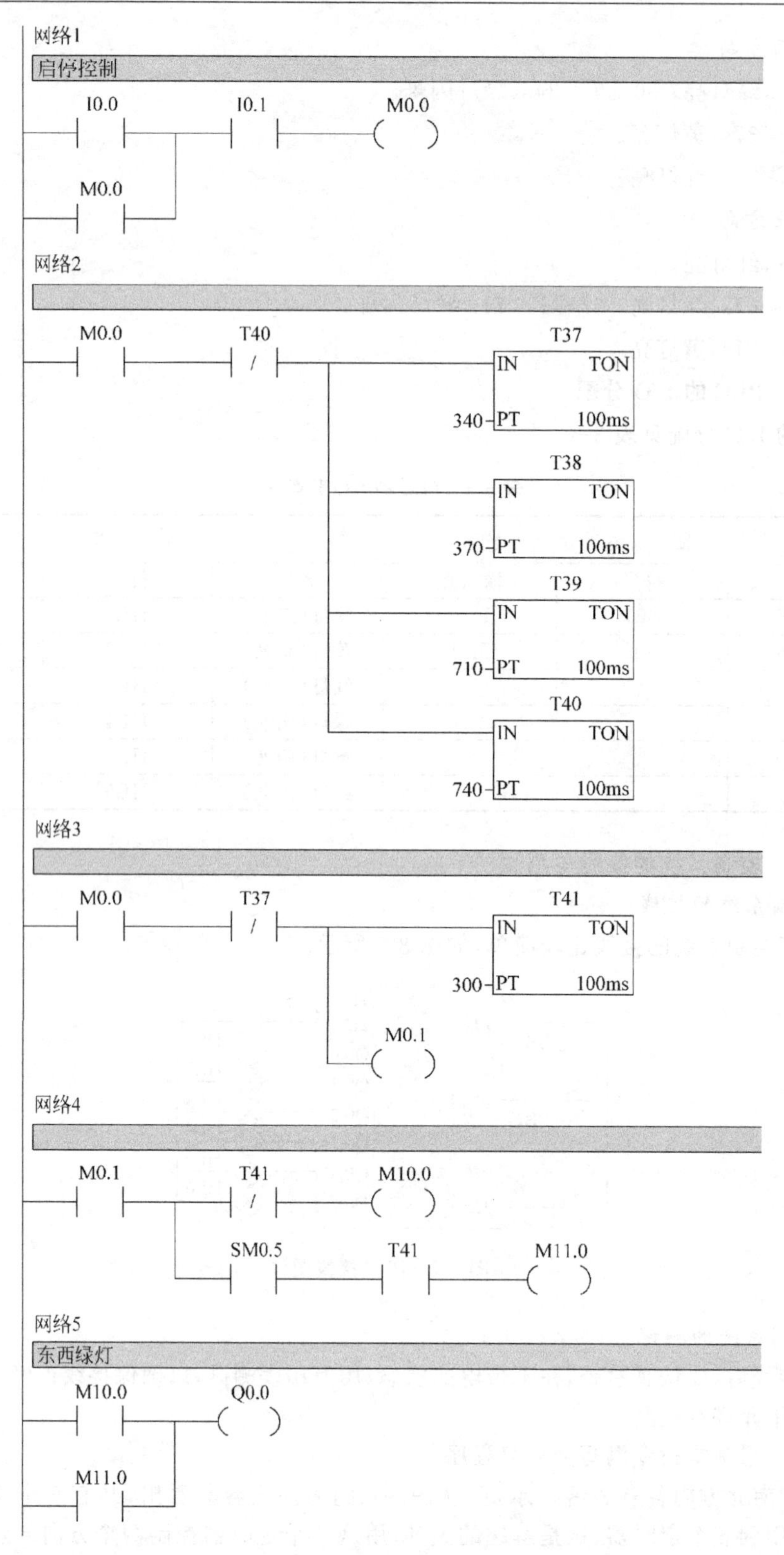

图3-8 交通灯梯形图(基本指令)

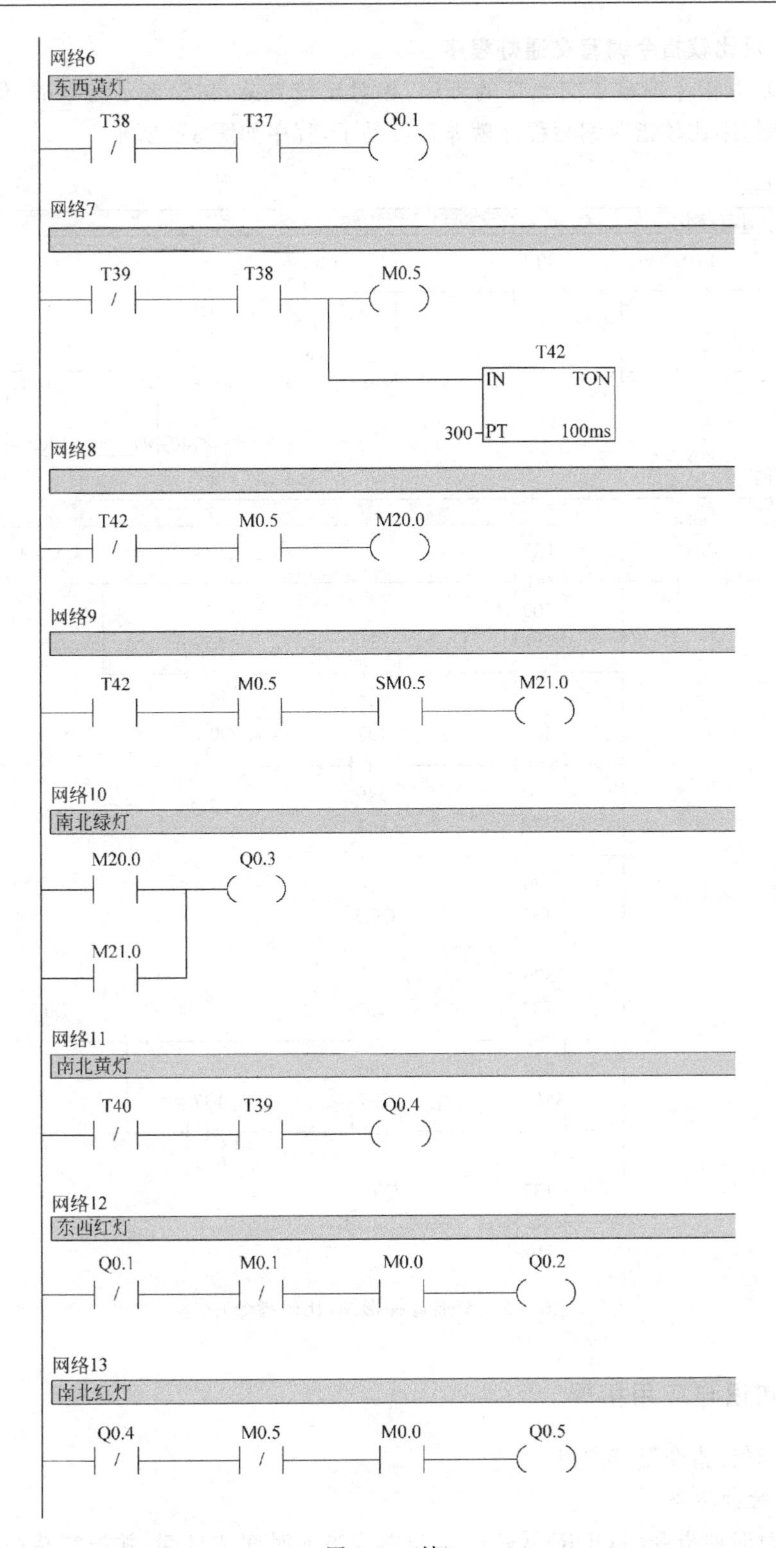
网络6
东西黄灯
T38
/
T37
Q0.1
网络7
T39
/
T38
M0.5
T42
IN
TON
300
PT
100ms
网络8
T42
/
M0.5
M20.0
网络9
T42
M0.5
SM0.5
M21.0
网络10
南北绿灯
M20.0
Q0.3
M21.0
网络11
南北黄灯
T40
/
T39
Q0.4
网络12
东西红灯
Q0.1
/
M0.1
/
M0.0
Q0.2
网络13
南北红灯
Q0.4
/
M0.5
/
M0.0
Q0.5

图 3-8 （续）

3.4.5 用比较指令编写交通灯程序

前面用基本指令编写了交通灯的程序，相对比较复杂，初学者不易掌握，但对照图 3-6 所示的时序图，用比较指令编写程序就非常容易了，程序如图 3-9 所示。

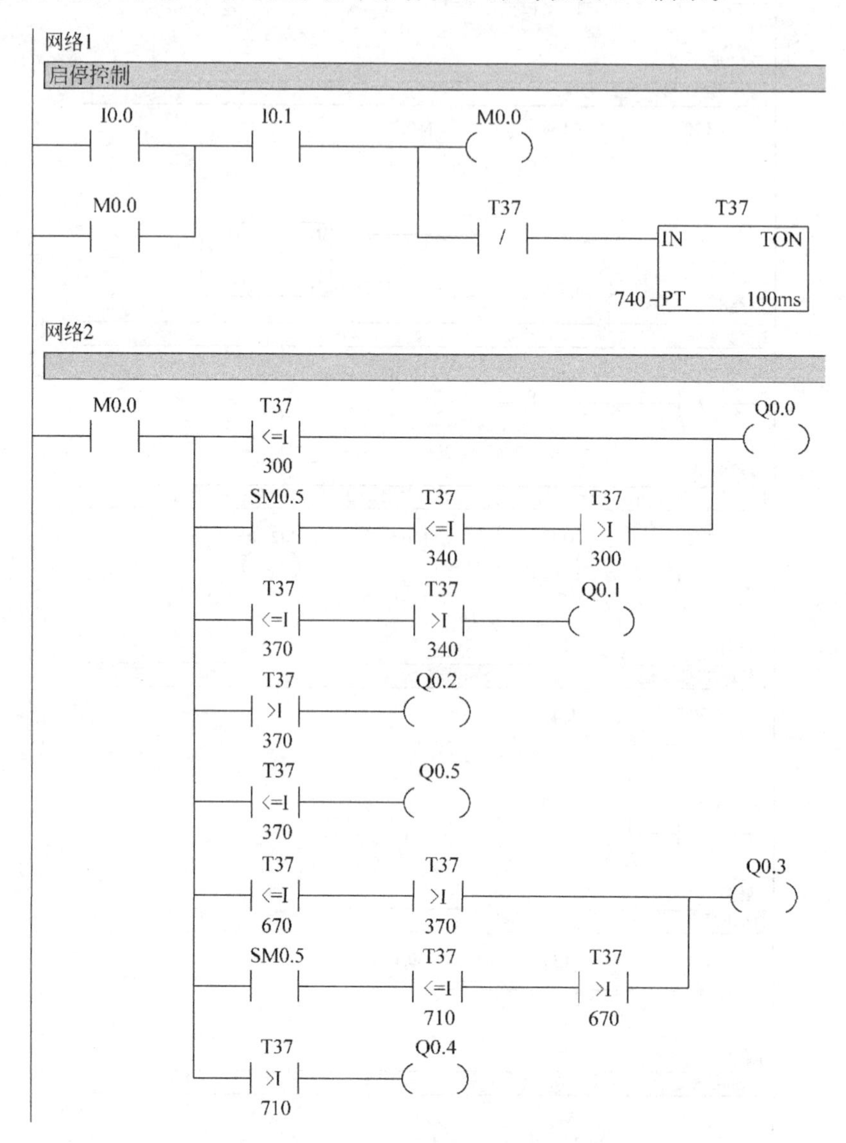

图 3-9 交通灯梯形图(比较指令)

3.5 知识与应用拓展

3.5.1 时钟指令及其应用

1. 读取时钟指令

读取实时时钟指令(TODR)从硬件时钟中读当前时间和日期，并把它装载到一个 8 字节，起始地址为 T 的时间缓冲区中。设置实时时钟指令(TODW)将当前时间和日期写入硬件时钟，当前时钟存储在以地址 T 开始的 8 字节时间缓冲区中。必须按照 BCD 码的格式编码所有的日期和时间值(例如，用 16#97 表示 1997 年)。程序如图 3-10 所示。如果 PLC 系统的时间是 2009 年 4 月 8 日 8 时 6 分 5 秒，星期六，则运行的结果如图 3-11 所示。年份存入 VB0 存储单元，月份存入 VB1 单元，日存入 VB2 单元，小时存入 VB3 单元，分存入 VB4 单元，秒存入 VB5 单元，VB6 单元为 0，星期存入 VB7 单元，可见共占用 8 个存储单元。读实时时钟指令(TODR)和参数见表 3-6。

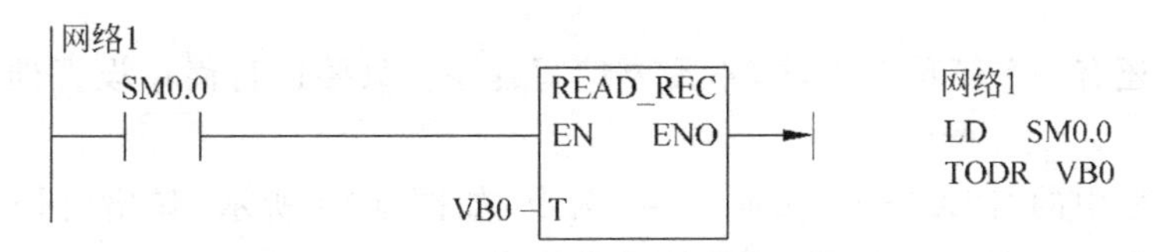

图 3-10　读实时时钟指令应用举例

VB0	VB1	VB2	VB3	VB4	VB5	VB6	VB7
09	04	08	08	06	05	00	07

图 3-11　读实时时钟指令的结果(BCD 码)

表 3-6　读实时时钟指令(TODR)和参数

LAD	参数	数据类型	说　明	存　储　区
READ_RTC EN ENO T	EN	BOOL	允许输入	V,I,Q,M,S,SM,L
	ENO	BOOL	允许输出	
	T	BYTE	存储日期的起始地址	V,I,Q,M,SM,S,L,* VD,* AC,* LD

【关键点】 读实时时钟指令(TODR)读取出来的日期是用 BCD 码表示的，这点要特别注意。

2. 设置时钟指令

设置实时时钟指令(TODW)将当前时间和日期写入用 T 指定的 8 字节的时间缓冲区。设置实时时钟的参数见表 3-7。

表 3-7　设置实时时钟指令(TODW)和参数

LAD	参数	数据类型	说　明	存　储　区
SET_RTC EN ENO T	EN	BOOL	允许输入	V,I,Q,M,S,SM,L
	ENO	BOOL	允许输出	
	T	BYTE	存储日期的起始地址	V,I,Q,M,SM,S,L,* VD,* AC,* LD

用一个例子说明设置时钟指令，假设要把 2012 年 9 月 18 日 8 时 6 分 28 秒设置成 PLC 的当前时间，先要做这样的设置：VB0＝16＃12，VB1＝16＃09，VB2＝16＃18，VB3＝16＃08，VB4＝16＃06，VB5＝16＃28，VB6＝16＃00，VB7＝16＃02。然后运行，如图 3-12 所示的程序。

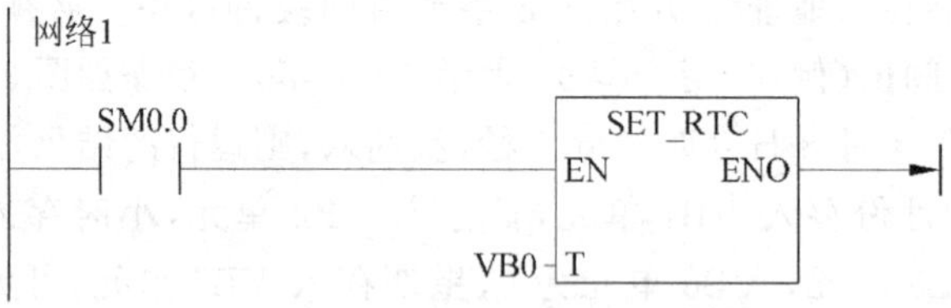

网络1

SM0.0 SET_RTC EN ENO

VB0 T

图 3-12　设置实时时钟指令实例

设置时钟还有一个简单的方法，不需要编写程序。只要进行简单设置即可，设置方法如下。

选择菜单栏中的“PLC”→“实时时钟”命令，如图 3-13 所示，弹出时钟操作界面，如图 3-14 所示，单击“读取 PC”按钮，读取计算机的当前时间。

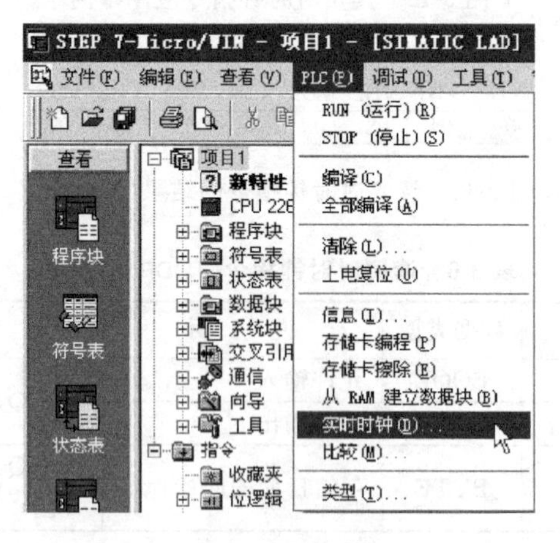

图 3-13　菜单操作

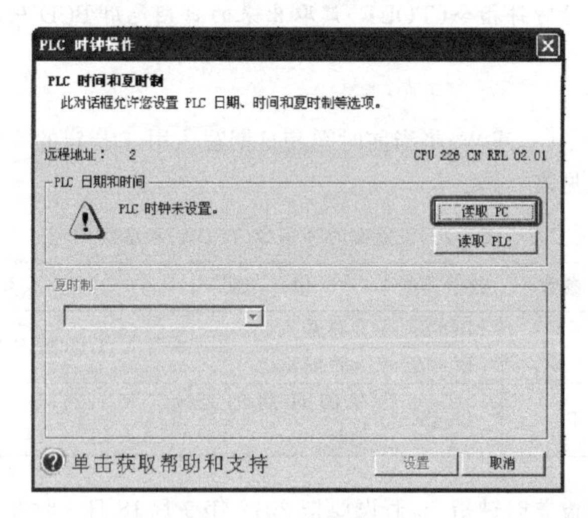

图 3-14　时钟操作界面

如图 3-15 所示，单击“设置”按钮可以将当前计算机的时间设置到 PLC 中，当然也可以设置其他时间。

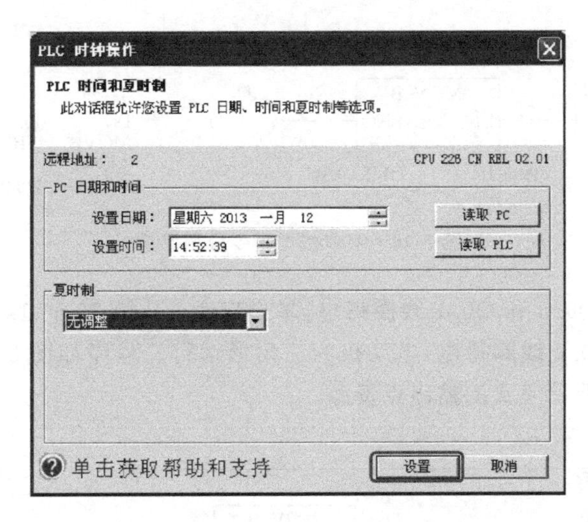

图 3-15　设置实时时钟

3.5.2　传送指令及其应用

数据处理指令包括数据传送指令、交换/字节填充指令及移位指令等。数据传送指令非常有用，特别在数据初始化、数据运算和通信时经常用到。

1. 数据传送指令

数据传送指令有字节、字、双字和实数的单个数据传送指令，还有以字节、字、双字为单位的数据块传送指令，用以实现各存储器单元之间的数据传送和复制。

单个数据传送指令一次完成一字节、字或双字的传送。以下仅以字节传送指令为例说明传送指令的使用方法，字节传送指令格式见表 3-8。

表 3-8　字节传送指令格式

LAD	参数	数据类型	说　明	存　储　区
MOV_B (EN, ENO, IN, OUT)	EN	BOOL	允许输入	V，I，Q，M，S，SM，L
	ENO	BOOL	允许输出	
	OUT	BYTE	目的地地址	V，I，Q，M，S，SM，L，AC，* VD，* LD，* AC，常数(OUT 中无常数)
	IN	BYTE	源数据	

当使能端输入 EN 有效时，将输入端 IN 中的字节传送至 OUT 指定的存储器单元输出。输出端 ENO 的状态和使能端 EN 的状态相同。

【例 3-1】 VB0 中的数据为 20，程序如图 3-16 所示，试分析运行结果。

【解】 当 I0.0 闭合时，执行字节传送指令，VB0 和 VB1 中的数据都为 20，同时 Q0.0 输出高电平；当 I0.0 闭合后断开，VB0 和 VB1 中的数据都仍为 20，但 Q0.0 输出低电平。

字、双字和实数传送指令的使用方法与字节传送指令类似，在此不再说明。

【关键点】 读者若将输出 VB1 改成 VW1，则程序出错。因为字节传送的操作数不能为字。有的初学者认为执行传送指令后，源地址(本例为 VB0)中的数值为 0，这是不对的，读者可以把传送指令理解为复制指令。

【例 3-2】 如图 2-34 所示为电动机Y-△启动的电气原理图，请编写程序。

网络1　字节传送指令

I0.0　MOV_B　EN　ENO　Q0.0

VB0 — IN　OUT — VB1

```
网络1    字节传送指令
LD       I0.0
MOVB     VB0,VB1
AENO
=        Q0.0
```

图 3-16　字节传送指令应用举例

【解】　前 10s,Q0.0 和 Q0.1 线圈得电,星形启动；从第 10～11s 只有 Q0.0 得电,从 11s 开始,Q0.0 和 Q0.2 线圈得电,电动机为三角形运行。程序如图 3-17 所示。这种方法编写程序简单,但很费了宝贵的输出点资源。

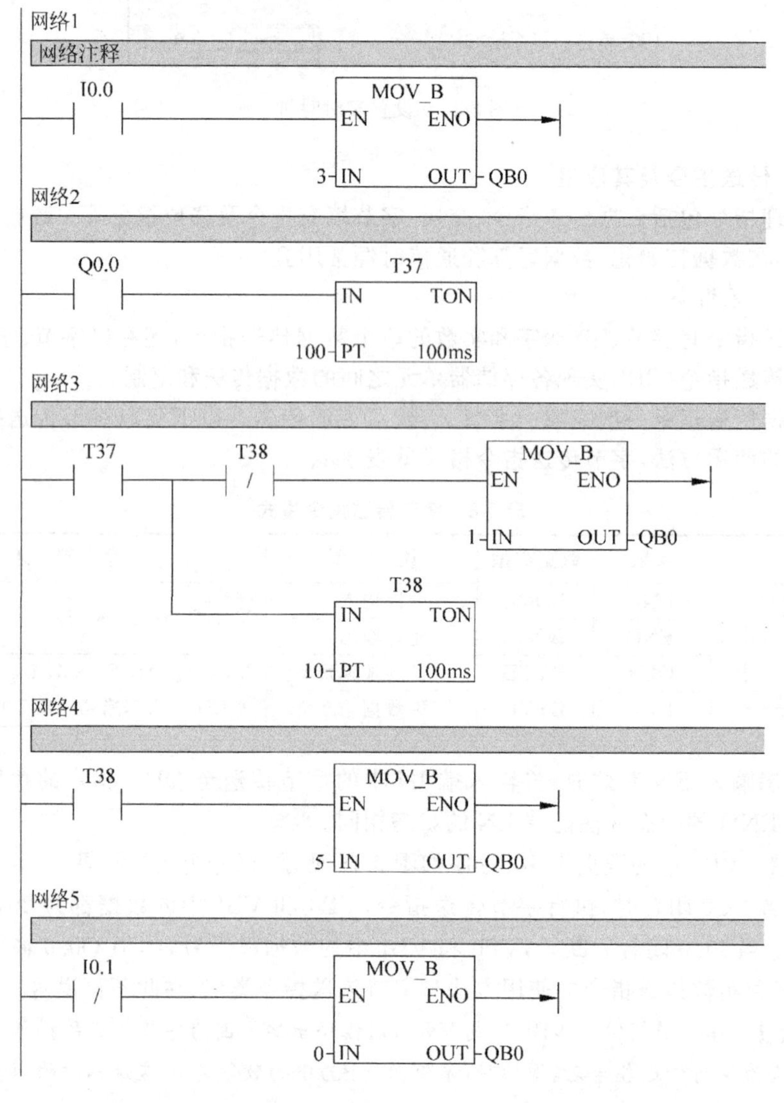

图 3-17　电动机Y-△启动程序

2．数据块传送指令(BLKMOV)

数据块传送指令一次完成 N 个数据的成组传送，数据块传送指令是一个效率很高的指令，应用很方便，有时使用一条数据块传送指令可以取代多条传送指令，字节块指令格式见表 3-9。

表 3-9　字节块的传送指令格式

LAD	参数	数据类型	说　明	存　储　区
BLKMOV_B EN　ENO IN　OUT N	EN	BOOL	允许输入	V,I,Q,M,S,SM,L
	ENO	BOOL	允许输出	
	N	BYTE	要移动的字节数	V, I, Q, M, S, SM, L, AC, 常数, * VD, * AC, * LD
	OUT	BYTE	目的地首地址	V, I, Q, M, S, SM, L, AC, * VD, * LD, * AC,常数(OUT 中无常数)
	IN	BYTE	源数据首地址	

【例 3-3】 编写一段程序，将 VB0 开始的 4 字节内容传送至 VB10 开始的 4 字节存储单元中，VB0～VB3 的数据分别为 5、6、7、8。

【解】 程序如图 3-18 所示。

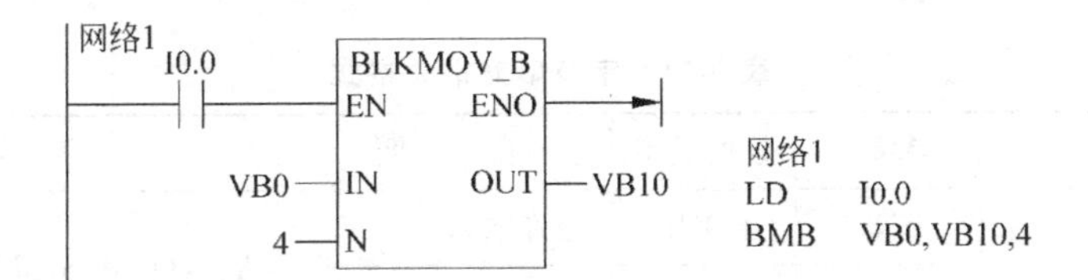

图 3-18　字节块传送程序示例

数组 1 的数据：5　6　7　8

数据地址：VB0　VB1　VB2　VB3

数组 2 的数据：5　6　7　8

数据地址：VB10　VB11　VB12　VB13

数据块传送指令还有字块传送和双字块传送，其使用方法和字节块传送类似，只不过其数据类型不同而已。

3．字节交换指令(SWAP)

字节交换指令用来实现字中高、低字节内容的交换。当使能端(EN)输入有效时，将输入字 IN 中的高、低字节内容交换，结果仍放回字 IN 中。

其格式见表 3-10。

表 3-10　字节交换指令格式

LAD	参数	数据类型	说　明	存　储　区
SWAP EN　ENO IN	EN	BOOL	允许输入	V,I,Q,M,S,SM,L
	ENO	BOOL	允许输出	
	IN	WORD	源数据	V,I,Q,M,S,SM,T,C,L,AC, * VD, * AC, * LD

【例 3-4】 如图 3-19 所示的程序，若 QB0＝FF，QB1＝0，在接通 I0.0 的前后，PLC 的输出端的指示灯有何变化？

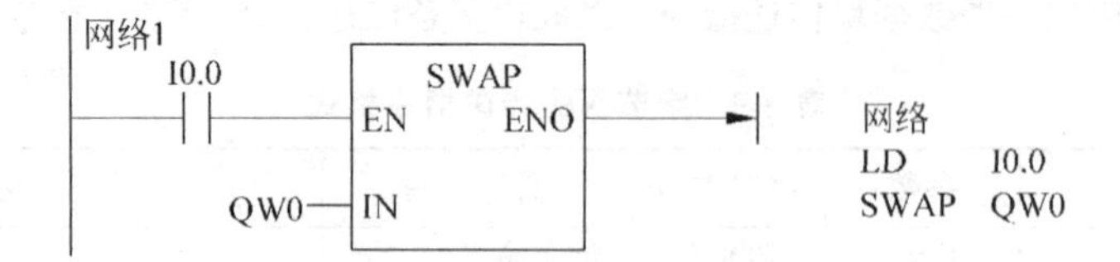

图 3-19 字节交换指令程序示例

【解】 执行程序后，QB1＝FF，QB0＝0，因此运行程序前 PLC 的输出端的 QB0.0～QB0.7 指示灯亮，执行程序后 QB0.0～QB0.7 指示灯灭，而 QB1.0～QB1.7 指示灯亮。

4. 字节填充指令(FILL)

字节填充指令用来实现存储器区域内容的填充。当使能端输入有效时，将输入字 IN 填充至从 OUT 指定单元开始的 *N* 个字存储单元。

字节填充指令可归类为表格处理指令，用于数据表的初始化，特别适合于连续字节的清零，字节填充指令格式见表 3-11。

表 3-11 字节填充指令格式

LAD	参数	数据类型	说　明	存　储　区
FILL_N EN ENO IN OUT N	EN	BOOL	允许输入	V，I，Q，M，S，SM，L
	ENO	BOOL	允许输出	
	IN	INT	要填充的数	V，I，Q，M，S，SM，L，T，C，AI，AC，常数，＊VD，＊LD，＊AC
	OUT	INT	目的数据首地址	V，I，Q，M，S，SM，L，T，C，AQ，＊VD，＊LD，＊AC
	N	BYTE	填充的个数	V，I，Q，M，S，SM，L，AC，常数，＊VD，＊LD，＊AC

【例 3-5】 编写一段程序，将从 VW0 开始的 10 个字存储单元清零。

【解】 程序如图 3-20 所示。FILL 是表指令，使用比较方便，特别是在程序的初始化时，常使用 FILL 指令将要用到的数据存储区清零。在编写通信程序时，通常在程序的初始化时，将数据发送缓冲区和数据接受缓冲区的数据清零，就要用到 FILL 指令。此外，表指令中还有 FIFO、LIFO 等指令，请读者参考相关手册。

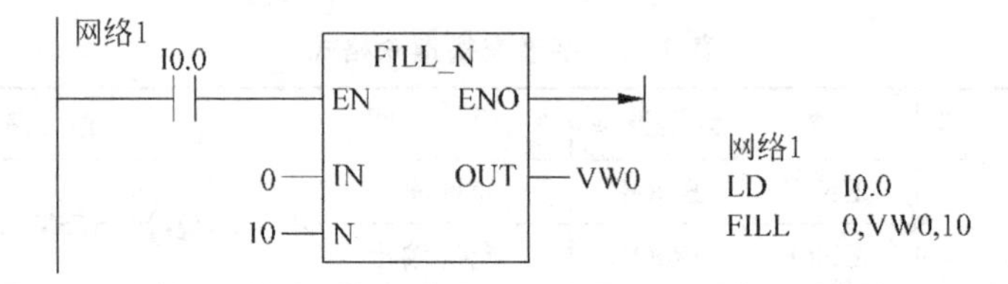

图 3-20 字节填充指令程序示例

当然也可以使用 BLKMOV 指令完成以上功能。

5. BCD 转化成整数(BCD_I)

BCD 转化成整数指令将二进制编码的十进制值 IN 转换成整数值,并将结果载入 OUT 指定的变量中。IN 的有效范围是 0 至 9999 BCD。BCD 转化成整数指令格式见表 3-12。

表 3-12　BCD 转化成整数指令格式

LAD	参数	数据类型	说　明	存　储　区
BCD_I EN　ENO IN　OUT	EN	BOOL	允许输入	V,I,Q,M,S,SM,L
	ENO	BOOL	允许输出	
	IN	INT	BCD 数	V,I,Q,M,S,SM,L,T,C,AI,AC,常数,* VD,* LD,* AC
	OUT	INT	整数输出	V,I,Q,M,S,SM,L,T,C,AC,* VD,* LD,* AC

3.5.3　分高峰和非高峰时段的十字路口交通灯控制

【例 3-6】 某十字路口的交通灯,如图 3-1 所示。其中,R、Y、G 分别代表红、黄、绿交通灯。要完成如下功能:

① 设置启动按钮、停止按钮。正常启动情况下,东西向绿灯亮 30s,转东西向绿灯以 0.5s 间隔闪烁 4s,转东西向黄灯亮 3s,转南北向绿灯亮 30s,转南北向绿灯以 0.5s 间隔闪烁 4s,转南北向黄灯亮 3s,再转东西向绿灯亮 30s,以此类推。

② 假设 PLC 内部时钟为北京时间,在上午 7:30～9:00 及下午 16:30～18:00 为上班高峰时段,在这一时间段内,绿灯的常亮时间为 45s,其余闪烁及黄灯时间不变。

③ 在东西向绿灯亮时,南北向应显示红灯。同理,南北向绿灯亮时,东西向应显示红灯。

【解】 分高峰时段和正常时段,把不同颜色的灯的亮灭情况罗列出来,具体如下。

1. 正常时段

(1) 东西方向

$T<30$s,绿灯亮;$30\leqslant T<34$s,绿灯闪烁。

$30\leqslant T<37$s,黄灯亮。

$37\geqslant T\geqslant 74$s,红灯亮。

(2) 南北方向

$T<37$s,红灯亮;

$37\leqslant T<67$s,绿灯亮;$67\leqslant T<71$s,绿灯闪烁。

$74\geqslant T\geqslant 71$s 黄灯亮。

2. 高峰时段

(1) 东西方向

$T<45$s;绿灯亮;$45\leqslant T<49$s,绿灯闪烁。

$49\leqslant T<52$s,黄灯亮;

104≥T≥52s，红灯亮。

（2）南北方向

T<52s，红灯亮；

52≤T<97s，绿灯亮；97≤T<101s，绿灯闪烁。

104≥T≥101s，黄灯亮。

3．用基本指令编写程序

程序如图3-21所示。

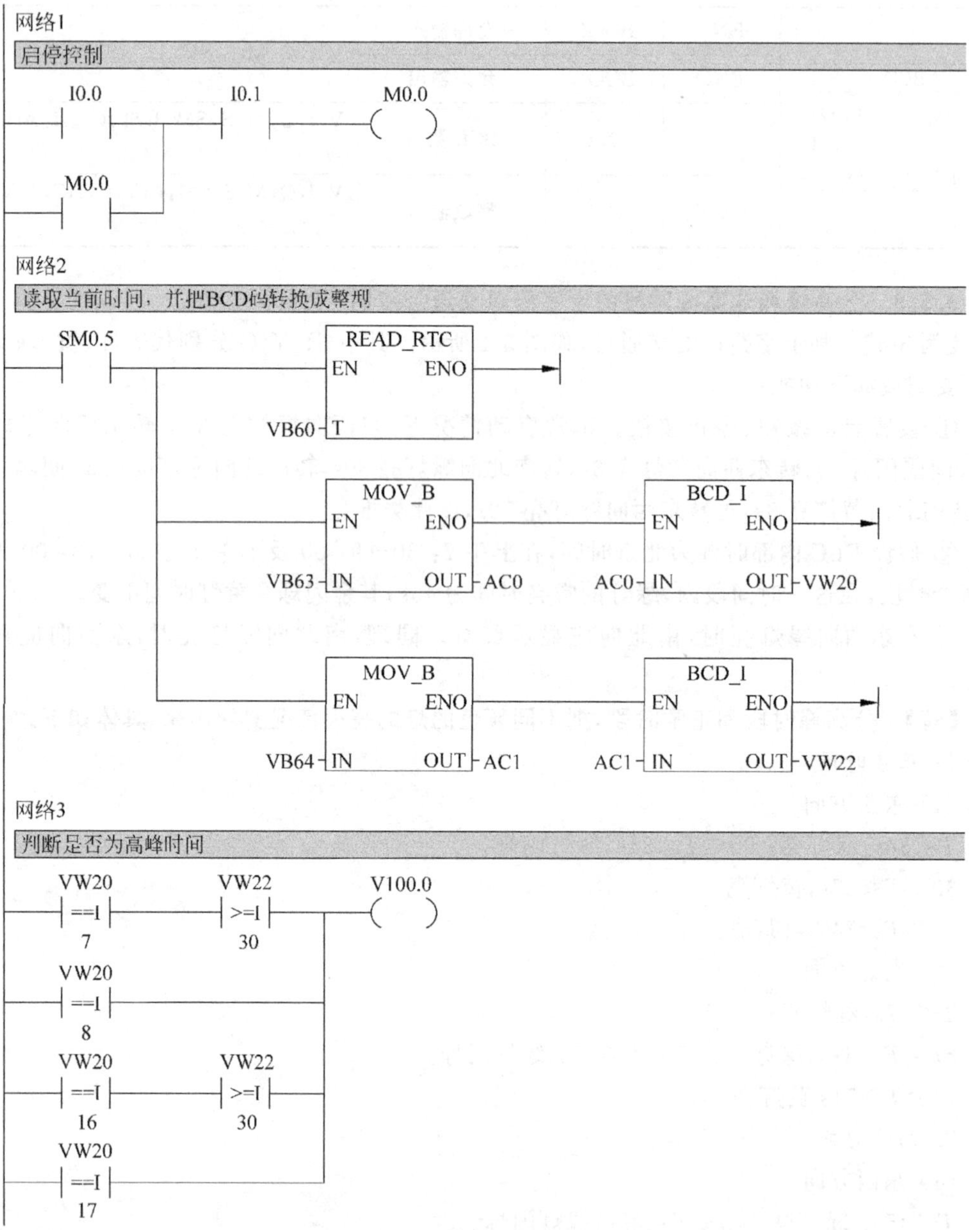

网络1

启停控制

I0.0 I0.1 M0.0

M0.0

网络2

读取当前时间，并把BCD码转换成整型

SM0.5

READ_RTC
EN ENO
VB60 T

MOV_B
EN ENO
VB63 IN OUT AC0

BCD_I
EN ENO
AC0 IN OUT VW20

MOV_B
EN ENO
VB64 IN OUT AC1

BCD_I
EN ENO
AC1 IN OUT VW22

网络3

判断是否为高峰时间

VW20 ==I 7 VW22 >=I 30 V100.0

VW20 ==I 8

VW20 ==I 16 VW22 >=I 30

VW20 ==I 17

图3-21　例3-6程序（基本指令）

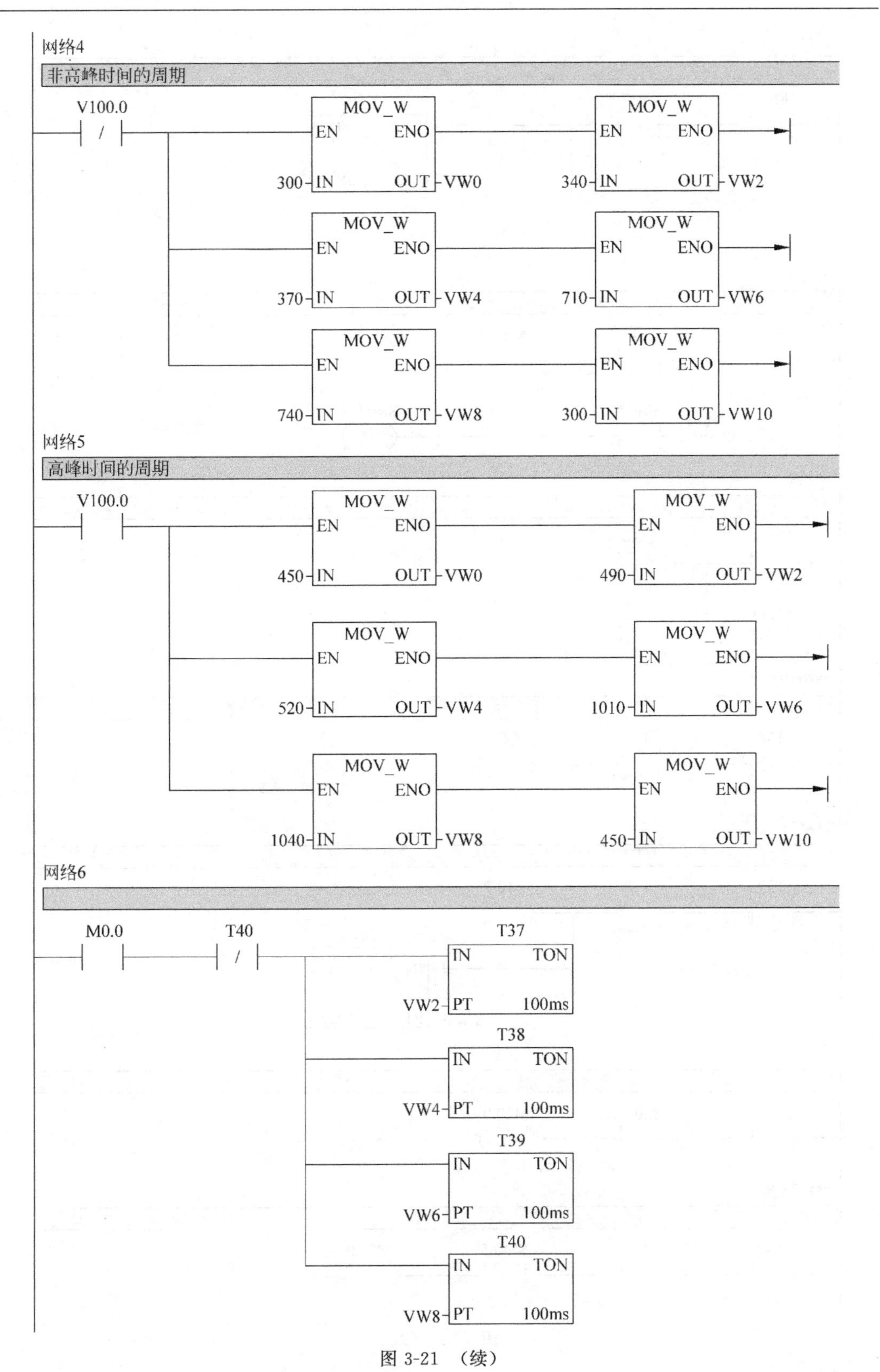

网络4
非高峰时间的周期
V100.0
MOV_W
EN ENO
300 IN OUT VW0
MOV_W
EN ENO
340 IN OUT VW2
MOV_W
EN ENO
370 IN OUT VW4
MOV_W
EN ENO
710 IN OUT VW6
MOV_W
EN ENO
740 IN OUT VW8
MOV_W
EN ENO
300 IN OUT VW10
网络5
高峰时间的周期
V100.0
MOV_W
EN ENO
450 IN OUT VW0
MOV_W
EN ENO
490 IN OUT VW2
MOV_W
EN ENO
520 IN OUT VW4
MOV_W
EN ENO
1010 IN OUT VW6
MOV_W
EN ENO
1040 IN OUT VW8
MOV_W
EN ENO
450 IN OUT VW10
网络6
M0.0
T40
T37
IN TON
VW2 PT 100ms
T38
IN TON
VW4 PT 100ms
T39
IN TON
VW6 PT 100ms
T40
IN TON
VW8 PT 100ms

图 3-21　(续)

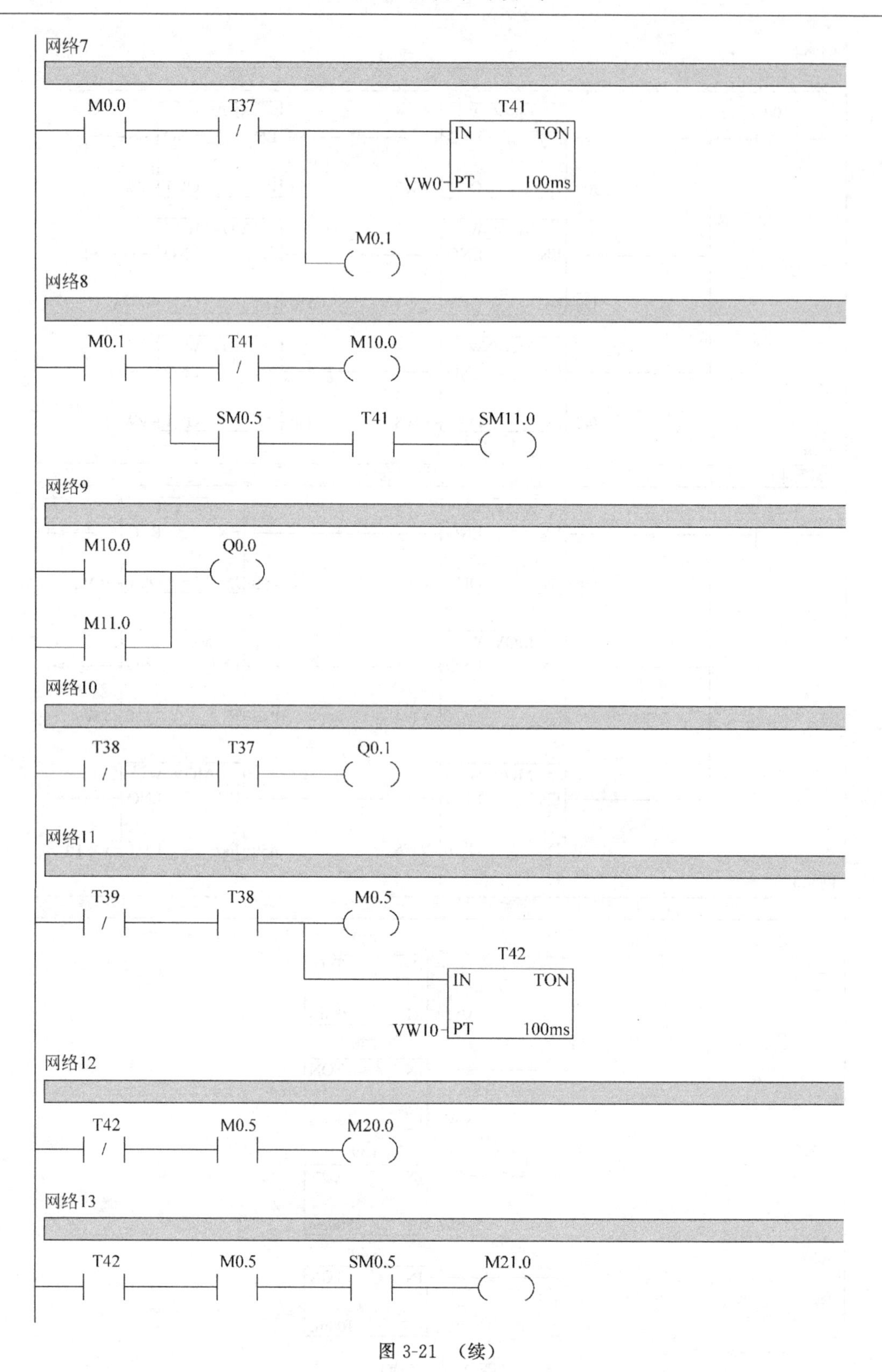
网络7
M0.0
T37
/
T41
IN
TON
VW0
PT
100ms
M0.1
网络8
M0.1
T41
/
M10.0
SM0.5
T41
SM11.0
网络9
M10.0
Q0.0
M11.0
网络10
T38
/
T37
Q0.1
网络11
T39
/
T38
M0.5
T42
IN
TON
VW10
PT
100ms
网络12
T42
/
M0.5
M20.0
网络13
T42
M0.5
SM0.5
M21.0

图 3-21 （续）

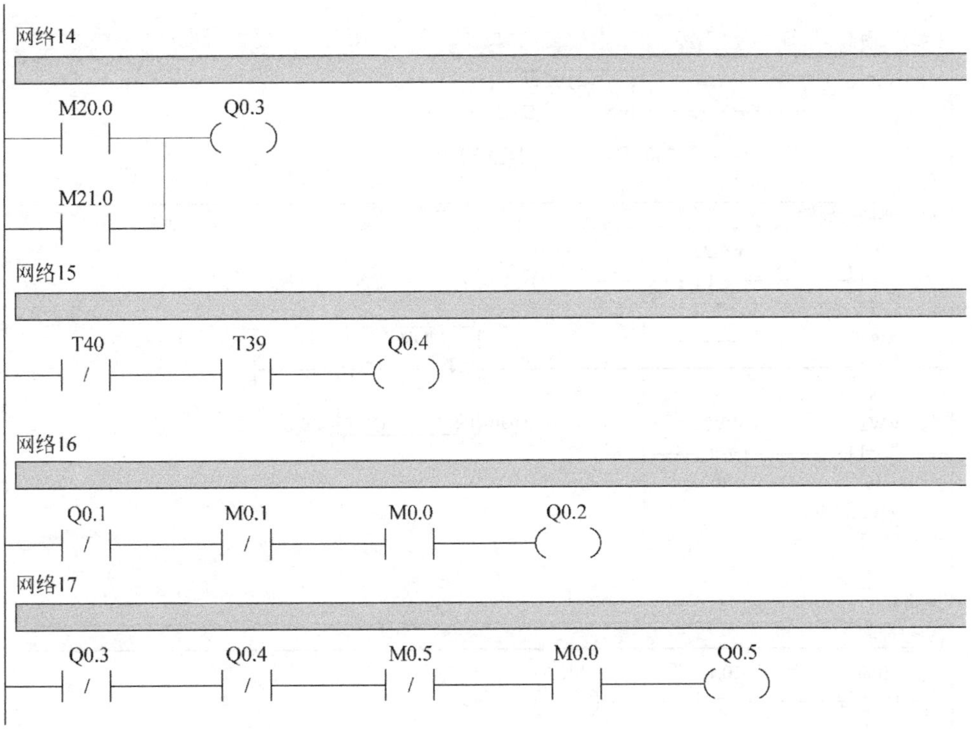

网络14

M20.0　Q0.3

M21.0

网络15

T40　T39　Q0.4

网络16

Q0.1　M0.1　M0.0　Q0.2

网络17

Q0.3　Q0.4　M0.5　M0.0　Q0.5

图 3-21　(续)

4. 用比较指令编写程序

程序如图 3-22 所示。

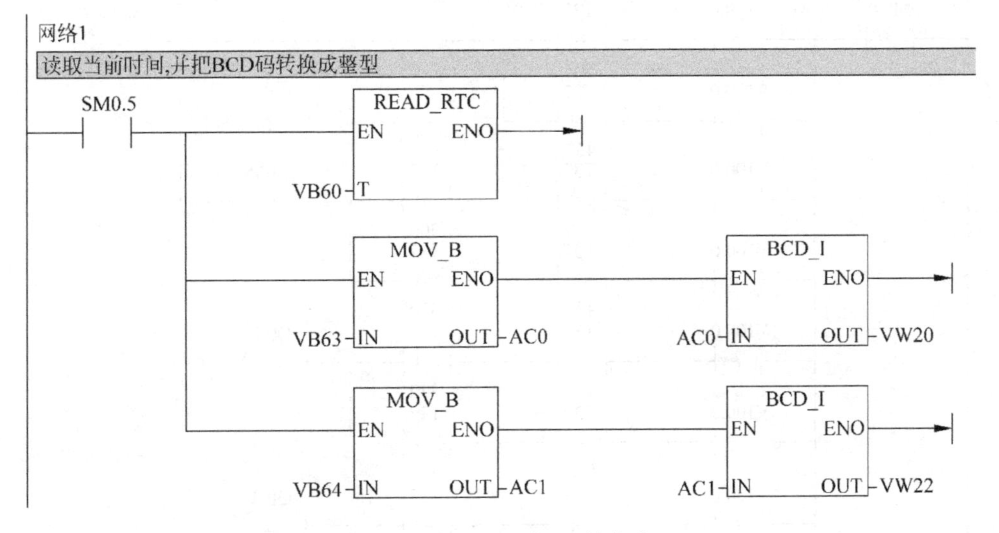

图 3-22　例 3-6 程序(比较指令)

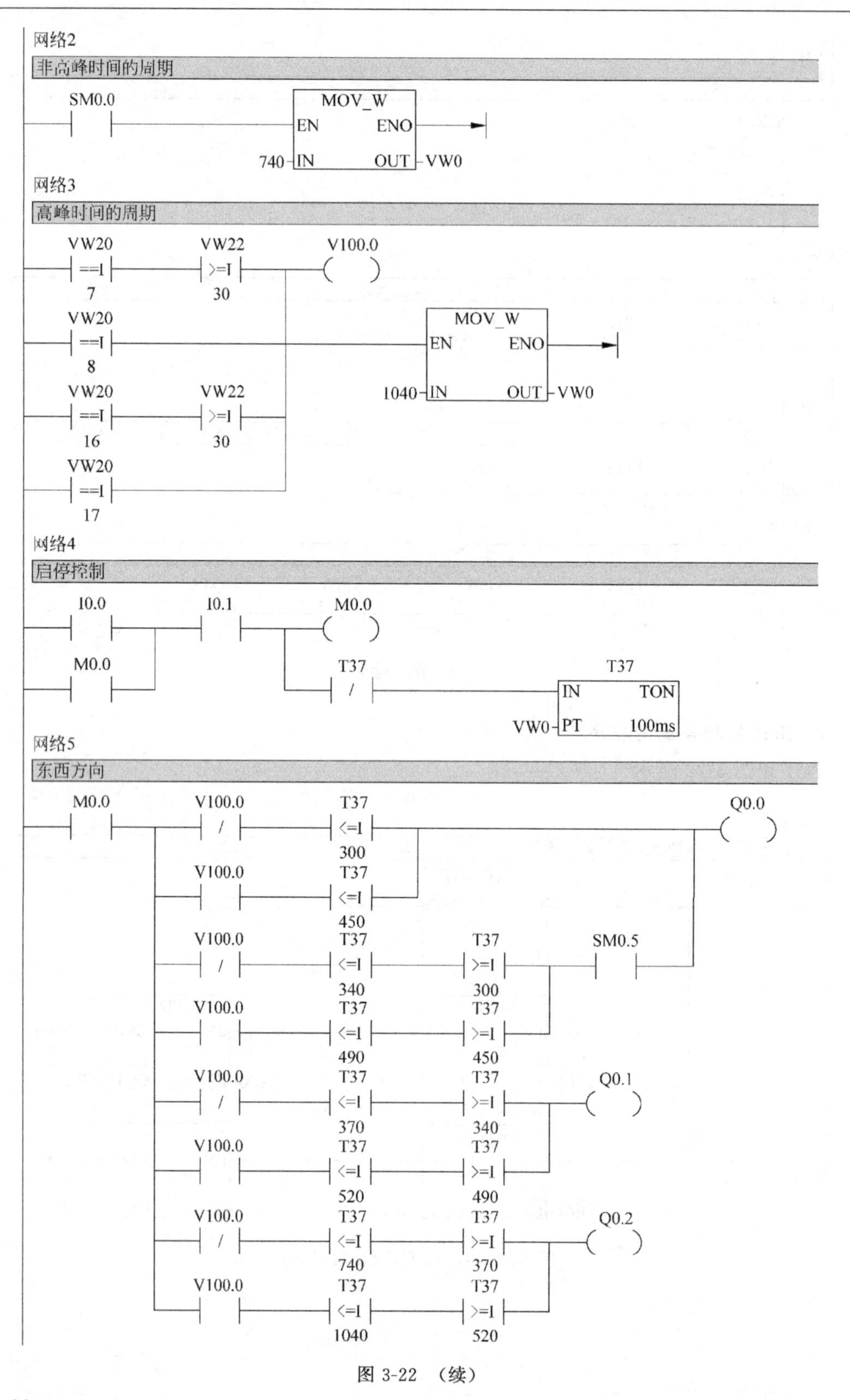
网络2
非高峰时间的周期
SM0.0
MOV_W
EN
ENO
740
IN
OUT
VW0
网络3
高峰时间的周期
VW20
==I
7
VW22
>=I
30
V100.0
VW20
==I
8
MOV_W
EN
ENO
1040
IN
OUT
VW0
VW20
==I
16
VW22
>=I
30
VW20
==I
17
网络4
启停控制
I0.0
I0.1
M0.0
M0.0
T37
T37
IN
TON
VW0
PT
100ms
网络5
东西方向
M0.0
V100.0
T37
<=I
300
Q0.0
V100.0
T37
<=I
450
V100.0
T37
<=I
340
T37
>=I
300
SM0.5
V100.0
T37
<=I
490
T37
>=I
450
V100.0
T37
<=I
370
T37
>=I
340
Q0.1
V100.0
T37
<=I
520
T37
>=I
490
V100.0
T37
<=I
740
T37
>=I
370
Q0.2
V100.0
T37
<=I
1040
T37
>=I
520

图 3-22 （续）

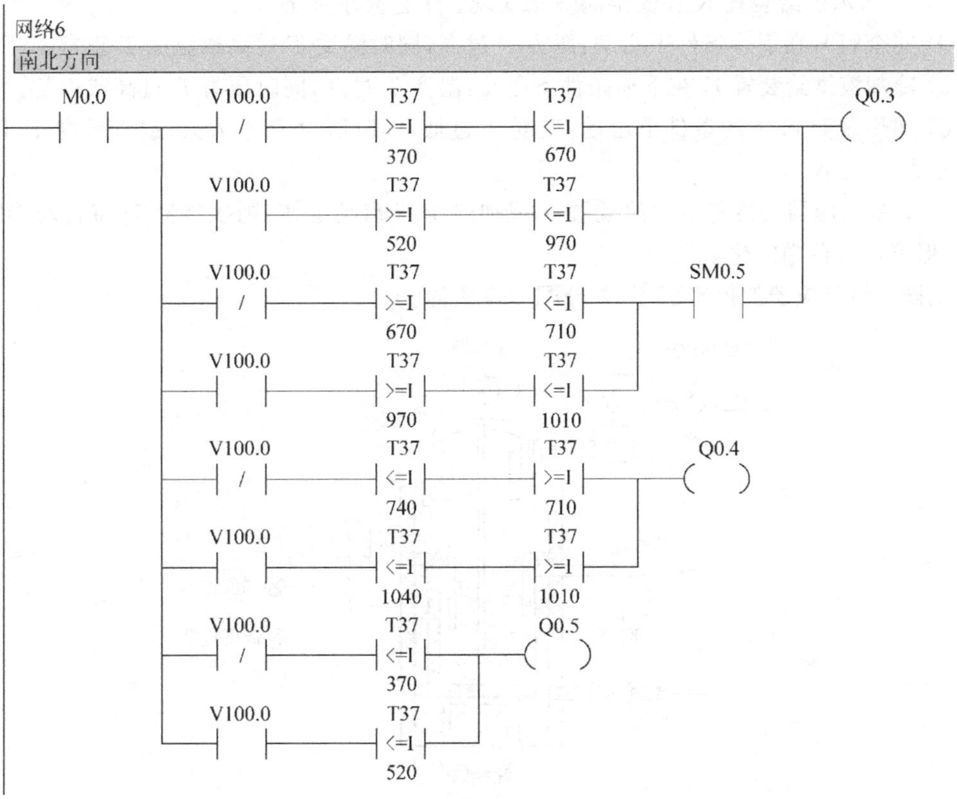

图 3-22　(续)

习　题　3

3-1　用 PLC 设计一个闹钟，每天早上 6：00 响铃，人工复位。

3-2　用 3 个开关(I0.1、I0.2、I0.3)控制一盏灯 Q1.0，当 3 个开关全通或者全断时灯亮，其他情况灯灭，要求用比较指令。

3-3　运行如图 3-23 所示的梯形图，得知：VB1＝16＃11，VB2＝16＃22，请解释 VB1 和 VB2 代表的具体含义。

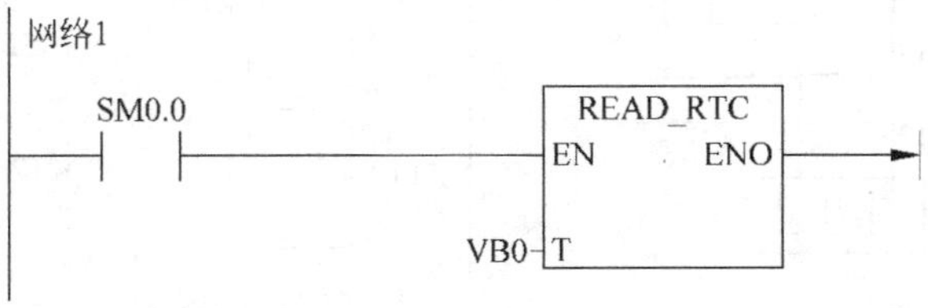

图 3-23　习题 3-3 图

3-4　如图 3-24 所示为一个大型反应器，反应过程要求在恒温和恒压下进行。对于该系统，分别安装有温度传感器(T)和压力传感器(P)。而反应器的温度和压力调节是通过加热器 H、冷却水供给装置 K 和安全阀 S 来实现。工艺要求如下：

① 安全阀 S 在下述条件下启动：压力 P 过高，同时温度 T 过高或温度 T 正常。

② 冷却液供给装置 K 在下述条件下启动：温度 T 过高，同时压力 P 过高或正常。

③ 加热器 H 在下述条件下启动：温度 T 过低，同时压力 P 不太大；或者温度 T 正常，同时压力 P 太小。

④ 如果反应器的冷却水供给装置 K 或加热器 H 启动工作，则搅拌器 U 将自动伴随其工作，保障反应器中的化学反应均匀。

试设计该反应器的控制程序，并分配 I/O 资源。

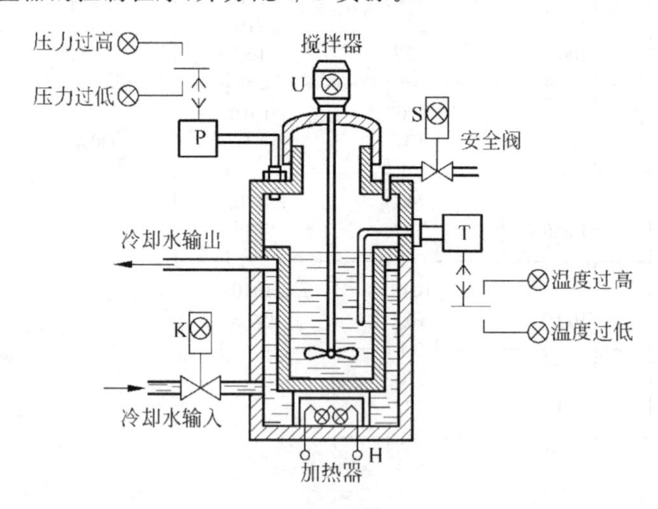

图 3-24　习题 3-4 图

3-5　用 PLC 编程实现如图 3-25 所示电气原理图中的全部功能，并写出 I/O 分配表，画出 PLC 外部接线图。

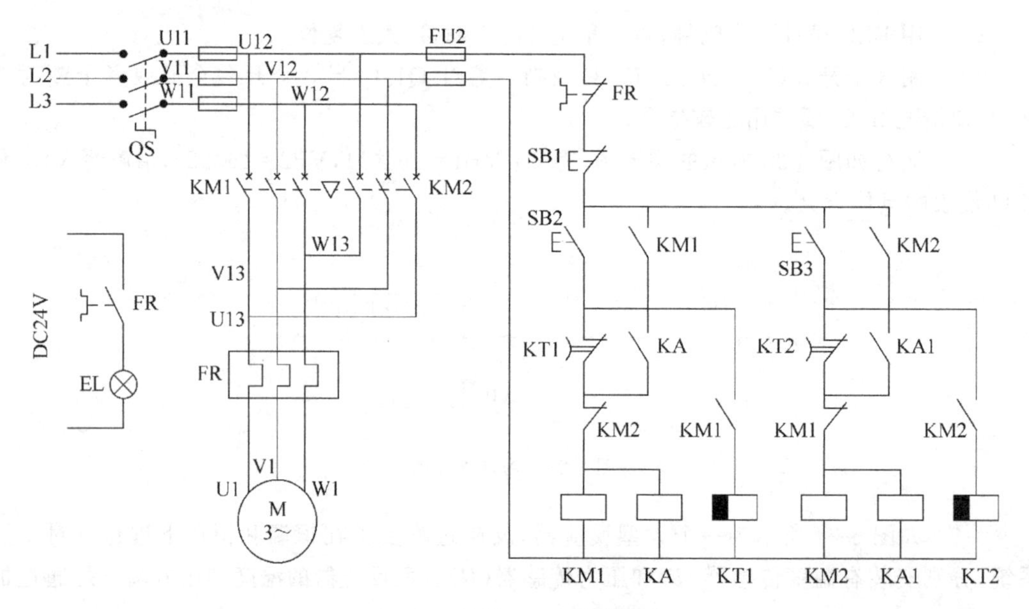

图 3-25　习题 3-5 电气原理图

3-6　设计故障显示程序，若故障显示信号 I0.0 为 1 状态，Q1.0 控制的指示灯以 2Hz 的频率闪烁。操作人员按复位按钮 I1.0 后，如果故障已经消失，指示灯熄灭；如果没有消失，指示灯转为常亮，直至故障消失。

3-7　用寄存器移位指令 SHRB 设计一梯形图，要求如下：

(1) 当脉冲上升沿到来时，SHRB 指令将 QB1 字节右移一位，时基脉冲由 SM0.5(1s) 产生；

(2) 要用输出继电器作显示；

(3) 当 I1.0 为 1，周而复始执行指令，直到 I1.0 为 0 时停止。

项目4　洗衣机电动机寿命测试仪的控制与调试

项目知识点

1. 掌握移位指令、计数器指令和顺控指令；
2. 能根据控制要求编写功能图；
3. 掌握梯形图的编程原则和编程方法。

项目技能点

1. 根据项目，确定PLC的型号；
2. 会分配PLC外部I/O，并会接线；
3. 会使用移位指令、计数器指令和顺控指令；
4. 能使用PLC常用的基本指令、顺控指令、复位/置位指令和功能指令四种方法，完成洗衣机电机寿命测试仪的程序编写。

本项目建议学时：16学时。

4.1　项目提出

家用全自动洗衣机对其装备的单相电动机的要求较高，有一项重要的性能就是要求电动机在带载荷的工况下，模拟洗衣全过程连续运行无故障。其控制过程要求如下：

当合上启动按钮SB1时，进水阀开启→水位到，正转2s→停0.4s→反转2.4s→停0.4s，如此循环12min，这个过程实际上就是第一次洗涤；接着排水阀动作7s→正转脱水3min→脱水停等待10s→排水阀复位4s，这个过程实际上就是第一次脱水，脱水过程重复2次。请设计控制系统，并编写控制程序。

4.2　项目分析

分析项目容易得出的信息是：

① 要求PLC控制单相电动机的正反转，而且输入/输出(I/O)较少，主要是逻辑控制，所以常见的小型PLC应该都能满足要求，S7-200系列PLC也能满足要求。

② 由于电动机要频繁换向，所以不适合使用有触头的器件，如继电器对单相电动机换向，而应采用无触头的固态继电器。

③ 这个项目主要涉及定时器、计数器和逻辑控制。

4.3　必备知识

4.3.1　移位与循环指令及其应用

STEP 7-Micro/WIN提供的移位指令能将存储器的内容逐位向左或者向右移动。移

动的位数由 N 决定。向左移 N 位相当于累加器的内容乘 2^N，向右移 N 位相当于累加器的内容除以 2^N。移位指令在逻辑控制中使用也很方便。移位与循环指令见表 4-1。

表 4-1　移位与循环指令汇总

名　称	语句表	梯形图	描　述
字节左移	SLB	SHL_B	字节逐位左移，空出的位添 0
字左移	SLW	SHL_W	字逐位左移，空出的位添 0
双字左移	SLD	SHL_DW	双字逐位左移，空出的位添 0
字节右移	SRB	SHR_B	字节逐位右移，空出的位添 0
字右移	SRW	SHR_W	字逐位右移，空出的位添 0
双字右移	SRD	SHR_DW	双字逐位右移，空出的位添 0
字节循环左移	RLB	ROL_B	字节循环左移
字循环左移	RLW	ROL_W	字循环左移
双字循环左移	RLD	ROL_DW	双字循环左移
字节循环右移	RRB	ROR_B	字节循环右移
字循环右移	RRW	ROR_W	字循环右移
双字循环右移	RRD	ROR_DW	双字循环右移
移位寄存器	SHRB	SHRB	将 DATA 数值移入移位寄存器

1. 字左移(SHL_W)

当字左移指令(SHL_W)的 EN 位为高电平“1”时，执行移位指令，将 IN 端指定的内容左移 N 端指定的位数，然后写入 OUT 端指定的目的地址中。如果移位数目(N)大于或等于 16，则数值最多被移位 16 次。最后一次移出的位保存在 SM1.1 中。字左移指令(SHL_W)和参数见表 4-2。

表 4-2　字左移指令(SHL_W)和参数

LAD	参数	数据类型	说　明	存　储　区
SHL_W EN　ENO IN　OUT N	EN	BOOL	允许输入	I、Q、M、D、L
	ENO	BOOL	允许输出	
	N	BYTE	移动的位数	V,I,Q,M,S,SM,L,AC,常数,*VD,*LD,*AC
	IN	WORD	移位对象	V,I,Q,M,S,SM,L,T,C,AC,*VD,*LD,*AC,AI 和常数(OUT 无)
	OUT	WORD	移动操作结果	

【例 4-1】 梯形图和指令表如图 4-1 所示。假设，IN 中的字 MW0 为 2#1001 1101 1111 1011，当 I0.0 闭合时，OUT 端的 MW0 中的数是多少？

【解】 当 I0.0 闭合时，激活左移指令，IN 中的字存储在 MW0 中的数为 2#1001 1101 1111 1011，向左移 4 位后，OUT 端的 MW0 中的数是 2#1101 1111 1011 0000，字左移指令示意图如图 4-2 所示。

【关键点】 图 4-1 中的程序有一个上升沿，这样 I0.0 每闭合一次，左移 4 位，若没有上升沿，那么闭合一次，可能左移很多次。这点读者要特别注意。

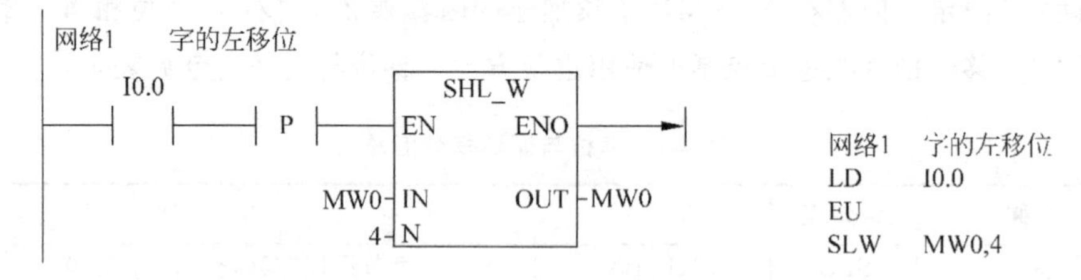

图 4-1 字左移指令应用举例

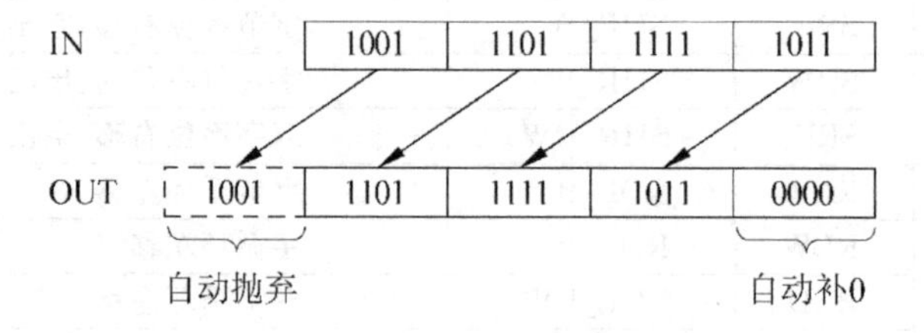

图 4-2 字左移指令示意图

2. *字右移*(SHR_W)

当字右移指令(SHR_W)的 EN 位为高电平"1"时,将执行移位指令,将 IN 端指定的内容右移 N 端指定的位数,然后写入 OUT 端指定的目的地址中。如果移位数目(N)大于或等于 16,则数值最多被移位 16 次。最后一次移出的位保存在 SM1.1 中,字右移指令(SHR_W)和参数见表 4-3。

表 4-3 字右移指令(SHR_W)和参数

LAD	参数	数据类型	说　明	存　储　区
SHR_W EN ENO IN OUT N	EN	BOOL	允许输入	I、Q、M、S、L、V
	ENO	BOOL	允许输出	
	N	BYTE	移动的位数	V,I,Q,M,S,SM,L,AC,常数,* VD,* LD,* AC
	IN	WORD	移位对象	V,I,Q,M,S,SM,L,T,C,AC,* VD,* LD,* AC ,AI 和常数(OUT 无)
	OUT	WORD	移动操作结果	

【例 4-2】 梯形图和指令表如图 4-3 所示。假设 IN 中的字 MW0 为 2#1001 1101 1111 1011,当 I0.0 闭合时,OUT 端的 MW0 中的数是多少?

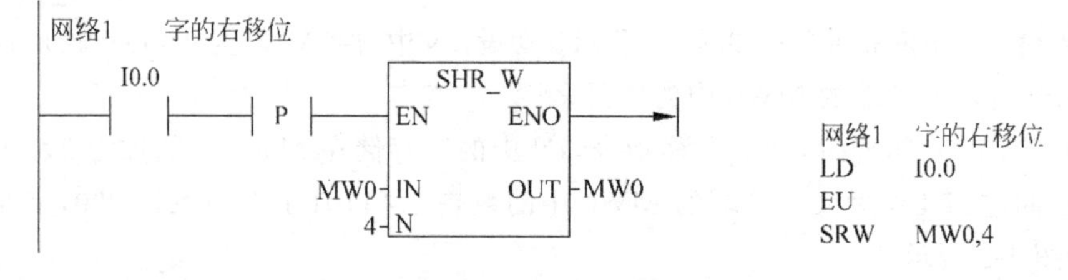

图 4-3 字右移指令应用举例

【解】 当 I0.0 闭合时，激活右移指令，IN 中的字存储在 MW0 中，假设这个数为 2＃1001 1101 1111 1011，向右移 4 位后，OUT 端的 MW0 中的数是 2＃0000 1001 1101 1111，字右移指令示意图如图 4-4 所示。

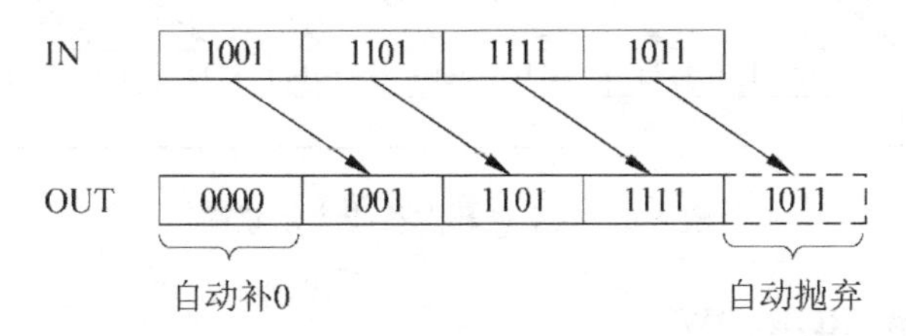

图 4-4　字右移指令示意图

字节的左移位、字节的右移位、双字的左移位、双字的右移位和字的移位指令类似，在此不再赘述。

3. *双字循环左移(ROL_DW)*

当双字循环左移(ROL_DW)的 EN 位为高电平“1”时，将执行双字循环左移指令，将 IN 端指令的内容循环左移 N 端指定的位数，然后写入 OUT 端指令的目的地址中。如果移位数目(N)大于或等于 32，执行之前在移动位数(N)上执行模数 32 操作。从而使位数在 0 至 31 之间，例如当 N＝34 时，通过模运算，实际移位为 2。双字循环左移(ROL_DW)和参数见表 4-4。

表 4-4　双字循环左移(ROL_DW)指令和参数

LAD	参数	数据类型	说　明	存　储　区
ROL_DW EN ENO IN OUT N	EN	BOOL	允许输入	I、Q、M、S、L、V
	ENO	BOOL	允许输出	
	N	BYTE	移动的位数	V,I,Q,M,S,SM,L,AC,常数,＊VD,＊LD,＊AC
	IN	DWORD	移位对象	V, I, Q, M, S, SM, L, AC, ＊ VD, ＊LD,＊AC,HC 和常数(OUT 无)
	OUT	DWORD	移动操作结果	

【例 4-3】 梯形图和指令表如图 4-5 所示。假设 IN 中的双字 MD0 为 2＃1001 1101 1111 1011 1001 1101 1111 1011，当 I0.0 闭合时，OUT 端的 MD0 中的数是多少？

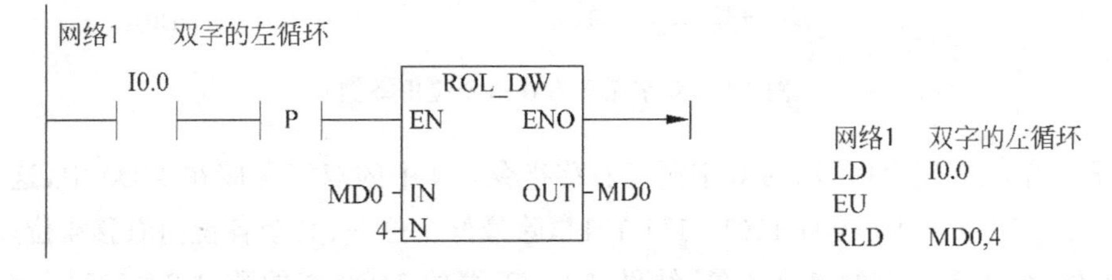

图 4-5　双字循环左移指令应用举例

【解】 当 I0.0 闭合时，激活双字循环左移指令，IN 中的双字存储在 MD0 中，除最高 4 位外，其余各位向左移 4 位后，双字的最高 4 位，循环到双字的最低 4 位，结果是 OUT 端的

MD0 中的数是 2#1101 1111 1011 1001 1101 1111 1011 1001，其示意图如图 4-6 所示。

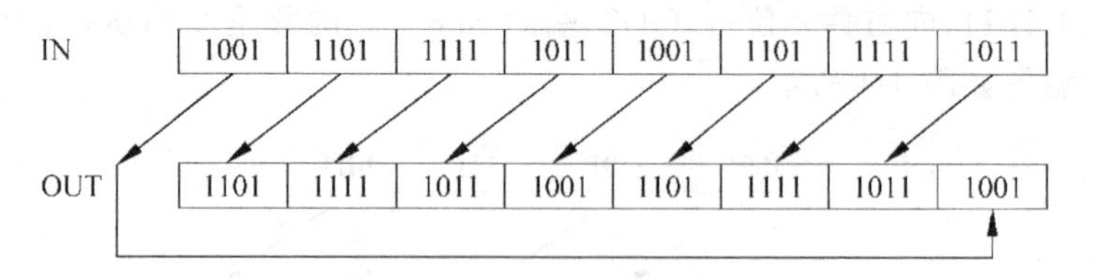

图 4-6　双字循环左移指令示意图

4. *双字循环右移(ROR_DW)*

当双字循环右移(ROR_DW)的 EN 位为高电平“1”时，将执行双字循环右移指令，将 IN 端指令的内容向右循环移动 N 端指定的位数，然后写入 OUT 端指令的目的地址中。如果移位数目(N)大于或等于 32，执行之前在移动位数(N)上执行模数 32 操作。从而使位数在 0 至 31 之间，例如当 N=34 时，通过模运算，实际移位为 2。双字循环右移(ROR_DW)和参数见表 4-5。

表 4-5　双字循环右移(ROR_DW)指令和参数

LAD	参数	数据类型	说　明	存　储　区
ROR_DW EN　ENO IN　OUT N	EN	BOOL	允许输入	I、Q、M、S、L、V
	ENO	BOOL	允许输出	
	N	BYTE	移动的位数	V，I，Q，M，S，SM，L，AC，常数，* VD，* LD，* AC
	IN	DWORD	移位对象	V，I，Q，M，S，SM，L，AC，* VD，* LD，* AC，HC 和常数(OUT 无)
	OUT	DWORD	移动操作结果	

【例 4-4】 梯形图和指令表如图 4-7 所示。假设 IN 中的字 MD0 为 2#1001 1101 1111 1011 1001 1101 1111 1011，当 I0.0 闭合时，OUT 端的 MD0 中的数是多少？

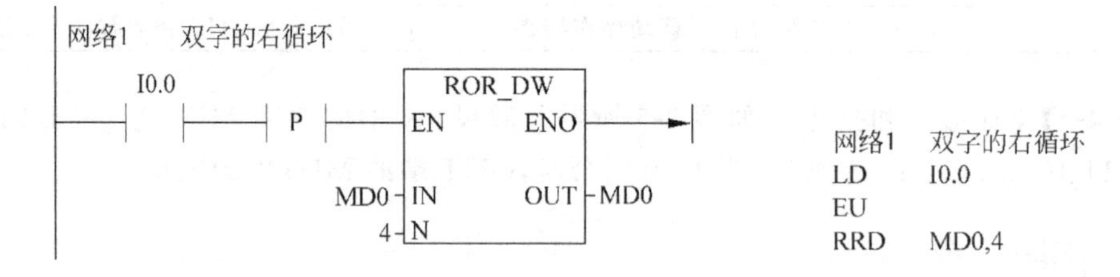

图 4-7　双字循环右移指令应用举例

【解】 当 I0.0 闭合时，激活双字循环右移指令，IN 中的双字存储在 MD0 中，这个数为 2#1001 1101 1111 1011 1001 1101 1111 1011，除最低 4 位外，其余各位向右移 4 位后，双字的最低 4 位，循环到双字的最高 4 位，结果是 OUT 端的 MD0 中的数是 2#1011 1001 1101 1111 1011 1001 1101 1111，其示意图如图 4-8 所示。

字节的左循环、字节的右循环、字的左循环、字的右循环和双字的循环指令类似，在此不再赘述。

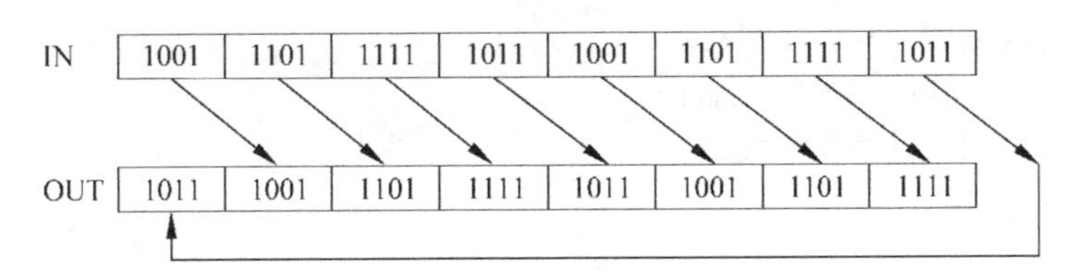

图 4-8　双字循环右移指令示意图

4.3.2　顺控继电器指令及其应用

顺控继电器指令又称 SCR，S7-200 系列 PLC 有三条顺控继电器指令，指令格式和功能描述见表 4-6。

表 4-6　顺控继电器指令

LAD	STL	功　　能
n ├ SCR	LSCR，n	装载顺控继电器指令，将 S 位的值装载到 SCR 和逻辑堆栈中，实际是步指令的开始
n —(SCRT)	SCRT，n	使当前激活的 S 位复位，使下一个将要执行的程序段 S 置位，实际上是步转移指令
├(SCRE)	SCRE	退出一个激活的程序段，实际上是步的结束指令

顺控继电器指令编程时应注意：

① 不能把 S 位用于不同的程序中。例如，若 S0.2 已经在主程序中使用了，就不能再在子程序中使用了。

② 顺控继电器指令 SCR 只对状态元件 S 有效。

③ 不能在 SCR 段中使用 FOR、NEXT 和 END 指令。

④ 在 SCR 之间不能有跳入和跳出，也就是不能使用 JMP 和 LBL 指令。但注意，在 SCR 程序段附近和 SCR 程序段内可以使用跳转指令。

【例 4-5】 用 PLC 控制一盏灯亮 0.3 秒后熄灭，再控制另一盏灯亮 0.3 秒后熄灭，周而复始重复以上过程，要求根据图 4-9 所示的功能图，使用顺控继电器指令编写程序。

【解】 在已知功能图的情况下，用顺控指令编写程序是很容易的，程序如图 4-10 所示。

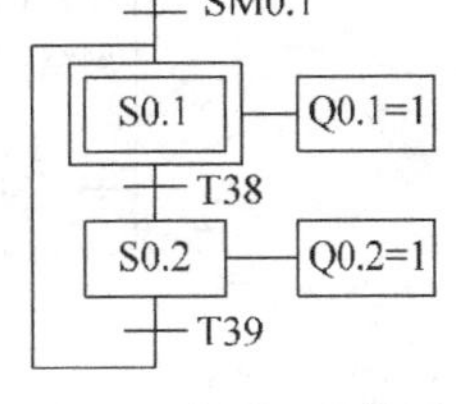

图 4-9　例 4-5 功能图

4.3.3　计数器指令及其应用

计数器利用输入脉冲上升沿累计脉冲个数，S7-200 PLC 有递增计数(CTU)、增/减计数(CTUD)、递减计数(CTD)共三类计数指令。有的资料上将“增计数器”称为“加计数器”。计数器的使用方法和基本结构与定时器基本相同，主要由预置值寄存器、当前值寄存器和状态位等组成。

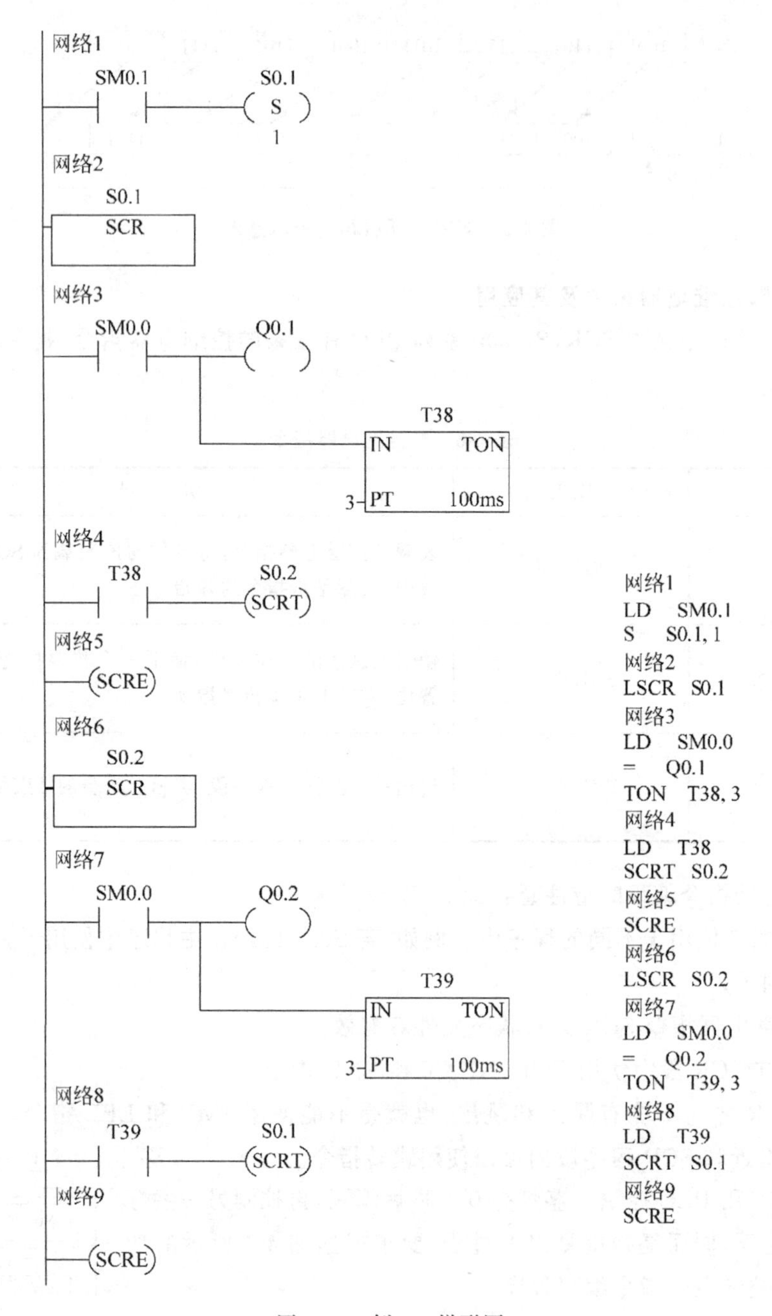

图 4-10 例 4-5 梯形图

在梯形图指令符号中，CU 表示增 1 计数脉冲输入端，CD 表示减 1 计数脉冲输入端，R 表示复位脉冲输入端，LD 表示减计数器复位脉冲输入端，PV 表示预置值输入端，数据类型为整数(INT)，预置值最大为 32767。计数器的范围为 C0～C255。

下面分别叙述 CTU、CTUD、CTD 三种类型计数器的使用方法。

1. 增计数器(CTU)

当 CU 端输入上升沿脉冲时,计数器的当前值增 1,当前值保存在 Cxxx(如 C0)中。当前值大于或等于预置值(PV)时,计数器状态位置 1。复位输入(R)有效时,计数器状态位复位,当前计数器值清零。当计数值达到最大(32767)时,计数器停止计数。增计数器指令和参数见表 4-7。

表 4-7　增计数器指令和参数

LAD	参数	数据类型	说　明	存　储　区
Cxxx CU　CTU R PV-PV	Cxxx	常数	要启动的计数器号	C0～C255
	CU	BOOL	加计数输入	I,Q,M,SM,T,C,V,S,L
	R	BOOL	复位	
	PV	INT	预置值	V,I,Q,M,SM,L,AI,AC,T,C,常数,＊VD,＊AC,＊LD,S

【例 4-6】 已知梯形图如图 4-11 所示,I0.0 和 I0.1 的时序如图 4-12 所示,请画出 Q0.0 的时序图。

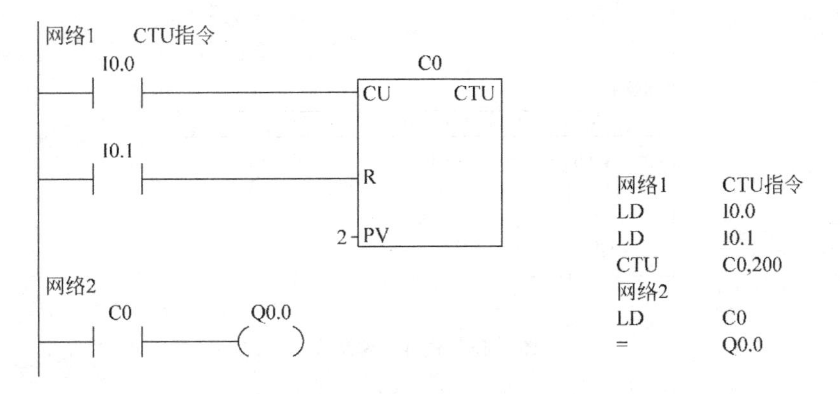

图 4-11　增计数器指令举例梯形图

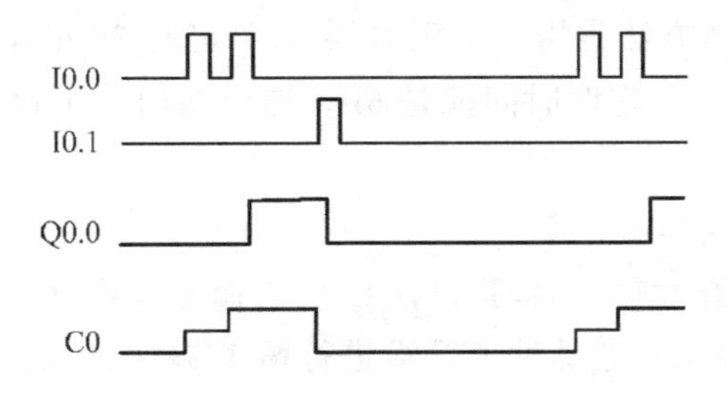

图 4-12　增计数器指令举例时序图

【解】 CTU为增计数器，当I0.0闭合两次时，常开触点C0闭合，Q0.0输出为高电平"1"。当I0.1闭合时，计数器C0复位，Q0.0输出为低电平"0"。

【例4-7】 设计用一个单按钮控制一盏灯的亮和灭，即按奇数次按钮时，灯亮，按偶数次按钮时，灯灭。

【解】 当I0.0第一次合上时，V0.0接通一个扫描周期，使得Q0.0线圈得电一个扫描周期，当下一次扫描周期到达，Q0.0常开触点闭合自锁，灯亮。

当I0.0第二次合上时，V0.0接通一个扫描周期，C0计数为2，Q0.0线圈断电，使得灯灭，同时计数器复位。梯形图如图4-13所示。

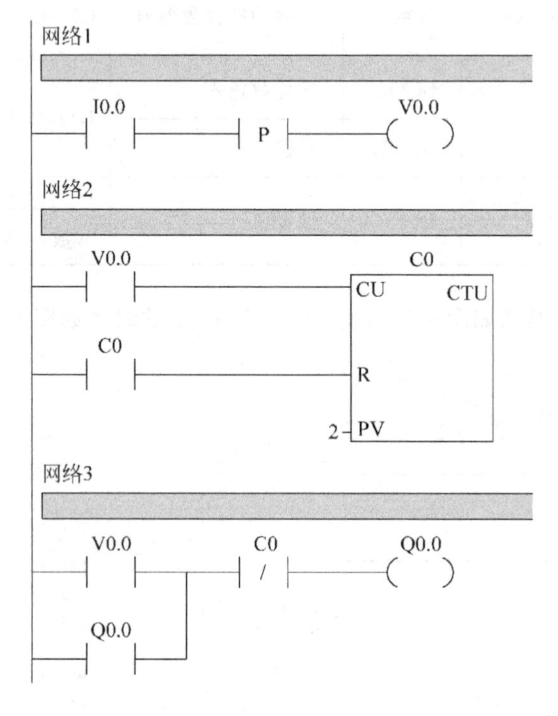

图4-13 例4-7梯形图

【例4-8】 请编写一段程序，实现延时6h后，点亮一盏灯，要求有启停控制。

【解】 S7-200系列PLC的定时器的最大定时时间是3276.7s，还不到1h，因此要延时6h需要特殊处理，具体方法是用一个定时器T37定时30min，每次定时30min，计数器计数增加1，直到计数12次，定时时间就是6h。梯形图如图4-14所示。外部线路的停止按钮接常闭触点。

2. 增/减计数器(CTUD)

增/减计数器有两个脉冲输入端，其中，CU用于递增计数，CD用于递减计数，执行增/减计数指令时，CU/CD端的计数脉冲上升沿进行增1/减1计数。当前值大于或等于计数器的预置值时，计数器状态位置位。复位输入(R)有效时，计数器状态位复位，当前值清零。增/减计数器指令和参数见表4-8。

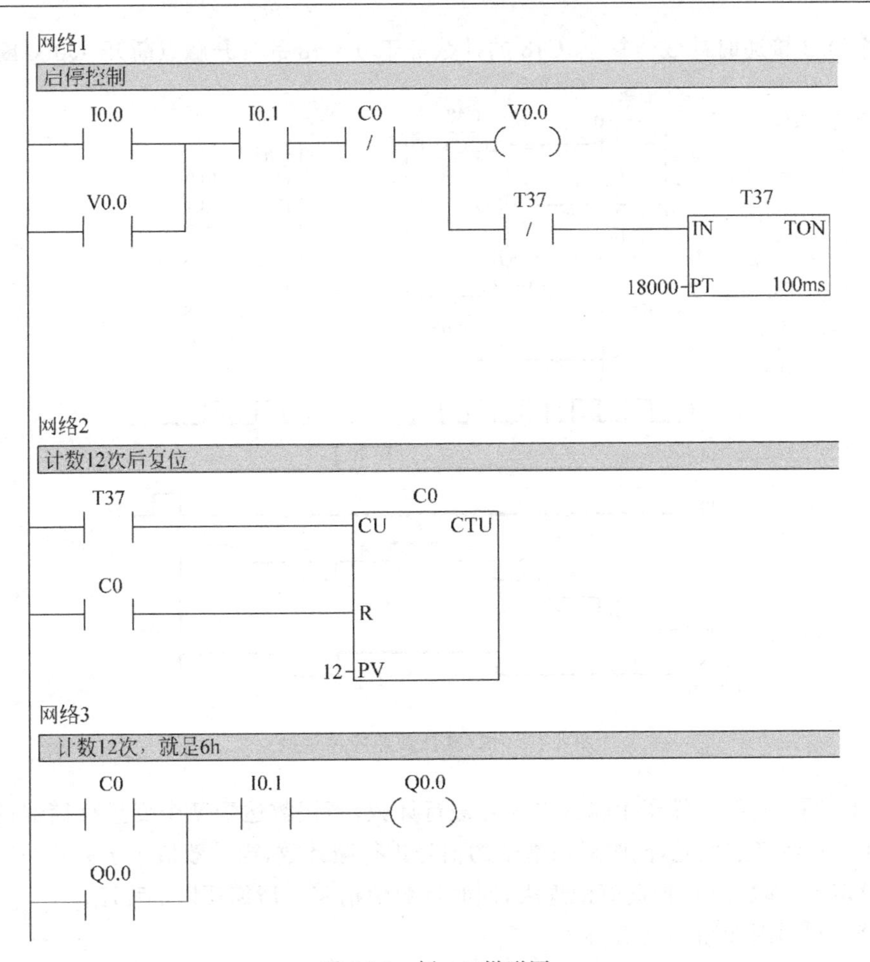

图 4-14　例 4-8 梯形图

表 4-8　增/减计数器指令和参数

LAD	参数	数据类型	说　明	存　储　区
Cxxx CU　CTUD CD R PV—PV	Cxxx	常数	要启动的计数器号	C0～C255
	CU	BOOL	加计数输入	I,Q,M,SM,T,C,V,S,L
	CD	BOOL	减计数输入	
	R	BOOL	复位	
	PV	INT	预置值	V,I,Q,M,SM,LW,AI,AC,T,C,常数,*VD,*AC,*LD,S

【例 4-9】 已知梯形图以及 I0.0、I0.1 和 I0.2 的时序如图 4-15 所示，请画出 Q0.0 的时序图。

【解】 利用增/减计数器输入端的通断情况分析 Q0.0 的状态。当 I0.0 接通 4 次时（4 个上升沿），C48 的常开触点闭合，Q0.0 上电；当 I0.0 接通 5 次时，C48 的计数为 5；接着当 I0.1 接通两次，此时 C48 的计数为 3，C48 的常开触点断开，Q0.0 断电；接着当 I0.0 接通两次，此时 C48 的计数为 5，C48 的计数大于或等于 4 时，C48 的常开触点闭合，Q0.0

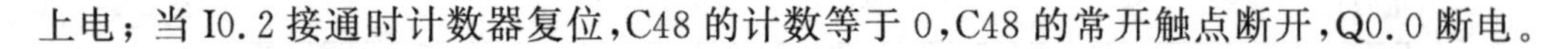

上电；当 I0.2 接通时计数器复位，C48 的计数等于 0，C48 的常开触点断开，Q0.0 断电。

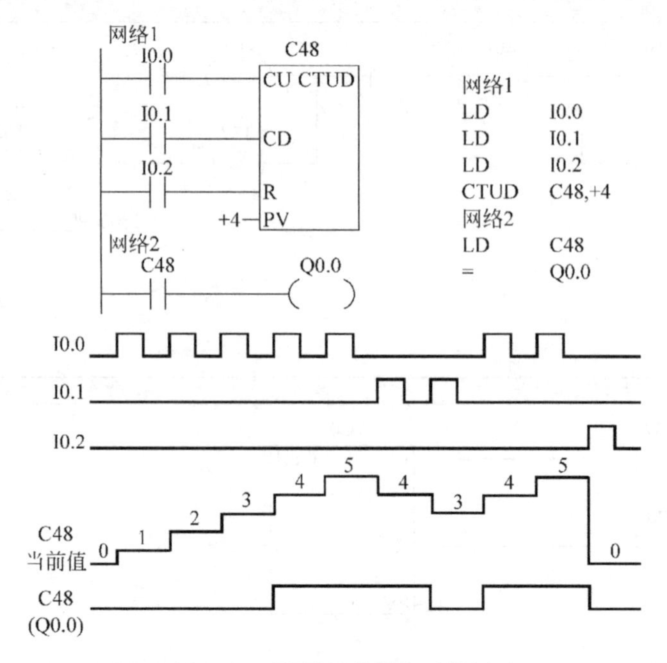

图 4-15 增/减计数器应用举例

【例 4-10】 对某一端子上输入的信号进行计数，当记数达到某个变量存储器的设定值 10 时，PLC 控制灯泡发光，同时对该端子的信号进行减计数，当计数值小于另外一个变量存储器的设定值 5 时，PLC 控制灯泡熄灭，同时计数值清零。请编写以上程序。

【解】 梯形图如图 4-16 所示。

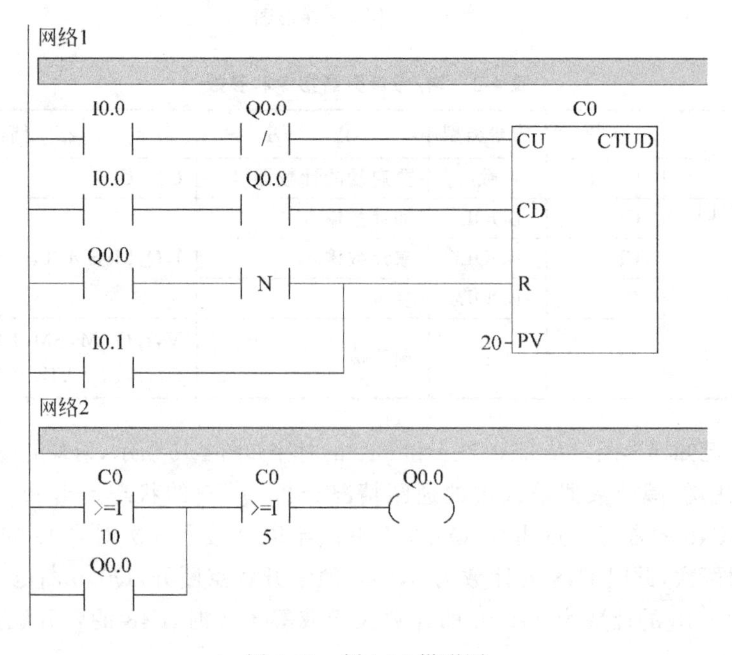

图 4-16 例 4-10 梯形图

3. 减计数器(CTD)

复位输入(LD)有效时，计数器把预置值(PV)装入当前值寄存器，计数器状态位复位。在 CD 端的每个输入脉冲上升沿，减计数器的当前值从预置值开始递减计数，当前值等于 0 时，计数器状态位置位，并停止计数。减计数器指令和参数见表 4-9。

表 4-9　减计数器指令和参数

<table>
<tr><th>LAD</th><th>参数</th><th>数据类型</th><th>说　明</th><th>存　储　区</th></tr>
<tr><td rowspan="4">Cxxx
CD　CTD
LD
PV—PV</td><td>Cxxx</td><td>常数</td><td>要启动的计数器号</td><td>C0～C255</td></tr>
<tr><td>CD</td><td>BOOL</td><td>减计数输入</td><td rowspan="2">I,Q,M,SM,T,C,V,S,L</td></tr>
<tr><td>LD</td><td>BOOL</td><td>预置值(PV)载入当前值</td></tr>
<tr><td>PV</td><td>INT</td><td>预置值</td><td>V,I,Q,M,SM,L,AI,AC,T,C,常数,*VD,*AC,*LD,S</td></tr>
</table>

【例 4-11】 已知梯形图以及 I1.0 和 I2.0 的时序如图 4-17 所示，请画出 Q0.0 的时序图。

【解】 利用减计数器输入端的通断情况，分析 Q0.0 的状态。当 I2.0 接通时，计数器状态位复位，预置值 3 被装入当前值寄存器；当 I1.0 接通 3 次时，当前值等于 0，Q0.0 上电；当前值等于 0 时，尽管 I1.0 接通，当前值仍然等于 0。I2.0 接通期间，I1.0 接通，当前值不变。

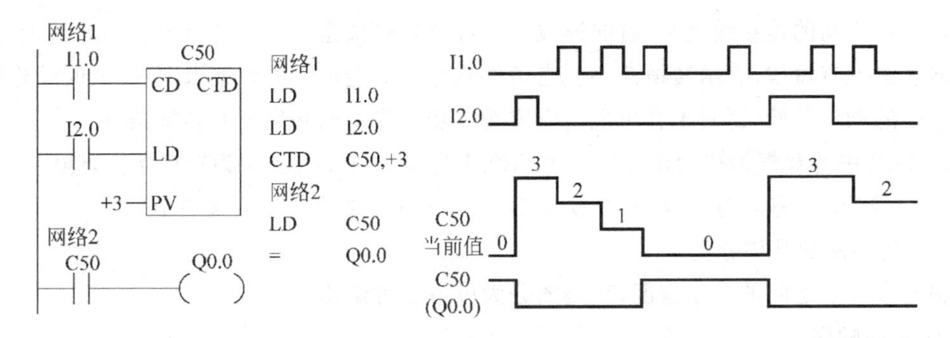

图 4-17　减计数器应用举例

4.3.4　功能图

1. 功能图的画法

功能图(SFC)是描述控制系统的控制过程、功能和特征的一种图解表示方法。它具有简单、直观等特点，不涉及控制功能的具体技术，是一种通用的语言，是 IEC(国际电工委员会)首选的编程语言，近年来在 PLC 的编程中得到了普及与推广。

功能图的基本思想是：设计者按照生产要求，将被控设备的一个工作周期划分成若干个工作阶段(简称“步”)，并明确表示每一步要执行的输出，“步”与“步”之间通过指定的条件进行转换，在程序中，只要通过正确连接进行“步”与“步”之间的转换，就可以完成被控设备的全部动作。

PLC 执行功能图程序的基本过程是：根据转换条件选择工作“步”，进行“步”的逻辑处理。组成功能图程序的基本要素是步、转换条件和有向连线，如图 4-18 所示。

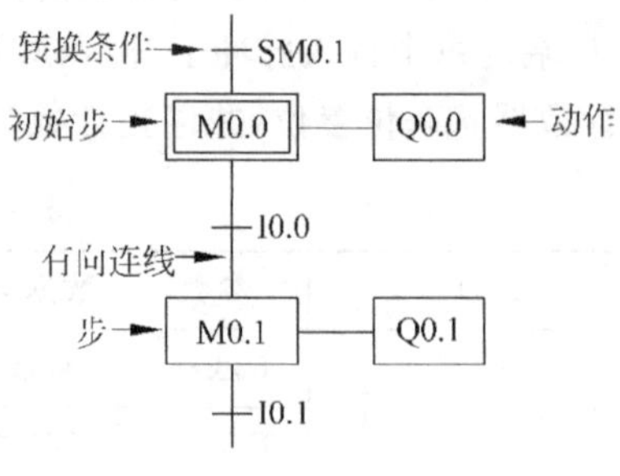

图 4-18　功能图

(1) 步

一个顺序控制过程可分为若干个阶段，也称步或状态。系统初始状态对应的步称为初始步，初始步一般用双线框表示。在每一步中施控系统要发出某些“命令”，而被控系统要完成某些“动作”，“命令”和“动作”都称为动作。当系统处于某一工作阶段时，则该步处于激活状态，称为活动步。

(2) 转换条件

使系统由当前步进入下一步的信号称为转换条件。顺序控制设计法用转换条件控制代表各步的编程元件，让它们的状态按一定的顺序变化，然后用代表各步的编程元件去控制输出。不同状态的“转换条件”可以不同，也可以相同，当“转换条件”各不相同时，在功能图程序中每次只能选择其中一种工作状态(称为“选择分支”)，当“转换条件”都相同时，在功能图程序中每次可以选择多个工作状态(称为“选择并行分支”)。只有满足条件状态，才能进行逻辑处理与输出，因此，“转换条件”是功能图程序选择工作状态(步)的“开关”。

(3) 有向连线

步与步之间的连接线就是“有向连线”，“有向连线”决定了状态的转换方向与转换途径。在有向连线上有短线，表示转换条件。当条件满足时，转换得以实现，即上一步的动作结束而下一步的动作开始，因而不会出现动作重叠。步与步之间必须要有转换条件。

图 4-18 中的双框为初始步，M0.0 和 M0.1 是步名，I0.0、I0.1 为转换条件，Q0.0、Q0.1 为动作。当 M0.0 有效时，输出指令驱动 Q0.0。有向连线的箭头省略未画。

(4) 功能图的结构分类

根据步与步之间的进展情况，功能图分为以下 3 种结构。

① 单一顺序。

单一顺序动作是一个接一个地完成，完成每步只连接一个转移，每个转移只连接一个步，如图 4-19(a)所示。功能图和梯形图有对应关系，以下用“启保停”电路来介绍这种对应关系。

为了便于将顺序功能图转换为梯形图，采用代表各步的编程元件的地址(比如 M0.2)作为步的代号，并用编程元件的地址来标注转换条件和各步的动作和命令，当某步对应的编程元件置 1，代表该步处于活动状态。

- “启保停”电路对应的布尔代数式。

标准的“启保停”梯形图如图 4-19 所示，图中 I0.0 为 M0.2 的启动条件，当 I0.0 置 1，M0.2 得电；I0.1 为 M0.2 的停止条件，当 I0.1 置 1，M0.2 断电；M0.2 的辅助触点为 M0.2 的保持条件。该梯形图对应的布尔代数式为

$$M0.2 = (I0.0 + M0.2) \cdot \overline{I0.1}$$

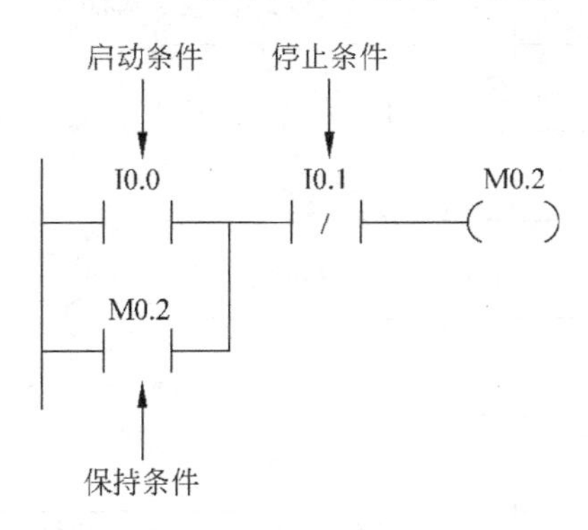

图 4-19　标准的“起保停”梯形图

- 顺序控制梯形图储存位对应的布尔代数式。

如图 4-20(a)所示的功能图，M0.1 转换为活动步的条件是 M0.1 步的前一步是活动步，相应的转换条件(I0.0)得到满足，即 M0.1 的启动条件为 M0.0 * I0.0。当 M0.2 转换为活动步后，M0.1 转换为不活动步，因此，M0.2 可以看成 M0.1 的停止条件。由于大部分转换条件都是瞬时信号，即信号持续的时间比激活的后续步的时间短，因此应当使用有记忆功能的电路控制代表步的储存位。在这情况下，我们注意到，启动条件、停止条件和保持条件就全部都有了，我们就可以用“启保停”方法来设计顺序功能图的布尔代数式和梯形图。顺序控制功能图中储存位对应的布尔代数式如图 4-20(b)所示，参照图 4-19 所示的标准“启保停”梯形图，就可以轻松地将图 4-20 所示的顺序功能图转换为如图 4-21 所示的梯形图。

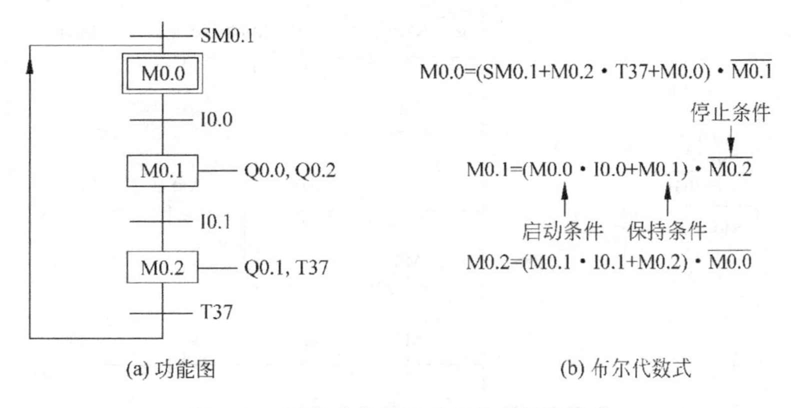

图 4-20　顺序功能图和对应的布尔代数式

② 选择顺序。

选择顺序是指某一步后有若干个单一顺序等待选择，称为分支，一般只允许选择进入一个顺序，转换条件只能标在水平线之下。选择顺序的结束称为合并，用一条水平线表示，水平线以下不允许有转换条件，如图 4-22 所示。

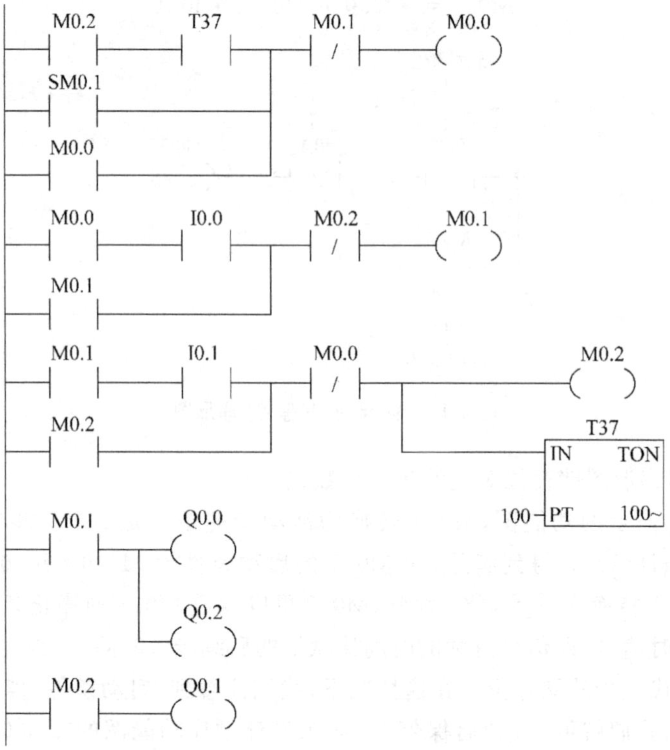

图 4-21 梯形图

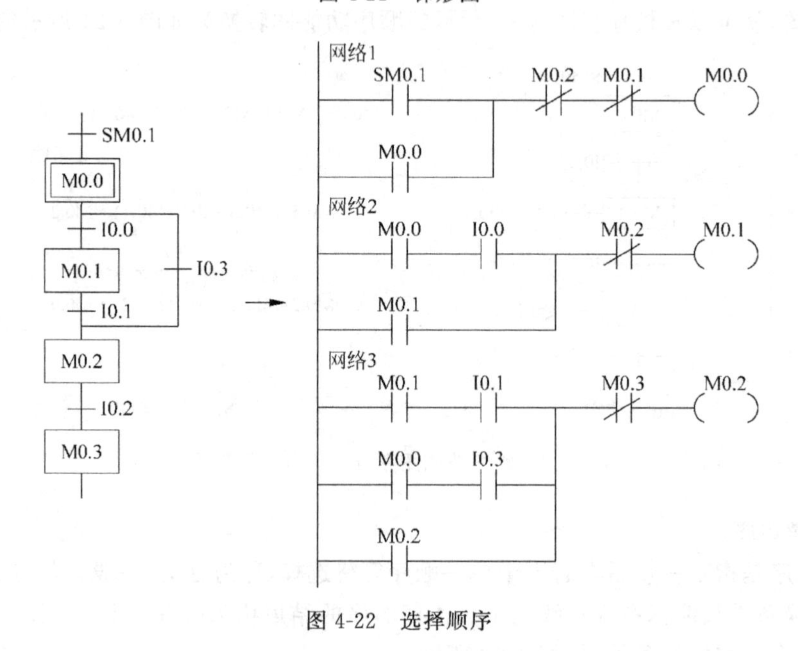

图 4-22 选择顺序

③ 并行顺序。

并行顺序是指在某一转换条件下同时启动若干个顺序，也就是说转换条件导致几个分支同时激活。并行顺序的开始和结束都用双水平线表示，如图4-23所示。

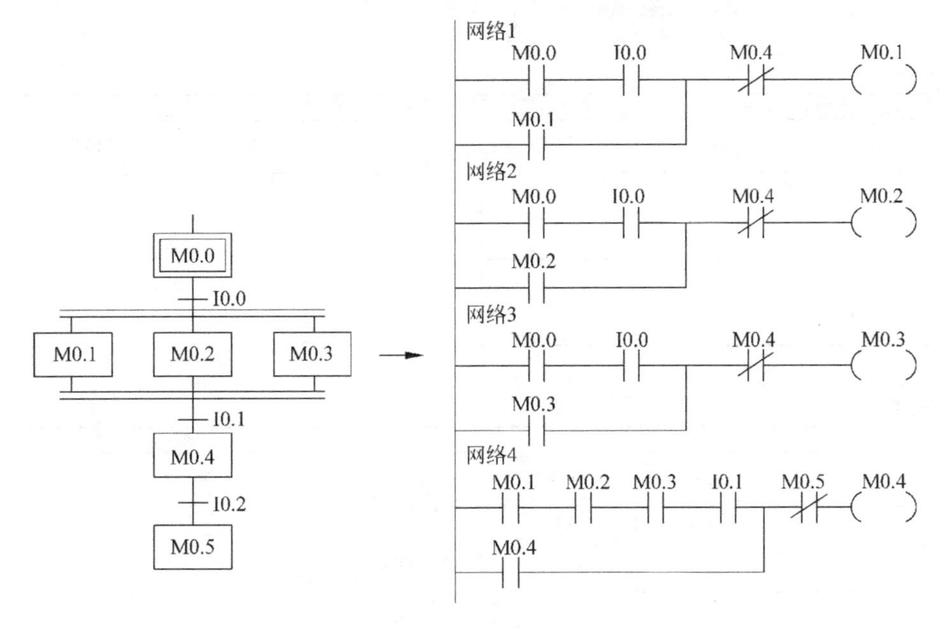

图4-23　并行顺序

④ 选择序列和并行序列的综合。

如图4-24所示，步M0.0之后有一个选择序列的分支，设M0.0为活动步，当它的后续步M0.1或M0.2变为活动步时，M0.0变为不活动步，即M0.0为0状态，所以应将M0.1和M0.2的常闭触点与M0.0的线圈串联。

步M0.2之前有一个选择序列合并，当步M0.1为活动步(即M0.1为1状态)，并且转换条件I0.1满足，或者步M0.0为活动步，并且转换条件I0.2满足，步M0.2变为活动步，所以该步的存储器M0.2的"启保停"电路的启动条件为M0.1·I0.1+M0.0·I0.2，对应的启动电路由两条并联支路组成。

步M0.2之后有一个并行序列分支，当步M0.2是活动步并且转换条件I0.3满足时，步M0.3和步M0.5同时变成活动步，这时用M0.2和I0.3常开触点组成的串联电路，分别作为M0.3和M0.5的启动电路来实现，与此同时，步M0.2变为不活动步。

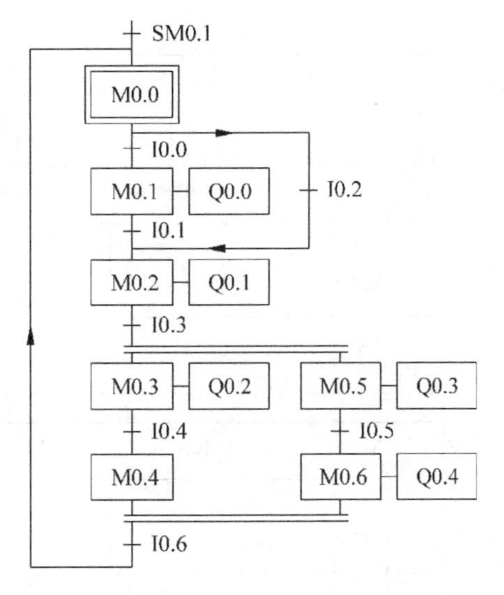

图4-24　选择序列和并行序列功能图

步M0.0之前有一个并行序列的合并，该转换实现的条件是所有的前级步(即M0.4和M0.6)都是活动步和转换条件I0.6满足。由此可知，应将M0.4、M0.6和I0.6的常开触点串联，作为控制 M0.0 的“启保停”电路的启动电路。图 4-24 所示的功能图对应的梯形图如图 4-25 所示。

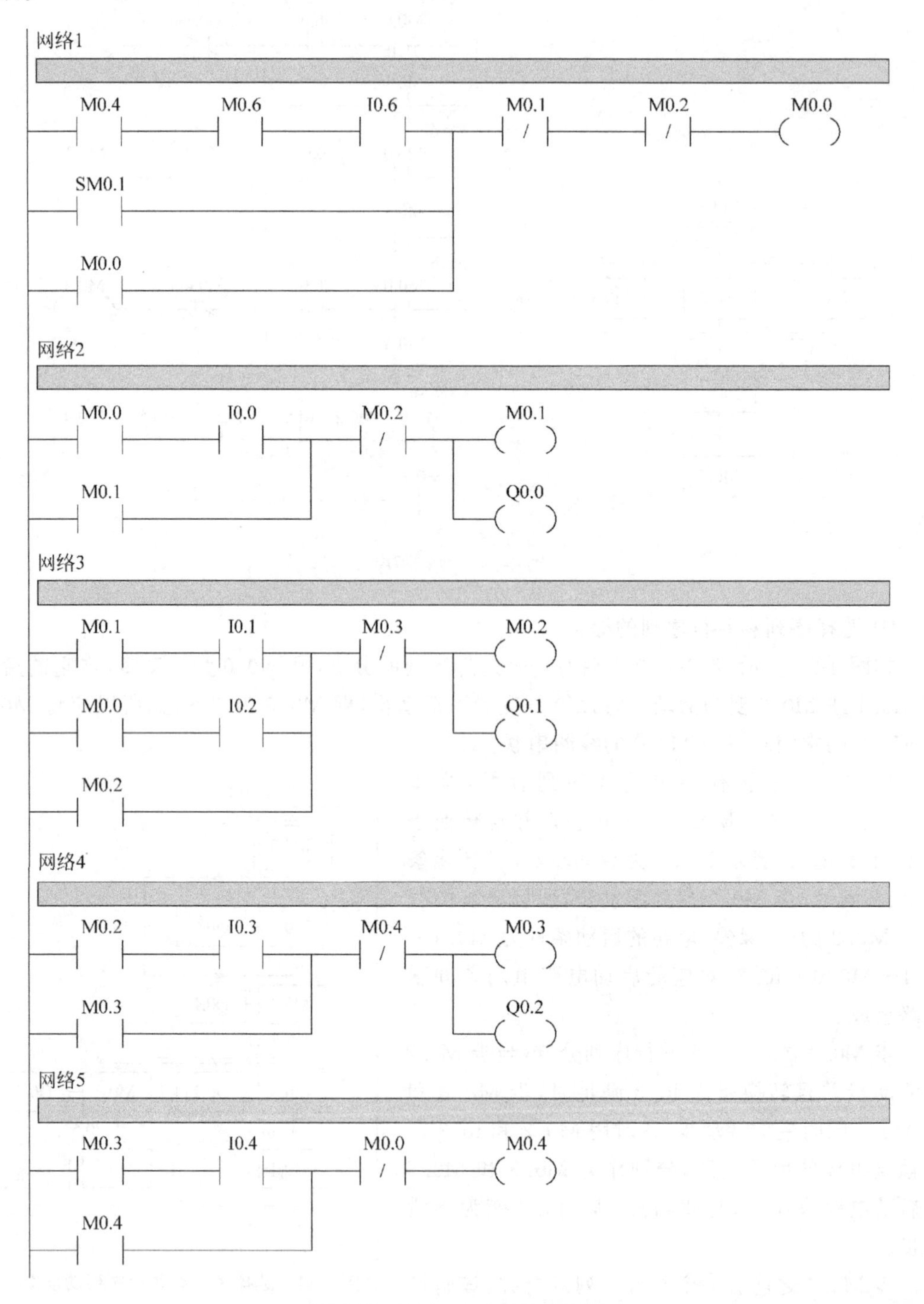

图 4-25　图 4.24 对应的梯形图

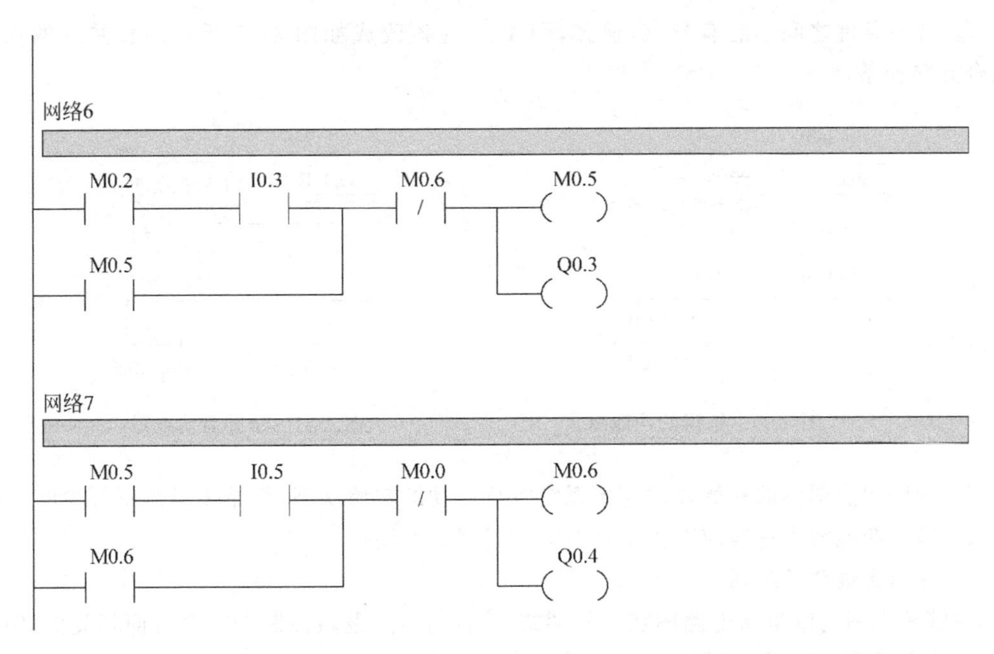

图 4-25 （续）

(5) 功能图设计的注意点

① 状态之间要有转换条件，如图 4-26 所示，状态之间缺少“转换条件”是不正确的，应改成如图 4-27 所示的功能图。必要时转换条件可以简化，例如应将图 4-28 简化成图 4-29。

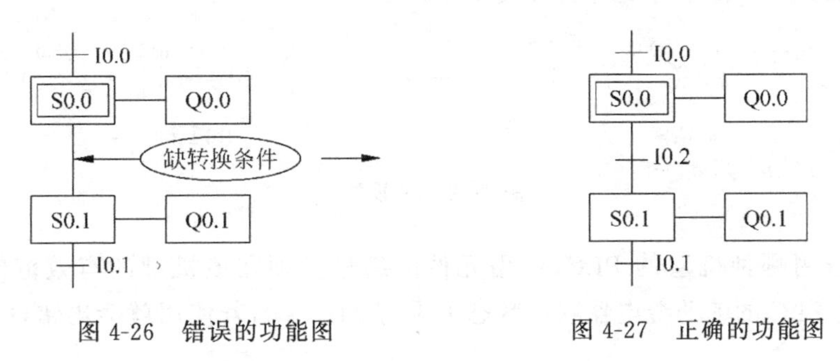

图 4-26　错误的功能图　　图 4-27　正确的功能图

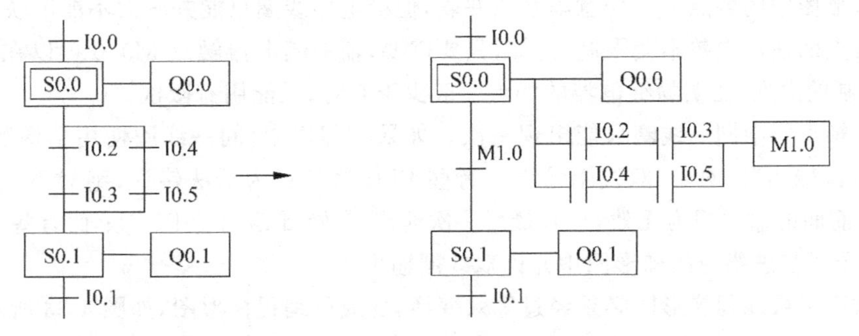

图 4-28　简化前的功能图　　图 4-29　简化后的功能图

② 转换条件之间不能有分支，例如，图 4-30 应该改成如图 4-31 所示的合并后的功能图，合并转换条件。

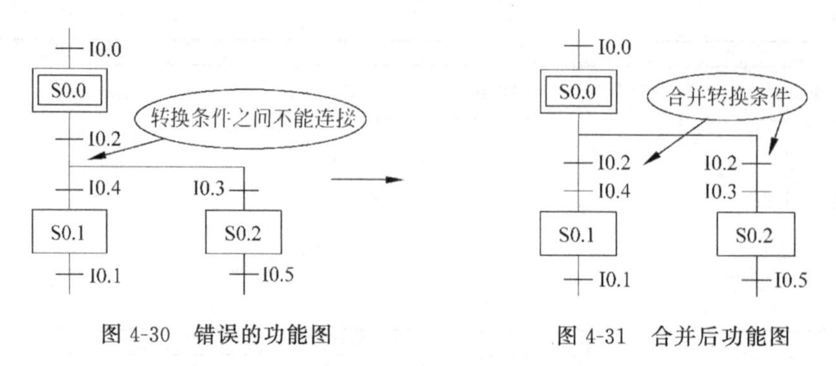

图 4-30　错误的功能图　　　　图 4-31　合并后功能图

③ 顺序功能图中的初始步对应于系统等待启动的初始状态，初始步是必不可少的。

④ 顺序功能图中一般应有由步和有向连线组成的闭环。

2. *梯形图编程的原则*

尽管梯形图与继电器电路图在结构形式、元件符号及逻辑控制功能等方面相类似，但它们又有许多不同之处，梯形图有自己的编程规则。

① 每一逻辑行总是起于左母线，然后是触点的连接，最后终止于线圈或右母线(右母线可以不画出)。这仅仅是一般原则，S7-200 PLC 的左母线与线圈之间一定要有触点，而线圈与右母线之间则不能有任何触点，如图 4-32 所示。但西门子 S7-300 的与左母线相连的不一定是触点，而且其线圈不一定与右母线相连。

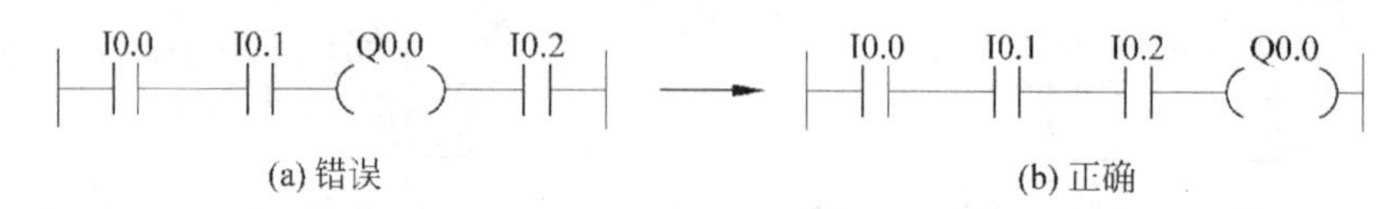

(a) 错误　　(b) 正确

图 4-32　梯形图

② 无论选用哪种机型的 PLC，所用元件的编号必须在该机型的有效范围内。例如 S7-200 系列的 PLC 的辅助继电器默认状态下没有 M100.0，若使用就会出错，而 S7-300 则有 M100.0。

③ 梯形图中的触点可以任意串联或并联，但继电器线圈只能并联而不能串联。

④ 触点的使用次数不受限制，例如，只要需要，辅助继电器触点 M0.0 可以在梯形图中出现无限制的次数，而实物继电器的触点一般少于 8 对，只能用有限次。

⑤ 在梯形图中同一线圈只能出现一次。如果在程序中，同一线圈使用了两次或多次，称为“双线圈输出”。对于“双线圈输出”，有些 PLC 将其视为语法错误，绝对不允许；有些 PLC 则将前面的输出视为无效，只有最后一次输出有效(如西门子 PLC)；而有些 PLC 在含有跳转指令或步进指令的梯形图中允许双线圈输出。

⑥ 对于不可编程梯形图必须经过等效变换，变成可编程梯形图，如图 4-33 所示。

⑦ 有几个串联电路相并联时，应将串联触点多的回路放在上方，归纳为“多上少下”的原则，如图 4-34 所示。在有几个并联电路相串联时，应将并联触点多的回路放在左方，归纳

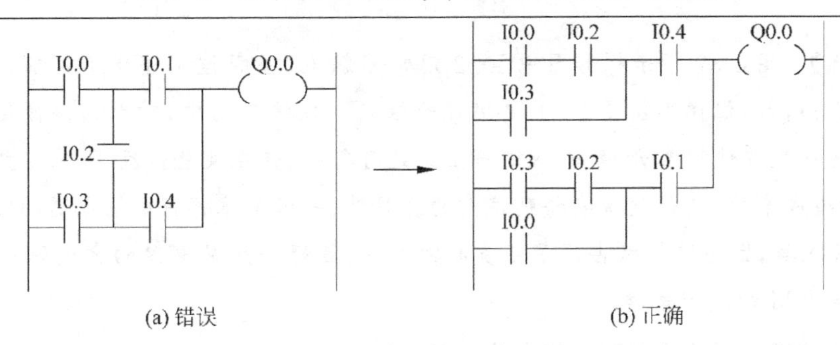

(a) 错误　　(b) 正确

图 4-33　梯形图等效变换

为“多左少右”原则，如图 4-35 所示。这样所编制的程序简洁明了，语句较少。但要注意，图 4-32(a)和图 4-33(a)所示的梯形图逻辑上是正确的。

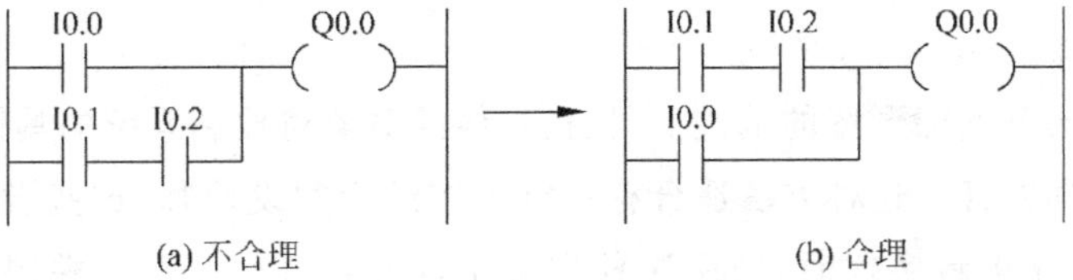

(a) 不合理　　(b) 合理

图 4-34　梯形图示例 1

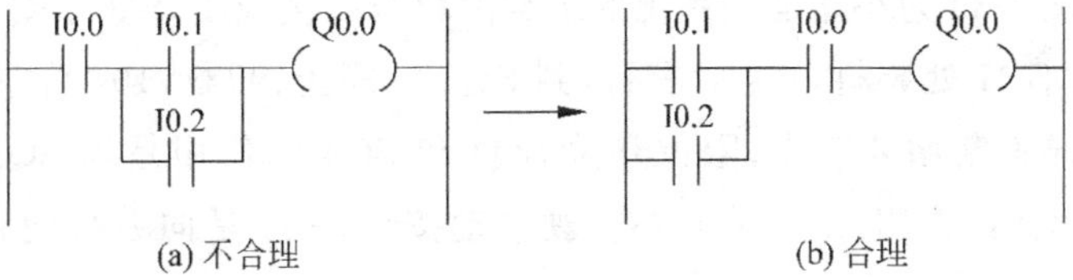

(a) 不合理　　(b) 合理

图 4-35　梯形图示例 2

⑧ PLC 的输入端所连的电器元件通常使用常开触点，即使与 PLC 对应的继电器-接触器系统原来使用的是常闭触点，改为 PLC 控制时也应转换为常开触点。如图 4-36 所示为继电器-接触器系统控制的电动机的启/停控制，图 4-37 所示为电动机的启/停控制的梯形图，图 4-38 所示为电动机启/停控制的接线图。可以看出：继电器-接触器系统原来使用的常闭触点 SB1 和 FR，改用 PLC 控制时，在 PLC 的输入端变成了常开触点。

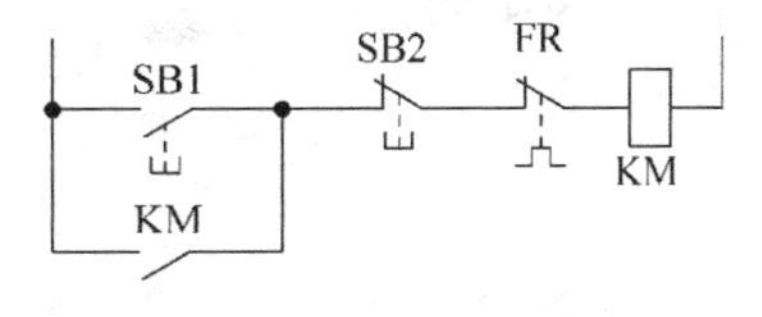

图 4-36　电动机启/停控制图

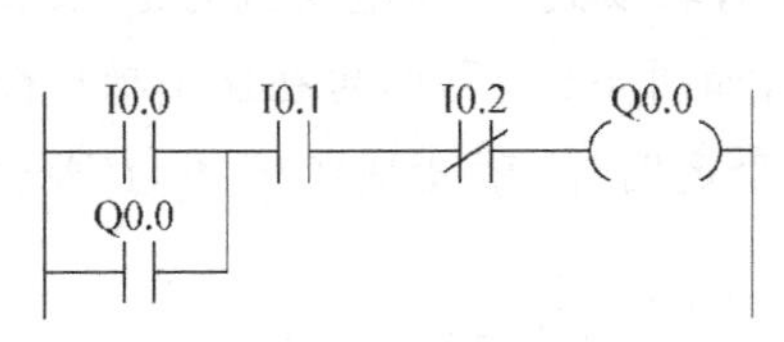

图 4-37　电动机启/停控制的梯形图

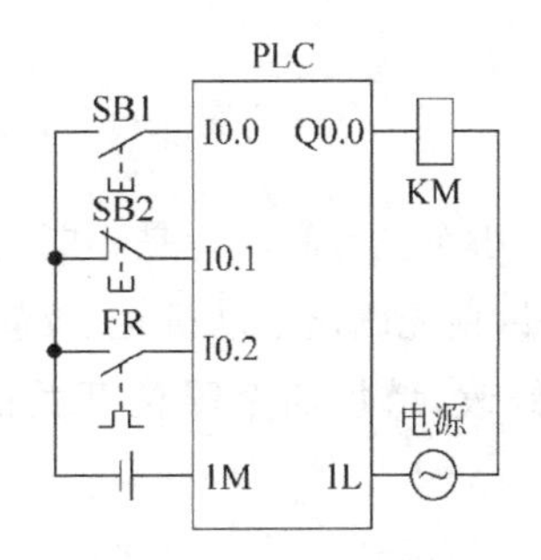

图 4-38　电动机的启/停控制的接线图

【关键点】 图4-37所示梯形图中I0.2用常闭触点,否则控制逻辑不正确。停止按钮应为常闭触头输入,但梯形图中I0.1要用常开触点。在接线图中,对于急停按钮必须使用常闭触头,若一定要使用常开触头,从逻辑上讲是可行的,但在某些情况下,有可能急停按钮不起作用而造成事故,这是读者要特别注意的。另外,一般不推荐将热继电器的常开触点接在PLC的输入端,因为这样做占用了宝贵的输入点,最好将热继电器的常闭触点接在PLC的输出端,与KM的线圈串联。

4.3.5 逻辑控制的梯形图编程方法

相同的硬件系统,由不同的设计师设计,可能设计出不同的程序,有的设计师设计的程序简洁、可靠,而有的设计师设计的程序虽然能完成任务,但较复杂,PLC程序设计是有规律可循的,下面介绍两种方法——经验设计法和功能图设计法。

1. 经验设计法

就是在一些典型的梯形图的基础上,根据具体的对象对控制系统的具体要求,对原有的梯形图进行修改和完善。这种方法适合有一定工作经验的设计师,这些设计师手头有现成的资料,特别在产品更新换代时,使用这种方法比较节省时间。下面举例说明这种方法的思路。

【例4-12】 图4-39为小车运输系统的示意图和I/O接线图,SQ1、SQ2、SQ3和SQ4是限位开关,小车在SQ1处装料,10s后右行,到SQ2后停止、卸料,10s后左行,碰到SQ1后停下、装料,就这样不断循环工作,限位开关SQ3和SQ4的作用是当SQ2或者SQ1失效时,SQ3和SQ4起保护作用,SB1是向左行驶启动按钮,SB2是向右行驶启动按钮,SB3是停止按钮。

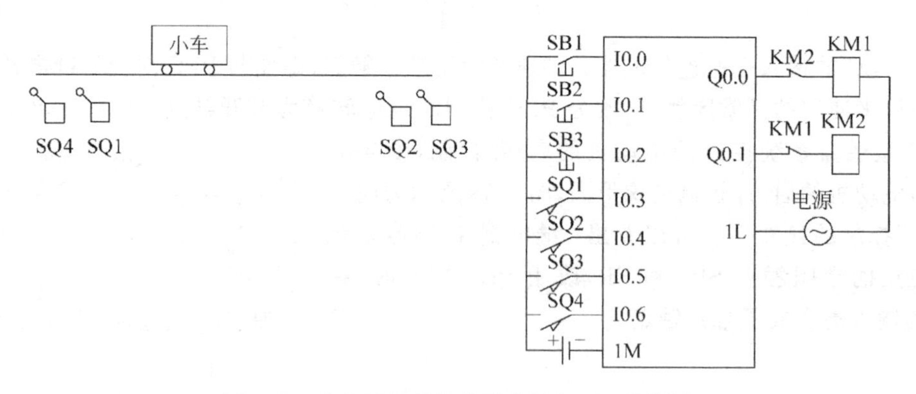

图4-39 小车运输系统的示意图和I/O接线图

【解】 小车左行和右行是不能同时进行的,因此有联锁关系,与电动机的正、反转的梯形图类似,因此先画出电动机正、反转控制的梯形图,如图4-40所示,再在这个梯形图的基础上进行修改,增加四个限位开关的输入,增加两个定时器,就变成了图4-41所示的梯形图。

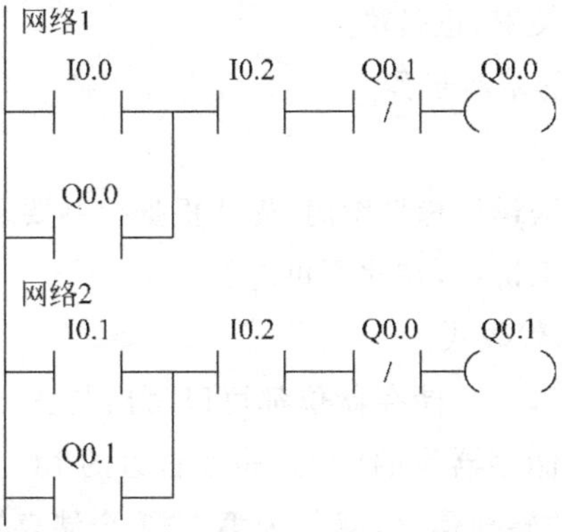

图 4-40　电动机正、反转控制的梯形图

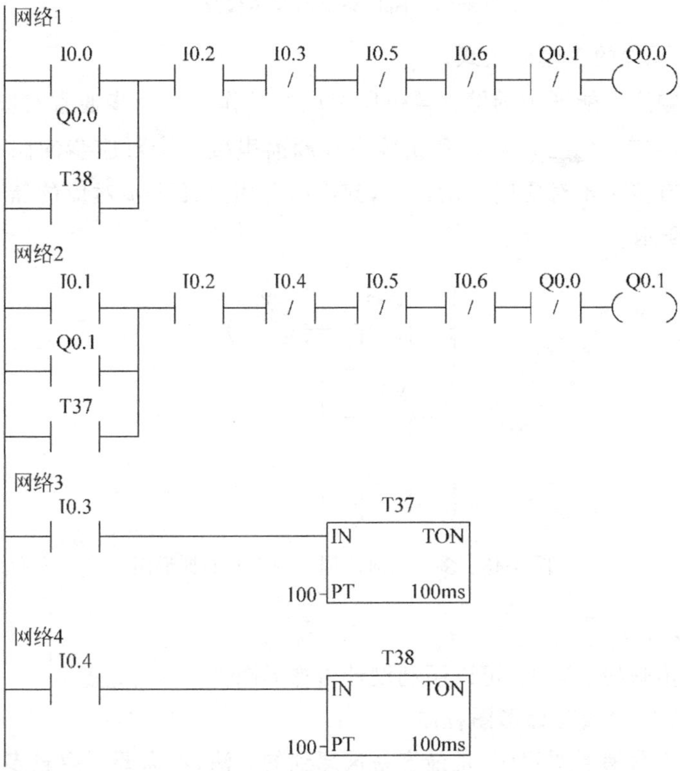

图 4-41　小车运输系统的梯形图

2. 功能图设计法

功能图设计法也称为“启保停”设计法。对于比较复杂的逻辑控制，用经验设计法就不合适了，适合用功能图设计法。功能图设计法无疑是应用最为广泛的设计方法。功能图就是顺序功能图，功能图设计法就是先根据系统的控制要求画出功能图，再根据功能图画梯形

图，梯形图可以是基本指令梯形图，也可以是顺控指令梯形图和功能指令梯形图。因此，设计功能图是整个设计过程的关键，也是难点。

(1) “启保停”设计方法的基本步骤

① 绘制出顺序功能图。

要使用“启保停”设计方法设计梯形图时，先要根据控制要求绘制出顺序功能图，顺序功能图的绘制在前文中已经详细讲解，在此不再重复。

② 写出储存器位的布尔代数式。

对应于顺序功能图中的每一个储存器位都可以写出如图 4-42 所示的布尔代数式。图中，等号左边的 M_i 为第 i 个储存器位的状态，等号右边的 M_i 为第 i 个储存器位的常开触点，X_i 为第 i 个工步所对应的转换信号，M_{i-1} 为第 $i-1$ 个储存器位的常开触点，M_{i+1} 为第 $i+1$ 个储存器位的常闭触点。

$$M_i = (X_i \cdot M_{i-1} + M_i) \cdot \overline{M_{i+1}}$$

图 4-42 储存器位的布尔代数式

③ 写出执行元件的逻辑函数式。

执行元件为顺序功能图中的储存器位所对应的动作。一个步通常对应一个动作，输出和对应步的储存器位的线圈并联或者在输出线圈前串接一个对应步的储存器位的常开触点。当功能图中有多个步对应同一动作时，其输出可用这几个步对应的储存器位的“或”来表示，如图 4-43 所示。

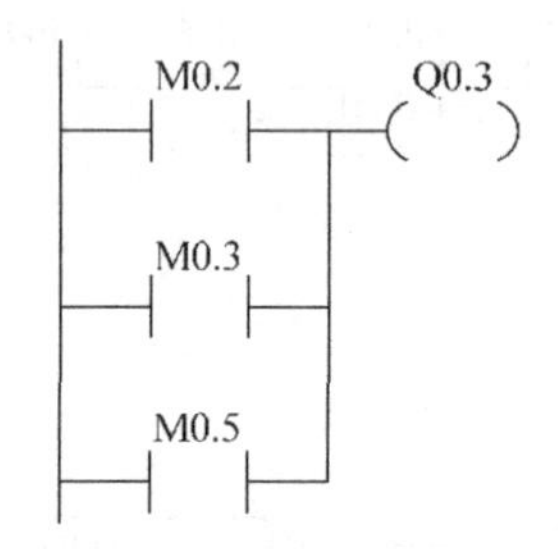

图 4-43 多个步对应同一动作时的梯形图

④ 设计梯形图。

在完成前 3 步骤的基础上，可以顺利设计出梯形图。

(2) 利用基本指令编写梯形图程序

用基本指令编写梯形图程序，是最容易被想到的方法，不需要了解较多的指令。采用这种方法编写程序的过程是，先根据控制要求设计正确的功能图，再根据功能图写出正确的布尔表达式，最后根据布尔表达式设计基本指令梯形图。以下用一个例子讲解利用基本指令编写梯形图指令的方法。

【例 4-13】 有一台 PLC 控制 4 盏灯，其接线图如图 4-44 所示，4 盏灯的亮灭逻辑描述如下。

① 初始状态时所有的灯都不亮，此时按下 SB1 按钮，灯 HL1 亮；接着按下 SB2 按钮，灯 HL2 亮，HL1 灭，按下 SB3 按钮，灯 HL3 亮，HL2 灭；2s 后，灯 HL3 仍然亮，灯 HL4 以 1Hz 的频率闪烁，4s 后，灯 HL3 和 HL4 熄灭，灯 HL1 亮，并如此循环。

② 任何时候，按下 SB4 按钮，所有灯熄灭，并回到初始状态。

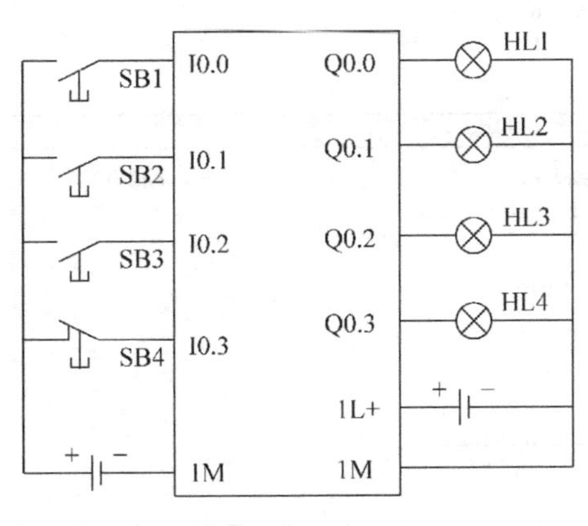

图 4-44　接线图

请画出功能图和梯形图。

【解】 这个逻辑看起来比较复杂，如果不掌握规律，则很难设计出正确的梯形图，一般先根据题意画出功能图，再根据功能图写出布尔表达式（见图 4-45）。布尔表达式是有规律的，当前步的步名对应的寄存器（如 M0.1）等于上一步的步名对应的寄存器（M0.0）与上一步的转换条件（I0.1）的乘积，再加上当前步的步名对应的寄存器（M0.1）与下一步的步名对应的寄存器非的乘积（$\overline{\text{M0.2}}$），其他的布尔表达式的写法类似，最后根据布尔表达式画出梯形图，如图 4-46 所示。在整个过程中，功能图是关键，也是难点，而根据功能图写出布尔表达式和画出梯形图则比较简单。

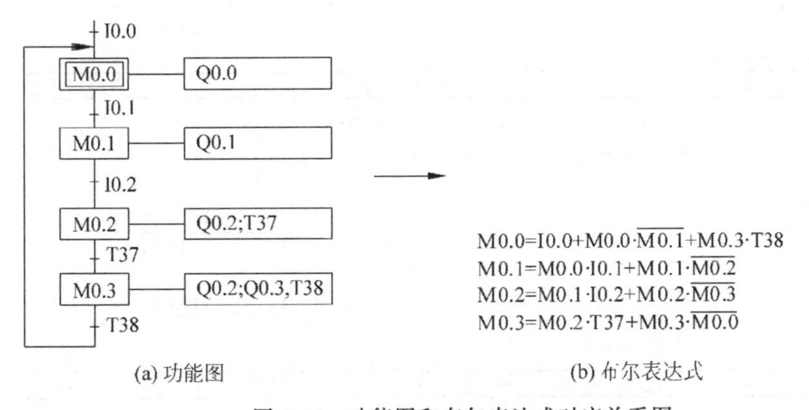

(a) 功能图　　(b) 布尔表达式

图 4-45　功能图和布尔表达式对应关系图

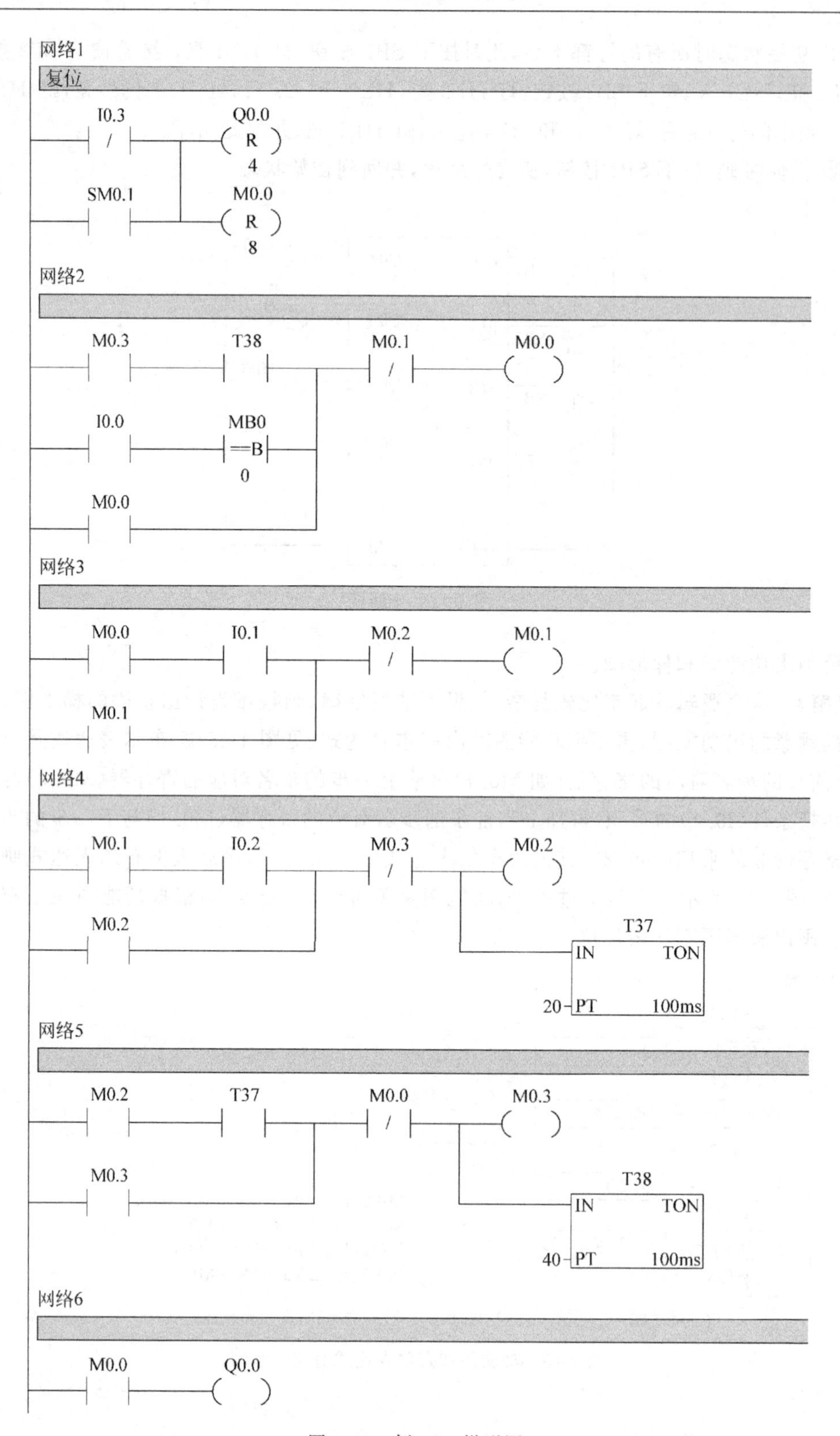

图4-46 例4-13梯形图

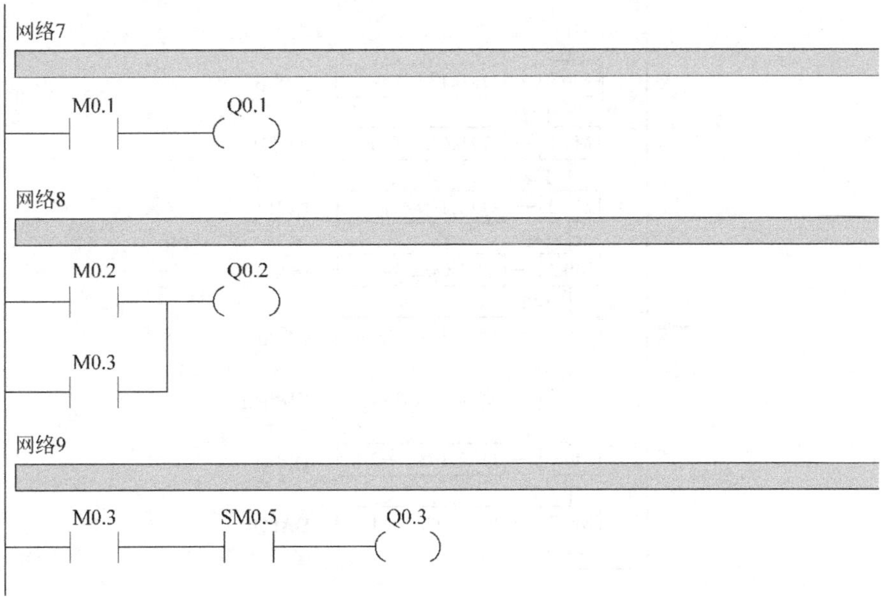

网络7

M0.1　Q0.1

网络8

M0.2　Q0.2

M0.3

网络9

M0.3　SM0.5　Q0.3

图 4-46 （续）

【关键点】 这个问题的解决方案中 SB4 是复位按钮，同时也起停止按钮的作用，因此，接线图上最好使用常闭触头。

图 4-46 所示梯形图的网络 2 中有一个 MB0＝0 导通的条件是确保在非起始步，SB1 按钮不起作用，也就是说除第一步外，在其他几步中按 SB1 按钮，都不会起作用。

【例 4-14】 步进电动机是一种将电脉冲信号转换为电动机旋转角度的执行机构。当步进驱动器接收到一个脉冲，就驱动步进电动机按照设定的方向旋转一个固定的角度(称为步距角)。因此步进电动机是按照固定的角度一步一步转动的。因此可以通过脉冲数量控制步进电动机的运行角度，并通过相应的装置，控制运动的过程。对于四项八拍步进电动机，其控制要求为：按下启动按钮，定子磁极 A 通电，1s 后 A、B 同时通电；再过 1s，B 通电，同时 A 失电；再过 1s，B、C 同时通电，以此类推，其通电过程如图 4-47 所示。

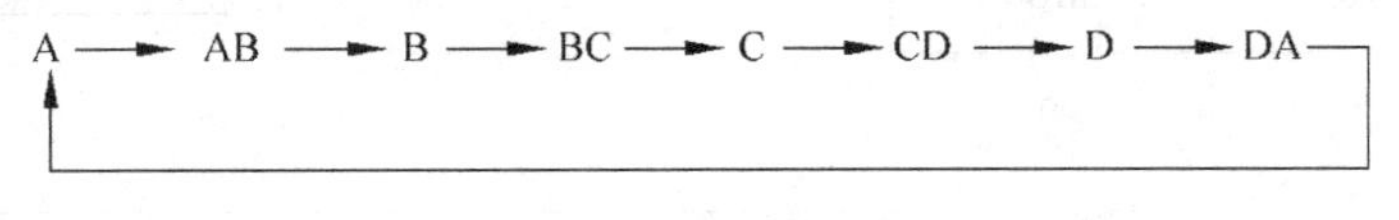

图 4-47　通电过程图

【解】 根据题意很容易画出功能图，如图 4-48 所示。根据功能图编写梯形图，如图 4-49 所示。

(3) 利用顺控指令编写逻辑控制程序

功能图和顺控指令梯形图有一一对应关系，利用顺控指令编写逻辑控制程序有固定的模式，顺控指令是专门为逻辑控制设计的指令，利用顺控指令编写逻辑控制程序是非常合适的。以下用一个例子讲解利用顺控指令编写逻辑控制程序。

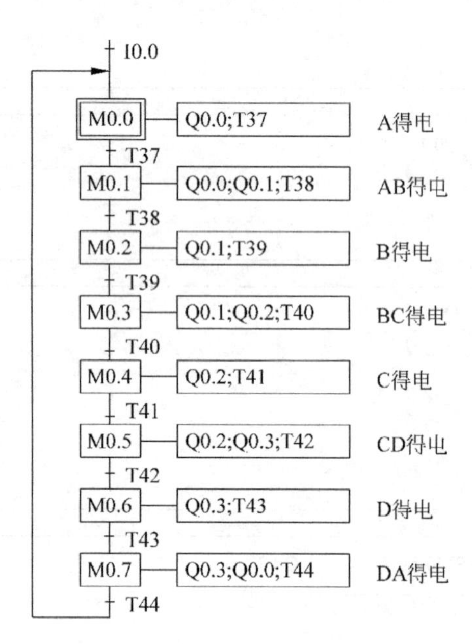

图 4-48　例 4-14 功能图

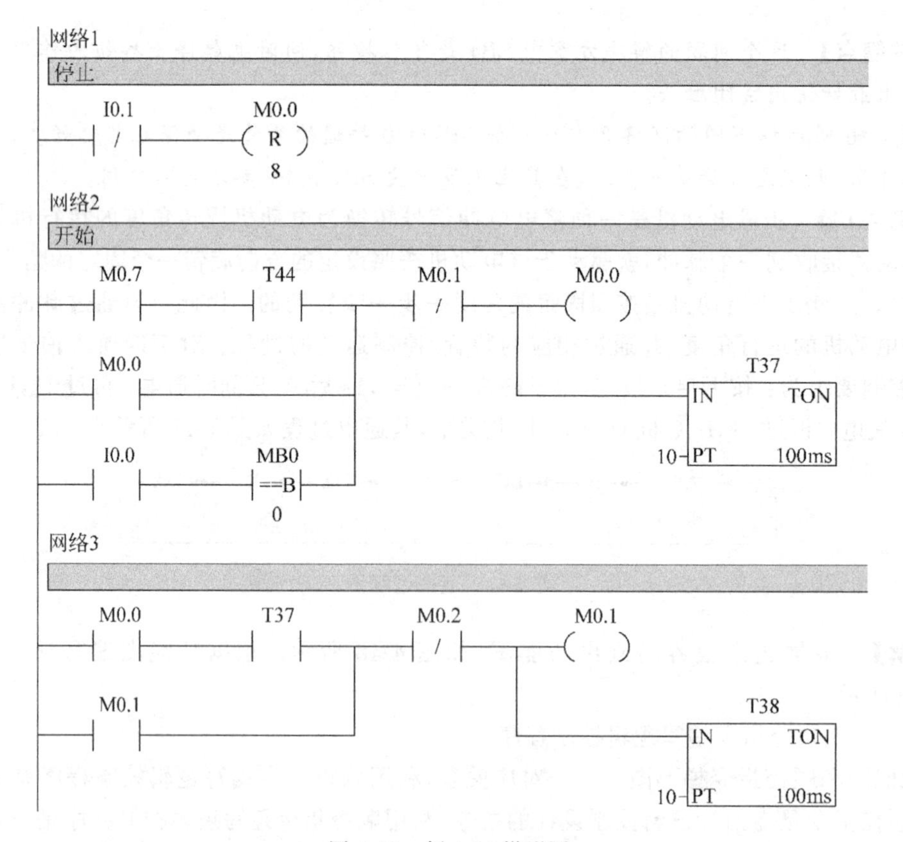

图 4-49　例 4-14 梯形图

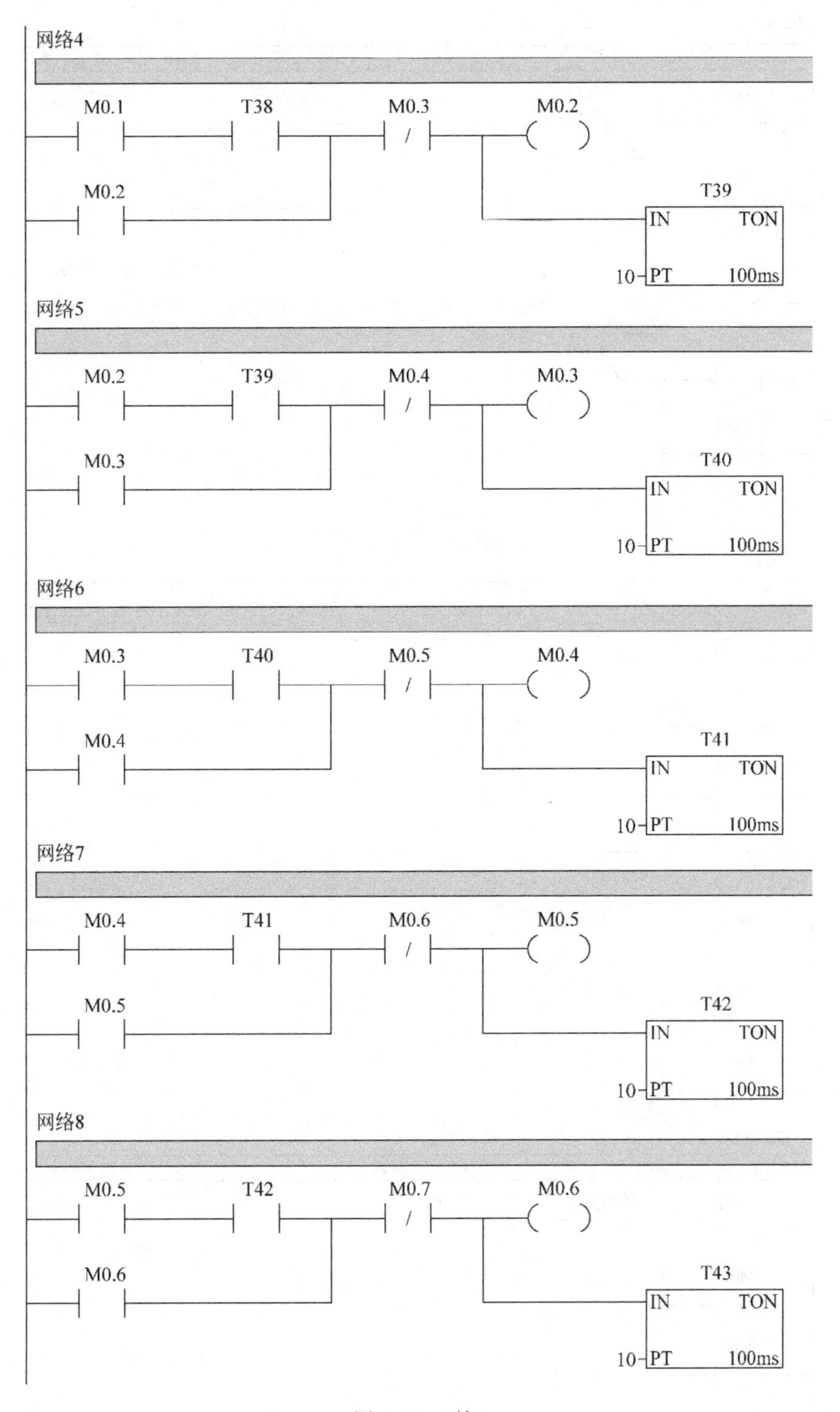
网络4
M0.1
T38
M0.3
M0.2
M0.2
T39
IN
TON
10
PT
100ms
网络5
M0.2
T39
M0.4
M0.3
M0.3
T40
IN
TON
10
PT
100ms
网络6
M0.3
T40
M0.5
M0.4
M0.4
T41
IN
TON
10
PT
100ms
网络7
M0.4
T41
M0.6
M0.5
M0.5
T42
IN
TON
10
PT
100ms
网络8
M0.5
T42
M0.7
M0.6
M0.6
T43
IN
TON
10
PT
100ms

图 4-49 （续）

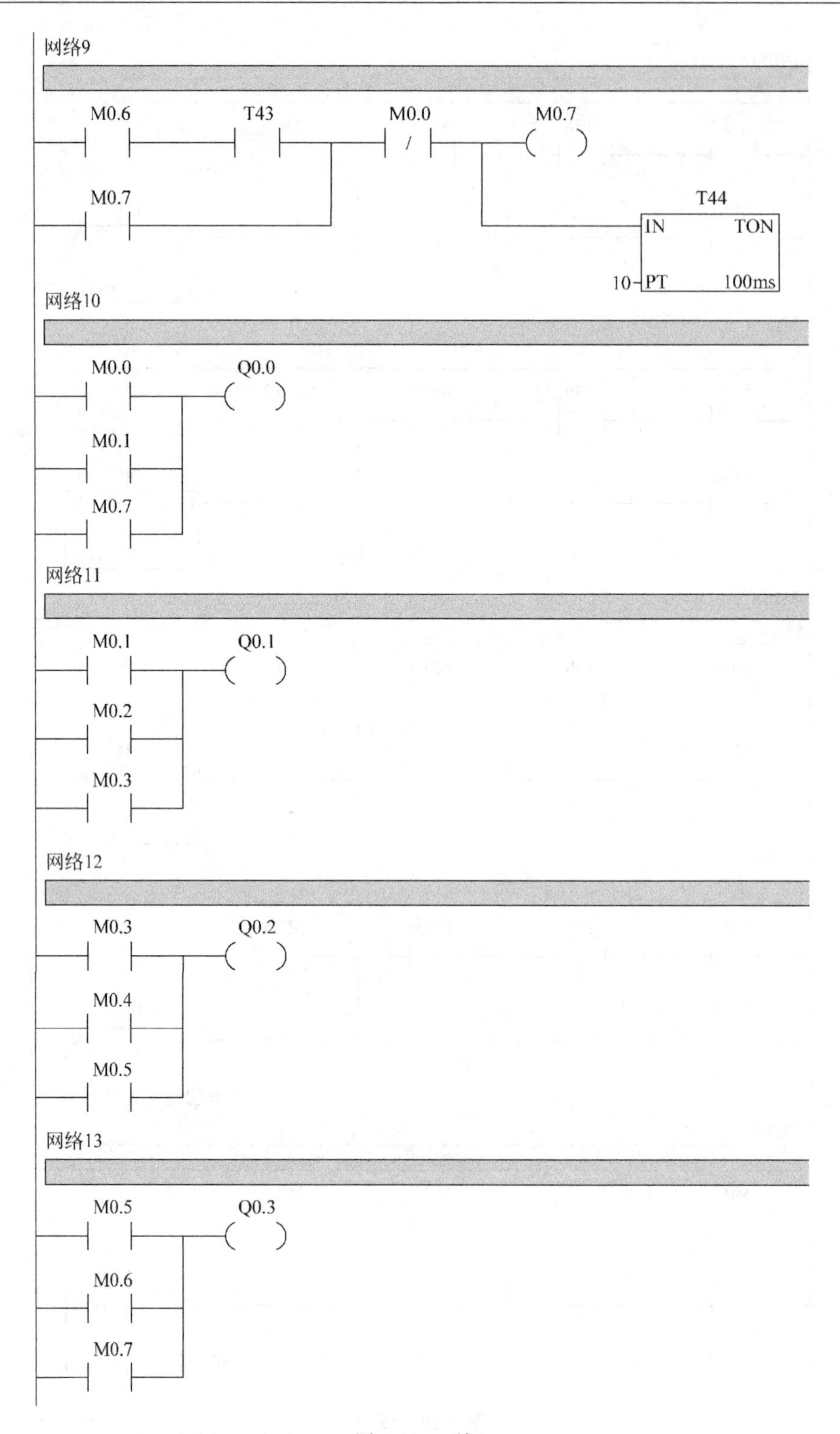
网络9
M0.6
T43
M0.0
M0.7
M0.7
T44
IN
TON
10
PT
100ms
网络10
M0.0
Q0.0
M0.1
M0.7
网络11
M0.1
Q0.1
M0.2
M0.3
网络12
M0.3
Q0.2
M0.4
M0.5
网络13
M0.5
Q0.3
M0.6
M0.7

图 4-49 （续）

【例 4-15】 用顺控指令编写例 4-13 的程序。

【解】 功能图如图 4-50 所示，梯形图如图 4-51 所示。

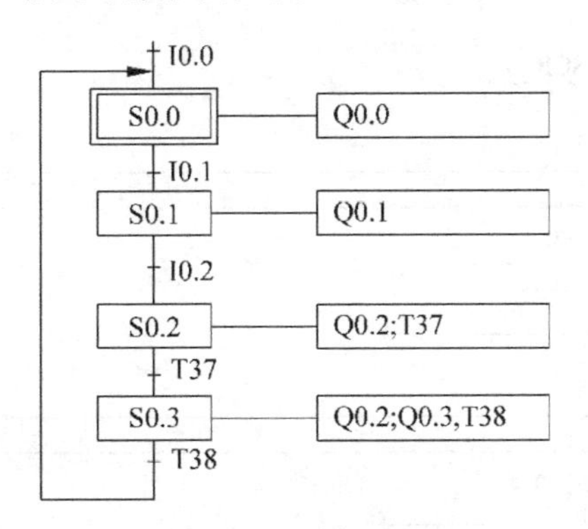

图 4-50　例 4-15 功能图

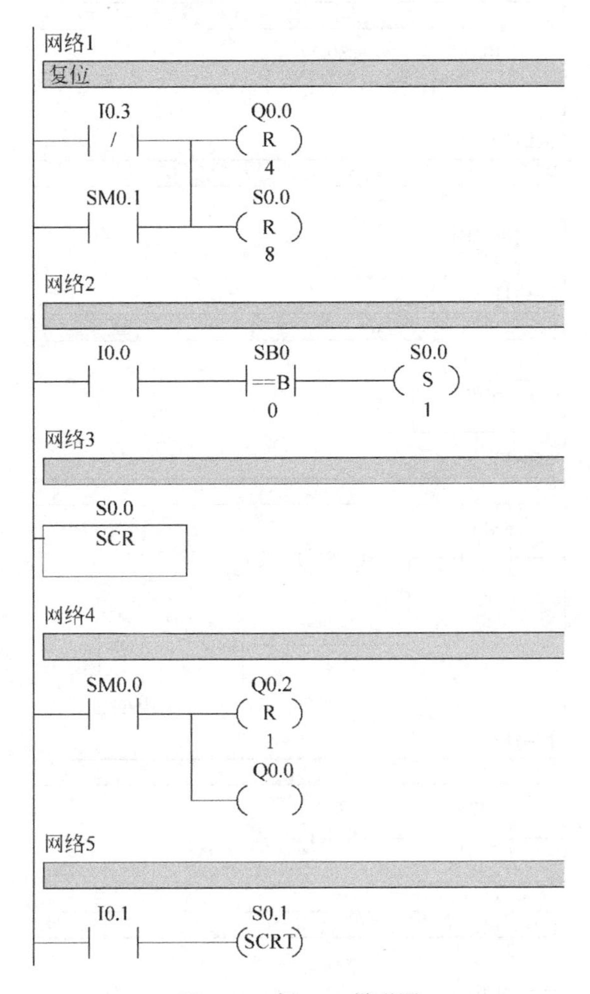

图 4-51　例 4-15 梯形图

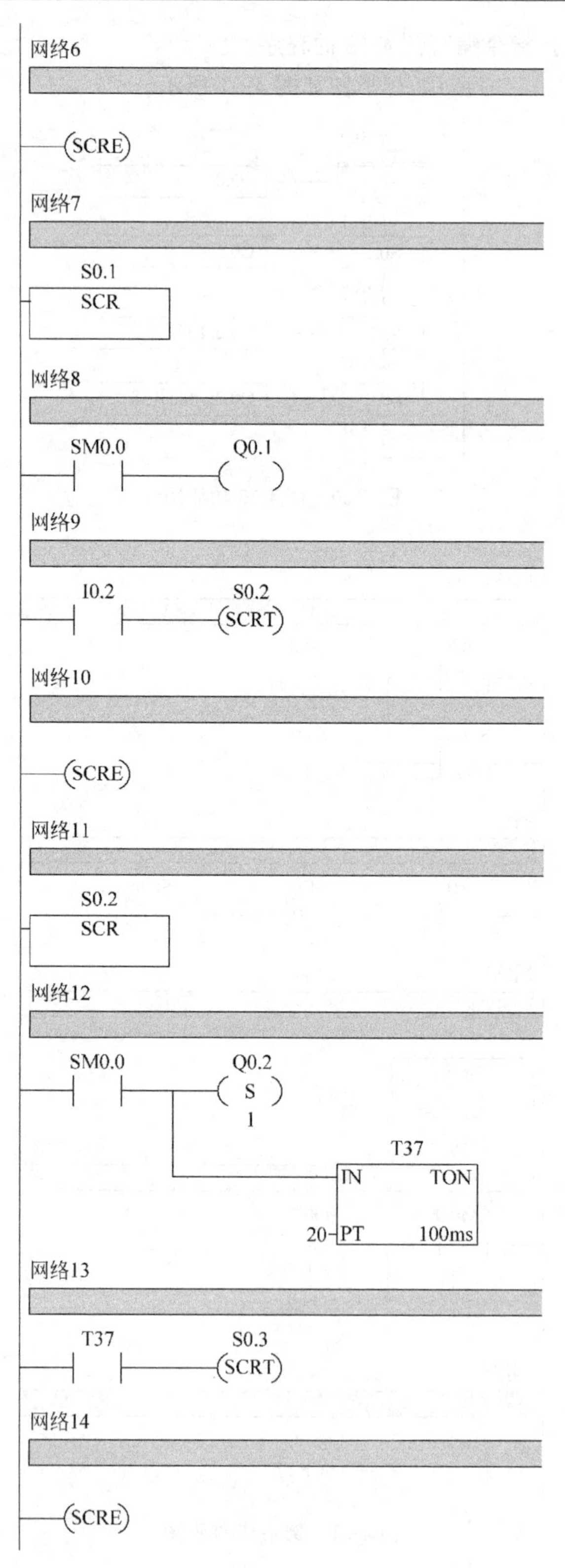
网络6
SCRE
网络7
S0.1
SCR
网络8
SM0.0
Q0.1
网络9
I0.2
S0.2
SCRT
网络10
SCRE
网络11
S0.2
SCR
网络12
SM0.0
Q0.2
S
1
T37
IN
TON
20
PT
100ms
网络13
T37
S0.3
SCRT
网络14
SCRE

图 4-51 （续）

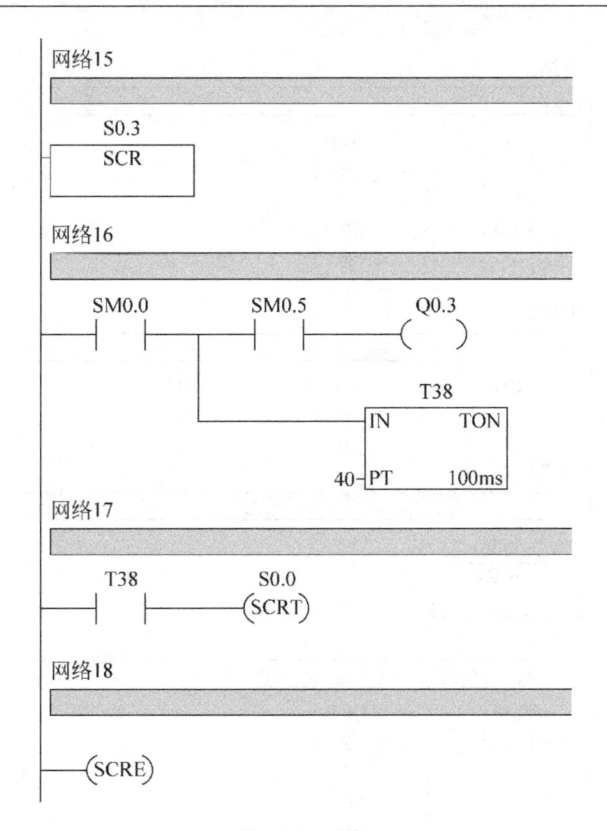

图 4-51　（续）

【例 4-16】　用顺控指令编写例 4-14 的程序。

【解】　功能图如图 4-52 所示，梯形图如图 4-53 所示。

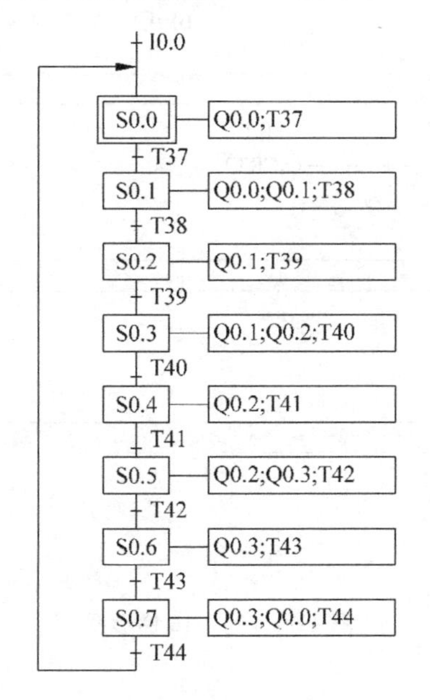

图 4-52　例 4-16 功能图

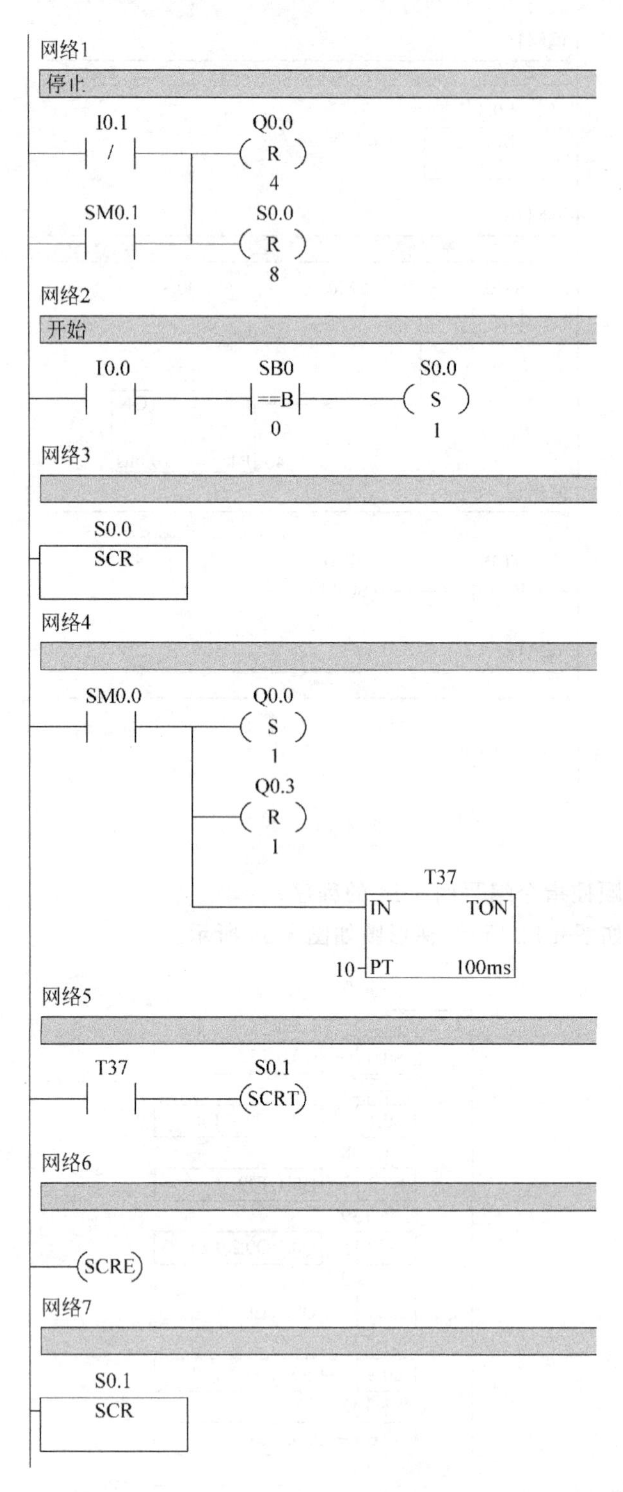

图 4-53 例 4-16 梯形图

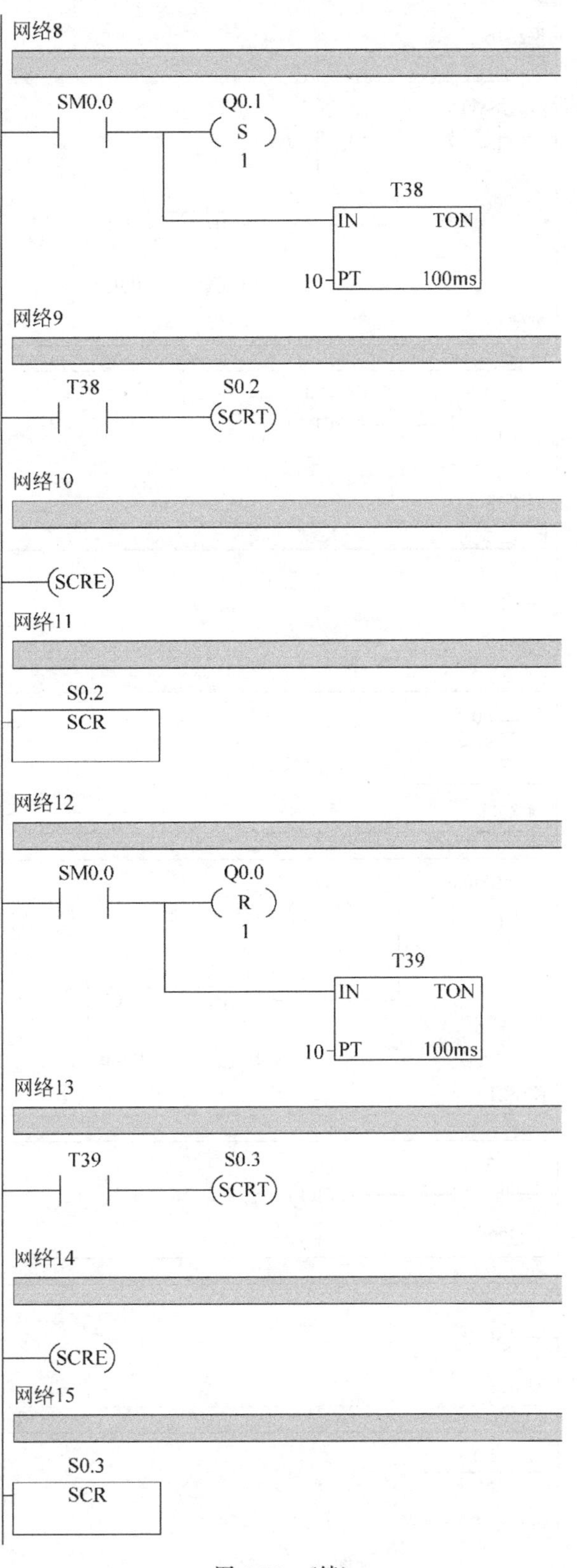
网络8
SM0.0
Q0.1
S
1
T38
IN
TON
10
PT
100ms
网络9
T38
S0.2
SCRT
网络10
SCRE
网络11
S0.2
SCR
网络12
SM0.0
Q0.0
R
1
T39
IN
TON
10
PT
100ms
网络13
T39
S0.3
SCRT
网络14
SCRE
网络15
S0.3
SCR

图 4-53 （续）

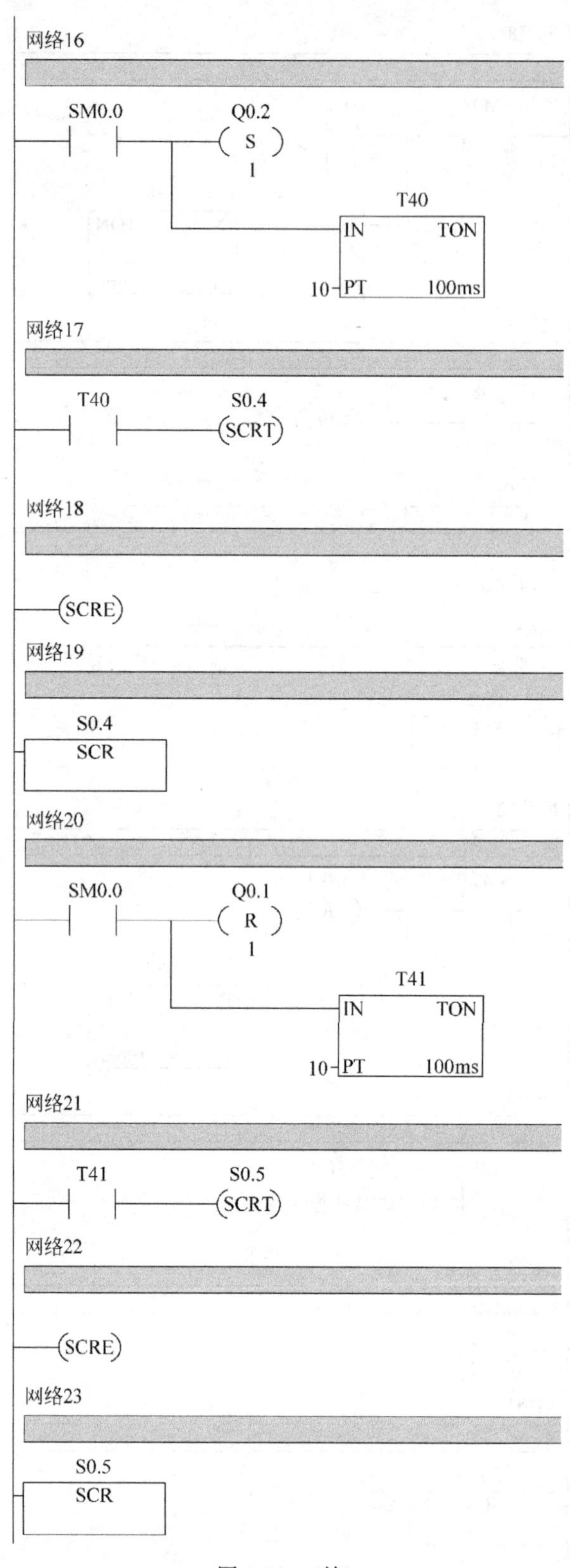

网络16
SM0.0
Q0.2
S
1
T40
IN
TON
10
PT
100ms
网络17
T40
S0.4
SCRT
网络18
SCRE
网络19
S0.4
SCR
网络20
SM0.0
Q0.1
R
1
T41
IN
TON
10
PT
100ms
网络21
T41
S0.5
SCRT
网络22
SCRE
网络23
S0.5
SCR

图 4-53 （续）

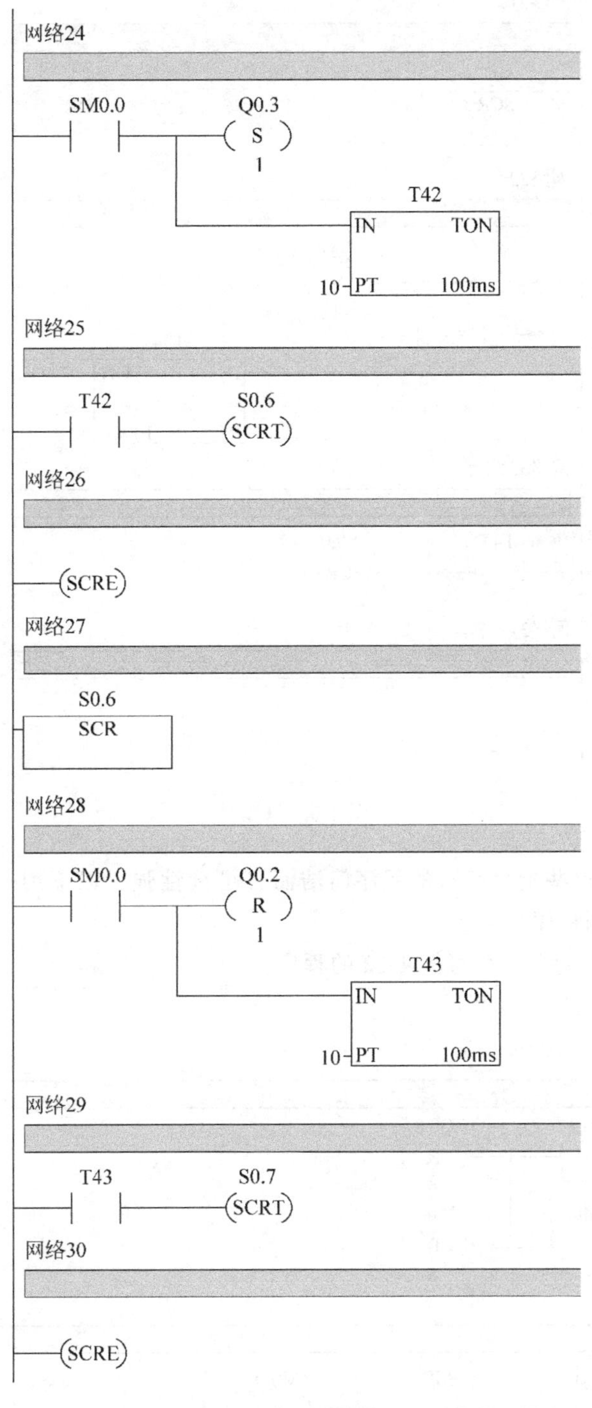

图 4-53 (续)

(4) 利用功能指令编写逻辑控制程序

西门子的功能指令有许多特殊的功能,其中功能指令中的移位指令和循环指令非常适

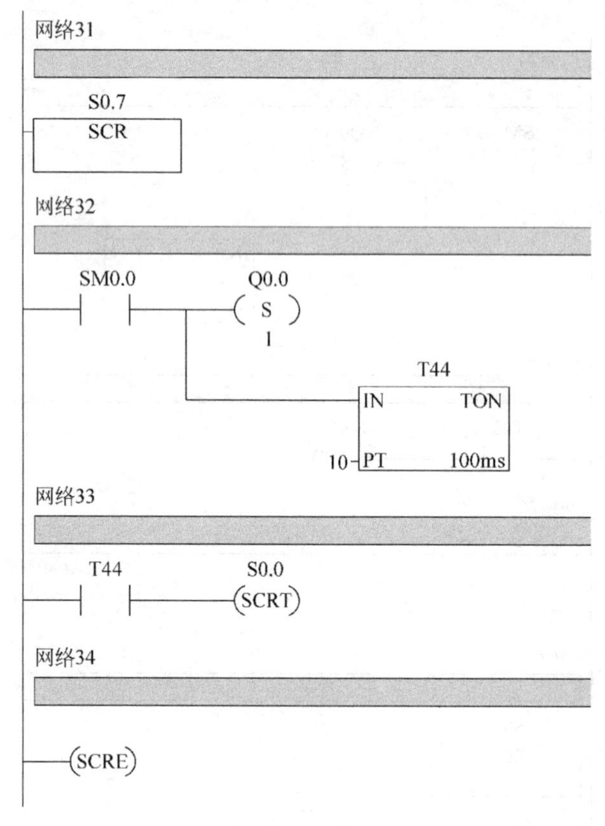

图 4-53 (续)

合用于顺序控制，用这些指令编写的程序简洁而且可读性强。以下用一个例子讲解利用功能指令编写逻辑控制程序。

【例 4-17】 用功能指令编写例 4-13 的程序。

【解】 梯形图如图 4-54 所示。

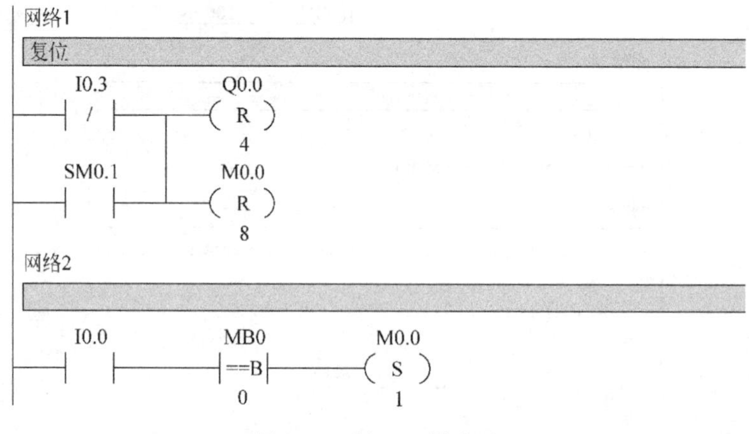

图 4-54 例 4-17 梯形图

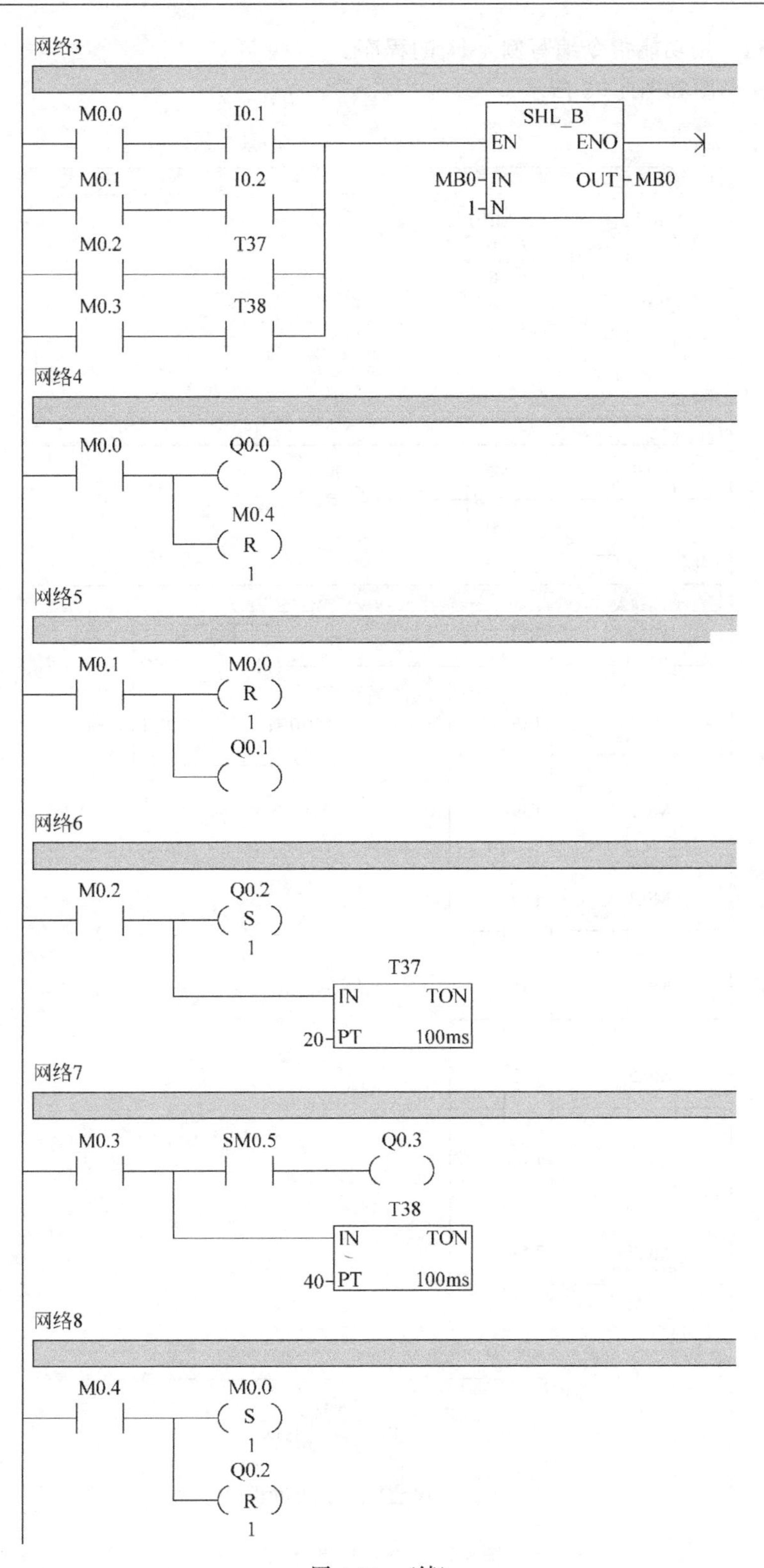
网络3
M0.0
I0.1
SHL_B
EN
ENO
MB0
IN
OUT
MB0
1
N
M0.1
I0.2
M0.2
T37
M0.3
T38
网络4
M0.0
Q0.0
M0.4
R
1
网络5
M0.1
M0.0
R
1
Q0.1
网络6
M0.2
Q0.2
S
1
T37
IN
TON
20
PT
100ms
网络7
M0.3
SM0.5
Q0.3
T38
IN
TON
40
PT
100ms
网络8
M0.4
M0.0
S
1
Q0.2
R
1

图 4-54　（续）

【例 4-18】 用功能指令编写例 4-14 的程序。

【解】 梯形图如图 4-55 所示。

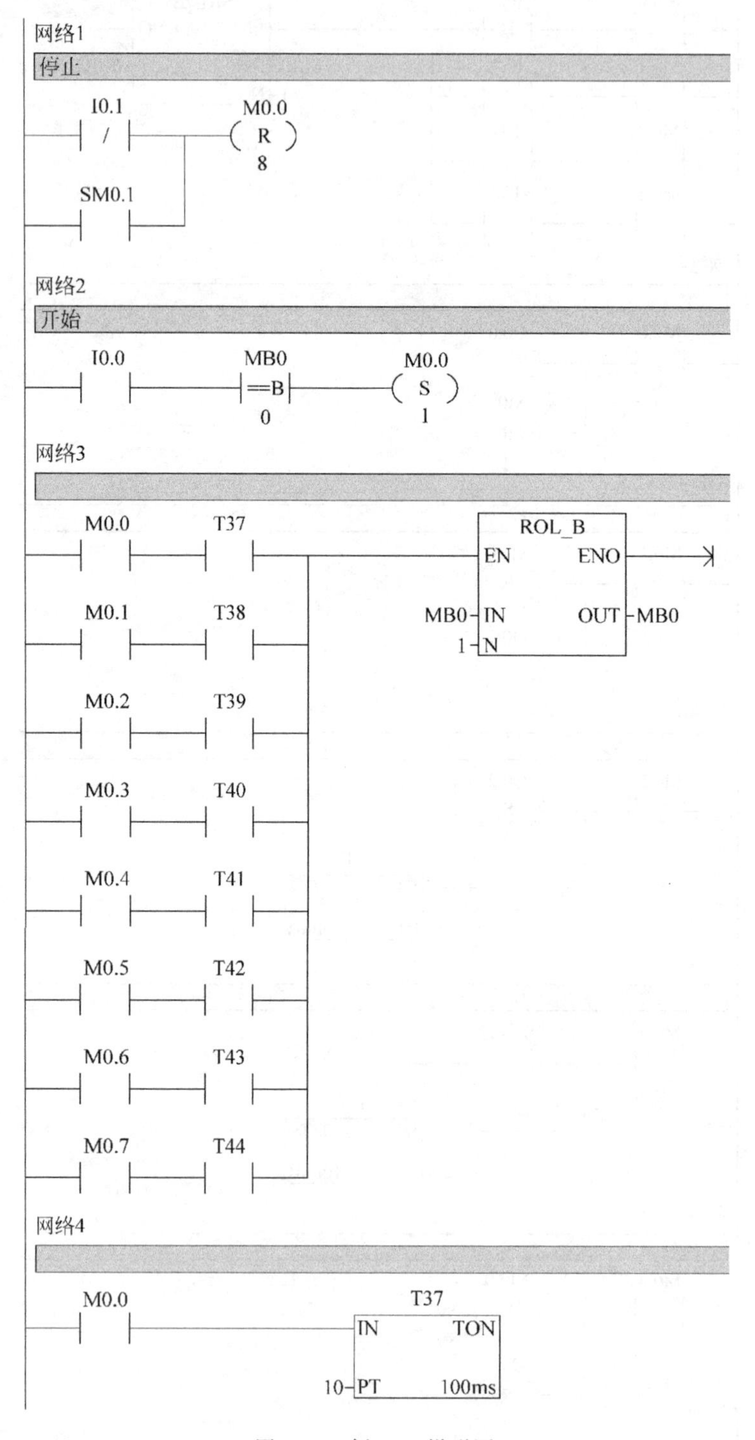

图 4-55 例 4-18 梯形图

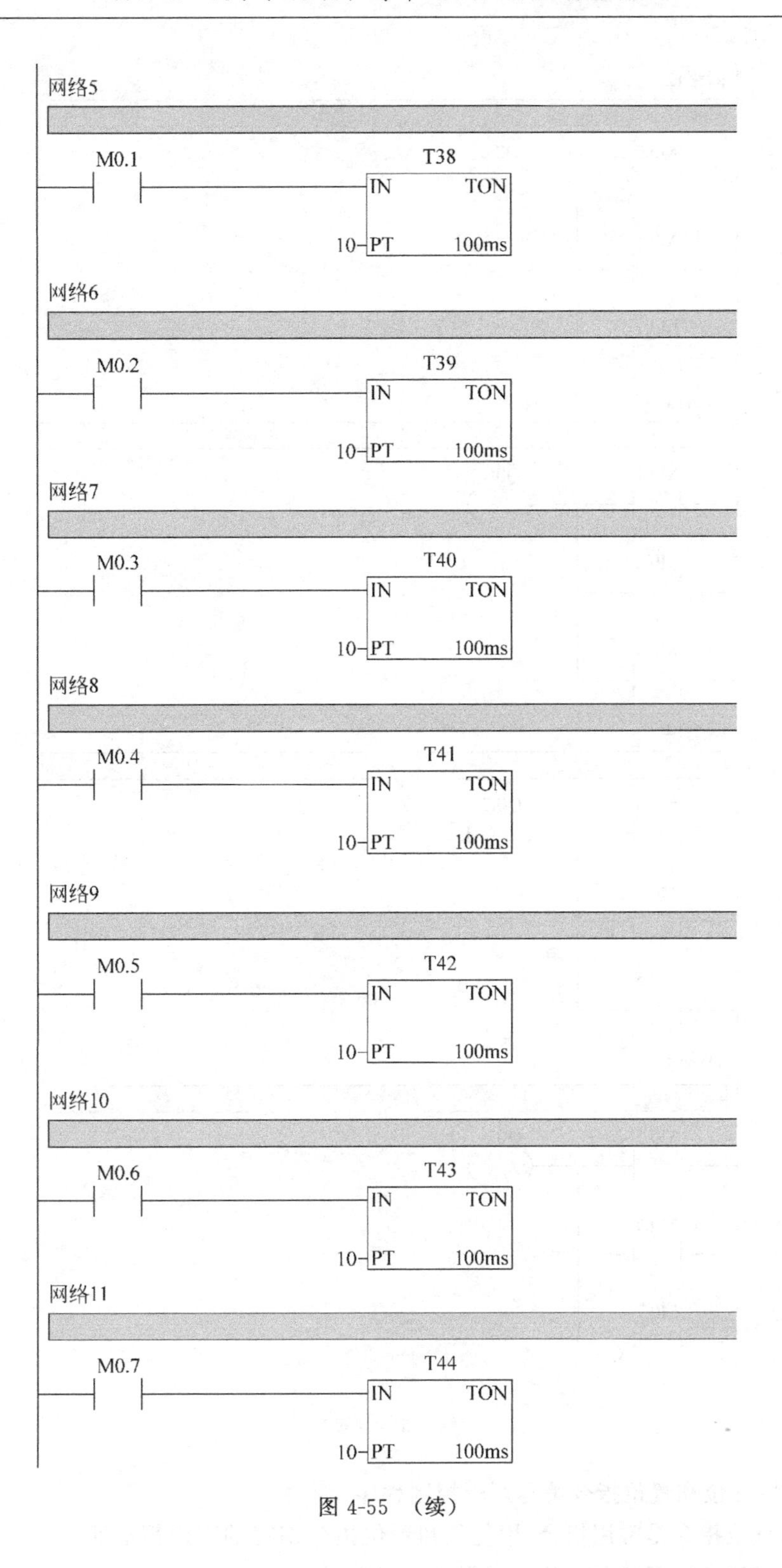
网络5
M0.1
T38
IN TON
10-PT 100ms
网络6
M0.2
T39
IN TON
10-PT 100ms
网络7
M0.3
T40
IN TON
10-PT 100ms
网络8
M0.4
T41
IN TON
10-PT 100ms
网络9
M0.5
T42
IN TON
10-PT 100ms
网络10
M0.6
T43
IN TON
10-PT 100ms
网络11
M0.7
T44
IN TON
10-PT 100ms

图 4-55 （续）

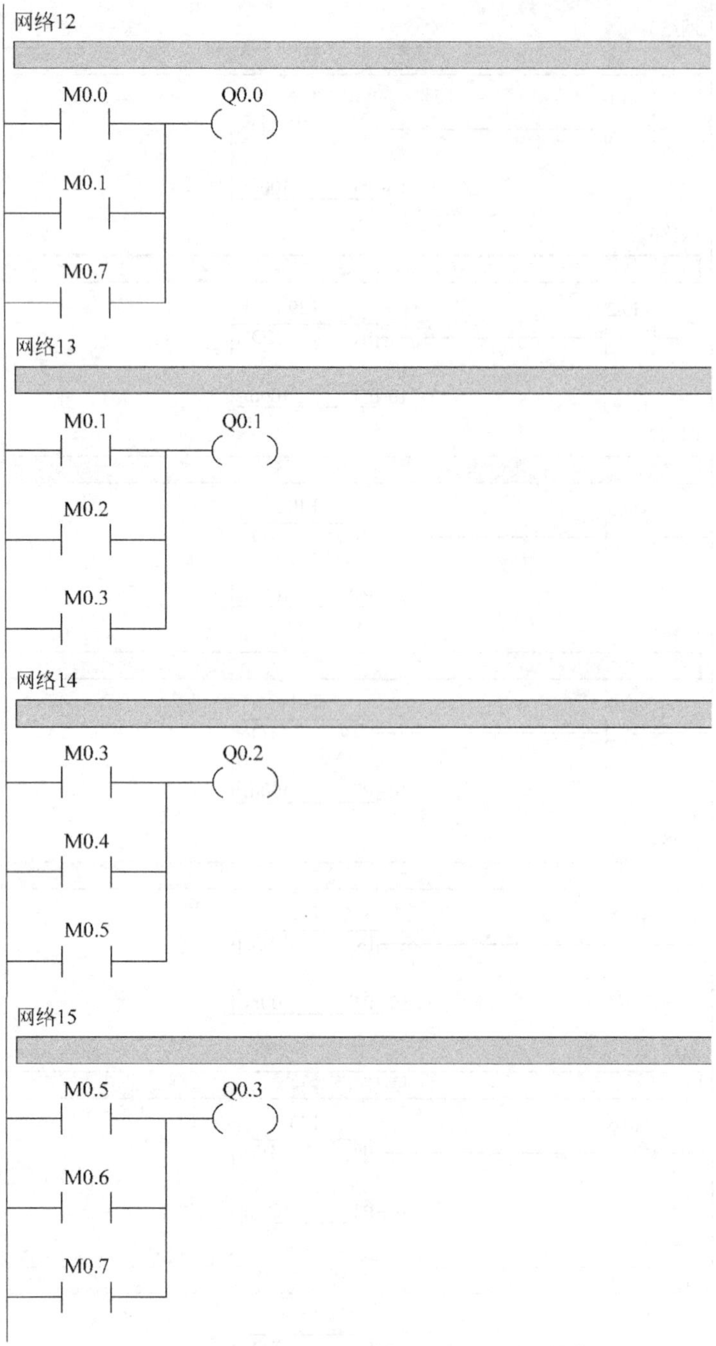

网络12

M0.0 Q0.0

M0.1

M0.7

网络13

M0.1 Q0.1

M0.2

M0.3

网络14

M0.3 Q0.2

M0.4

M0.5

网络15

M0.5 Q0.3

M0.6

M0.7

图 4-55 （续）

（5）利用复位和置位指令编写逻辑控制程序

复位和置位指令是常用指令，用复位和置位指令编写的程序简洁而且可读性强。以下用一个例子讲解利用复位和置位编写逻辑控制程序。

【例 4-19】 用复位和置位指令编写例 4-13 的程序。

【解】 梯形图如图 4-56 所示。

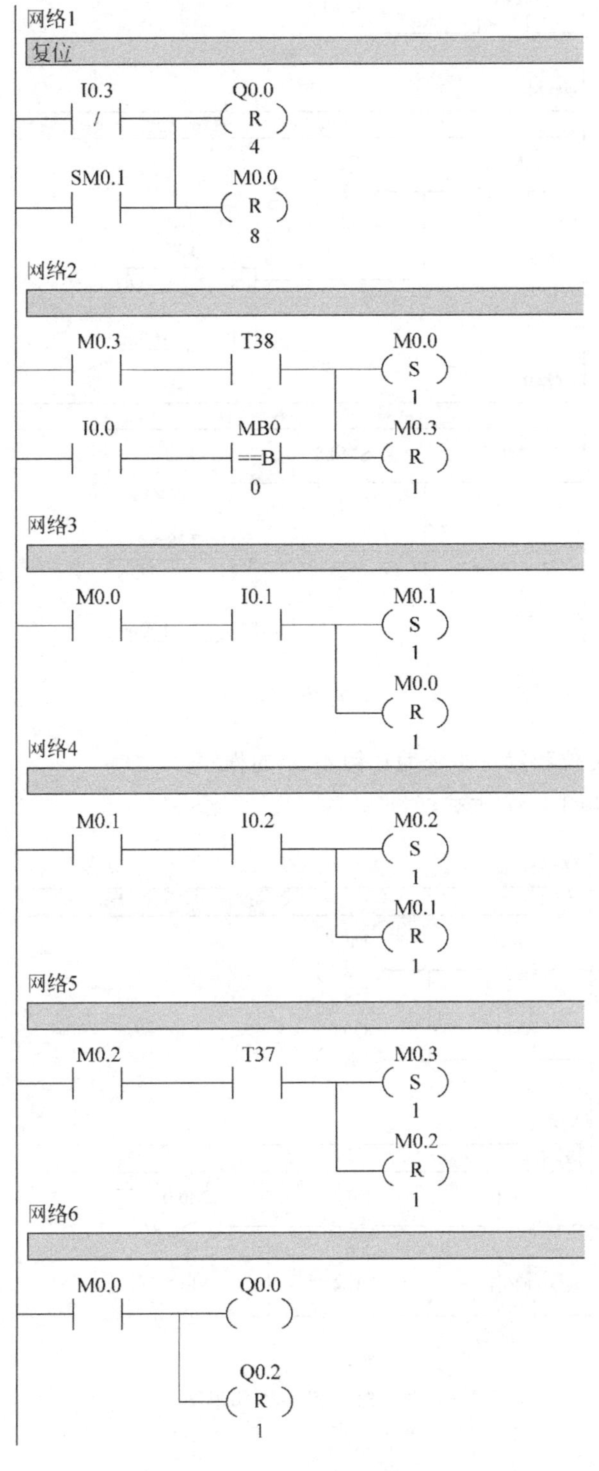

图 4-56 例 4-19 梯形图

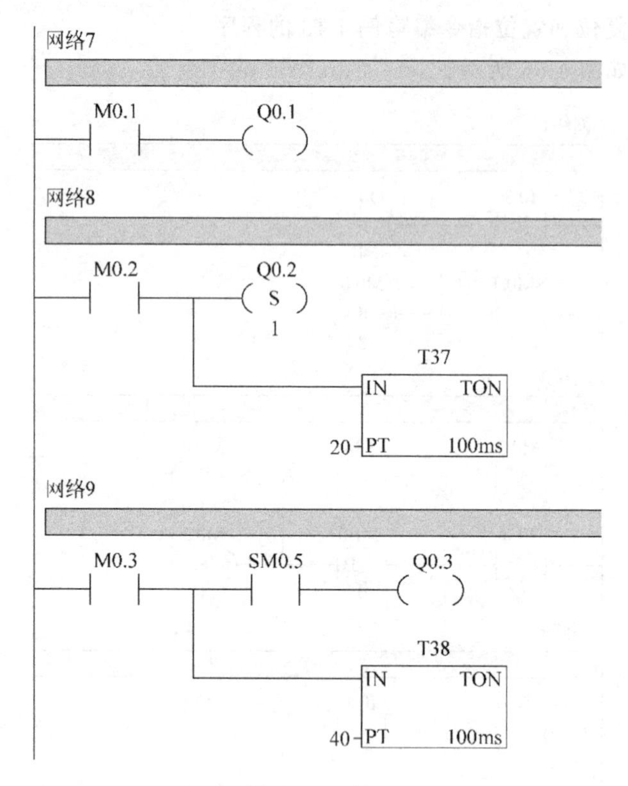

图 4-56 （续）

【例 4-20】 用复位和置位指令编写例 4-14 的程序。

【解】 梯形图如图 4-57 所示。

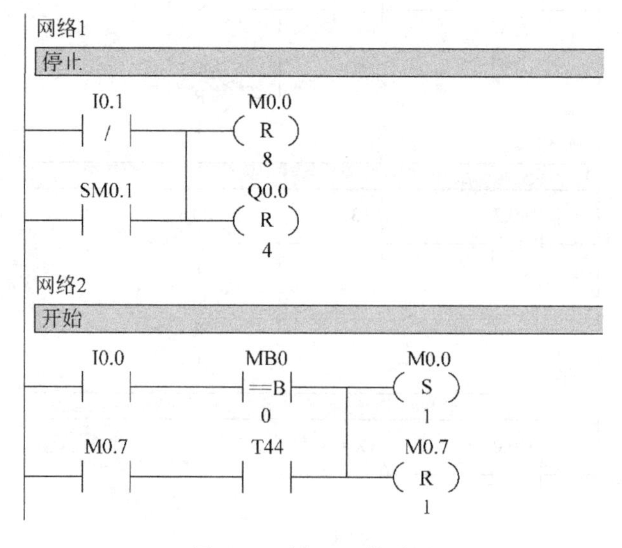

图 4-57 例 4-20 梯形图

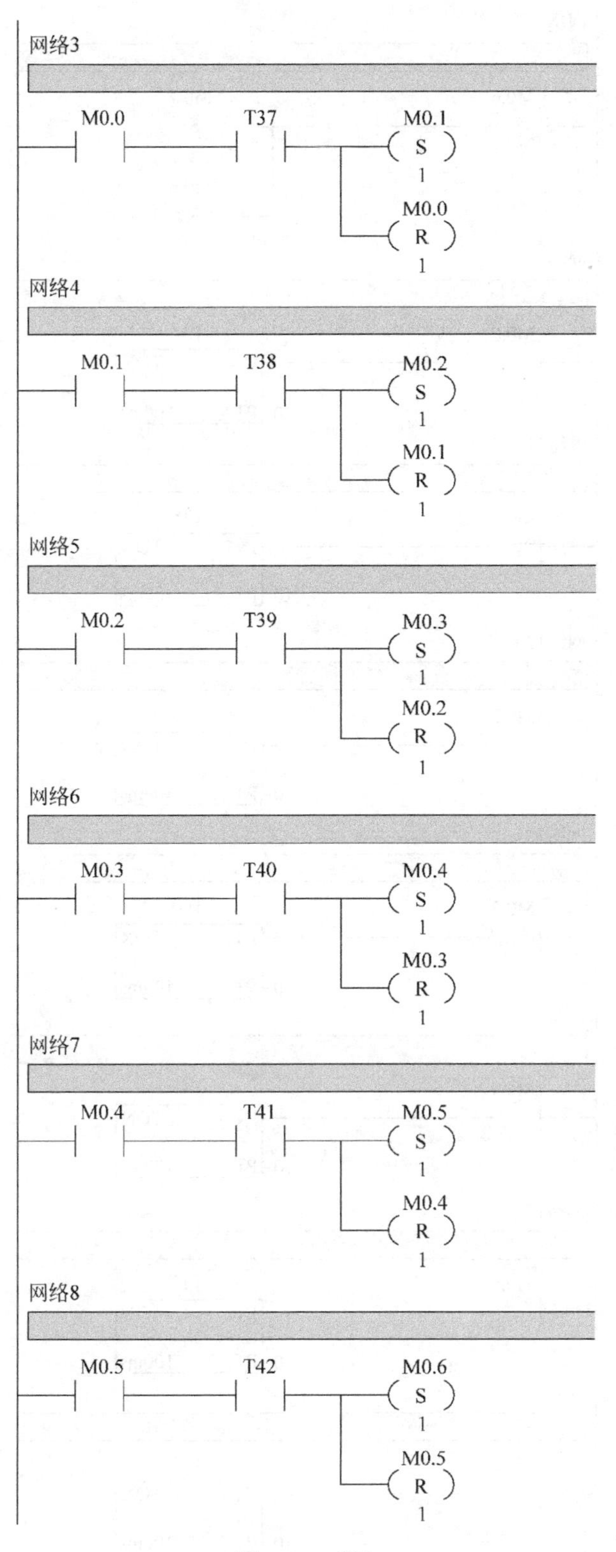
网络3
M0.0
T37
M0.1
S
1
M0.0
R
1
网络4
M0.1
T38
M0.2
S
1
M0.1
R
1
网络5
M0.2
T39
M0.3
S
1
M0.2
R
1
网络6
M0.3
T40
M0.4
S
1
M0.3
R
1
网络7
M0.4
T41
M0.5
S
1
M0.4
R
1
网络8
M0.5
T42
M0.6
S
1
M0.5
R
1

图 4-57 （续）

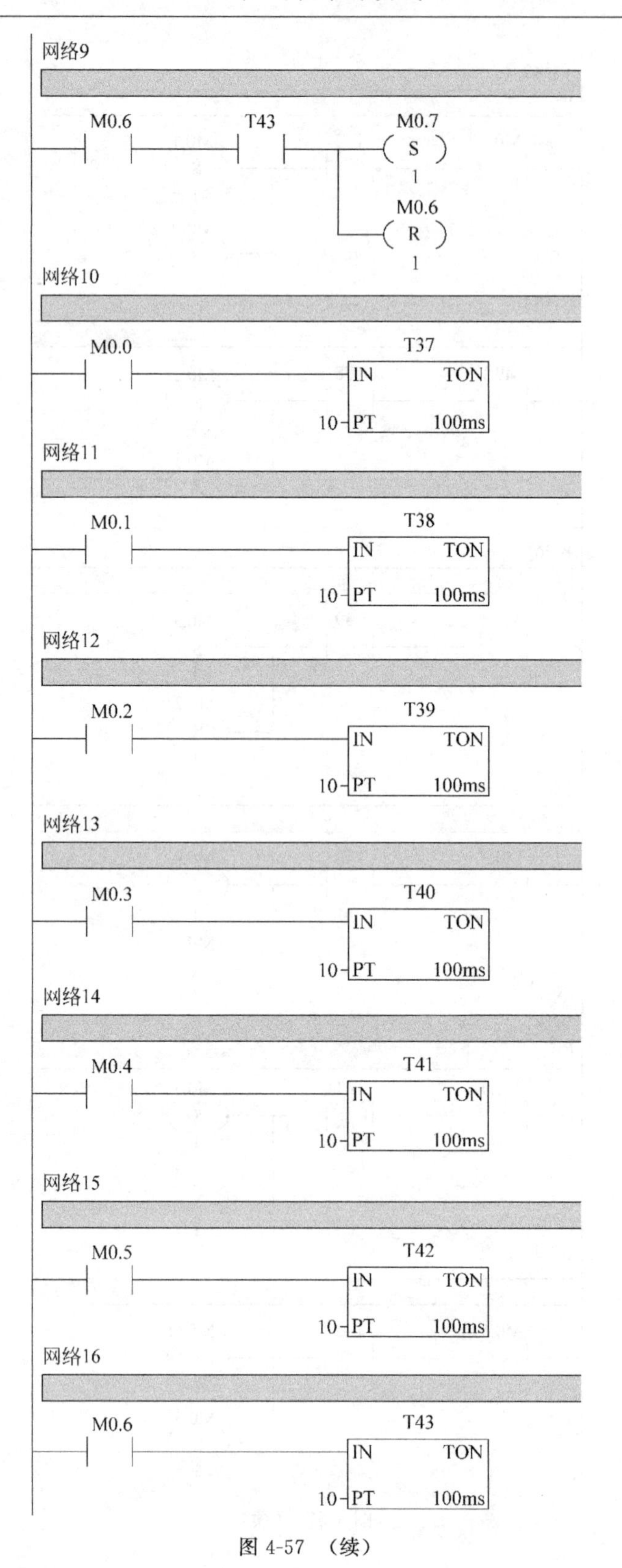
网络9
M0.6
T43
M0.7
S
1
M0.6
R
1
网络10
M0.0
T37
IN TON
10-PT 100ms
网络11
M0.1
T38
IN TON
10-PT 100ms
网络12
M0.2
T39
IN TON
10-PT 100ms
网络13
M0.3
T40
IN TON
10-PT 100ms
网络14
M0.4
T41
IN TON
10-PT 100ms
网络15
M0.5
T42
IN TON
10-PT 100ms
网络16
M0.6
T43
IN TON
10-PT 100ms

图 4-57 （续）

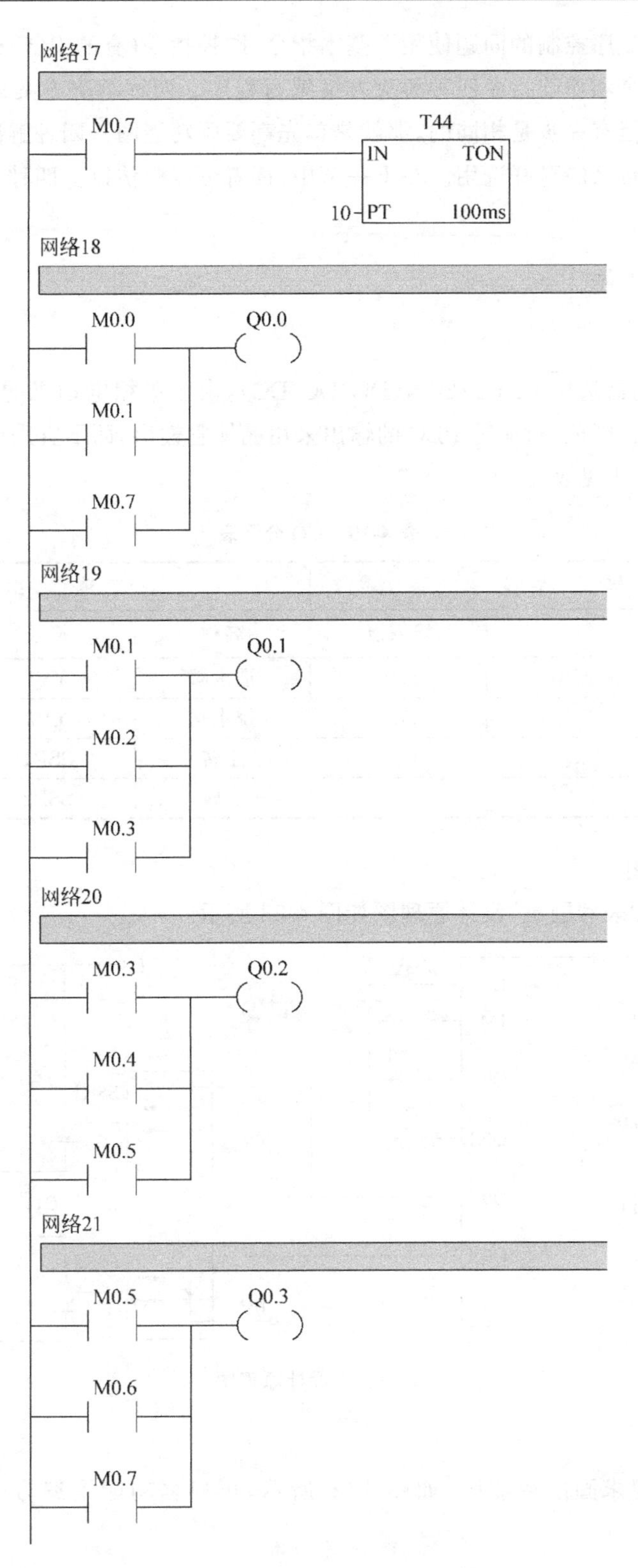
网络17
M0.7
T44
IN
TON
10
PT
100ms
网络18
M0.0
Q0.0
M0.1
M0.7
网络19
M0.1
Q0.1
M0.2
M0.3
网络20
M0.3
Q0.2
M0.4
M0.5
网络21
M0.5
Q0.3
M0.6
M0.7

图 4-57 （续）

至此，同一个顺序控制的问题使用了基本指令、顺控指令（有的PLC称为步进梯形图指令）、复位/置位指令和功能指令四种解决方案编写程序。四种解决方案的编程都有各自的几乎固定的步骤，但有一步是相同的，那就是首先都要画功能图。四种解决方案没有好坏之分，读者可以根据自己的喜好选用。在下一节中，读者可以模仿以上四种方法中的一种来编写程序。

4.4 项目实施

1. I/O分配

本系统的控制器选用CPU222CN（DC/DC/DC），由于单相电动机的换向频繁，所以采用固态继电器换向，同理，对应的PLC的输出采用晶体管输出，而不宜采用继电器输出形式的PLC。I/O分配表见表4-10。

表4-10 I/O分配表

输入			输出		
名称	符号	输入点	名称	符号	输出点
开始按钮	SB1	I0.0	进水阀	YV1	Q0.0
停止按钮	SB2	I0.1	排水阀	YV2	Q0.1
水位开关	SQ1	I0.2	正转	SSR1	Q0.2
			反转	SSR2	Q0.3

2. 设计原理图

根据I/O分配表和题意，设计原理图如图4-58所示。

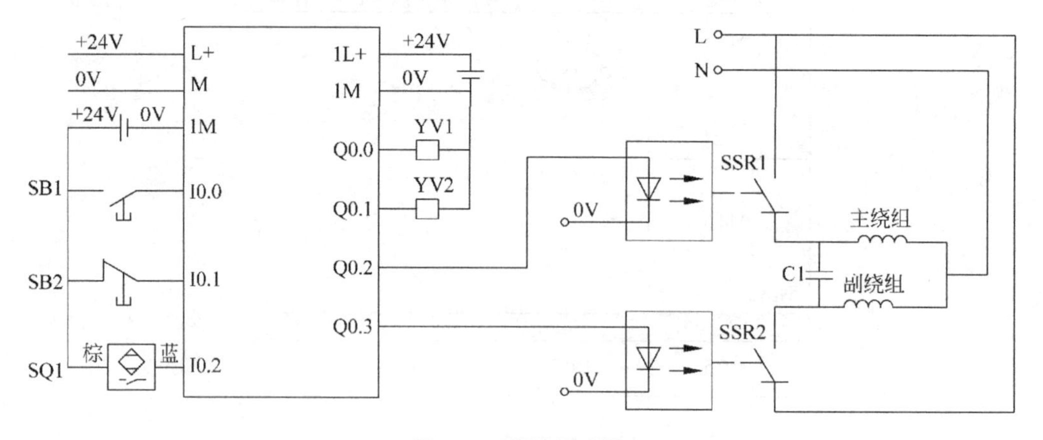

图4-58 设计原理图

3. 编写程序

先根据控制要求画出功能图，如图4-59所示，再根据功能图编写梯形图，如图4-60所示。

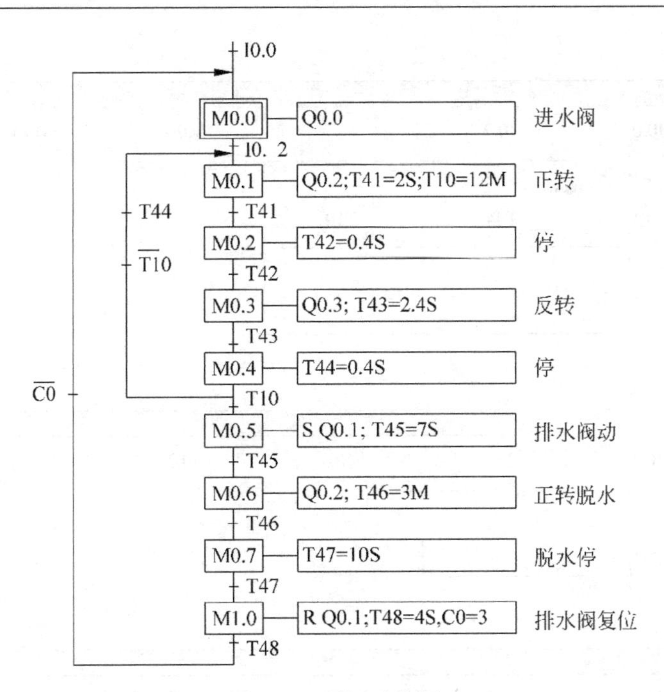

图 4-59　项目功能图

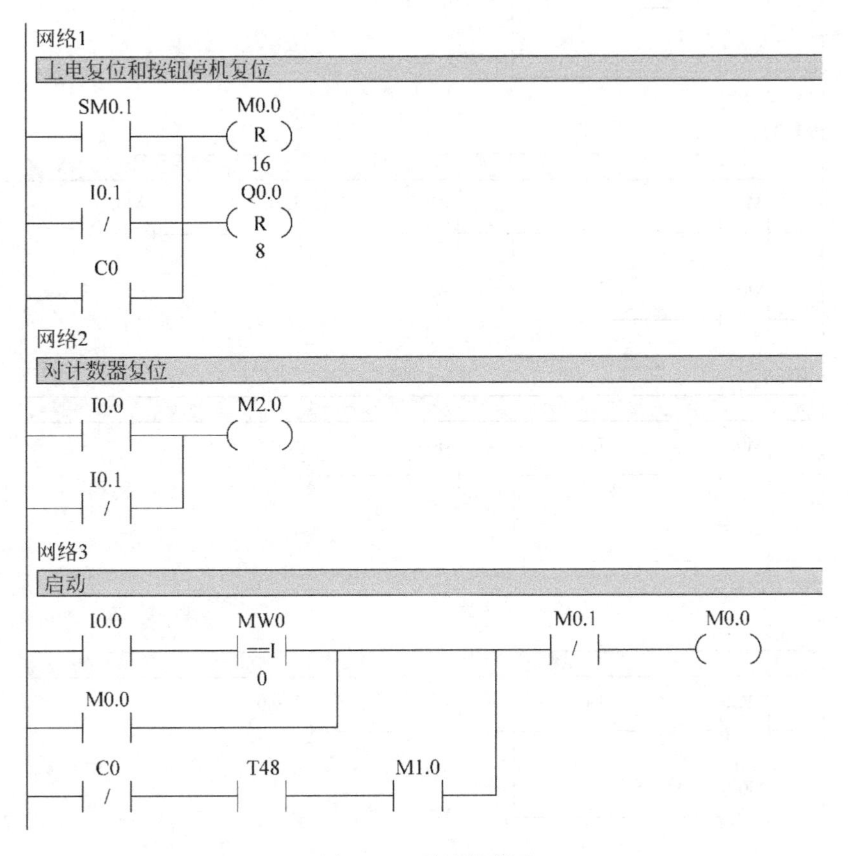

图 4-60　项目梯形图

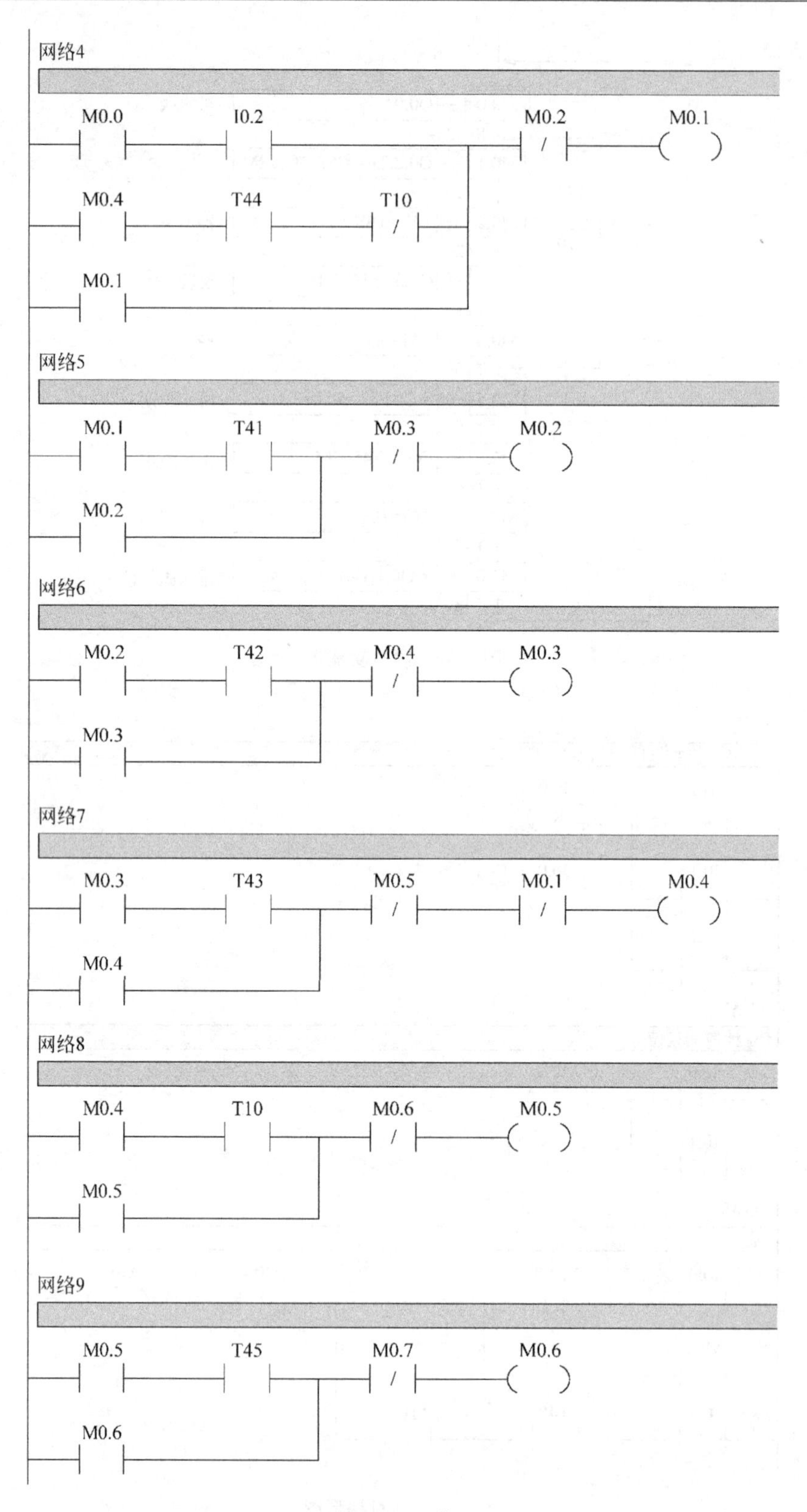
网络4
M0.0
I0.2
M0.2
M0.1
M0.4
T44
T10
M0.1
网络5
M0.1
T41
M0.3
M0.2
M0.2
网络6
M0.2
T42
M0.4
M0.3
M0.3
网络7
M0.3
T43
M0.5
M0.1
M0.4
M0.4
网络8
M0.4
T10
M0.6
M0.5
M0.5
网络9
M0.5
T45
M0.7
M0.6
M0.6

图 4-60 （续）

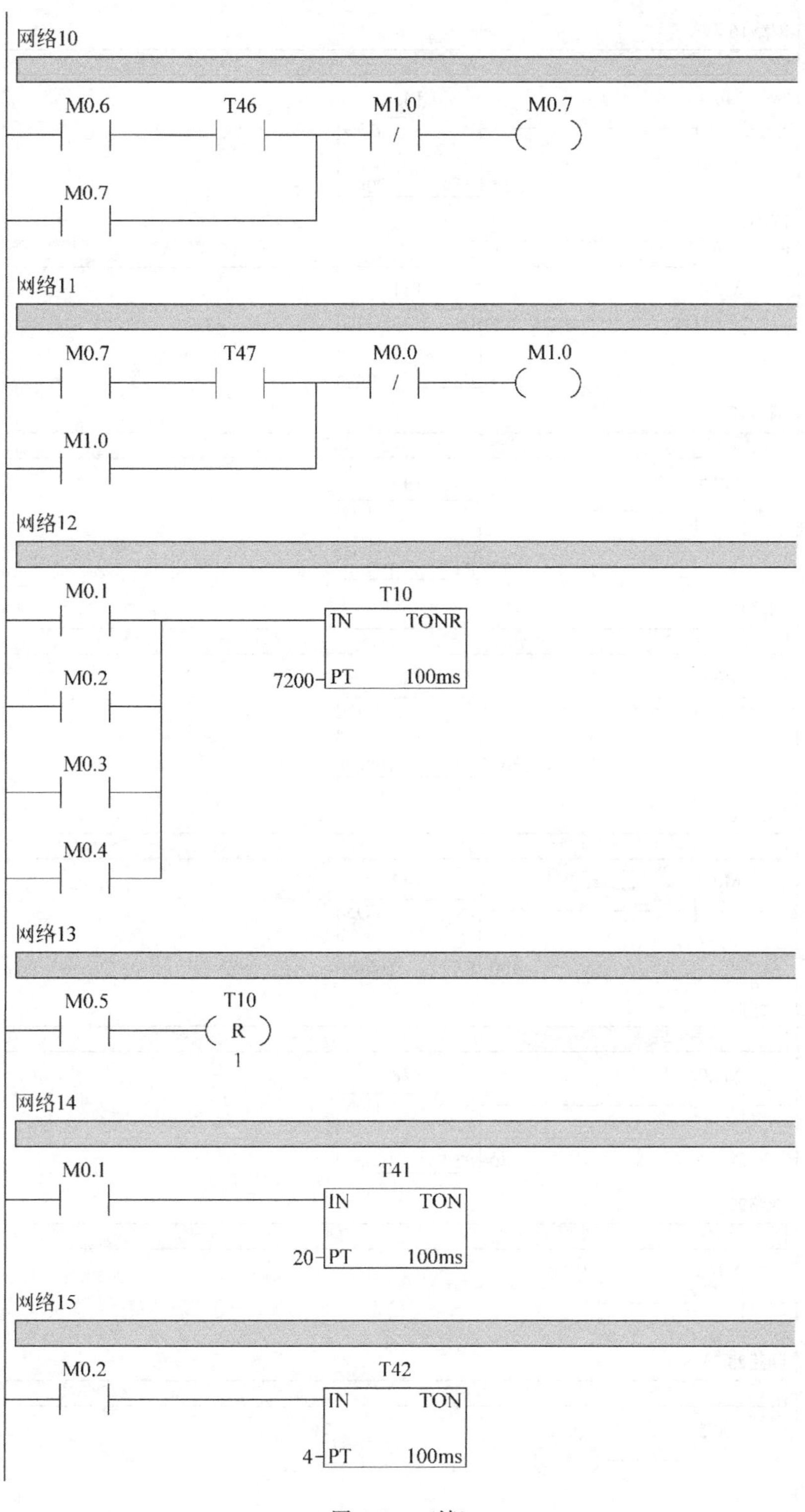
网络10
M0.6
T46
M1.0
M0.7
/
M0.7
网络11
M0.7
T47
M0.0
M1.0
/
M1.0
网络12
M0.1
T10
IN
TONR
M0.2
7200
PT
100ms
M0.3
M0.4
网络13
M0.5
T10
R
1
网络14
M0.1
T41
IN
TON
20
PT
100ms
网络15
M0.2
T42
IN
TON
4
PT
100ms

图 4-60 （续）

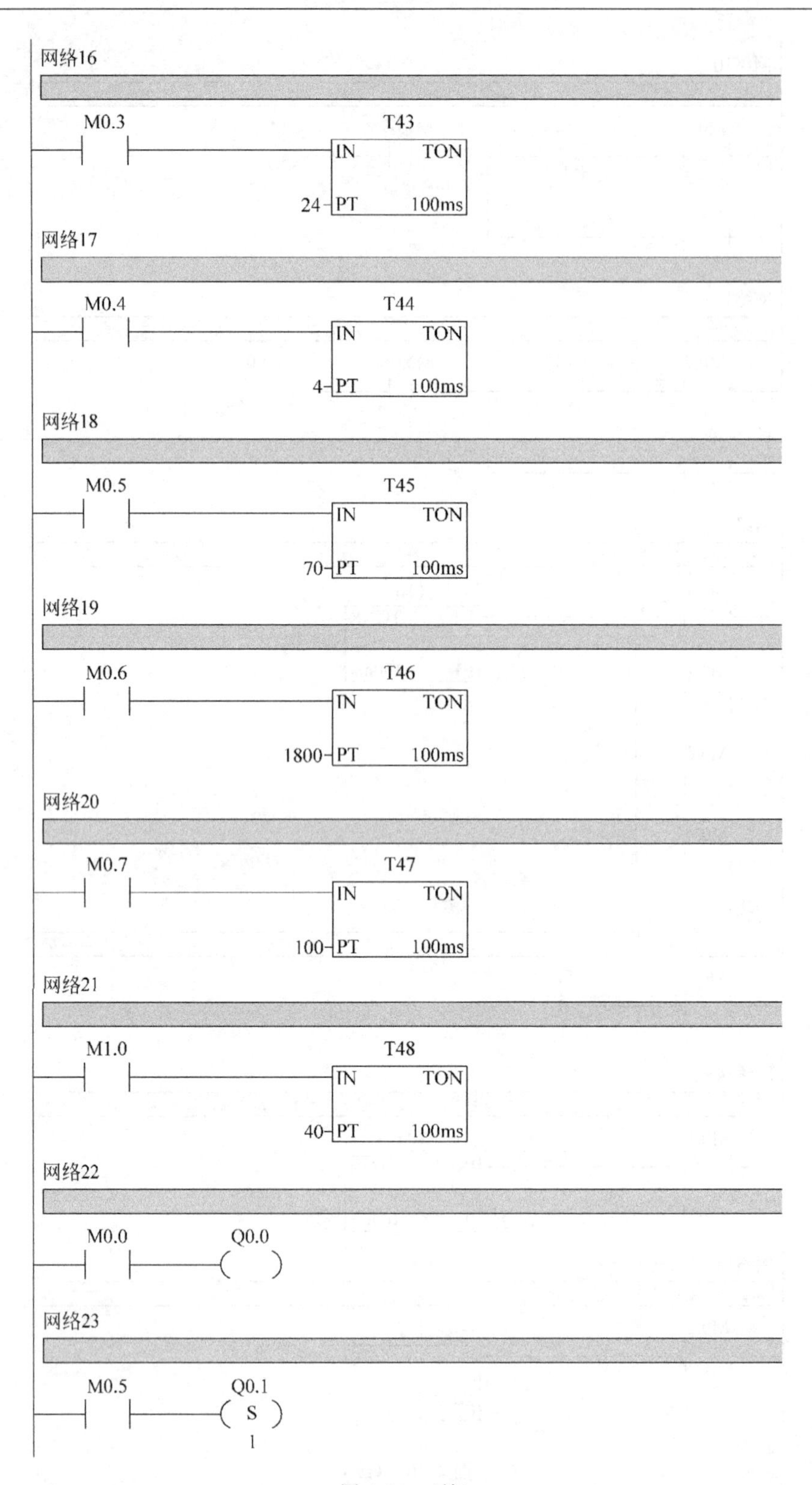
网络16
M0.3
T43
IN
TON
24
PT
100ms
网络17
M0.4
T44
IN
TON
4
PT
100ms
网络18
M0.5
T45
IN
TON
70
PT
100ms
网络19
M0.6
T46
IN
TON
1800
PT
100ms
网络20
M0.7
T47
IN
TON
100
PT
100ms
网络21
M1.0
T48
IN
TON
40
PT
100ms
网络22
M0.0
Q0.0
网络23
M0.5
Q0.1
S
1

图 4-60 （续）

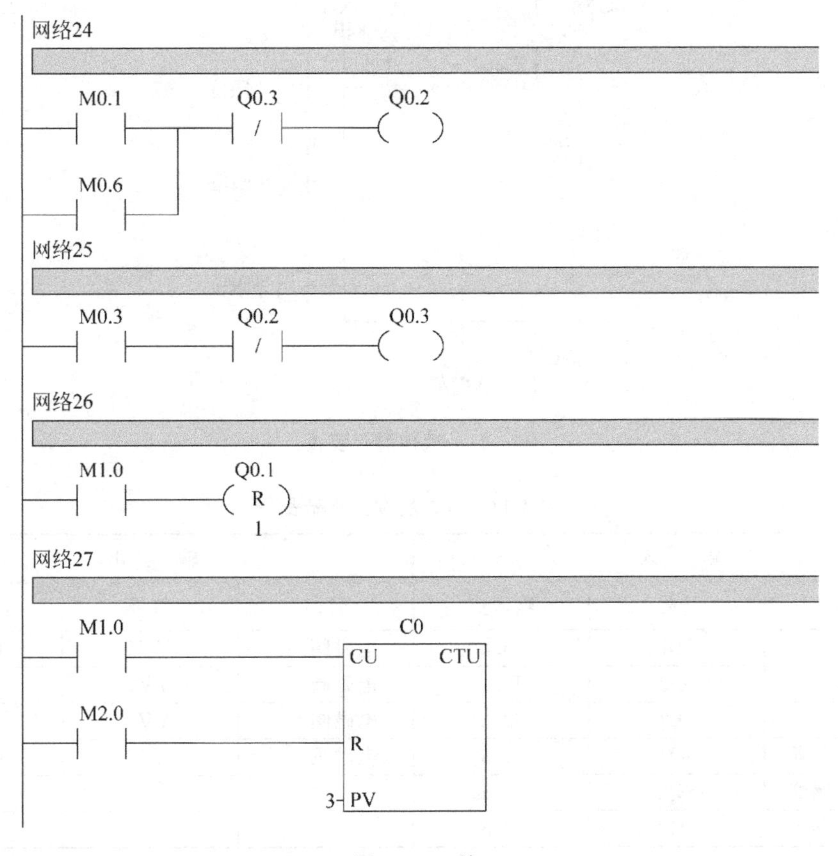

图 4-60 （续）

【编者的话】

① 这个工程应用是定时器、计数器和逻辑控制的综合应用，具有典型性，请读者认真学习这个项目。

② 一般的学校没有洗衣机寿命测试仪，编者认为，只要有一台 PLC 就可以模拟整个逻辑控制过程，而且效果和真实的测试仪没有不同，因此完成此项目不需要专用实训设备。

4.5　知识与应用拓展

【例 4-21】 液体混合装置如图 4-61 所示，上限位、下限位和中限位液位传感器被液体淹没时为 1 状态，电磁阀 A、B、C 的线圈通电时，阀门打开，电磁阀 A、B、C 的线圈断电时，阀门关闭。在初始状态时容器是空的，各阀门均关闭，各传感器均为 0 状态。按下启动按钮后，打开电磁阀 A，液体 A 流入容器，中限位开关变为 ON 时，关闭阀 A，打开阀 B，液体 B 流入容器。液面上升到上限位开关，关闭阀门 B，电动机 M 开始运行，搅拌液体，30s 后停止搅动，打开电磁阀 C，放出混合液体，当液面下降到下限位开关之后，过 3s，容器放空，关闭电磁阀 C，打开电磁阀 A，又开始下一个周期的操作。按停止按钮，当前工作周期结束后，才能停止工作，按急停按钮可立即停止工作。请绘制功能图，设计梯形图。

【解】 液体混合的 PLC 的 I/O 分配见表 4-11。

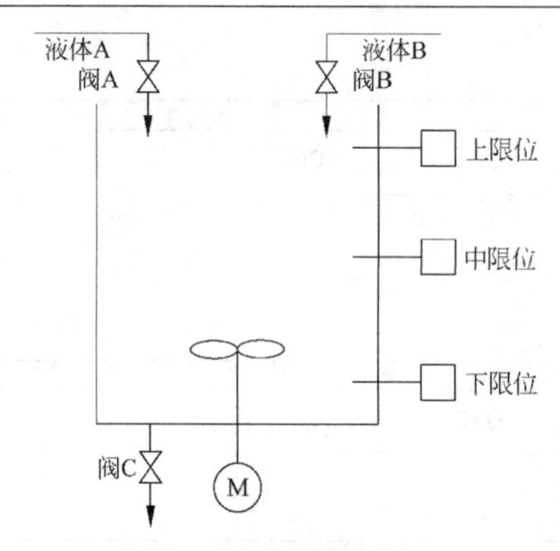

图 4-61　液体混合装置

表 4-11　PLC 的 I/O 分配表

输　　入			输　　出		
名称	符号	输入点	名称	符号	输出点
开始按钮	SB1	I0.0	电磁阀 A	YV1	Q0.0
停止按钮	SB2	I0.1	电磁阀 B	YV2	Q0.1
急停	SB3	I0.2	电磁阀 C	YV3	Q0.2
上限位传感器	SQ1	I0.3	电动机	M	Q0.3
中限位传感器	SQ2	I0.4			
下限位传感器	SQ3	I0.5			

电气系统的原理图如图 4-62 所示，功能图如图 4-63 所示，梯形图如图 4-64 所示。

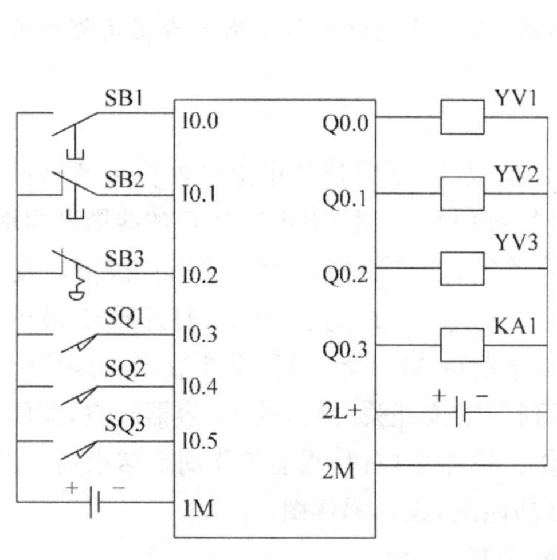

图 4-62　例 4-21 原理图

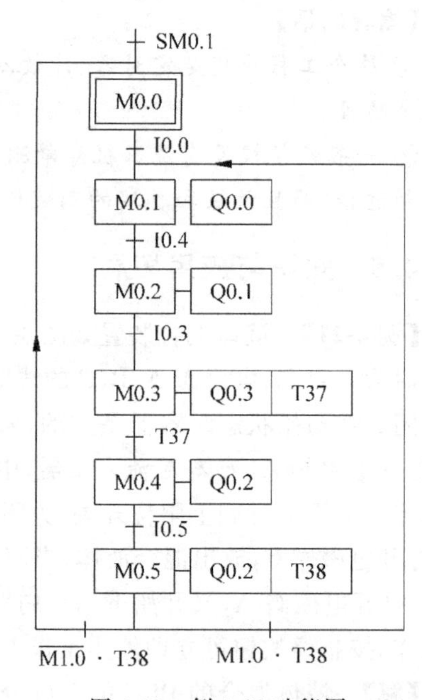

图 4-63　例 4-21 功能图

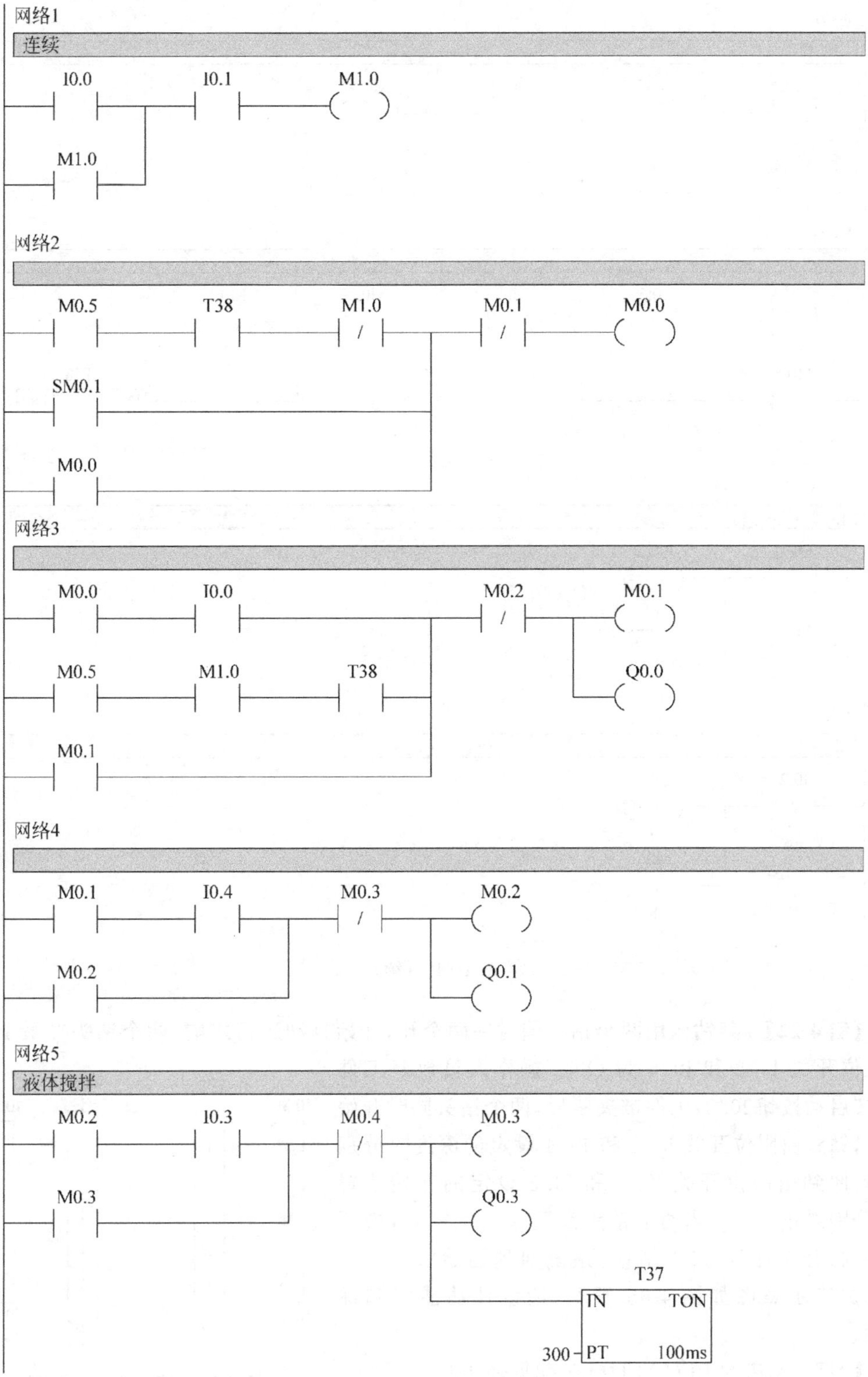

网络1

连续

I0.0　I0.1　M1.0

M1.0

网络2

M0.5　T38　M1.0　M0.1　M0.0

SM0.1

M0.0

网络3

M0.0　I0.0　M0.2　M0.1

M0.5　M1.0　T38　Q0.0

M0.1

网络4

M0.1　I0.4　M0.3　M0.2

M0.2　Q0.1

网络5

液体搅拌

M0.2　I0.3　M0.4　M0.3

M0.3　Q0.3

T37

IN　TON

300　PT　100ms

图 4-64　例 4-21 梯形图

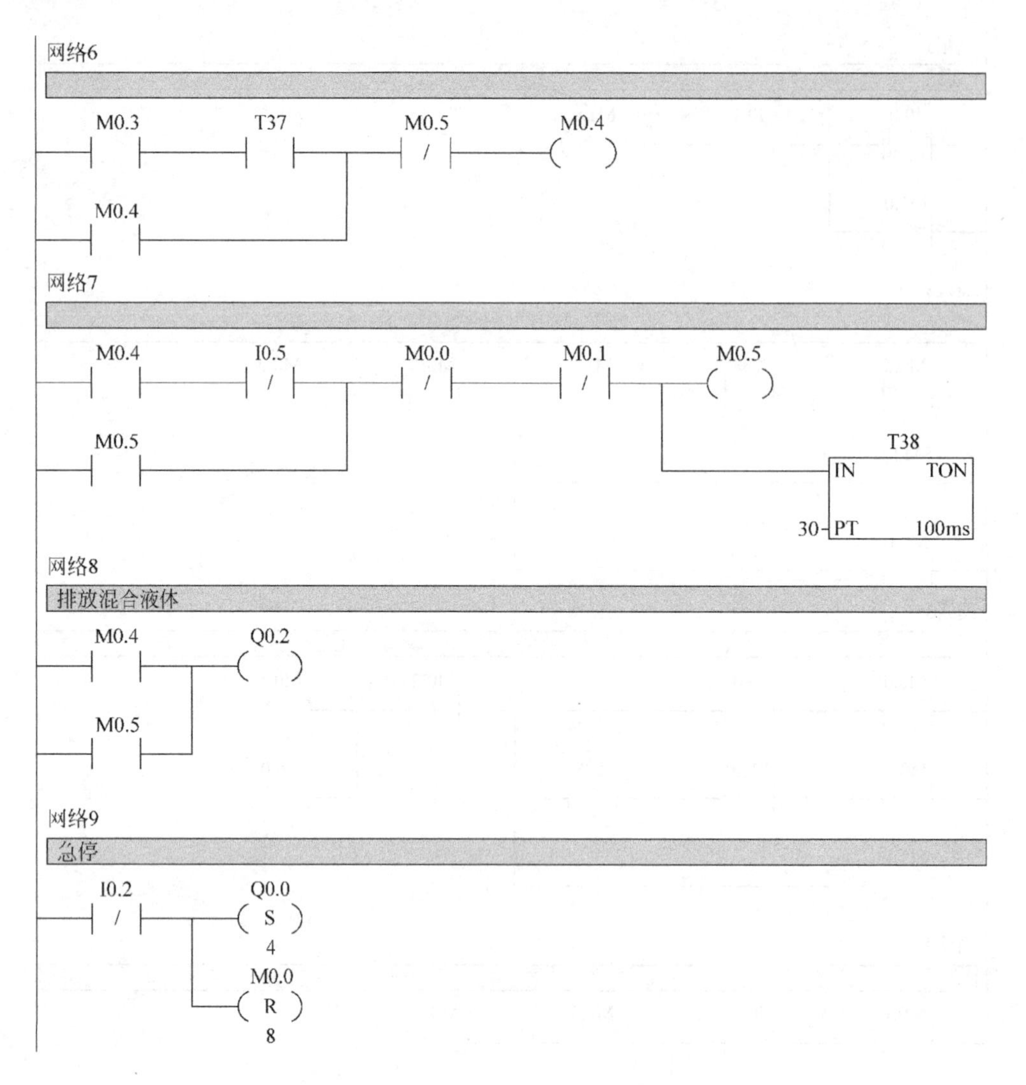

图 4-64 （续）

【例 4-22】 某钻床用两个钻头同时钻两个孔，开始自动运行之前，两个钻头在最上面，上限位开关 I0.3 和 I0.5 为 ON。操作人员放好工件后，按启动按钮 I0.0，工件被夹紧后，两个钻头同时开始工作，钻到由限位开关 I0.2 和 I0.4 设定的深度时分别上行，回到由限位开关 I0.3 和 I0.5 设定的起始位置时，分别停止上行。当两个钻头都到起始位置后，松开工件，松开工件后，加工结束，系统回到初始状态。钻床的加工示意图如图 4-65 所示，请设计功能图和梯形图。

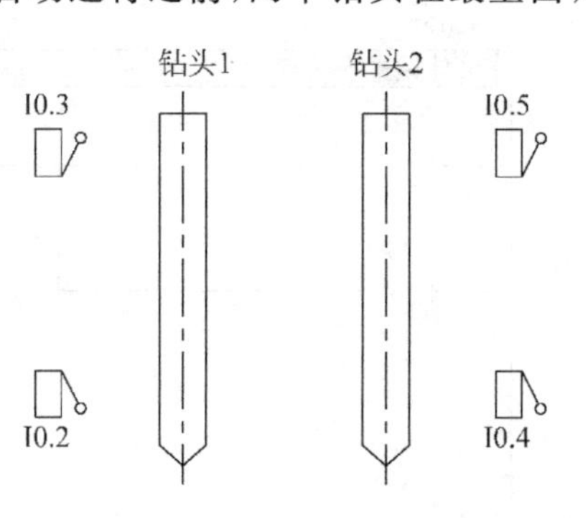

图 4-65 钻床加工示意图

【解】 钻床的 PLC 的 I/O 分配见表 4-12。

表 4-12　PLC 的 I/O 分配表

输　　入			输　　出		
名称	符号	输入点	名称	符号	输出点
开始按钮	SB1	I0.0	夹具夹紧	KA1	Q0.0
停止按钮	SB2	I0.1	钻头 1 下降	KA2	Q0.1
钻头 1 上限位开关	SQ1	I0.2	钻头 1 上升	KA3	Q0.2
钻头 1 下限位开关	SQ2	I0.3	钻头 2 下降	KA4	Q0.3
钻头 2 上限位开关	SQ3	I0.4	钻头 2 上升	KA5	Q0.4
钻头 2 下限位开关	SQ4	I0.5	夹具松开	KA6	Q0.5
夹紧限位开关	SQ5	I0.6			
松开下限位开关	SQ6	I0.7			

电气系统的原理图如图 4-66 所示，功能图如图 4-67 所示，梯形图如图 4-68 所示。

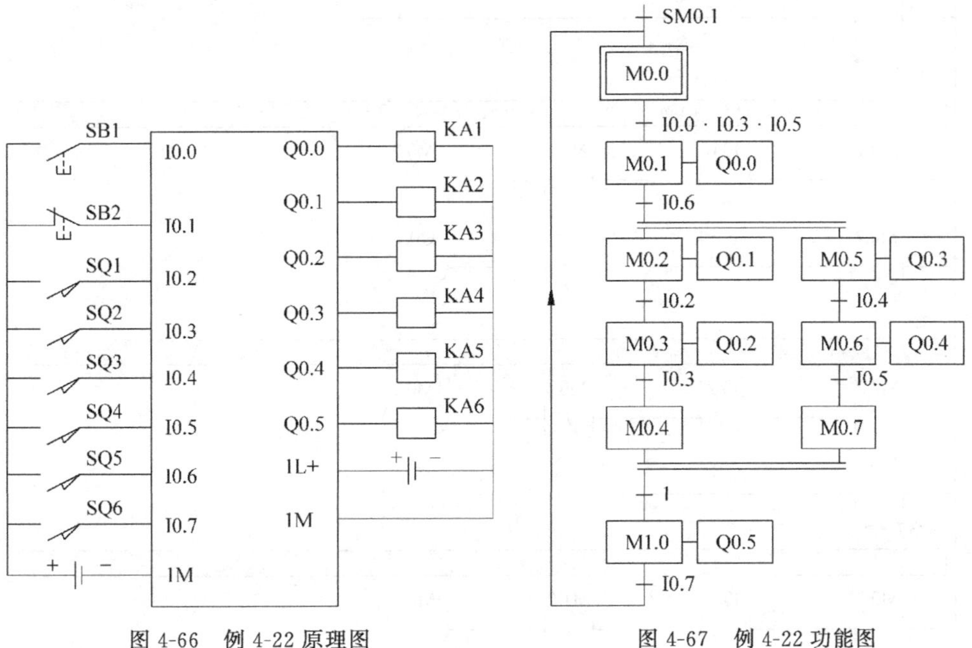

图 4-66　例 4-22 原理图

图 4-67　例 4-22 功能图

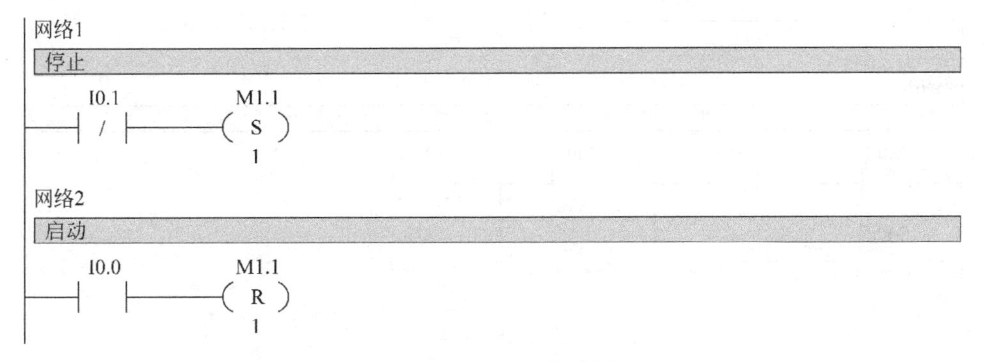

图 4-68　例 4-22 梯形图

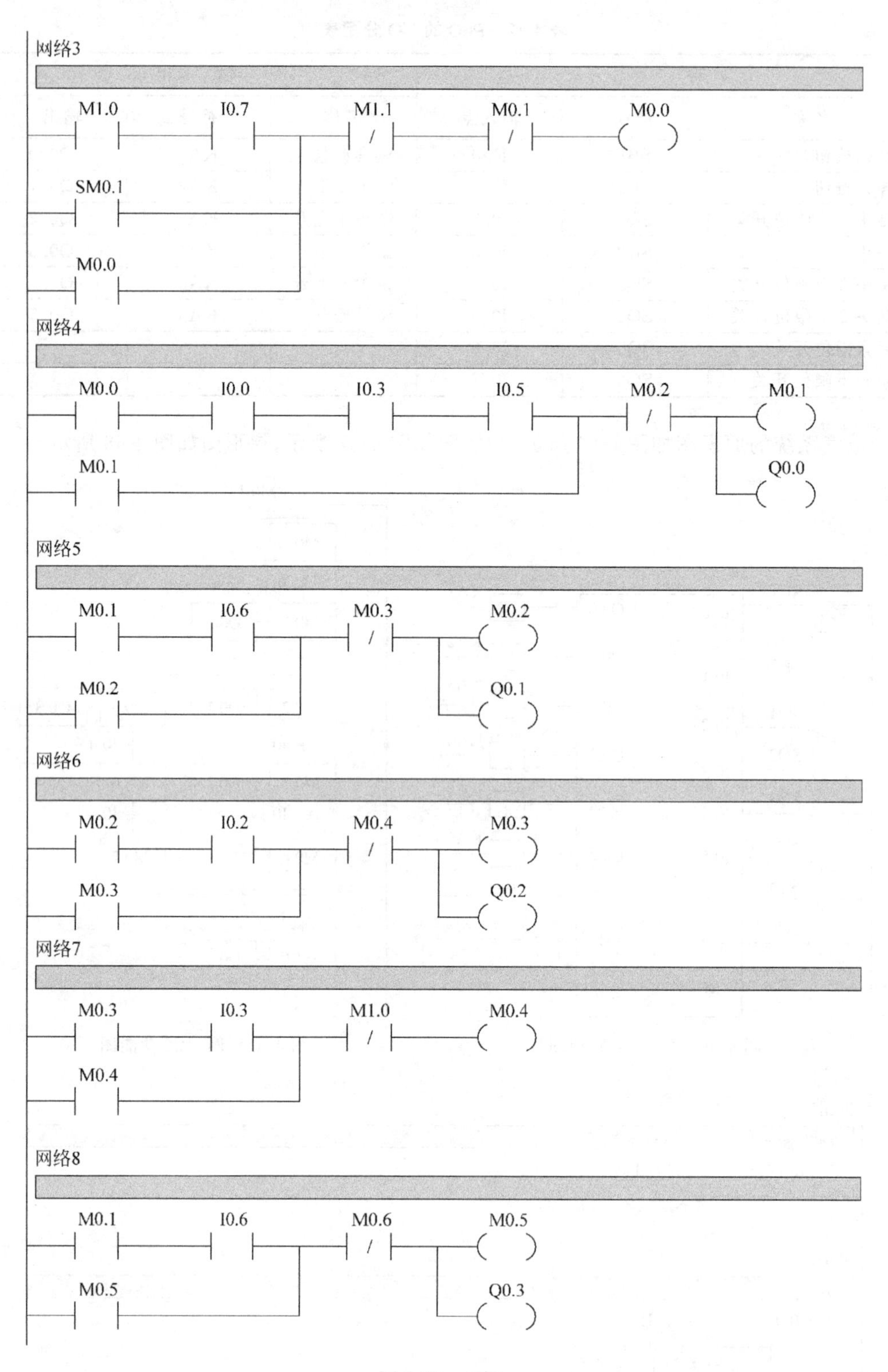
网络3
M1.0
I0.7
M1.1
M0.1
M0.0
SM0.1
M0.0
网络4
M0.0
I0.0
I0.3
I0.5
M0.2
M0.1
M0.1
Q0.0
网络5
M0.1
I0.6
M0.3
M0.2
M0.2
Q0.1
网络6
M0.2
I0.2
M0.4
M0.3
M0.3
Q0.2
网络7
M0.3
I0.3
M1.0
M0.4
M0.4
网络8
M0.1
I0.6
M0.6
M0.5
M0.5
Q0.3

图4-68 （续）

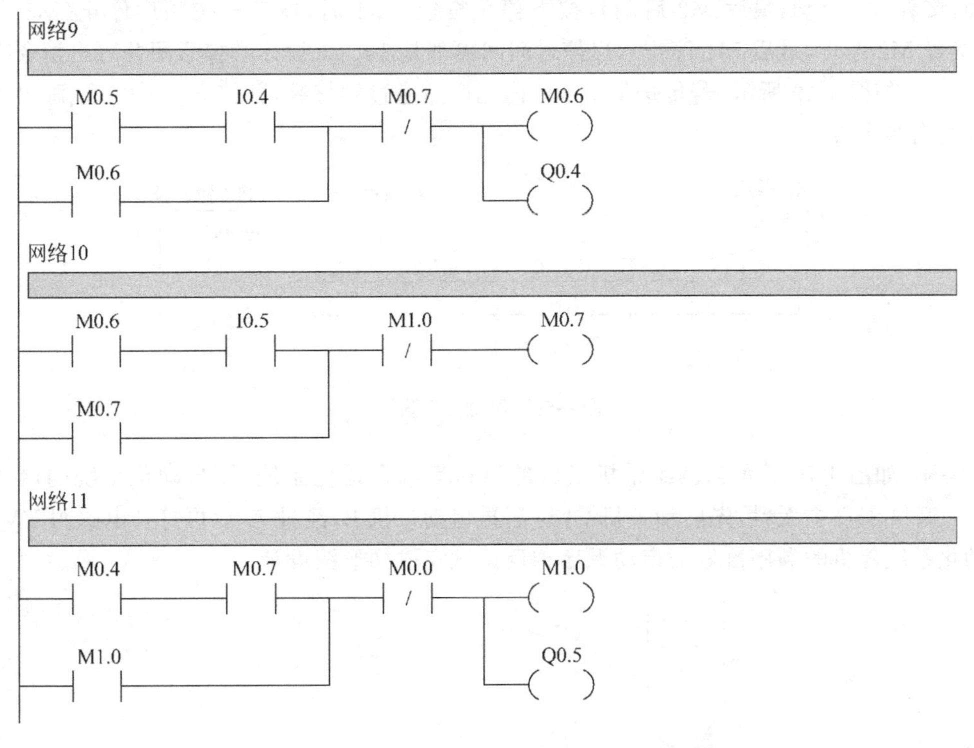

图 4-68 （续）

习 题 4

4-1　用移位指令构成移位寄存器，实现广告牌的闪耀控制。用 HL1～HL4 四盏灯分别照亮"欢迎光临"四个字，其控制要求见表 4-13，每步间隔时间 1s。

表 4-13　广告牌闪耀流程

流程	1	2	3	4	5	6	7	8
HL1	√				√		√	
HL2		√			√		√	
HL3			√		√		√	
HL4				√	√		√	

4-2　3 台电动机相隔 5s 启动，各运行 20s 后依次停止运行。使用传送指令和比较指令完成控制要求。

4-3　编写一段程序，将 VB100 开始的 50 个字的数据传送到 VB1000 开始的存储区。

4-4　编写将 MW10 的高、低字节内容互换并将结果送入定时器 T37 作为定时器预置值的程序。

4-5　某系统上有 1 个 CPU226CN、2 个 EM221 模块和 3 个 EM223 模块，计算由 CPU226CN 供电，电源是否够用？

4-6　现有 3 台电动机 M1、M2、M3，要求按下启动按钮 I0.0 后，电动机按顺序启动（M1

启动,接着 M2 启动,最后 M3 启动),按下停止按钮 I0.1 后,电动机按顺序停止(M3 先停止,接着 M2 停止,最后 M1 停止),启停时间间隔都是 1s。试设计其梯形图并写出指令表。

4-7 如图 4-69 所示,若传送带上 20s 内无产品通过则报警,并接通 Q0.0。试画出梯形图并写出指令表。

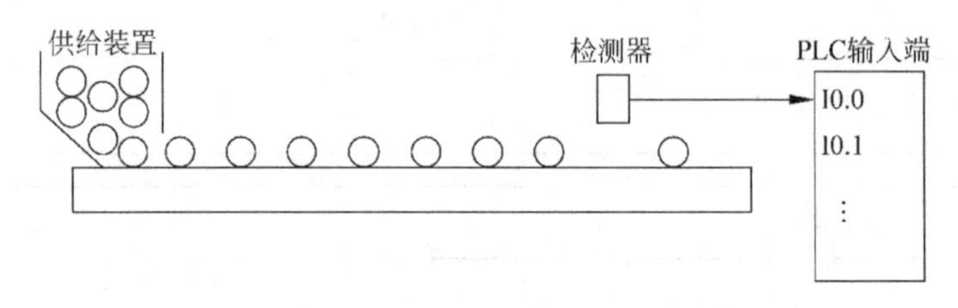

图 4-69 习题 4-7 附图

4-8 如图 4-70 所示为两组带机组成的原料运输自动化系统,该自动化系统的启动顺序为:盛料斗 D 中无料,先启动带机 C,5s 后再启动带机 B,经过 7s 后再打开电磁阀 YV,该自动化系统停机的顺序恰好与启动顺序相反。试完成梯形图设计。

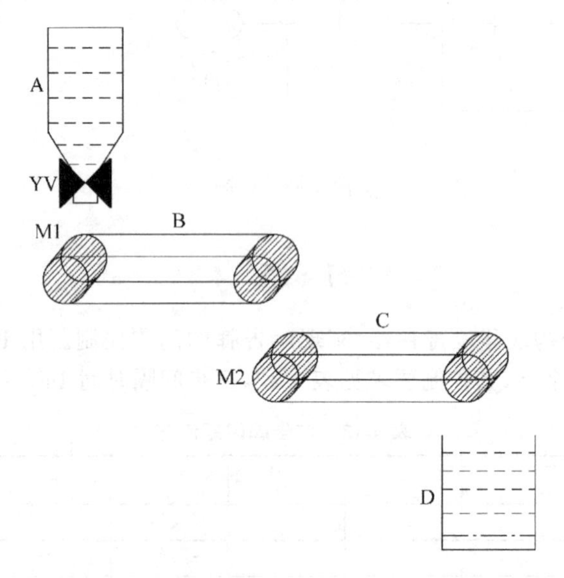

图 4-70 习题 4-8 图

4-9 用顺控指令编写洗衣机寿命测试仪的程序。

4-10 用置位/复位指令编写洗衣机寿命测试仪的程序。

4-11 对项目 3 的交通灯程序进行仿真,验证程序是否正确。

4-12 根据如图 4-71 所示的功能图编写程序。

4-13 根据如图 4-72 所示的功能图编写程序。

4-14 机械手的工作示意图如图 4-73 所示,当合上按钮 I0.4,机械手将工件从 A 点搬运到 B 点,然后返回 A 点,再如此循环,任何时候合上按钮 I0.5 时系统复位回到原点,请编写控制程序。

4-15 指出如图 4-74 所示梯形图的错误。

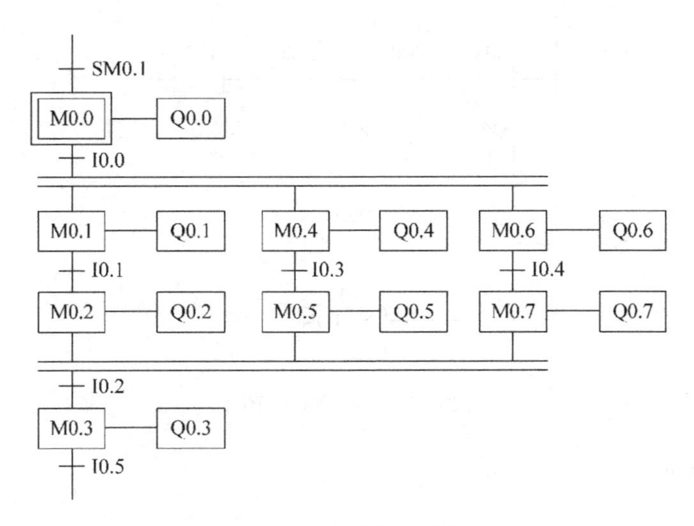

图 4-71　习题 4-12 图

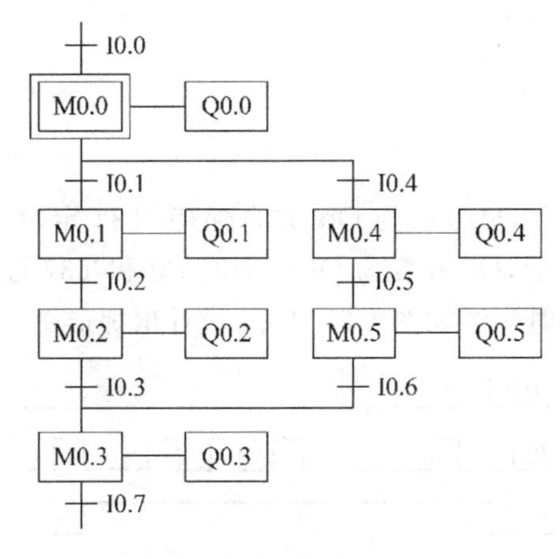

图 4-72　习题 4-13 图

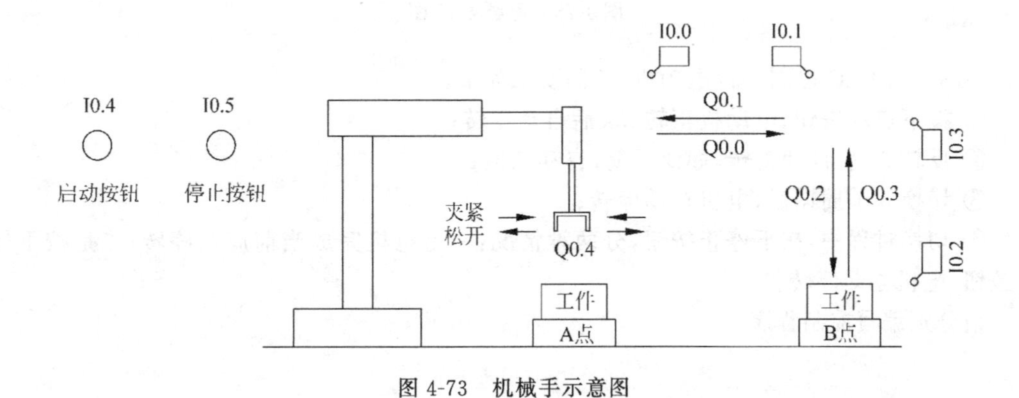

图 4-73　机械手示意图

4-16　已知某控制程序的语句表的形式，请将其转换为梯形图的形式

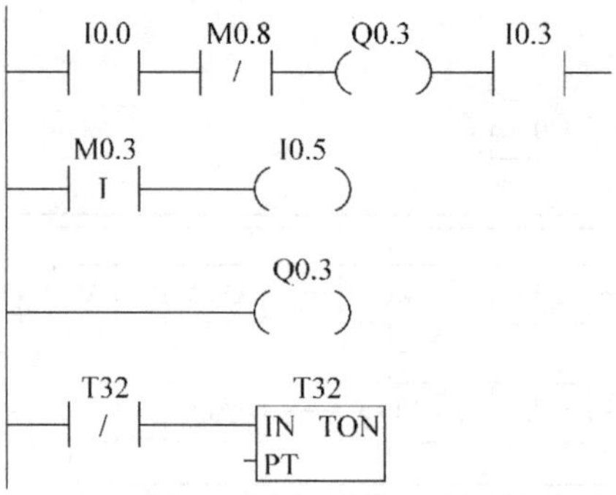

图 4-74　习题 4-15 图

```
LD      I0.0
AN      T37
TON     T37,1000
LD      T37
LD      Q0.0
CTU     C10,360
LD      C10
O       Q0.0
=       Q0.0
```

4-17　按下按钮 I0.0 后 Q0.0 变为 ON 并自保持，T37 定时 7s，用 C0 对 Q0.1 输入的脉冲计数，计数满 4 个脉冲后，Q0.0 变为 OFF，同时 C0 和 T37 被复位，在 PLC 刚开始执行用户程序时，C0 也被复位，时序图如图 4-75 所示，设计出梯形图。

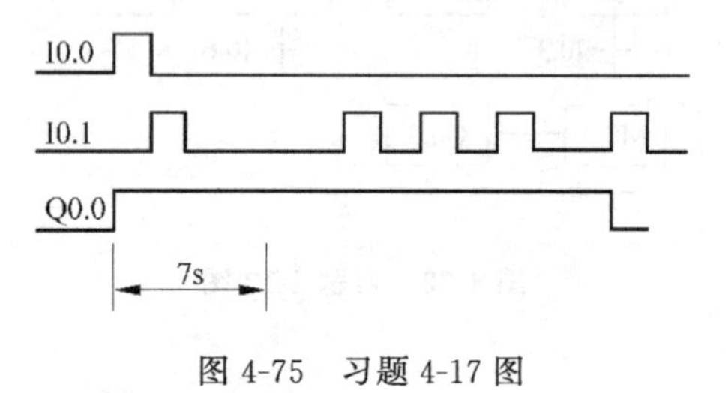

图 4-75　习题 4-17 图

4-18　用 PLC 控制一台电动机，控制要求如下：

① 按下启动按钮，电动机正转，3s 后自动反转；

② 反转 5s 后自动正转，如此反复，自动切换；

③ 切换 5 个周期后，电机自动停转；

④ 切换过程中，按下停止按钮，分两种情况：一是电机完成当前周期停转；二是按下停止按钮，电机立即停转。

请分别编写控制程序。

项目 5　箱体折边机的控制与调试

项目知识点

1. 掌握接近开关的工作原理和接线；

2. 掌握编码、译码和段码指令。

项目技能点

1. 能看懂箱体折边机的气动原理图；

2. 会分配箱体折边机 PLC 的外部 I/O，并会接线；

3. 能使用 PLC 常用的基本指令，并最终完成箱体折边机的接线、程序编写和调试任务；

4. 会进行电源需求计算。

本项目建议学时：6 学时。

5.1　项目提出

本项目的箱体折边机是用于将一块薄钢板折成 U 形，用于制作箱体。控制系统要求如下：

① 有启动、复位和急停控制；

② 要有复位指示和一个工作完成的指示；

③ 折边过程，可以手动控制和自动控制；

④ 按下“急停”按钮，设备立即停止工作。

箱体折边机工作示意图如图 5-1 所示，折边机由 4 个汽缸组成，一个下压汽缸、两个翻边汽缸（由同一个电磁阀控制，在此仅以一个汽缸说明）和一个顶出汽缸。其工作过程是：当按下复位按钮 SB1 时，YV2 得电，下压汽缸向上运行，到上极限位置 SQ1 为止；YV4 得电，翻边汽缸向右运行，直到右极限位置 SQ3 为止；YV5 得电，顶出汽缸向上运行，直到上极限位置 SQ6 为止，三个汽缸同时动作，复位完成后，指示灯以 1s 为周期闪烁。工人放置钢板，此时压下启动按钮 SB2，YV6 得电，顶出汽缸向下运行，到下极限位置 SQ5 为止；接着 YV1 得电，下压汽缸向下运行，到下极限位置 SQ2 为止；接着 YV3 得电，翻边汽缸向左运行，到左极限位置 SQ4 为止；保压 0.5s 后，YV4 得电，翻边汽缸向右运行，到左极限位置 SQ3 为止；接着 YV2 得电，下压汽缸向上运行，到上极限位置 SQ1 为止；YV5 得电，顶出汽缸向上运行，顶出已经折弯完成的钢板，到上极限位置 SQ6 为止，一个工作循环完成，其气动原理图如图 5-2 所示。

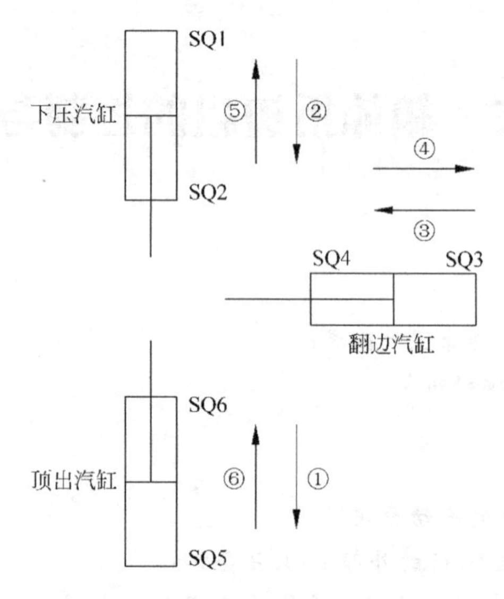

图 5-1　箱体折边机工作示意图

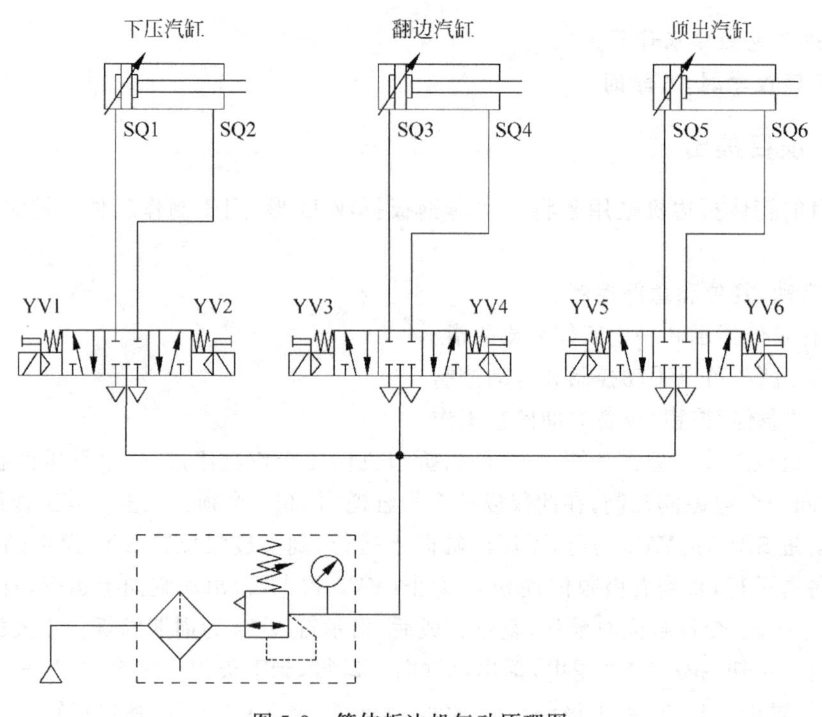

图 5-2　箱体折边机气动原理图

5.2　项目分析

箱体折边机是典型的机电一体化产品，运动逻辑比较复杂。首先读者要能够读懂气动原理图，再设计正确的电气原理图，再根据题意画出功能图，再根据功能图写出布尔表达式，最后设计梯形图。

在阅读气动原理图时要注意，本工程选用的电磁阀是双控三位五通电磁阀，而没有选用二位五通电磁阀，原因在于二位五通电磁阀没有中位，当系统突然断电时，汽缸会自动复位，从而带动模具运动，这是很危险的。而采用双控三位五通电磁阀时，当系统突然断电时，汽缸可以停在当前位置不动，此外，采用二位五通电磁阀，也不可以实现手动/自动转换控制，而手动/自动转换控制对于调试设备，特别是调试模具时特别重要。

这个项目中有较多的接近开关，接近开关的接线和调整对初学者是个难点。

尽管此项目也只涉及逻辑控制，但输入/输出点数较多，容易出错。此外，还涉及手动/自动转换问题，因此此项目要比前面的项目难一些。

5.3　必备知识

1. 接近开关简介

接近开关和 PLC 并无本质联系，但后续章节经常用到，所以下面将对此内容进行介绍。熟悉的读者可以跳过。

接近式位置开关是与(机器的)运动部件无机械接触而能操作的位置开关。当运动的物体靠近开关到一定位置时，开关发出信号，达到行程控制及自动计数的目的。也就是说，它是一种非接触式无触头的位置开关，是一种开关型的传感器，简称接近开关(Proximity Sensors)，又称接近传感器，外形如图 5-3 所示。接近式开关有行程开关、微动开关的特性，又有传感性能，而且动作可靠，性能稳定，频率响应快，使用寿命长，抗干扰能力强等。它由感应头、高频振荡器、放大器和外壳组成。常见的接近开关有 LJ、CJ 和 SJ 等系列产品。接近开关的图形符号如图 5-4(a)所示，图 5-4(b)所示为接近开关文字符号，表明接近开关为电容式接近开关，在画图时更加实用。

图 5-3　接近开关

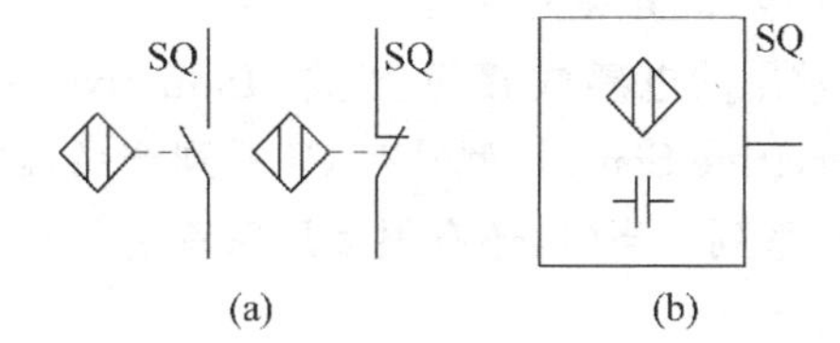

图 5-4　接近开关的图形及文字符号

2. 接近开关的功能

当运动部件与接近开关的感应头接近时，就使其输出一个电信号。接近开关在电路中的作用与行程开关相同，都是位置开关，起限位作用，但两者是有区别的：行程开关有触头，是接触式的位置开关；而接近开关是无触头的，是非接触式的位置开关。

3. 接近开关的分类和工作原理

按照工作原理区分，接近开关分为电感式、电容式、光电式和磁感式等形式。另外，根据应用电路电流的类型分为交流型和直流型。

① 电感式接近开关的感应头是一个具有铁氧体磁芯的电感线圈，只能用于检测金属体，在工业中应用非常广泛。振荡器在感应头表面产生一个交变磁场，当金属快接近感应头时，金属中产生的涡流吸收了振荡的能量，使振荡减弱以至停振，因而产生振荡和停振两种

信号，经整形放大器转换成二进制的开关信号，从而起到“开”、“关”的控制作用。通常把接近开关刚好动作时感应头与检测物体之间的距离称为动作距离。

② 电容式接近开关的感应头是一个圆形平板电极，与振荡电路的地线形成一个分布电容，当有导体或其他介质接近感应头时，电容量增大而使振荡器停振，经整形放大器输出电信号。电容式接近开关既能检测金属，又能检测非金属及液体。电容式传感器体积较大，而且价格要贵一些。

③ 磁感式接近开关主要指霍尔接近开关，霍尔接近开关的工作原理是霍尔效应，当带磁性的物体靠近霍尔开关时，霍尔接近开关的状态翻转（如由“ON”变为“OFF”）。有的资料上将干簧继电器也归类为磁性接近开关。

④ 光电式传感器是根据投光器发出的光，在检测体上发生光量增减，用光电变换元件组成的受光器检测物体有无、大小的非接触式控制器件。光电式传感器的种类很多，按照其输出信号的形式，可以分为模拟式、数字式、开关量输出式。

利用光电效应制成的传感器称为光电式传感器。光电式传感器的种类很多，其中，输出形式为开关量的传感器为光电式接近开关。

光电式接近开关主要由光发射器和光接收器组成。光发射器用于发射红外光或可见光。光接收器用于接收发射器发射的光，并将光信号转换成电信号，以开关量形式输出。

按照接收器接收光的方式不同，光电式接近开关可以分为对射式、反射式和漫射式 3 种。光发射器和光接收器有一体式和分体式两种形式。

⑤ 此外，还有特殊种类的接近开关，如光纤接近开关和气动接近开关。特别是光纤接近开关在工业上使用越来越多，它非常适合在狭小的空间、恶劣的工作环境（高温、潮湿和干扰大）、易爆环境、精度要求高等条件下使用。光纤接近开关的问题是价格相对较高。

4. 接近开关的选型

常用的电感式接近开关（Inductive Sensor）型号有 LJ 系列产品，电容式接近开关（Capacitive Sensor）型号有 CJ 系列产品，磁感式接近开关有 HJ 系列产品，光电型接近开关有 OJ 系列。当然，还有很多厂家都有自己的产品系列，一般接近开关型号的含义如图 5-5 所示。

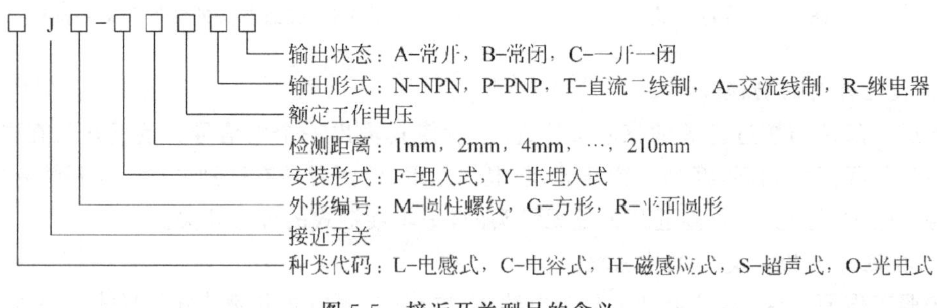

图 5-5 接近开关型号的含义

接近开关的选择要遵循以下原则。

① 接近开关类型的选择。检测金属时优先选用感应式接近开关，检测非金属时选用电容式接近开关，检测磁信号时选用磁感式接近开关。

② 外观的选择。根据实际情况选用,但圆柱螺纹形状的最为常见。

③ 检测距离(Sensing Range)的选择。根据需要选用,但注意同一接近开关检测距离并非恒定,接近开关的检测距离与被检测物体的材料、尺寸以及物体的移动方向有关。表 5-1 列出了目标物体材料对于检测距离的影响。不难发现,感应式接近开关对于有色金属的检测明显不如对钢和铸铁的检测。常用的金属材料不影响电容式接近开关的检测距离。

表 5-1　目标物体材料对检测距离的影响

序　号	目标物体材料	影响系数	
		感　应　式	电　容　式
1	碳素钢	1	1
2	铸铁	1.1	1
3	铝箔	0.9	1
4	不锈钢	0.7	1
5	黄铜	0.4	1
6	铝	0.35	1
7	紫铜	0.3	1
8	水	0	0.9
9	PVC(聚氯乙烯)	0	0.5
10	玻璃	0	0.5

目标的尺寸同样对检测距离有影响。满足以下一个条件时,检测距离不受影响。

- 检测距离的 3 倍大于接近开关感应头的直径,而且目标物体的尺寸大于或等于 3 倍的检测距离×3 倍的检测距离(长×宽)。
- 检测距离的 3 倍小于接近开关感应头的直径,而且目标物体的尺寸大于或等于检测距离×检测距离(长×宽)。

如果目标物体的面积达不到推荐数值时,接近开关的有效检测距离将按照表 5-2 推荐的数值减少。

表 5-2　目标物体的面积对检测距离的影响

占推荐目标面积的比例	影响系数	占推荐目标面积的比例	影响系数
75%	0.95	25%	0.85
50%	0.90		

④ 信号的输出选择。交流接近开关输出交流信号,而直流接近开关输出直流信号。注意,负载的电流一定要小于接近开关的输出电流,否则应添加转换电路解决。接近开关的信号输出能力见表 5-3。

表 5-3　接近开关的信号输出能力

接近开关种类	输出电流/mA	接近开关种类	输出电流/mA
直流二线制	50～100	直流三线制	150～200
交流二线制	200～350		

⑤ 触头数量的选择。接近开关有常开触头和常闭触头,可根据具体情况选用。

⑥ 开关频率的确定。开关频率是指接近开关每秒从“开”到“关”转换的次数。直流接近开关可达200Hz;而交流接近开关要小一些,只能达到25Hz。

⑦ 额定电压的选择。对于交流型的接近开关,优先选用220V AC和36V AC,而对于直流型的接近开关,优先选用12V DC和24V DC。

5. 应用接近开关的注意事项

(1) 单个NPN型和PNP型接近开关的接线

在直流电路中使用的接近开关有二线式(2根导线)、三线式(3根导线)和四线式(4根导线)等多种,二线、三线、四线式接近开关都有NPN型和PNP型两种,通常日本和美国多使用NPN型接近开关,欧洲多使用PNP型接近开关,而我国则二者都有应用。NPN型和PNP型接近开关的接线方法不同,正确使用接近开关的关键就是正确接线,这一点至关重要。

接近开关的导线有多种颜色,一般地,BN表示棕色的导线,BU表示蓝色的导线,BK表示黑色的导线,WH表示白色的导线,GR表示灰色的导线,根据国家标准,各颜色导线的作用按照表5-4定义。对于二线式NPN型接近开关,棕色线与负载相连,蓝色线与零电位点相连;对于二线式PNP型接近开关,棕色线与高电位相连,负载的一端与接近开关的蓝色线相连,而负载的另一端与零电位点相连。图5-6和图5-7所示分别为二线式NPN型接近开关接线图和二线式PNP型接近开关接线图。

表5-4 接近开关的导线颜色定义

种类	功能	接线颜色	端子号
交流二线式和直流二线式(不分极性)	NO(接通)	不分正负极,颜色任选,但不能为黄色、绿色或者黄绿双色	3、4
	NC(分断)		1、2
直流二线式(分极性)	NO(接通)	正极棕色,负极蓝色	1、4
	NC(分断)	正极棕色,负极蓝色	1、2
直流三线式(分极性)	NO(接通)	正极棕色,负极蓝色,输出黑色	1、3、4
	NC(分断)	正极棕色,负极蓝色,输出黑色	1、3、2
直流四线式(分极性)	正极	棕色	1
	负极	蓝色	3
	NO输出	黑色	4
	NC输出	白色	2

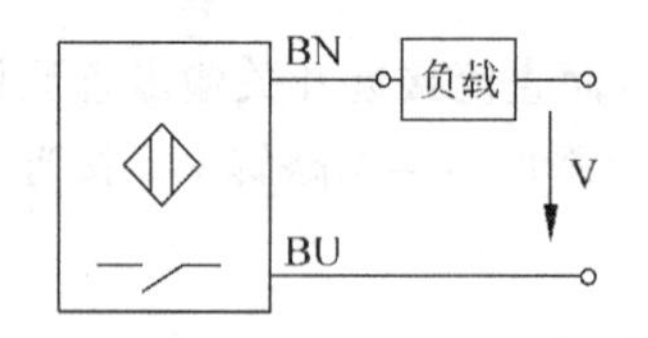

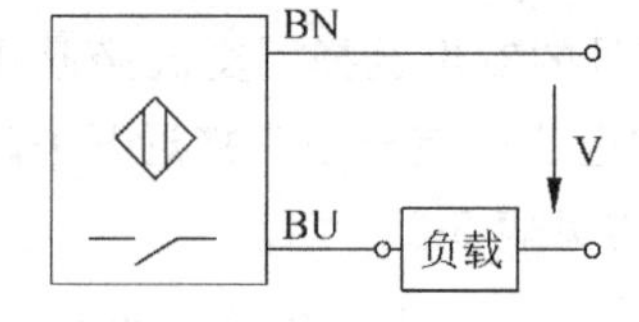

图5-6 二线式NPN型接近开关接线图

图5-7 二线式PNP型接近开关接线图

表5-4中的“NO”表示常开、输出,而“NC”表示常闭、输出。

对于三线式NPN型接近开关,棕色的导线与一端负载相连,同时与电源正极相连;黑色的导线是信号线,与负载的另一端相连;蓝色的导线与电源负极相连。对于三线式PNP

型接近开关，棕色的导线与电源正极相连；黑色的导线是信号线，与负载的一端相连；蓝色的导线与负载的另一端及电源负极相连，如图 5-8 和图 5-9 所示。

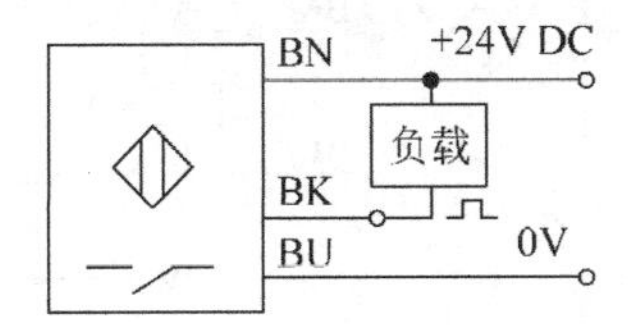

图 5-8　三线式 NPN 型接近开关接线图

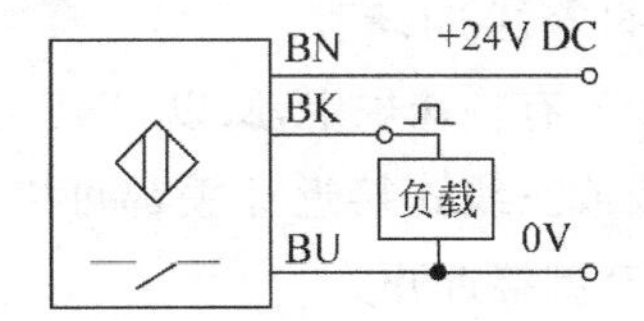

图 5-9　三线式 PNP 型接近开关接线图

四线式接近开关的接线方法与三线式接近开关类似，只不过，四线式接近开关多了一对触头而已，其接线图如图 5-10 和图 5-11 所示。

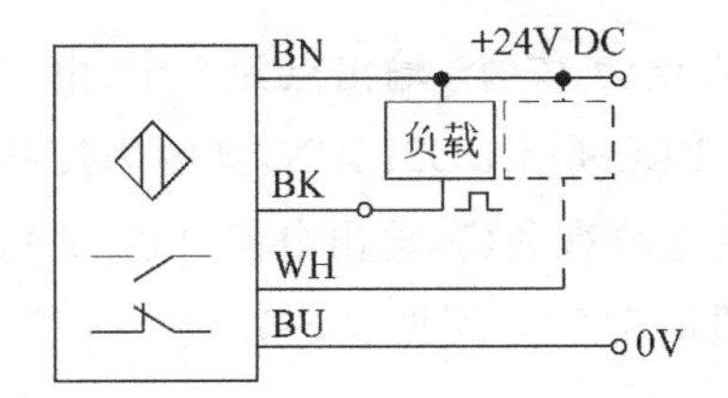

图 5-10　四线式 NPN 型接近开关接线图

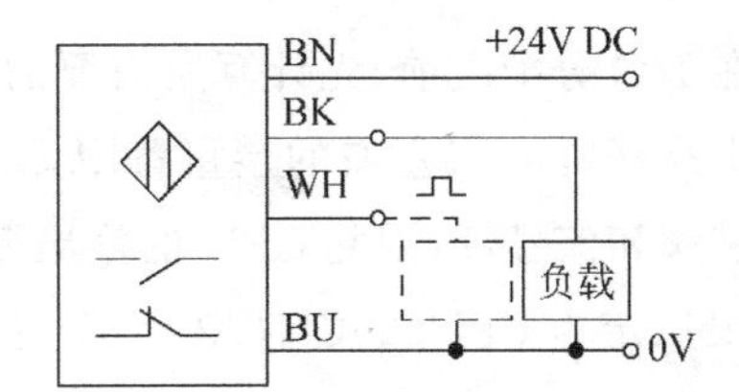

图 5-11　四线式 PNP 型接近开关接线图

初学者经常不能正确区分 NPN 型和 PNP 型的接近开关，其实只要记住一点：PNP 型接近开关是正极开关，也就是信号从接近开关流向负载；而 NPN 型接近开关是负极开关，也就是信号从负载流向接近开关。

(2) 接近开关的应用举例

【例 5-1】 在图 5-12 中，有一只 NPN 型接近开关与指示灯相连，当一个铁块靠近接近开关时，回路中的电流会怎样变化？

【解】 指示灯就是负载，当铁块到达接近开关的感应区时，回路突然接通，指示灯由暗变亮，电流从很小变化到 100％的幅度，电流曲线如图 5-13 所示(理想状况)。

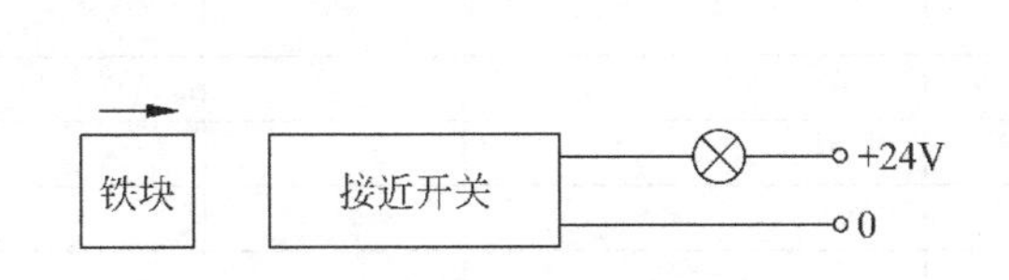

图 5-12　接近开关与指示灯相连的示意图

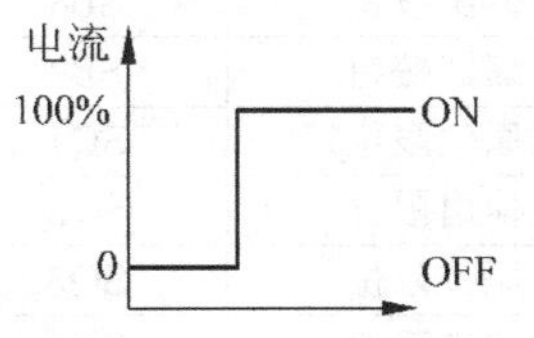

图 5-13　回路电流变化曲线

【例 5-2】 某设备用于检测 PVC 物块，当检测物块时，设备上的 24V DC 功率为 12W 的报警灯亮，请选用合适的接近开关，并画出原理图。

【解】 因为待检测物体的材料是 PVC，所以不能选用感应接近开关，但可选用电容式接近开关。报警灯的额定电流为 $I_N=\dfrac{P}{U}=\dfrac{12}{24}=0.5A$，查表可知，直流接近开关承受的最大电流为 0.2A，所以采用图 5-9 的方案不可行，信号必须进行转换，原理图如图 5-14 所示，当物块靠近接近开关时，黑色的信号线上产生高电平，其负载继电器 KA 的线圈得电，继电器 KA 的常开触头闭合，所以报警灯 EL 亮。

由于没有特殊规定，所以 PNP 或 NPN 型接近开关以及二线或三线式接近开关都可以选用。本例选用三线式 PNP 型接近开关。

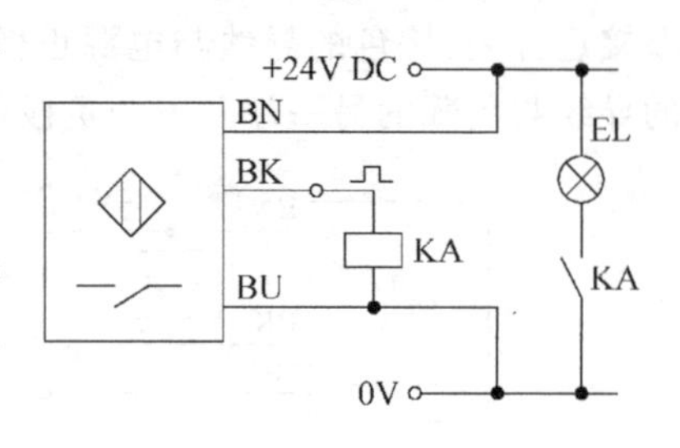

图 5-14 原理图

5.4 项目实施

5.4.1 设计电气原理图

1. I/O 分配

在 I/O 分配之前，先计算所需要的 I/O 点数，输入点为 17 个，输出点为 7 个，由于输入和输出最好留 15%左右的余量备用，所用初步选择的 PLC 是 CPU226CN，又因为控制对象为电磁阀和信号灯，因此 CPU 的输出形式选为继电器比较有利(其输出电流可达 2A)，所以 PLC 最后定为 CPU226CN(AC/DC/继电器)。折边机的 I/O 分配见表 5-5。

表 5-5 I/O 分配表

输入			输出		
名称	符号	输入点	名称	符号	输出点
手动/自动转换	SA1	I0.0	复位灯	HL1	Q0.0
复位按钮	SB1	I0.1	下压伸出线圈	YV1	Q0.1
启动按钮	SB2	I0.2	下压缩回线圈	YV2	Q0.2
急停按钮	SB3	I0.3	翻边伸出线圈	YV3	Q0.3
下压伸出按钮	SB4	I0.4	翻边缩回线圈	YV4	Q0.4
下压缩回按钮	SB5	I0.5	顶出伸出线圈	YV5	Q0.5
翻边伸出按钮	SB6	I0.6	顶出缩回线圈	YV6	Q0.6
翻边缩回按钮	SB7	I0.7			
顶出伸出按钮	SB8	I1.0			
顶出缩回按钮	SB9	I1.1			
下压原位限位	SQ1	I1.2			
下压伸出限位	SQ2	I1.3			
翻边原位限位	SQ3	I1.4			
翻边伸出限位	SQ4	I1.5			
下压原位限位	SQ5	I1.6			
下压伸出限位	SQ6	I1.7			
光电开关	SQ7	I2.0			

2. 设计电气原理图

根据 I/O 分配表和题意，设计原理图如图 5-15 所示。由于气动电磁阀的功率较小，因此其额定电流也比较小(小于 0.2A)，而选定的 PLC 是继电器输出，其额定电流为 2A，因而 PLC 可以直接驱动电磁阀，但编者还是建议读者在设计类似的工程时，要加中间继电器，因为这样做更加可靠。

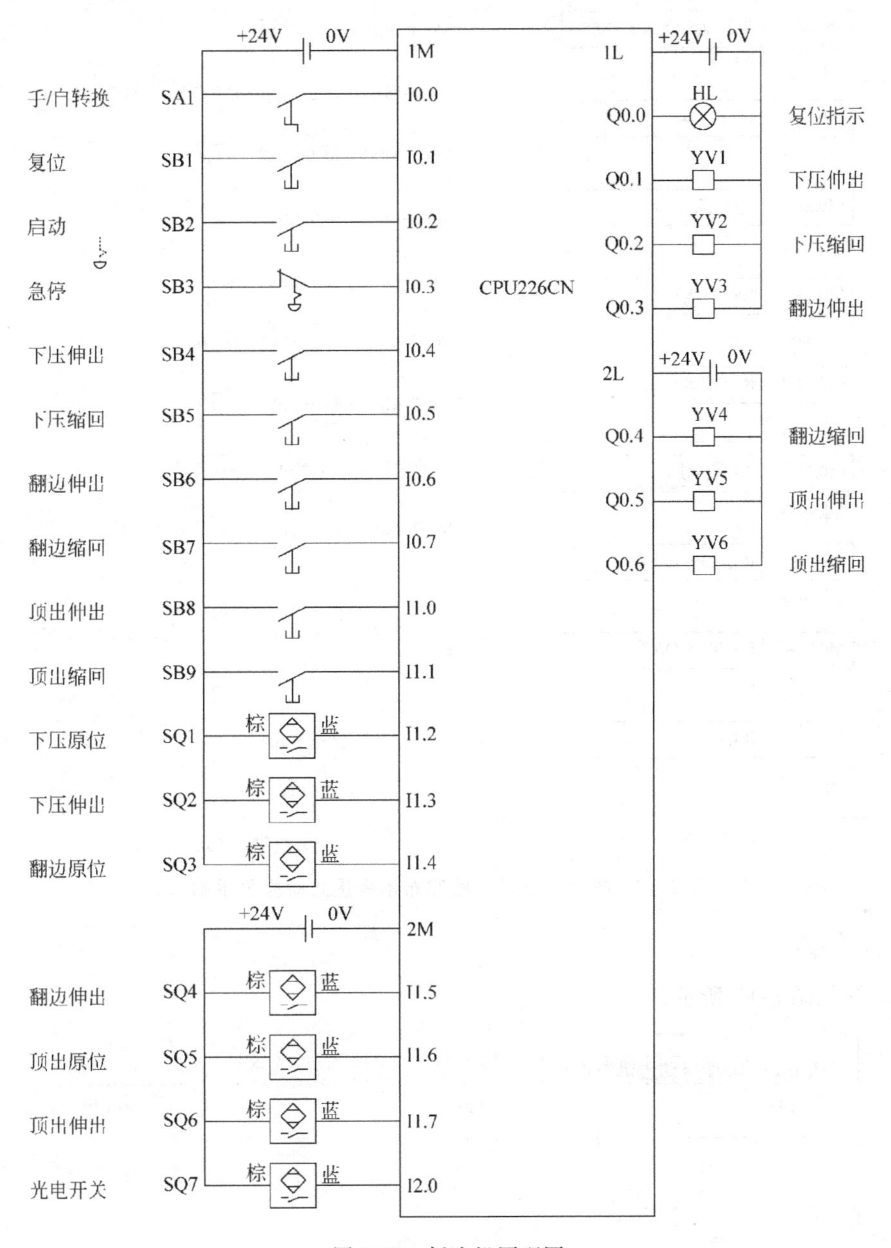

图 5-15　折边机原理图

5.4.2　编写程序

1. 绘制功能图

先根据折边机的接线图和工作要求绘制功能图，如图 5-16 所示，对于初学者而言，绘制功能图是关键的步骤，如果功能图正确，那么设计正确的梯形图就不难了。再根据功能图写出布尔表达式，最后根据布尔表达式编写梯形图程序，这是解题的一般步骤。当读者的水平达到一定程度时，可以直接根据题意编写程序，但编者并不建议初学者这么做。

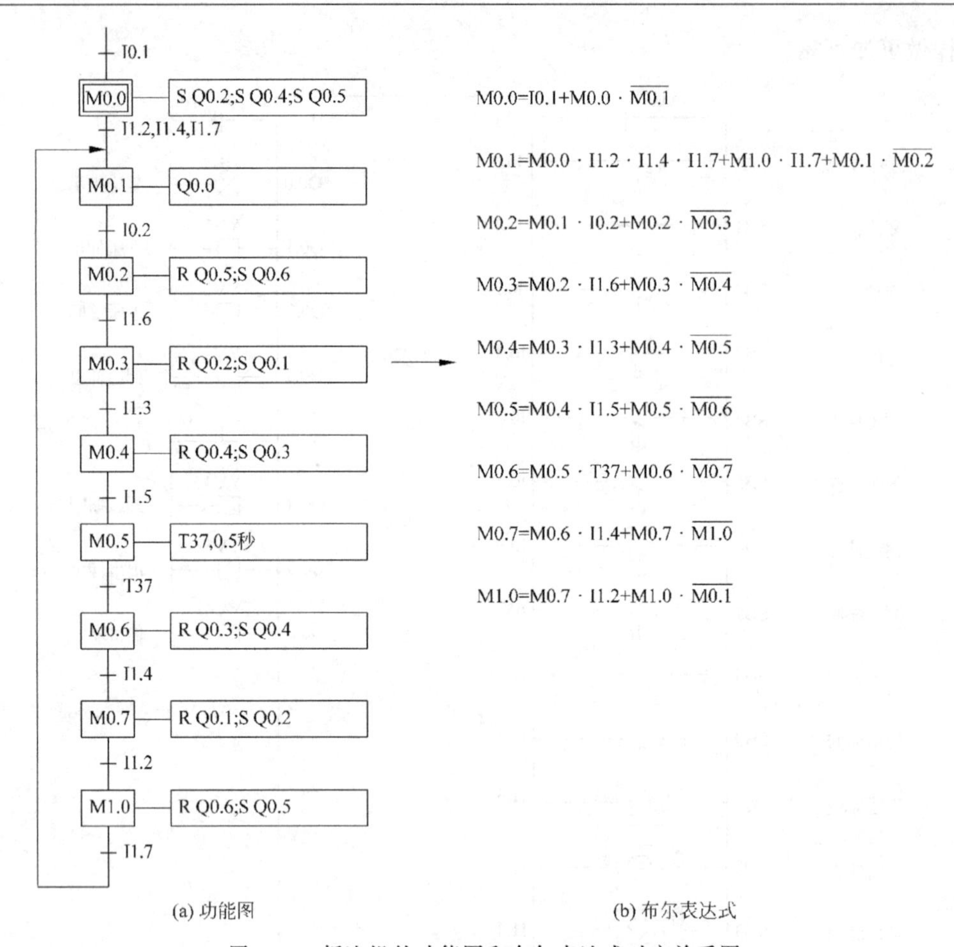

图 5-16 折边机的功能图和布尔表达式对应关系图

2. 编写程序

梯形图如图 5-17 所示。

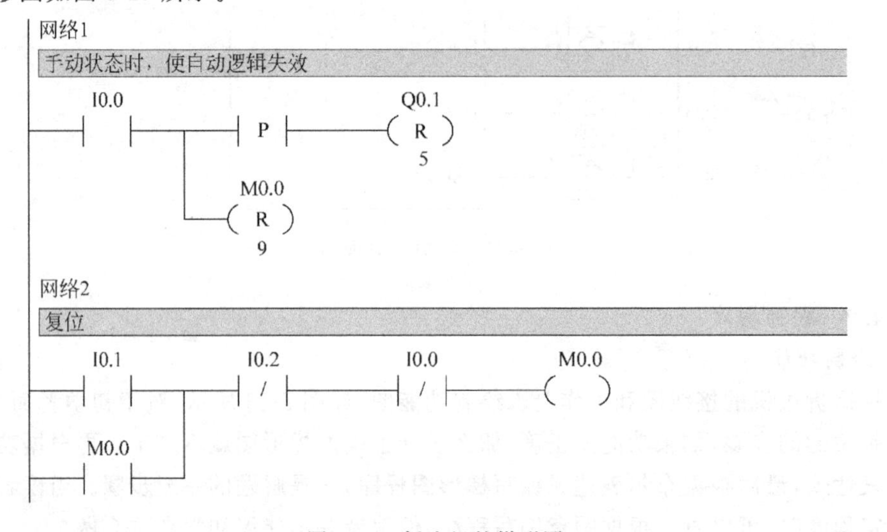

图 5-17 折边机的梯形图

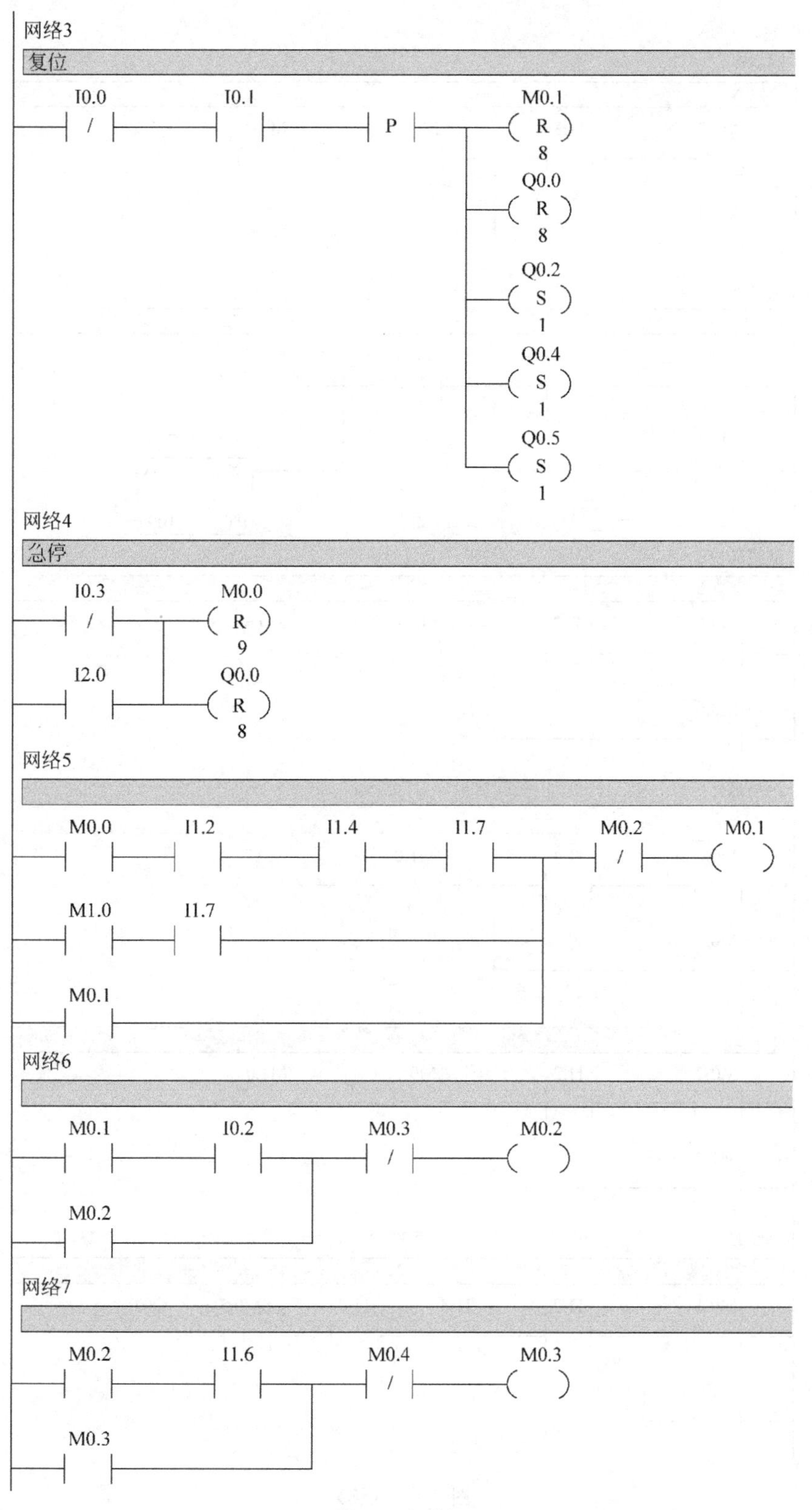
网络3
复位
I0.0
/
I0.1
P
M0.1
R
8
Q0.0
R
8
Q0.2
S
1
Q0.4
S
1
Q0.5
S
1
网络4
急停
I0.3
/
M0.0
R
9
I2.0
Q0.0
R
8
网络5
M0.0
I1.2
I1.4
I1.7
M0.2
/
M0.1
M1.0
I1.7
M0.1
网络6
M0.1
I0.2
M0.3
/
M0.2
M0.2
网络7
M0.2
I1.6
M0.4
/
M0.3
M0.3

图 5-17　(续)

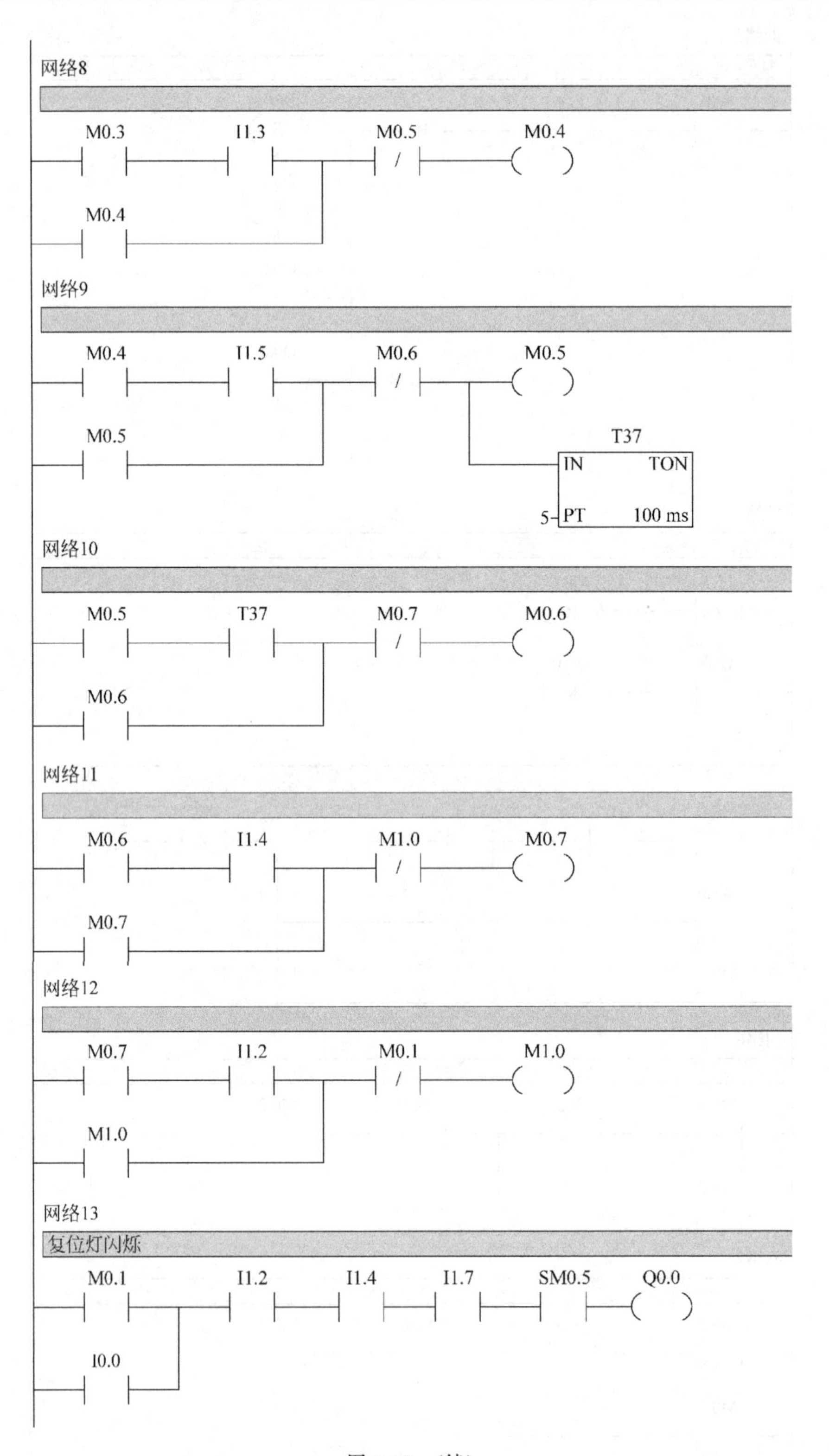

网络8
M0.3
I1.3
M0.5
M0.4
M0.4
网络9
M0.4
I1.5
M0.6
M0.5
M0.5
T37
IN
TON
5
PT
100 ms
网络10
M0.5
T37
M0.7
M0.6
M0.6
网络11
M0.6
I1.4
M1.0
M0.7
M0.7
网络12
M0.7
I1.2
M0.1
M1.0
M1.0
网络13
复位灯闪烁
M0.1
I1.2
I1.4
I1.7
SM0.5
Q0.0
I0.0

图 5-17 （续）

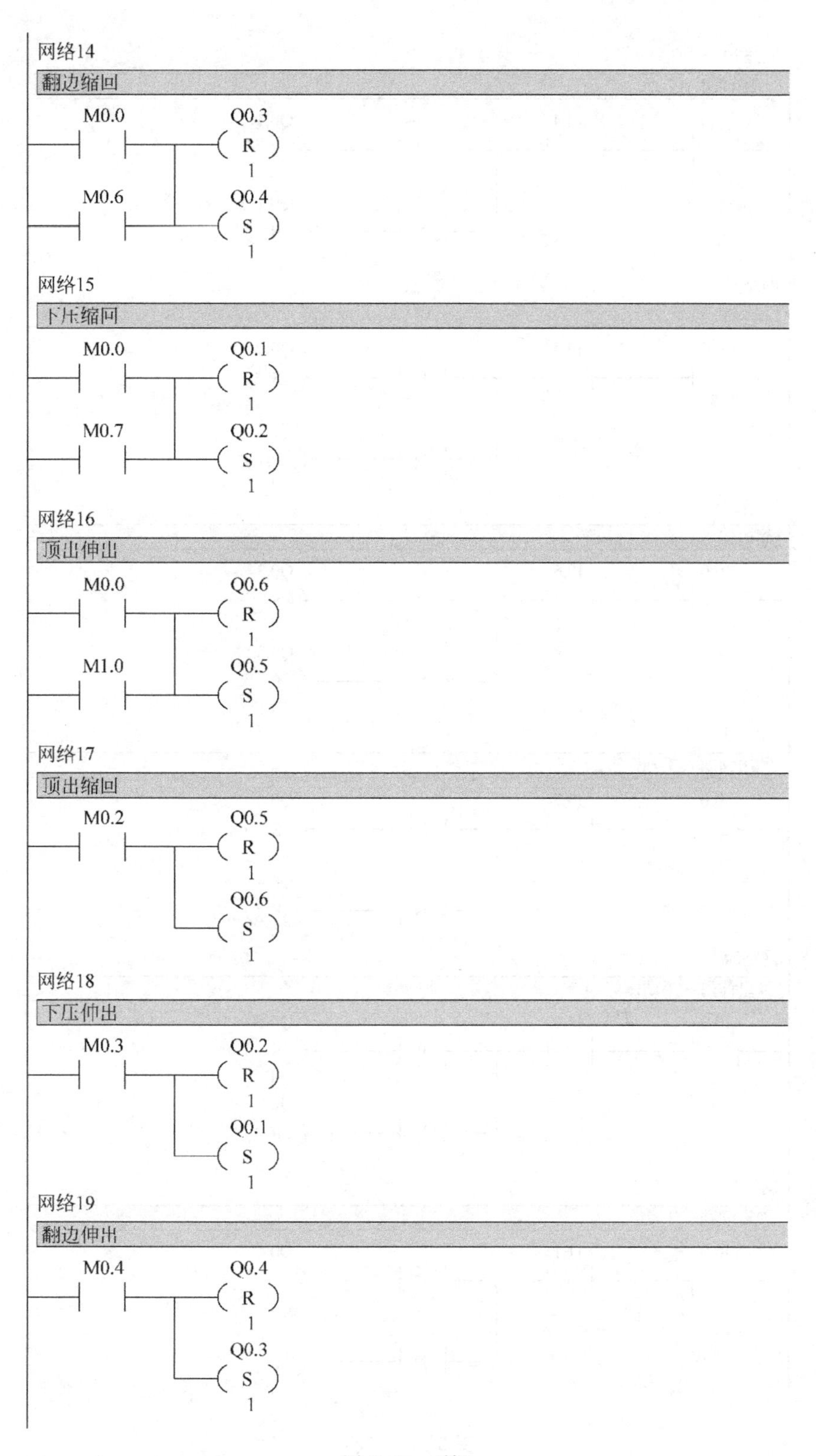
网络14
翻边缩回
M0.0
Q0.3
R
1
M0.6
Q0.4
S
1
网络15
下压缩回
M0.0
Q0.1
R
1
M0.7
Q0.2
S
1
网络16
顶出伸出
M0.0
Q0.6
R
1
M1.0
Q0.5
S
1
网络17
顶出缩回
M0.2
Q0.5
R
1
Q0.6
S
1
网络18
下压伸出
M0.3
Q0.2
R
1
Q0.1
S
1
网络19
翻边伸出
M0.4
Q0.4
R
1
Q0.3
S
1

图 5-17 （续）

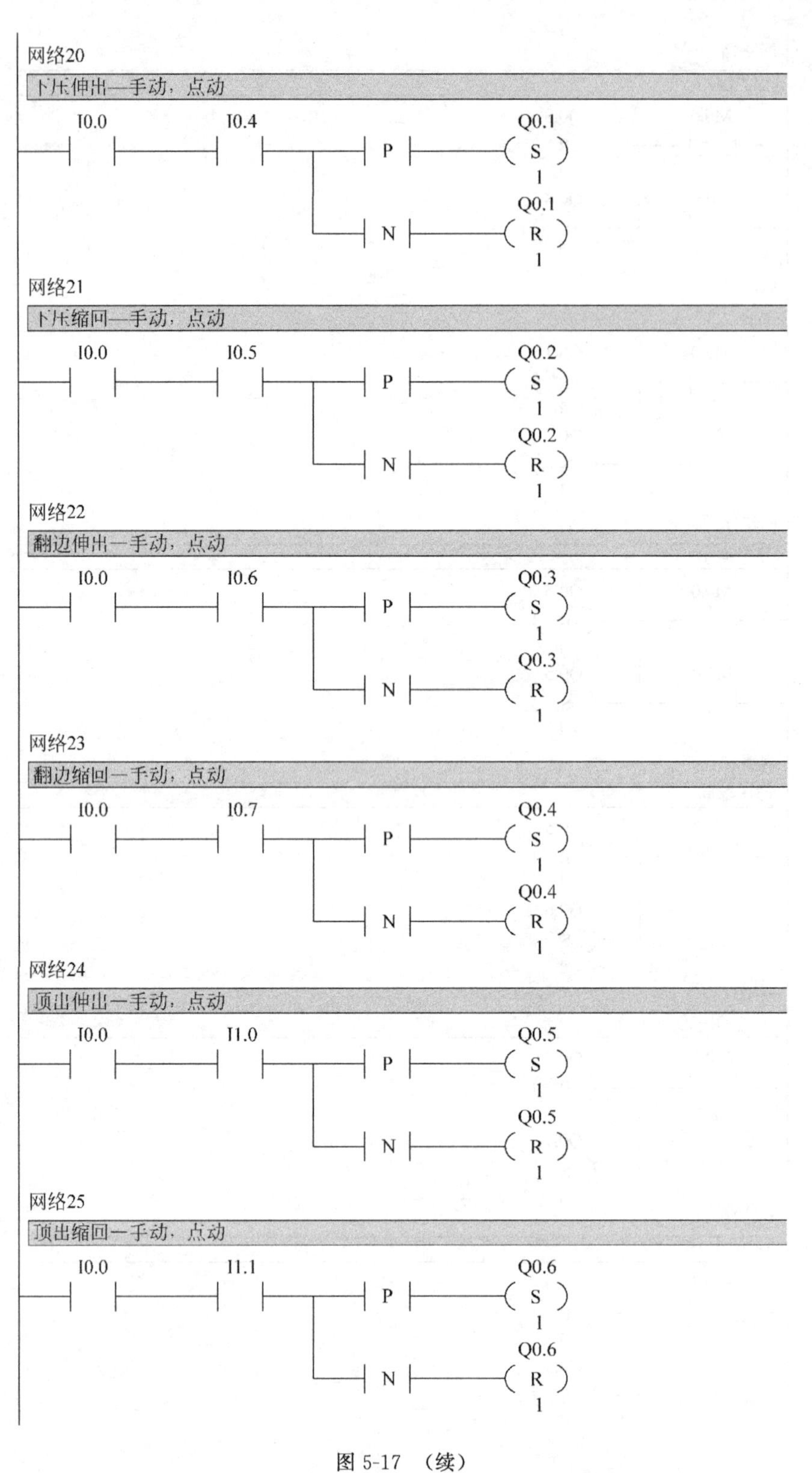
网络20
下压伸出—手动，点动
I0.0
I0.4
P
N
Q0.1
S
1
Q0.1
R
1
网络21
下压缩回—手动，点动
I0.0
I0.5
P
N
Q0.2
S
1
Q0.2
R
1
网络22
翻边伸出—手动，点动
I0.0
I0.6
P
N
Q0.3
S
1
Q0.3
R
1
网络23
翻边缩回—手动，点动
I0.0
I0.7
P
N
Q0.4
S
1
Q0.4
R
1
网络24
顶出伸出—手动，点动
I0.0
I1.0
P
N
Q0.5
S
1
Q0.5
R
1
网络25
顶出缩回—手动，点动
I0.0
I1.1
P
N
Q0.6
S
1
Q0.6
R
1

图 5-17 （续）

【编者的话】

① 这是个真实的工程项目，除了逻辑控制外，还涉及启动、复位、急停和手动/自动转换控制，请读者认真学习这些内容，因为这几乎是每个真实的控制工程项目都要解决的问题。

② 一般的学校没有真实折边机设备，读者只要有一台 PLC 就可以了，模拟折边机的动作逻辑，也可以用仿真软件仿真，学习效果也很好。

③ 此外，还可以用功能指令、置位复位指令和顺控指令编写运输站的程序，请读者自行完成。

5.5　知识与应用拓展

5.5.1　编码和译码指令及其应用

1. 编码指令

编码指令将输入字 IN 的最低有效位的位号写入输出字节 OUT 的最低有效“半字节”(4 位)中。编码指令和参数见表 5-6。

表 5-6　编码指令和参数

LAD	参数	数据类型	存　储　区
ENCO EN　ENO IN　OUT	IN1	WORD	VW,IW,QW,MW,SMW,LW,SW,AIW,T,C,AC,常数,*VD,*AC,*LD
	IN2	BYTE	VB,IB,QB,MB,SMB,LB,SB,AC,*VD,*LD,*AC

【例 5-3】　运行如图 5-18 所示的程序后，结果是什么？

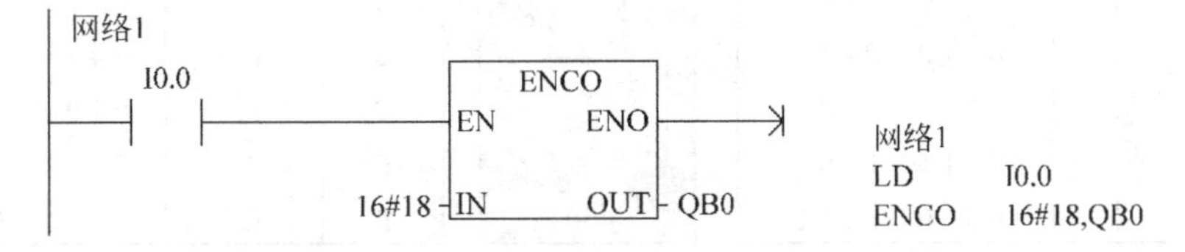

图 5-18　编码指令应用举例

【解】　因为输入端的最低位是第三位，所以输出是 3，因此 PLC 上的 QB0.0 和 QB0.1 两盏指示灯亮。

2. 译码(解码)指令

译码(解码)指令设置输出字(OUT)中与用输入字节(IN)最低“半字节”(4 位)表示的位数相对应的位。输出字的所有其他位均设为 0。译码(解码)指令和参数见表 5-7。

表 5-7　译码(解码)指令和参数

LAD	参数	数据类型	存　储　区
DECO EN　ENO IN　OUT	IN1	BYTE	VB, IB, QB, MB, SMB, LB, SB, AC, 常数, *VD, *LD, *AC
	IN2	WORD	VW, IW, QW, MW, SMW, LW, SW, AQW, T, C, AC, *VD, *AC, *LD

【例 5-4】 运行如图 5-19 所示的程序后，结果是什么？

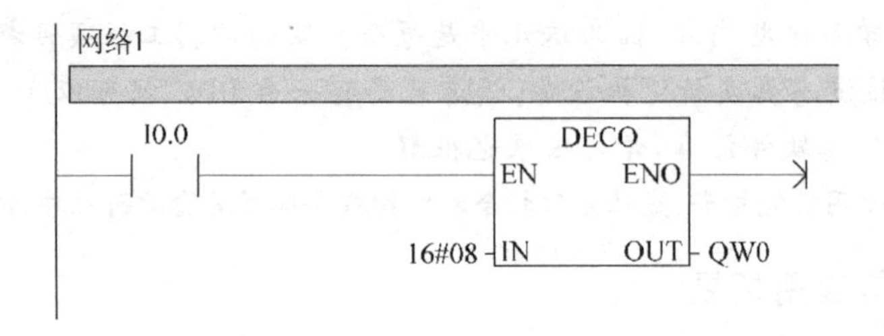

图 5-19 译码指令应用举例

【解】 结果为 16＃0100。

3. 段码指令

要点亮七段码显示器中的段，可以使用段码指令。段码指令将 IN 中指定的字符（字节）转换生成一个点阵并存入 OUT 指定的变量中。点亮的段表示的是输入字节中低 4 位所代表的字符。图 5-20 给出了段码指令使用的七段码显示器的编码。

输入 LSD	七段码显示器	输出 -g f e d c b a
0	0	0011 1111
1	1	0000 0110
2	2	0101 1011
3	3	0100 1111
4	4	0110 0110
5	5	0110 1101
6	6	0111 1101
7	7	0000 0111

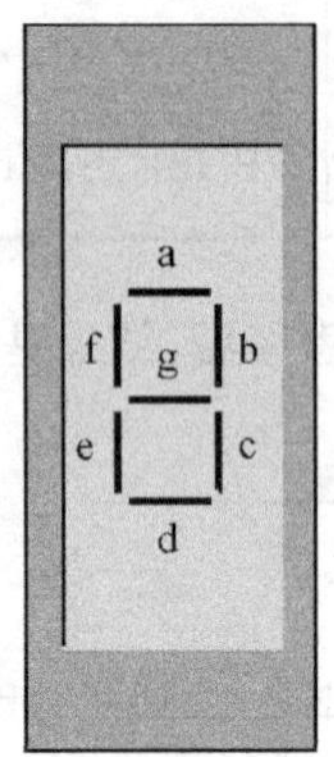

输入 LSD	七段码显示器	输出 -g f e d c b a
8	8	0111 1111
9	9	0110 0111
A	A	0111 0111
B	b	0111 1100
C	C	0011 1001
D	d	0101 1110
E	E	0111 1001
F	F	0111 0001

图 5-20 七段码显示器的编码

【例 5-5】 运行如图 5-21 所示的程序后，结果是什么？

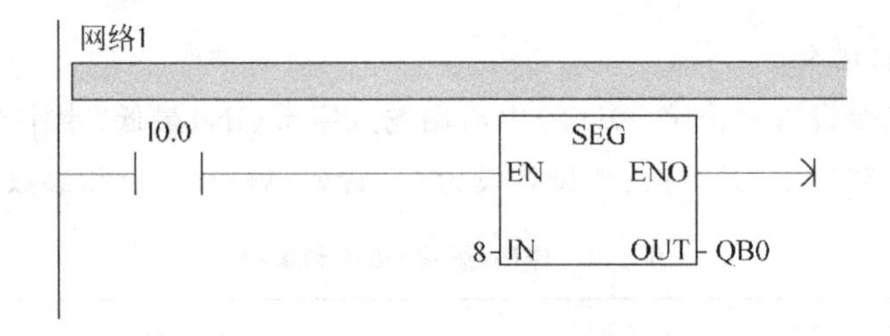

图 5-21 段码指令应用举例

【解】 数字 8 经过段码指令运行后，输出 BQ0＝16＃FF，如果将 Q0.0 与七段码显示器的 a 相连，将 Q0.1 与七段码显示器的 b 相连，……，将 Q0.6 与七段码显示器的 g 相连，那么七段码显示器显示的就是数字 8。

5.5.2 电源需求计算

1. 电源计算的概念

所谓电源计算，就是用 PLC 所能提供的电源容量，减去各模块所需要的电源消耗量。S7-200 PLC 模块提供 5V DC 和 24V DC 电源。当有扩展模块时，CPU 模块通过 I/O 总线为其提供 5V DC 电源，所有扩展模块的 5V 电源消耗之和不能超过该 PLC 提供的电源额定值。若不够用不能外接 5V DC 电源。

每个 CPU 模块都有一个 24V DC 传感器电源，它为本机输入点、扩展模块输入点及扩展模块继电器线圈提供 24V DC。如果电源要求超出了 CPU 模块的电源定额，可以增加一个外部 24V DC 电源来提供给扩展模块，但只能二选其一，通常不能同时由外接电源和 CPU 模块供电。

【关键点】 EM277 模块本身不需要 24V DC 电源，这个电源是专供通信端口用的。24V DC 电源需求取决于通信端口上的负载大小。CPU 模块上的通信口，可以连接 PC/PPI 电缆和 TD200，并为它们供电，此电源消耗不必再纳入计算。

2. 电源需求计算实例

【例 5-6】 有一个控制系统有 CPU226 和一台 EM231 模块，问 CPU226 能否提供足够的电源给 EM231 模块和自身使用。

【解】 查表可知，CPU226 可提供 DC 24V 电流 400mA 和 DC 5V 电流 1000mA 的电源，但这个电源是否够用，则需要计算，计算的原理就是把 PLC 和所有其他模块功耗相加，看其是否超过 CPU226 提供的电源，若超过其上限，则应该外加电源。

系统只有一个 CPU226 模块和 1 个 EM231 模块，表 5-8 是计算其电源是否足够的计算过程。

表 5-8 电源计算

PLC 供电能力	5V DC	24V DC
CPU226 DC/DC/DC	1000mA	400mA
	减去以下电源所需	减去以下电源所需
CPU226 的 24 个输入	—	24×4=96mA
EM231	20mA	60mA
总需求	20mA	96+60=156mA
计算	1000−20=980mA	400−96−60=244mA
总电流差额	剩 980mA	剩 244mA

可见，CPU 模块供电能力是能够满足本身和 EM231 模块需求的。虽然 CPU226 提供的 DC 24V 电源是足够的，但是注意若需要外加电源时，外加电源不能与 CPU 模块本身的电源并联在一起，可直接连到需要的外加电源上。

5.5.3 折边机控制方案的改进

前面的项目实施方案是可行的，没有错误，是一个较好的控制方案。但完成一个自动化控制系统，有时成本也是一个重要的因素，在不降低产品的品质的情况下，低成本方案是更加优秀的方案，这一点读者在工程实践中也应该注意。

1. 新方案的初步设计

新的方案不使用CPU226CN，而使用一个CPU224(AC/DC/继电器)和一个EM221模块，这样价格要便宜一些，虽然一台设备节省的资金很少，但编者想传达给读者一个信息，方案是可以优化的。

2. 新方案的验证和实施

(1) 电源需求计算

由于使用了扩展模块，先要进行电源需求计算。

系统只有1个CPU224模块和1只EM221模块，表5-9是计算其电源是否足够的计算过程。

表5-9 电源计算

PLC供电能力	5V DC	24V DC
CPU224 AC/DC/DC	660mA	280mA
	减去以下电源所需	减去以下电源所需
CPU224的16个输入	—	16×4=64mA
EM221	30mA	32mA
总需求	30mA	64+32=96mA
计算	660−30=630mA	280−96=184mA
总电流差额	剩630mA	剩184mA

可见，即使输入端都是用CPU提供的电源，电源也是足够的。

(2) 新方案的实施

新方案的接线图如图5-22所示。这个方案有两处改进，一是用1个CPU224模块和1个EM221模块取代原方案的CPU226模块，节约了成本，二是在CPU的输出端增加了6个中间继电器，这样做有利于保护CPU内部的继电器。特别要指出：当外部负载的电流较大时，例如驱动大功率的液压电磁阀时，必须要加中间继电器，否则极易烧毁CPU内部的继电器。此外，指示灯没有加中间继电器，这是因为指示灯是复位按钮上自带的指示灯，功耗很低，还没有外接中间继电器的功耗大，因此，外接中间继电器没有必要。

拓展模块EM221的地址并不是从I1.6开始的，I1.6和I1.7并不存在，在本例中EM221的地址从I2.0开始，因此前面编写的程序不能在新设计的系统上正常运行。读者只要将原来程序中的I1.6、I1.7和I2.0分别替换成I2.0、I2.1和I2.2即可，其余都不要更改，请读者自行完成。

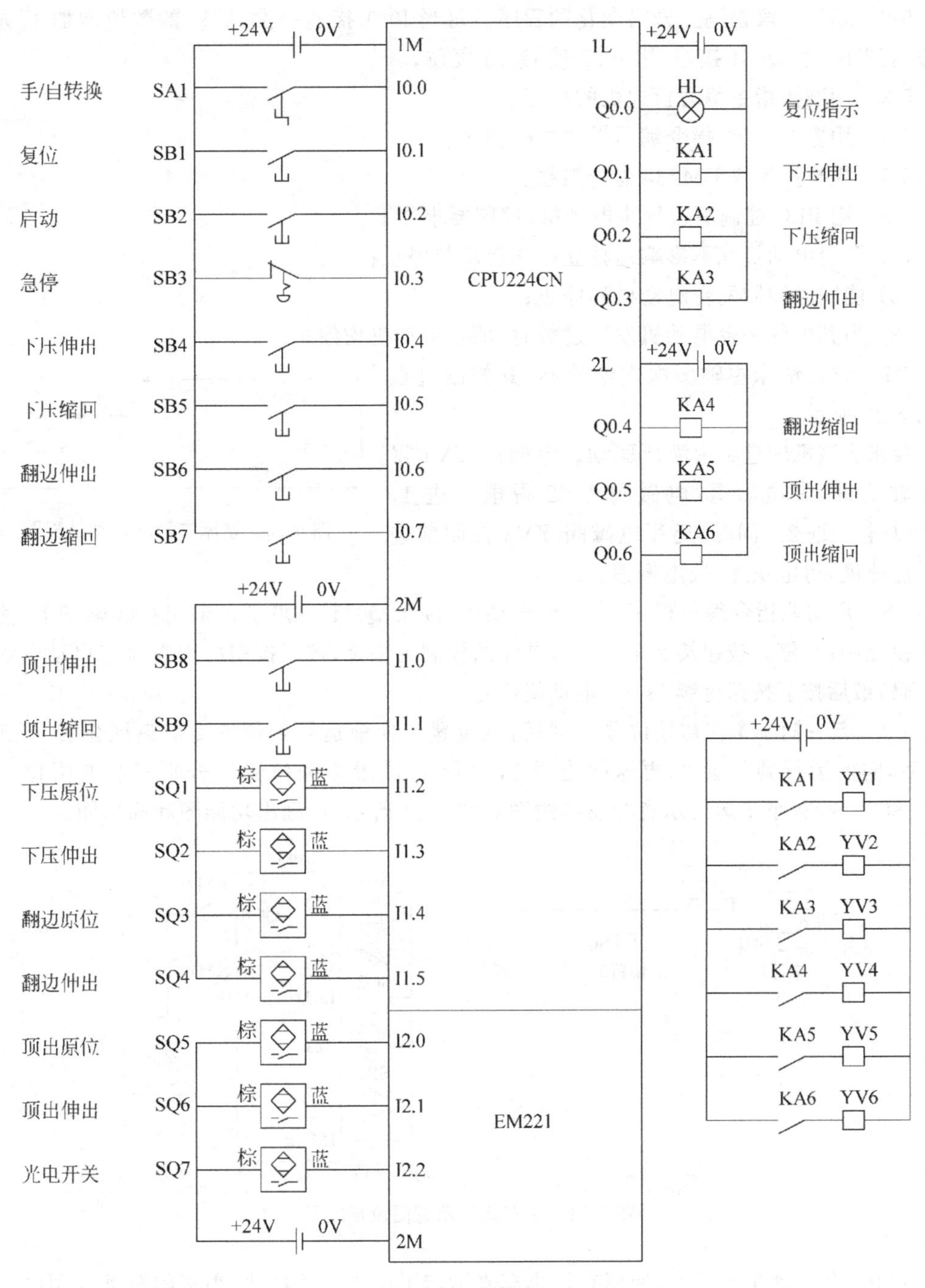

图 5-22　接线图

习　题　5

5-1　用 S7-200 PLC 实现某喷水池花式喷水控制。控制流程要求第一组喷嘴喷水 4s，第二组喷嘴喷水 2s，两组喷嘴同时喷水 2s，都停止喷水 1s，重复以上过程。

5-2　编写一段检测上升沿变化的程序。每当 I0.1 接通一次，VB0 的数值增加 1，如果计数达到 18 时，Q0.1 接通，用 I0.2 使 Q0.1 复位。

5-3　用顺控指令编写折边机的程序。

5-4　用置位/复位指令编写折边机的程序。

5-5　模拟量模块 EM235 怎样接线？

5-6　用 PLC 控制两台异步电动机，控制要求如下：

(1) 两台电动机互不影响地独立操作启动与停止；

(2) 能同时控制两台电动机的停止；

(3) 当其中任一台电动机发生过载时，两台电动机均停止。

5-7　设计钻床主轴多次进给控制，其控制过程如图 5-23 所示。

要求：该机床进给由液压驱动。电磁阀 YV1 得电主轴前进，失电后退，电磁阀 YV2 得电工进 1，YV2 失电工进 2。同时，还用电磁阀 YV3 控制前进及后退速度，得电快速，失电慢速。

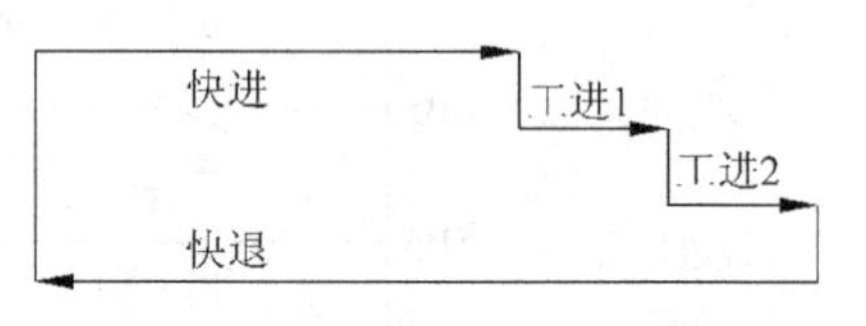

图 5-23　钻床主轴的运动过程图

5-8　用功能指令编写程序，有 5 台电动机，接在 Q0.1～Q0.5 的输出接线端子上，使用单按钮控制启/停。按钮接在 I0.0 上，具体的控制方法是，按下按钮的次数对应启动电动机的号码，最后按下按钮持续 3s 时，电动机停止。

5-9　有一辆小车在初始位置起动后，从位置 1 向前运行到位置 2 后返回位置 1，延时 10s 后，向前运行到位置 3，再返回位置 1，位置 1、位置 2 和位置 3 分别安装有限位开关 SQ1、SQ2、SQ3，小车运行示意图及接线图如图 5-24 所示，请画出功能图和梯形图。

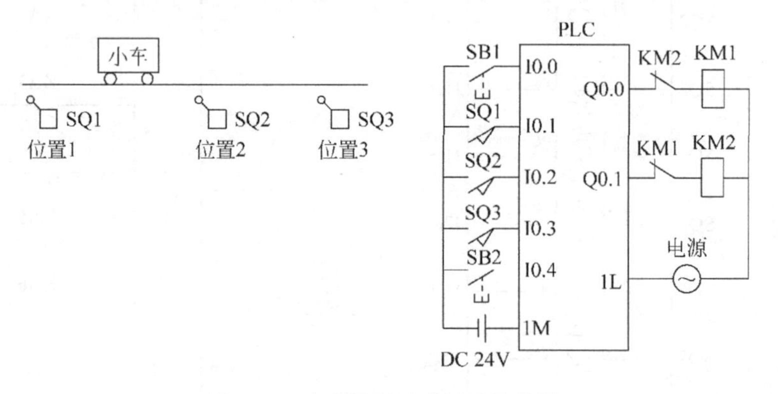

图 5-24　小车运行示意图及接线图

5-10　某自动生产线上，使用有轨小车来运转工序之间的物件，小车的驱动采用电动机拖动，其行驶示意图如图 5-25 所示。

控制过程为：①小车从 A 站出发驶向 B 站，抵达后，立即返回 A 站；②接着直向 C 站驶去，到达后立即返回 A 站；③第三次出发一直驶向 D 站，到达后返回 A 站；④必要时，小车按上述要求出发三次运行一个周期后能停下来；⑤根据需要，小车能重复上述过程，不停地运行下去，直到按下停止按钮为止。

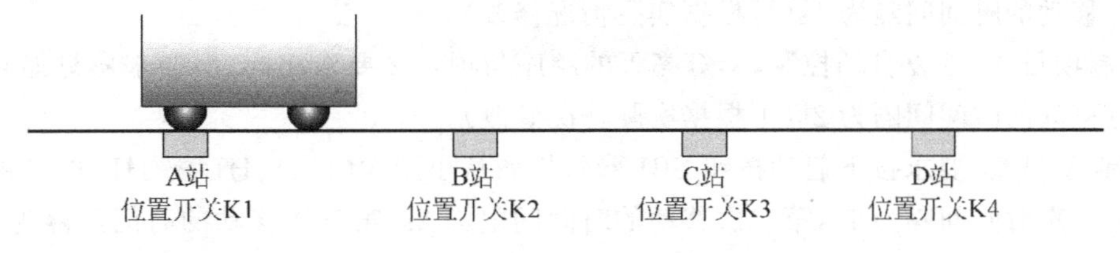

图 5-25　小车运行示意图

要求：按 PLC 控制系统设计的步骤进行完整的设计。

5-11　铁球分拣机的示意图如图 5-26 所示，铁球有两种规格尺寸——一大一小，要求系统能自动识别并分别捡出，然后放到相应的容器内。抓取铁球采用铁磁吸合的方式。分拣杆的水平移动采用三相异步电动机拖动，左右移动通过改变其正反转来实现，垂直方向的运动由电磁阀控制的液压机构实现。控制要求如下：

① 系统上电后，分拣杆回原点(LS1)，指示灯亮(Q0.7)，垂直提取装置位于上限(LS3)。

② 按下启动后，若检测有球到位(PS0)，装置运行并自动往返，不断循环，直到启动断开。若检测无球，则装置回到原点，不工作。

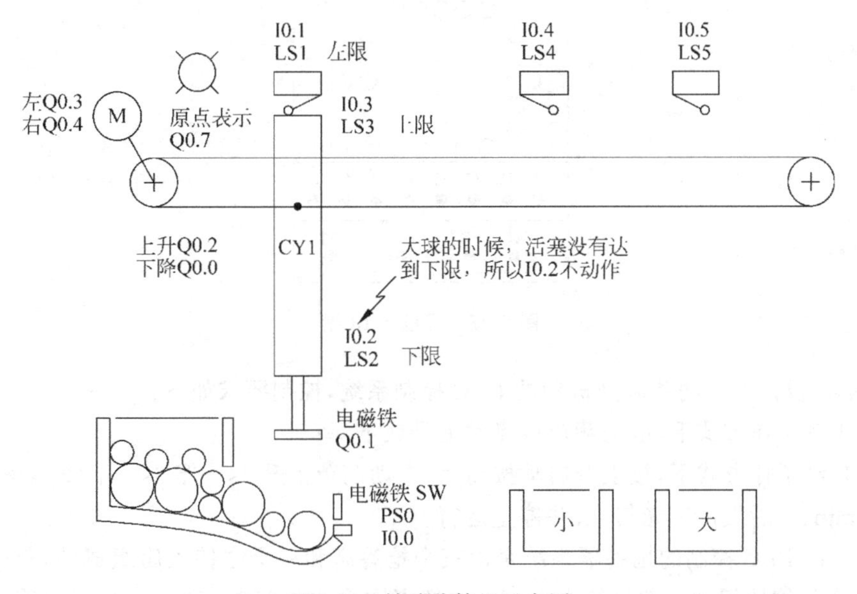

图 5-26　铁球分拣机示意图

5-12　用西门子公司 S7 系列的 PLC 实现一个 16 个彩灯循环闪烁的控制系统。

控制项目 1：单向手动控制，要求通过按钮 SB1 使得 16 灯泡按照 HL1、HL2～HL16 的顺序亮灭，移到最高位 HL16 以后，再回到 HL1，重复循环下去。按下停止按钮 SB2 后，彩灯熄灭，停止工作。

控制项目 2：往复手动控制，要求通过按钮 SB1 使得 16 灯泡按照 HL1、HL2～HL16 的顺序亮，移到最高位 HL16 以后，再按 HL16、HL15～HL2、HL1 的顺序灭，如此反复循环下去。按下停止按钮 SB2 后，彩灯熄灭，停止工作。

控制项目 3：单向自动控制，彩灯亮灭的顺序与项目 1 要求相同，但要求彩灯能自动循环,彩灯移动的时间间隔为 1s(可根据实际情况修改)。

控制项目 4:往复自动控制,彩灯亮灭的顺序与项目 2 要求相同,但要求彩灯能自动循环,彩灯移动的时间间隔为 2s(可根据实际情况修改)。

控制项目 5:要求按下启动按钮 SB1 彩灯按照从小到大(HL1、HL2～HL16)的顺序自动亮,第一次时间间隔为 1s,第二次移动的时间间隔为 2s,第三次移动的时间间隔为 3s,移动三次后完成一个循环,重复循环。按下停止按钮 SB2 后彩灯全灭。

5-13　如图 5-27 所示,有一个 LED 数码显示的 PLC 控制系统,按下启动按钮后,由八组 LED 发光二极管模拟的八段数码管开始显示:先是一段段显示,显示次序是 A、B、C、D、E、F、G、H;随后显示数字及字符,显示次序是 0、1、2、3、4、5、6、7、8、9、A、B、C、D、E、F,断开启动按钮程序停止运行。

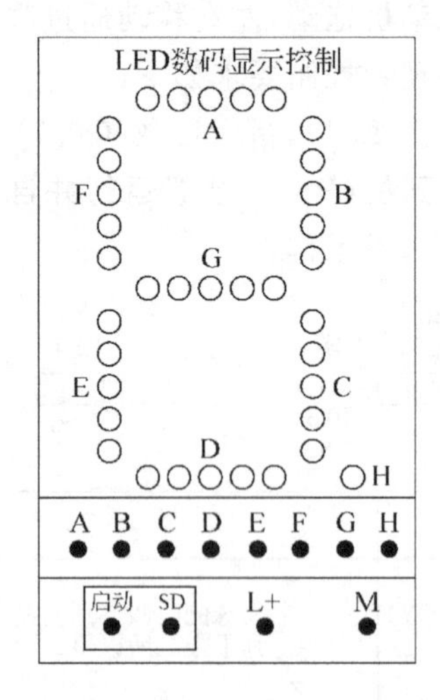

图 5-27　习题 5-13 图

5-14　设计电动葫芦起升机构的 PLC 控制系统,控制要求如下:

(1) 手动工作方式下,电动葫芦可点动上升或下降;

(2) 自动工作方式下,按上升启动按钮后,电动葫芦上升 7s→停 3s→下降 7s→停 3s,反复运行 5min,然后发出声光信号,并停止运行。

5-15　由 PLC 控制的抢答器系统是由三个抢答席和一个主持人席组成的,每个抢答席上各有一个抢答按钮和一盏抢答指示灯。参赛者在允许抢答时,第一个按下抢答按钮的抢答席上的指示灯将会亮,且释放抢答按钮后,指示灯仍然亮;此后,另外两个抢答席上即使再按各自的抢答按钮,其指示灯也不会亮。这样,主持人就可以轻易地知道谁是第一个按下抢答器的。一道题抢答结束后,主持人按下主持人席上的复位按钮(常闭按钮),则指示灯熄灭,又可以进行下一题的抢答比赛。

试设计该控制系统。

项目6　电炉温度的控制与调试

项目知识点

1. 掌握PID控制的原理；
2. 掌握算术运算指令、转换指令、程序控制指令和循环指令；
3. 掌握中断和子程序概念，并会编写中断程序和子程序；
4. 掌握指针。

项目技能点

1. 会调整P、I、D三个参数；
2. 使用模拟量输入和输出模块；
3. 会分配I/O，并会接线；
4. 用PID指令编写电炉温度的控制程序。

本项目建议学时：6学时。

6.1　项目提出

有一台电炉，要求炉温控制在一定的范围内。电炉的工作原理如下。

当设定电炉温度后，S7-200经过PID运算后由模拟量输出模块EM232输出一个电压信号送到控制板，控制板根据电压信号（弱电信号）的大小控制电热丝的加热电压（强电）的大小，实际就是控制电热丝电流的通断时间长短。这个通断由PLC发出模拟信号，信号经过信号处理后，发出通断脉冲，控制固态继电器的开关，从而控制电热丝的加热。温度传感器测量电炉的温度，温度信号经过控制板的处理后输入模拟量输入模块EM231，再送到S7-200进行PID运算，如此循环。整个系统的硬件配置如图6-1所示。

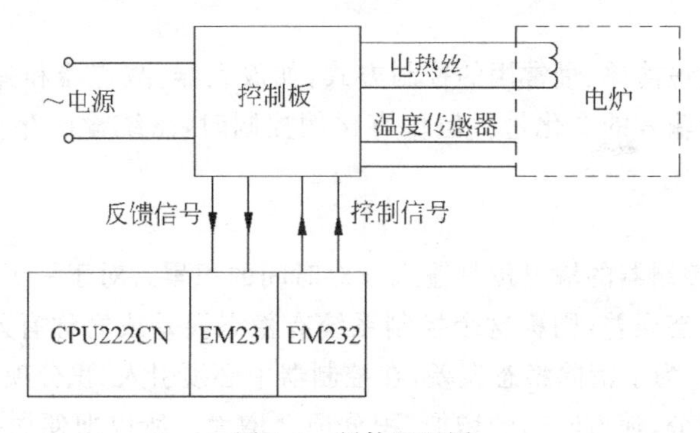

图6-1　硬件配置图

6.2 项目分析

电炉的炉温控制是典型的 PID 控制，只有一个 PID 回路，而且控制也比较简单，在具体控制时，可以采用 PI 调节器。

需要说明的是：本项目较简单，从成本和使用的便利性方面来考虑，使用专用的温度控制仪表控制，更加符合工程实际。

但同时也要指出：PLC 的 PID 控制也很有意义，当一个系统既有逻辑控制，又需要 PID 控制时，或者一个系统有多路 PID 控制时，以及控制精度要求较高时，利用 PLC 进行 PID 控制都是较好的选择。

常见的小型 PLC 都集成有 PID 运算功能，有的较高档的 PLC 还有专用的 PID 模块。常用的小型 PLC 就可以用于本项目的电炉的炉温控制，本项目采用 S7-200 系列 PLC。

6.3 必备知识

6.3.1 PID 控制原理简介

PID 就是对输入偏差进行比例积分微分运算，运算的叠加结果去控制执行机构。在过程控制中，按偏差的比例(P)、积分(I)和微分(D)进行控制的 PID 控制器(也称 PID 调节器)是应用最广泛的一种自动控制器。它具有原理简单，易于实现，适用面广，控制参数相互独立，参数选定比较简单，调整方便等优点；而且在理论上可以证明，对于过程控制的典型对象——“一阶滞后＋纯滞后”与“二阶滞后＋纯滞后”的控制对象，PID 控制器是一种最优控制。PID 调节规律是连续系统动态品质校正的一种有效方法，它的参数整定方式简便，结构改变灵活(如可为 PI 调节、PD 调节等)。长期以来，PID 控制器被广大科技人员及现场操作人员所采用，并积累了大量的经验。

PID 控制器就是根据系统的误差，利用比例、积分、微分计算出控制量来进行控制。当被控对象的结构和参数不能完全掌握，或得不到精确的数学模型，或控制理论的其他技术难以采用时，系统控制器的结构和参数必须依靠经验和现场调试来确定，这时应用 PID 控制技术最为方便。即当我们不完全了解一个系统和被控对象，或不能通过有效的测量手段来获得系统参数时，最适合采用 PID 控制技术。

1. 比例(P)控制

比例控制是一种最简单、最常用的控制方式，如放大器、减速器和弹簧等。比例控制器能立即成比例地响应输入的变化量。但仅有比例控制时，系统输出存在稳态误差(Steady-state Error)。

2. 积分(I)控制

在积分控制中，控制器的输出量是输入量对时间的积累。对于一个自动控制系统，如果在进入稳态后存在稳态误差，则称这个控制系统有稳态误差或简称有差系统(System with Steady-state Error)。为了消除稳态误差，在控制器中必须引入“积分项”。积分项对误差的运算取决于时间的积分，随着时间的增加，积分项会增大。所以即便误差很小，积分项也会随着时间的增加而加大，它推动控制器的输出增大，使稳态误差进一步减小，直到等于零。因此，采用比例＋积分(PI)控制器，可以使系统在进入稳态后无稳态误差。

3. 微分(D)控制

在微分控制中，控制器的输出与输入误差信号的微分(即误差的变化率)成正比关系。自动控制系统在克服误差的调节过程中可能会出现振荡甚至失稳。其原因是由于存在有较大的惯性组件(环节)或有滞后(Delay)组件，具有抑制误差的作用，其变化总是落后于误差的变化。解决的办法是使抑制误差的作用的变化"超前"，即在误差接近零时，抑制误差的作用就应该是零。这就是说，在控制器中仅引入"比例"项往往是不够的，比例项的作用仅是放大误差的幅值，而目前需要增加的是"微分项"，它能预测误差变化的趋势，这样，具有比例＋微分的控制器就能够提前使抑制误差的控制作用等于零，甚至为负值，从而避免被控量的严重超调。所以对有较大惯性或滞后的被控对象，比例＋微分(PD)控制器能改善系统在调节过程中的动态特性。

4. 闭环控制系统特点

控制系统一般包括开环控制系统和闭环控制系统。开环控制系统(Open-loop Control System)是指被控对象的输出(被控制量)对控制器(Controller)的输出没有影响，在这种控制系统中，不依赖将被控制量返送回来以形成任何闭环回路。闭环控制系统(Closed-loop Control System)的特点是系统被控对象的输出(被控制量)会返送回来影响控制器的输出，形成一个或多个闭环。闭环控制系统有正反馈和负反馈，若反馈信号与系统给定值信号相反，则称为负反馈(Negative Feedback)；若极性相同，则称为正反馈。一般闭环控制系统均采用负反馈，又称负反馈控制系统。可见，闭环控制系统性能远优于开环控制系统。

5. PID 控制器的参数整定

PID 控制器的参数整定是控制系统设计的核心内容。它是根据被控过程的特性，确定 PID 控制器的比例系数、积分时间和微分时间的大小。PID 控制器参数整定的方法很多，概括起来有以下两大类：

一是理论计算整定法。它主要依据系统的数学模型，经过理论计算确定控制器参数。这种方法所得到的计算数据未必可以直接使用，还必须通过工程实际进行调整和修改。

二是工程整定法。它主要依赖于工程经验，直接在控制系统的试验中进行，且方法简单、易于掌握，在工程实际中被广泛采用。PID 控制器参数的工程整定方法，主要有临界比例法、反应曲线法和衰减法。这三种方法各有其特点，其共同点都是通过试验，然后按照工程经验公式对控制器参数进行整定。但无论采用哪一种方法所得到的控制器参数，都需要在实际运行中进行最后的调整与完善。

现在一般采用的是临界比例法。利用该方法进行 PID 控制器参数整定的步骤如下：

① 首先预选择一个足够短的采样周期让系统工作；

② 仅加入比例控制环节，直到系统对输入的阶跃响应出现临界振荡，记下这时的比例放大系数和临界振荡周期；

③ 在一定的控制度下通过公式计算得到 PID 控制器的参数。

6. PID 控制器的主要优点

PID 控制器成为了应用最广泛的控制器，它具有以下优点。

① PID 算法蕴涵了动态控制过程中过去、现在、将来的主要信息，而且其配置几乎最优。其中，比例(P)代表了当前的信息，起纠正偏差的作用，使过程反应迅速。微分(D)在信

号变化时有超前控制作用，代表将来的信息。在过程开始时强迫过程进行，过程结束时减小超调，克服振荡，提高系统的稳定性，加快系统的过渡过程。积分(I)代表了过去积累的信息，它能消除静差，改善系统的静态特性。此三种作用配合得当，可使动态过程快速、平稳、准确，收到良好的效果。

② PID控制适应性好，有较强的鲁棒性，对各种工业应用场合，都可在不同的程度上应用。特别适于"一阶惯性环节＋纯滞后"和"二阶惯性环节＋纯滞后"的过程控制对象。

③ PID算法简单明了，各个控制参数相对较为独立，参数的选定较为简单，形成了完整的设计和参数调整方法，很容易为工程技术人员所掌握。

④ PID控制根据不同的要求，针对自身的缺陷进行了不少改进，形成了一系列改进的PID算法。例如，为了克服微分带来的高频干扰的滤波PID控制，为克服大偏差时出现饱和超调的PID积分分离控制，为补偿控制对象非线性因素的可变增益PID控制等。这些改进算法在一些应用场合取得了很好的效果。同时当今智能控制理论的发展，又形成了许多智能PID控制方法。

7. PID的算法

PID控制器调节输出，保证偏差(e)为零，使系统达到稳定状态，偏差是给定值(SP)和过程变量(PV)的差。PID控制的原理基于以下公式：

$$M(t) = K_C \cdot e + K_C\int_0^1 e\mathrm{d}t + M_{\mathrm{initial}} + K_C \cdot \frac{\mathrm{d}e}{\mathrm{d}t} \tag{6-1}$$

式中，$M(t)$是PID回路的输出；K_C是PID回路的增益；e是PID回路的偏差(给定值与过程变量的差)；M_{initial}是PID回路输出的初始值。

由于以上的算式是连续量，必须将连续量离散化才能在计算机中运算，离散处理后的算式如下：

$$M_n = K_C \cdot e_n + K_I \cdot \sum_1^n e_x + M_{\mathrm{initidl}} + K_D \cdot (e_n - e_{n-1}) \tag{6-2}$$

式中，M_n是在采样时刻n，PID回路输出的计算值；K_C是PID回路的增益；K_I是积分项的比例常数；K_D是微分项的比例常数；e_n是采样时刻n的回路的偏差值；e_{n-1}是采样时刻$n-1$的回路的偏差值；e_x是采样时刻x的回路的偏差值；M_{initial}是PID回路输出的初始值。

再对以上算式进行改进和简化，得出如下计算PID输出的算式：

$$M_n = MP_n + MI_n + MD_n \tag{6-3}$$

式中，M_n是第n采样时刻的计算值，MP_n是第n采样时刻的比例项值，MI_n是第n采样时刻的积分项的值，MD_n是第n采样时刻微分项的值。

$$MP_n = K_C \cdot (SP_n - PV_n) \tag{6-4}$$

式中，MP_n是第n采样时刻的比例项值；K_C是增益；SP_n是第n次采样时刻的给定值；PV_n是第n次采样时刻的过程变量值。很明显，比例项MP_n数值的大小和增益K_C成正比，增益K_C增加可以直接导致比例项MP_n的快速增加，从而直接导致M_n增加。

$$MI_n = K_C \cdot T_S/T_I \cdot (SP_n - PV_n) + MX \tag{6-5}$$

式中，K_C 是增益；T_S 是回路的采样时间；T_I 是积分时间；SP_n 是第 n 次采样时刻的给定值；PV_n 是第 n 次采样时刻的过程变量值；MX 是第 $n-1$ 时刻的积分项(也称为积分前项)。很明显，积分项 MI_n 数值的大小随着积分时间 T_I 的减小而增加，T_I 的减小可以直接导致积分项 MI_n 数值的增加，从而直接导致 M_n 增加。

$$MD_n = K_C \cdot (PV_{n-1} - PV_n) \cdot T_D/T_S \qquad (6\text{-}6)$$

式中，K_C 是增益；T_S 是回路的采样时间；T_D 是微分时间；PV_n 是第 n 次采样时刻的过程变量值；PV_{n-1} 是第 $n-1$ 次采样时刻的过程变量。很明显，微分项 MD_n 数值的大小随着微分时间 T_D 的增加而增加，T_D 的增加可以直接导致积分项 MD_n 数值的增加，从而直接导致 M_n 增加。

【关键点】 *式(6-3)～式(6-6)是非常重要的。根据这几个公式，读者必须建立一个概念：增益 K_C 增加可以直接导致比例项 MP_n 的快速增加，T_I 的减小可以直接导致积分项 MI_n 数值的增加，微分项 MD_n 数值的大小随着微分时间 T_D 的增加而增加，从而直接导致 M_n 增加。理解了这一点，对于正确调节 P、I、D 三个参数是至关重要的。*

6.3.2　主要指令介绍

1. S7-200 的 PID 指令介绍

PID 回路(PID)指令，当使能有效时，根据表格(TBL)中的输入和配置信息对指定回路执行 PID 计算。PID 指令的格式见表 6-1。

表 6-1　PID 指令格式

LAD	输入/输出	含　义	数据类型
PID EN　ENO TBL LOOP	EN	使能	BOOL
	TBL	参数表的起始地址	BYTE
	LOOP	回路号，常数，范围为 0～7	BYTE

PID 指令使用注意事项：

① 程序中最多可以使用 8 条 PID 指令，回路号为 0～7，不能重复使用。

② 必须保证过程变量及给定值积分项前值和过程变量前值在 0.0～1.0 之间。

③ 如果进行 PID 计算时遇到错误，将设置 SM1.1(溢出或非法数值)并终止 PID 指令的执行。

在工业生产过程中，模拟信号 PID(由比例、积分和微分构成的闭合回路)调节是常见的控制方法。运行 PID 控制指令，S7-200 将根据参数表中的测量值、控制设定值及 PID 参数，进行 PID 运算，求得输出控制值。参数表中有 9 个参数，共占用 36 字节，全部是 32 位的实数，部分保留给自整定用。PID 控制回路的参数表见表 6-2。

表 6-2　PID控制回路参数表

偏移地址	参　数	数据格式	参数类型	描　述
0	过程变量 PVn	REAL	输入/输出	必须在 0.0～1.0 之间
4	给定值 SPn	REAL	输入	必须在 0.0～1.0 之间
8	输出值 Mn	REAL	输入	必须在 0.0～1.0 之间
12	增益 K_c	REAL	输入	增益是比例常数,可正可负
16	采样时间 T_s	REAL	输入	单位为秒,必须是正数
20	积分时间 T_I	REAL	输入	单位为分钟,必须是正数
24	微分时间 T_d	REAL	输入	单位为分钟,必须是正数
28	上一次积分值 M_X	REAL	输入/输出	必须在 0.0～1.0 之间
32	上一次过程变量 PV_{n-1}	REAL	输入/输出	最后一次 PID 运算过程变量值
36～79	保留自整定变量			

如果 PID 指令的参数表(TBL)的起始地址是 VB100,由于过程变量(PV_n)偏移是 0,所以其参数的存放地址是 VD100,同理增益 K_C 的存放地址是 VD112。

2. 整数算术运算指令

S7-200 的整数算术运算分为加法运算、减法运算、乘法运算和除法运算,其中每种运算方式又有整数型和双整数型两种。

(1) 整数加(ADD_I)

当允许输入端 EN 为高电平时,输入端 IN1 和 IN2 中的整数相加,结果送入 OUT 中。IN1 和 IN2 中的数可以是常数。整数加的表达式是:IN1＋IN2＝OUT。整数加(ADD_I)指令和参数见表 6-3。

表 6-3　整数加(ADD_I)指令和参数

LAD	参数	数据类型	说　明	存　储　区
ADD_I EN　ENO IN1 IN2　OUT	EN	BOOL	允许输入	V,I,Q,M,S,SM,L
	ENO	BOOL	允许输出	
	IN1	INT	相加的第 1 个值	V,I,Q,M,S,SM,T,C,AC,L,AI,常数,＊VD,＊LD,＊AC
	IN2	INT	相加的第 2 个值	
	OUT	INT	和	V,I,Q,M,S,SM,T,C,AC,L,＊VD,＊LD,＊AC

【例 6-1】 梯形图和指令表如图 6-2 所示。MW0 中的整数为 11,MW2 中的整数为 21,则当 I0.0 闭合时,整数相加,结果 MW4 中的数是多少?

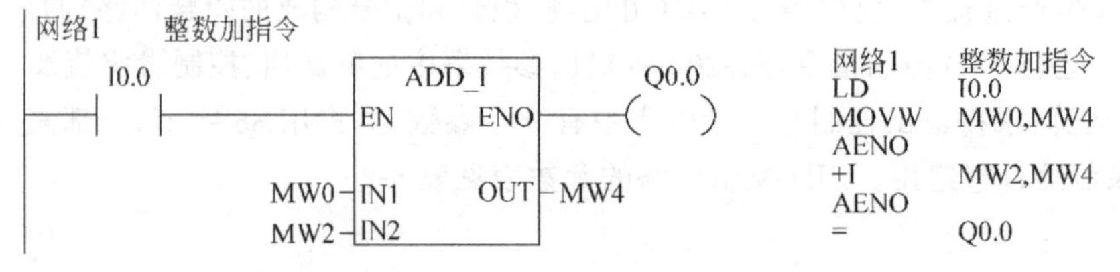

图 6-2　整数加(ADD_I)指令应用举例

【解】 当 I0.0 闭合时，激活整数加指令，IN1 中的整数存储在 MW0 中，这个数为 11，IN2 中的整数存储在 MW2 中，这个数为 21，整数相加的结果存储在 OUT 端的 MW4 中，是 32。由于没有超出计算范围，所以 Q0.0 输出为“1”。假设 IN1 中的整数为 9999，IN2 中的整数为 30000，则超过整数相加的范围。由于超出计算范围，所以 Q0.0 输出为“0”。

【关键点】 整数相加未超出范围时，当 I0.0 闭合，则 Q0.0 输出为高电平，否则 Q0.0 输出为低电平。

双整数加(ADD_DI)指令与整数加(ADD_I)类似，只不过其数据类型为双整数，在此不再赘述。

(2) 双整数减(SUB_DI)

当允许输入端 EN 为高电平时，输入端 IN1 和 IN2 中的双整数相减，结果送入 OUT 中。IN1 和 IN2 中的数可以是常数。双整数减的表达式是：IN1－IN2＝OUT。双整数减(SUB_DI)指令和参数见表 6-4。

表 6-4　双整数减(SUB_DI)指令和参数

LAD	参数	数据类型	说　明	存　储　区
SUB_DI EN ENO IN1 IN2 OUT	N	BOOL	允许输入	V,I,Q,M,S,SM,L
	ENO	BOOL	允许输出	
	IN1	DINT	被减数	V,I,Q,M,SM,S,L,AC,HC,常数，* VD,* LD,* AC
	IN2	DINT	减数	
	OUT	DINT	差	V,I,Q,M,SM,S,L,AC,* VD,* LD,* AC

【例 6-2】 梯形图和指令表如图 6-3 所示，IN1 中的双整数存储在 MD0 中，数值为 22，IN2 中的双整数存储在 MD4 中，数值为 11，当 I0.0 闭合时，双整数相减的结果存储在 OUT 端的 MD4 中，其结果是多少？

【解】 当 I0.0 闭合时，激活双整数减指令，IN1 中的双整数存储在 MD0 中，这个数为 22，IN2 中的双整数存储在 MD4 中，这个数为 11，双整数相减的结果存储在 OUT 端的 MD4 中，是 11。由于没有超出计算范围，所以 Q0.0 输出为“1”。

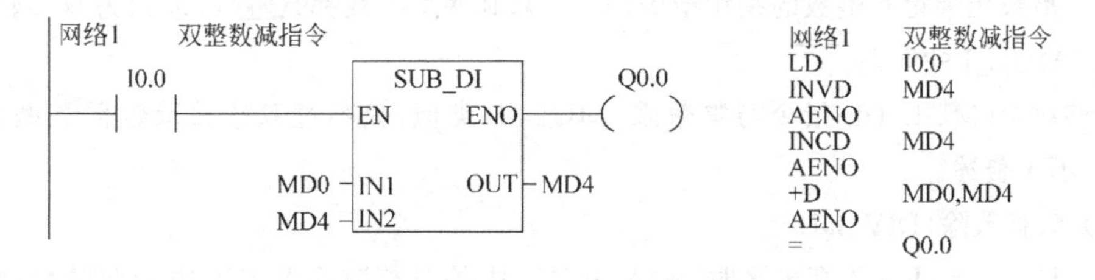

图 6-3　双整数减(SUB_DI)指令应用举例

整数减(SUB_I)指令与双整数减(SUB_DI)类似,只不过其数据类型为整数,在此不再赘述。

(3) 整数乘(MUL_I)

当允许输入端EN为高电平时,输入端IN1和IN2中的整数相乘,结果送入OUT中。IN1和IN2中的数可以是常数。整数乘的表达式是:IN1×IN2=OUT。整数乘(MUL_I)指令和参数见表6-5。

表6-5 整数乘(MUL_I)指令和参数

LAD	参数	数据类型	说　明	存　储　区
MUL_I EN ENO IN1 IN2 OUT	EN	BOOL	允许输入	V,I,Q,M,S,SM,L
	ENO	BOOL	允许输出	
	IN1	INT	相乘的第1个值	V,I,Q,M,S,SM,T,C,L,AC,AI,常数,* VD,* LD,* AC
	IN2	INT	相乘的第2个值	
	OUT	INT	相乘的结果(积)	V,I,Q,M,S,SM,L,T,C,AC,* VD,* LD,* AC

【例6-3】 梯形图和指令表如图6-4所示。IN1中的整数存储在MW0中,数值为11,IN2中的整数存储在MW2中,数值为11,当I0.0闭合时,整数相乘的结果存储在OUT端的MW4中,其结果是多少?

【解】 当I0.0闭合时,激活整数乘指令,OUT =IN1×IN2,整数相乘的结果存储在OUT端的MW4中,结果是121。由于没有超出计算范围,所以Q0.0输出为"1"。

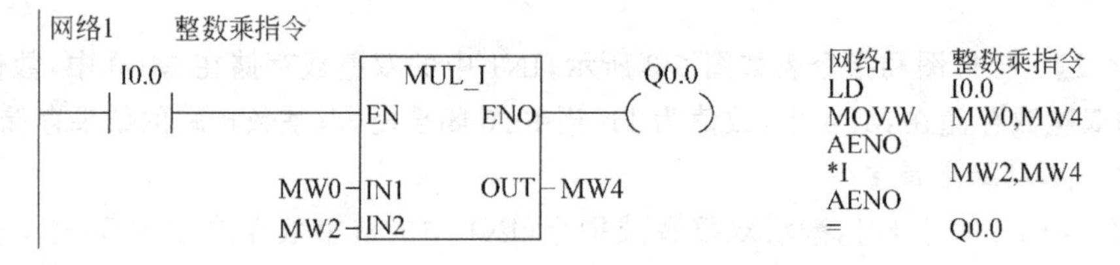

图6-4 整数乘(MUL_I)指令应用举例

两个整数相乘得双整数的乘积指令(MUL),其两个乘数都是整数,乘积为双整数,注意MUL和MUL_I的区别。

双整数乘(MUL_DI)指令与整数乘(MUL_I)类似,只不过双整数乘数据类型为双整数,在此不再赘述。

(4) 双整数除(DIV_DI)

当允许输入端EN为高电平时,输入端IN1中的双整数除以IN2中的双整数,结果为双整数,送入OUT中,不保留余数。IN1和IN2中的数可以是常数。双整数除(DIV_DI)指令和参数见表6-6。

表 6-6　双整数除(DIV_DI)指令和参数

LAD	参数	数据类型	说　明	存　储　区
DIV_DI EN　ENO IN1 IN2　OUT	EN	BOOL	允许输入	V,I,Q,M,S,SM,L
	ENO	BOOL	允许输出	
	IN1	DINT	被除数	V, I, Q, M, SM, S, L, HC, AC, 常数, * VD, * LD, * AC
	IN2	DINT	除数	
	OUT	DINT	除法的双整数结果(商)	V, I, Q, M, SM, S, L, AC, * VD, * LD, * AC

【例 6-4】 梯形图和指令表如图 6-5 所示。IN1 中的双整数存储在 MD0 中,数值为 11,IN2 中的双整数存储在 MD4 中,数值为 2,当 I0.0 闭合时,双整数相除的结果存储在 OUT 端的 MD8 中,其结果是多少?

【解】 当 I0.0 闭合时,激活双整数除指令,IN1 中的双整数存储在 MD0 中,数值为 11,IN2 中的双整数存储在 MD4 中,数值为 2,双整数相除的结果存储在 OUT 端的 MD8 中,是 5,不产生余数。由于没有超出计算范围,所以 Q0.0 输出为“1”。

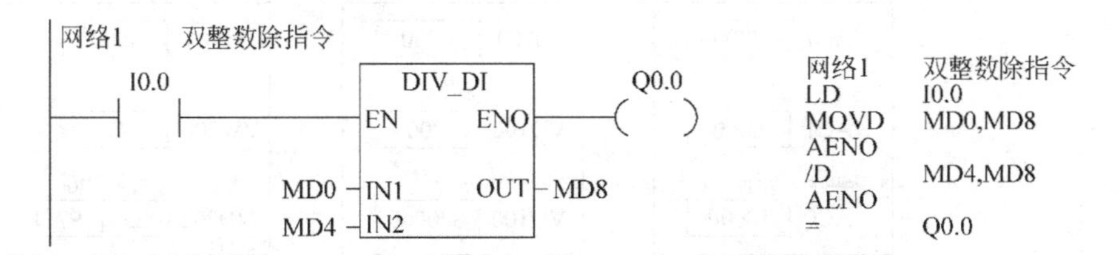

图 6-5　双整数除(DIV_DI)指令应用举例

【关键点】 双整数除法不产生余数。

整数除(DIV_I)指令与双整数除(DIV_DI)类似,只不过其数据类型为整数,在此不再赘述。整数相除得商和余数指令(DIV),其除数和被除数都是整数,输出 OUT 为双整数,其中高字是一个 16 位的余数,其低位是一个 16 位的商,注意 DIV 和 DIV_I 的区别。

【例 6-5】 算术运算程序示例,其中开始时 AC1 中内容为 4000,AC0 中内容为 6000,VD100 中内容为 200,VW200 中内容为 41,程序运行结果如图 6-6 所示。

【解】 累加器 AC0 和 AC1 中可以装入字节、字、双字和实数等类型的数据,可见其使用比较灵活。DIV 指令的除数和被除数都是整数,而结果为双整数,对于本例除数为 4000,被除数为 41,双整数结果存储在 VD202 中,其中余数 23 存储在高位 VW202 中,商 97 存储在低位 VW204 中。

【例 6-6】 用模拟电位器调节定时器 T37 的设定值为 5～20s,设计此程序。

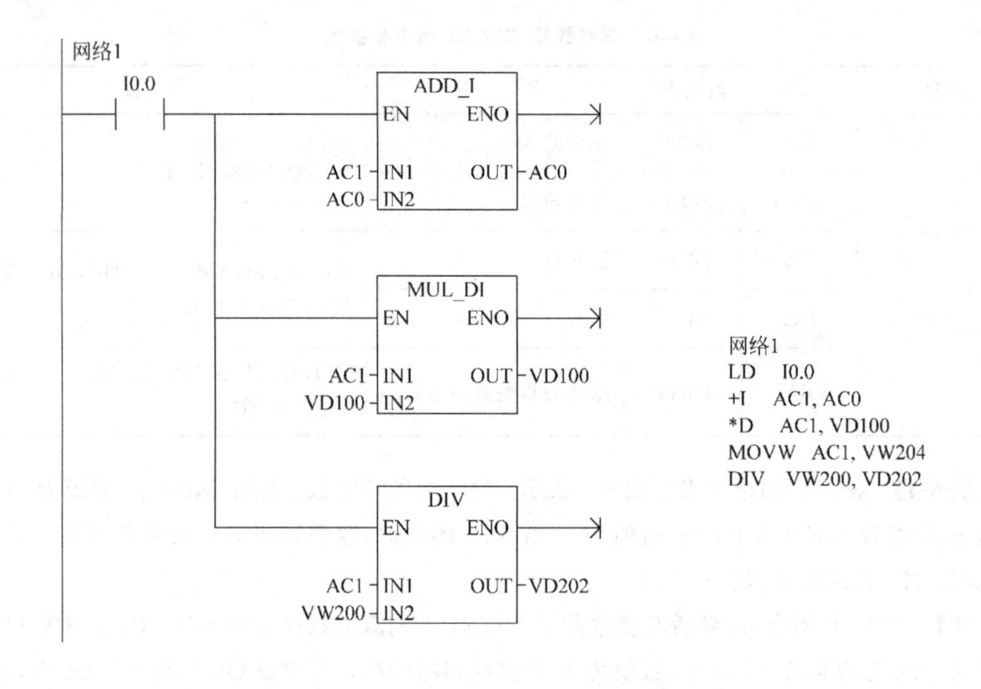

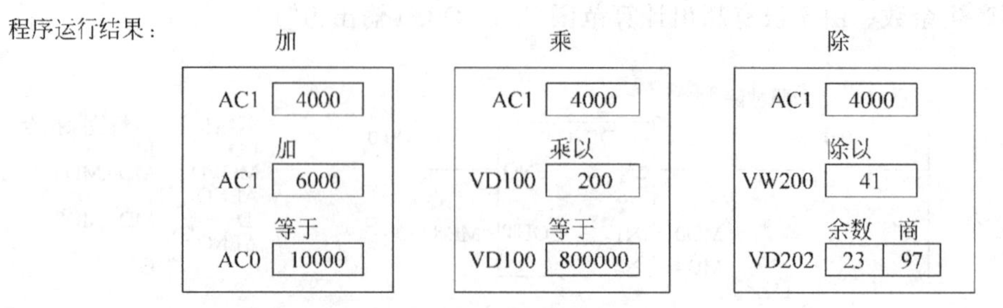

图 6-6 例 6-5 的程序和运行结果

【解】 CPU221 和 CPU222 有一个模拟电位器，其他 CPU 有两个模拟电位器。CPU 将电位器的位置转换为 0～255 的数值，然后存入 SM28 和 SM29 中，分别对应电位器 0 和电位器 1 的值。电位器的位置用小螺丝刀调整。

由于设定时间的范围是 5～20s，电位器上对应的数字是 0～255，设读出的数字为 X，则 100ms 定时器(单位是 0.1ms)的设定值为

$$(200-50)\times X/255+50=150\times X/255+50$$

为了保证精度，要先乘后除，梯形图如图 6-7 所示。

(5) 递增/递减运算指令

递增/递减运算指令，在输入端(IN)上加 1 或减 1，并将结果置入 OUT。递增/递减指令的操作数类型为字节、字和双字。字递增的指令格式见表 6-7。

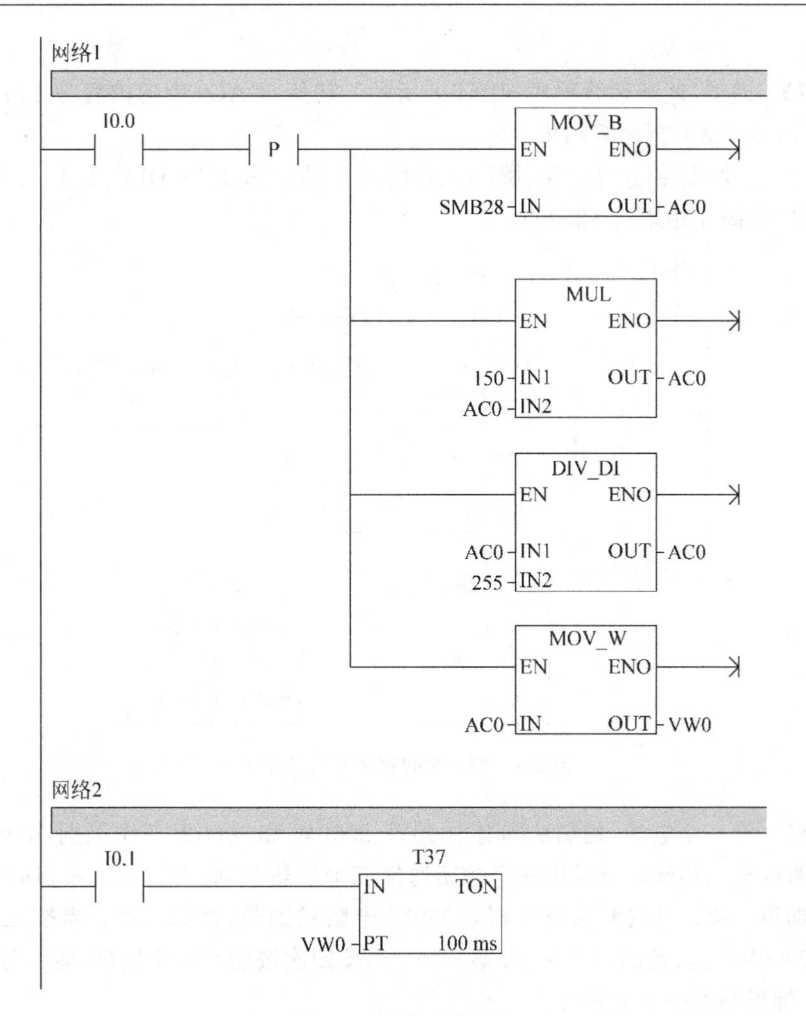

图 6-7 例 6-6 梯形图

表 6-7 字递增运算指令格式

LAD	参数	数据类型	说 明	存 储 区
INC_W EN ENO IN OUT	EN	BOOL	允许输入	V,I,Q,M,S,SM,L
	ENO	BOOL	允许输出	
	IN1	INT	将要递增1的数	V,I,Q,M,S,SM,AC,AI,L,T,C,常数,* VD,* LD,* AC
	OUT	INT	递增1后的结果	V,I,Q,M,S,SM,L,AC,T,C,* VD,* LD,* AC

① 字节递增/字节递减运算(INC_B/DEC_B)。

使能端输入有效时,将一个字节的无符号数 IN 增 1/减 1,并将结果送至 OUT 指定的存储器单元输出。

② 双字递增/双字递减运算(INC_DW/DEC_DW)。

使能端输入有效时,将双字长的符号数 IN 增 1/减 1,并将结果送至 OUT 指定的存储器单元输出。

【例 6-7】 递增/递减运算程序如图 6-8 所示。初始时 AC0 中的内容为 125,VD100 中的内容为 128000,试分析运算结果。

【解】 INC_W 是字递增指令,所以 125 增加 1 结果为 126; DEC_DW 是双字递减指令,所以 128000 减 1 结果为 127999。

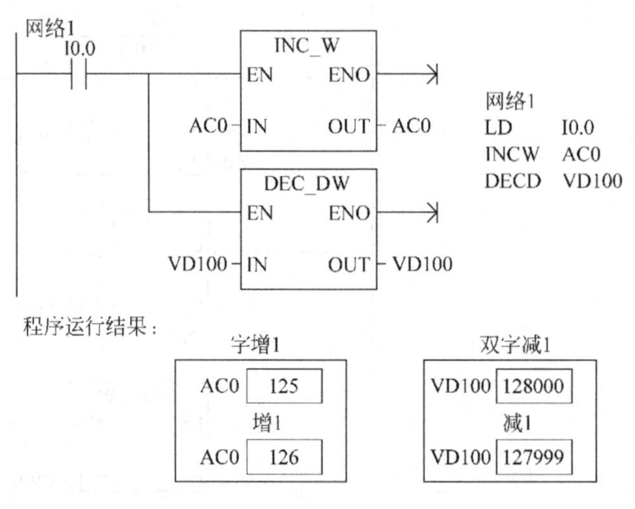

图 6-8 例 6-7 的程序和运行结果

【例 6-8】 有一个电炉,加热功率有 1000W、2000W 和 3000W 三个级别,电炉有 1000W 和 2000W 两种电加热丝。要求用一个按钮选择三个加热级别,当按一次按钮时,1000W 电阻丝加热,即第一级; 当按两次按钮时,2000W 电阻丝加热,即第二级; 当按三次按钮时,1000W 和 2000W 电阻丝同时加热,即第三级; 当按四次按钮时停止加热,请编写程序。

【解】 梯形图如图 6-9 所示。

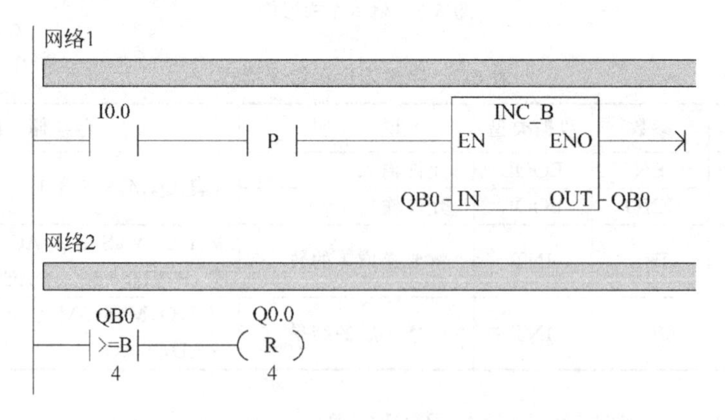

图 6-9 例 6-8 的梯形图

3. 浮点数运算指令

浮点数函数有浮点算术函数、三角函数、对数函数、幂函数和 PID 等。浮点算术函数又分为加法运算、减法运算、乘法运算和除法运算函数。浮点数运算函数见表 6-8。

表 6-8　浮点数运算函数

语　句　表	梯　形　图	描　　述
+R	ADD_R	将两个 32 位实数相加,并产生一个 32 位实数结果(OUT)
-R	SUB_R	将两个 32 位实数相减,并产生一个 32 位实数结果(OUT)
*R	MUL_R	将两个 32 位实数相乘,并产生一个 32 位实数结果(OUT)
/R	DIV_R	将两个 32 位实数相除,并产生一个 32 位实数商
SQRT	SQRT	求浮点数的平方根
EXP	EXP	求浮点数的自然指数
LN	LN	求浮点数的自然对数
SIN	SIN	求浮点数的正弦函数
COS	COS	求浮点数的余弦函数
TAN	TAN	求浮点数的正切函数
PID	PID	PID 运算

当允许输入端 EN 为高电平时,输入端 IN1 和 IN2 中的实数相加,结果送入 OUT 中。IN1 和 IN2 中的数可以是常数。实数加的表达式是:IN1+IN2=OUT。实数加(ADD_R)指令和参数见表 6-9。

表 6-9　实数加(ADD_R)指令和参数

LAD	参数	数据类型	说　明	存　储　区
ADD_R EN ENO IN1 IN2 OUT	EN	BOOL	允许输入	V,I,Q,M,S,SM,L
	ENO	BOOL	允许输出	
	IN1	REAL	相加的第 1 个值	V,I,Q,M,S,SM,L,AC,常数,*VD,*LD,*AC
	IN2	REAL	相加的第 2 个值	
	OUT	REAL	相加的结果(和)	V,I,Q,M,S,SM,L,AC,*VD,*LD,*AC

用一个例子来说明实数加(ADD_R)指令,梯形图和指令表如图 6-10 所示。当 I0.0 闭合时,激活实数加指令,IN1 中的实数存储在 MD0 中,假设这个数为 10.1,IN2 中的实数存储在 MD4 中,假设这个数为 21.1,实数相加的结果存储在 OUT 端的 MD8 中的数是 31.2。

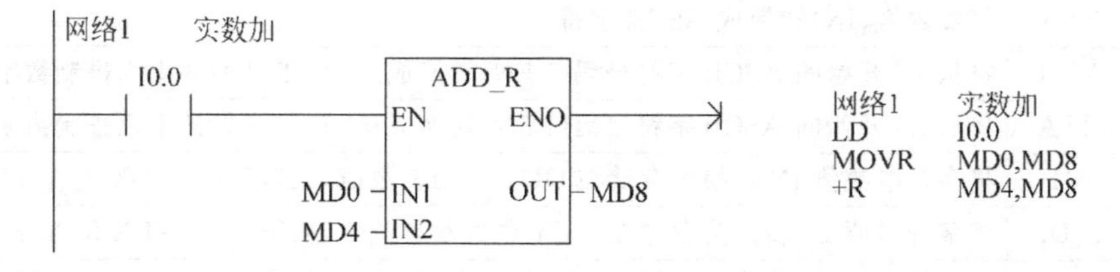

图 6-10　实数加(ADD_R)指令应用举例

实数减(SUB_R)、实数乘(MUL_R)和实数除(DIV_R)的使用方法与前面的指令用法类似,在此不再赘述。

MUL_DI/DIV_DI 和 MUL_R/DIV_R 的输入都是 32 位,输出的结果也是 32 位,但前者的输入和输出是双整数,属于双整数运算,而后者输入和输出的是实数,属于浮点运算,简单地说,后者的输入和输入数据中有小数点,而前者没有,后者的运算速度要慢得多。

值得注意的是,乘/除运算对特殊标志位 SM1.0(零标志位)、SM1.1(溢出标志位)、SM1.2(负数标志位)、SM1.3(被 0 除标志位)会产生影响。若 SM1.1 在乘法运算中被置 1,表明结果溢出,则其他标志位状态均置 0,无输出。若 SM1.3 在除法运算中被置 1,说明除数为 0,则其他标志位状态保持不变,原操作数也不变。

【关键点】 浮点数的算术指令的输入端可以是常数,必须是带有小数点的常数,如5.0,不能为 5,否则会出错。西门子全系列 PLC 都遵守此原则。

4. 转换指令

转换指令将一种数据格式转换成另外一种格式进行存储。例如,要让一个整型数据和双整型数据进行算术运算,一般要将整型数据转换成双整型数据。STEP 7-Micro/WIN 的转换指令见表 6-10。

表 6-10 转换指令

STL	LAD	说　明
BTI	B_I	将字节数值(IN)转换成整数值,并将结果置入 OUT 指定的变量中
ITB	I_B	将整数值(IN)转换成字节值,并将结果置入 OUT 指定的变量中
ITD	I_DI	将整数值(IN)转换成双整数值,并将结果置入 OUT 指定的变量中
ITS	I_S	将整数字(IN)转换为长度为 8 个字符的 ASCII 字符串
DTI	DI_I	将双整数值(IN)转换成整数值,并将结果置入 OUT 指定的变量中
DTR	DI_R	将 32 位带符号整数(IN)转换成 32 位实数,并将结果置入 OUT 指定的变量中
DTS	DI_S	将双整数(IN)转换为长度为 12 个字符的 ASCII 字符串
BTI	BCD_I	将二进制编码的十进制值(IN)转换成整数值,并将结果置入 OUT 指定的变量中
ITB	I_BCD	将输入整数值(IN)转换成二进制编码的十进制数,并将结果置入 OUT 指定的变量中
RND	ROUND	将实值(IN)转换成双整数值,并将结果置入 OUT 指定的变量中
TRUNC	TRUNC	将 32 位实数(IN)转换成 32 位双整数,并将结果的整数部分置入 OUT 指定的变量中
RTS	R_S	将实数值(IN)转换为 ASCII 字符串
ITA	ITA	将整数字(IN)转换成 ASCII 字符数组
DTA	DTA	将双整数(IN)转换成 ASCII 字符数组
RTA	RTA	将实数值(IN)转换成 ASCII 字符
ATH	ATH	将从 IN 开始的 ASCII 字符号码(LEN)转换成从 OUT 开始的十六进制数字
HTA	HTA	将从 IN 开始的 ASCII 字符号码(LEN)转换成从 OUT 开始的十六进制数字
STI	S_I	将字符串数值 IN 转换为存储在 OUT 中的整数值,从偏移量 INDX 位置开始
STD	S_DI	将字符串值 IN 转换为存储在 OUT 中的双整数值,从偏移量 INDX 位置开始
STR	S_R	将字符串值 IN 转换为存储在 OUT 中的实数值,从偏移量 INDX 位置开始
DECO	DECO	设置输出字(OUT)中与用输入字节(IN)最低"半字节"(4 位)表示的位数相对应的位
ENCO	ENCO	将输入字(IN)最低位的位数写入输出字节(OUT)的最低"半字节"(4 位)中
SEG	SEG	生成照明七段显示段的位格式

(1) 整数转换成双整数(ITD)

整数转换成双整数指令是将 IN 端指定的内容以整数的格式读入，然后将其转换为双整数格式输出到 OUT 端。整数转换成双整数指令和参数见表 6-11。

表 6-11　整数转换成双整数指令和参数

LAD	参数	数据类型	说　明	存　储　区
I_DI EN ENO IN OUT	EN	BOOL	使能(允许输入)	V,I,Q,M,S,SM,L
	ENO	BOOL	允许输出	
	IN	INT	输入的整数	V,I,Q,M,S,SM,L,T,C,AI,AC,常数,* VD,* LD,* AC
	OUT	DINT	整数转化成的双整数	V,I,Q,M,S,SM,L,AC,* VD,* LD,* AC

【例 6-9】 梯形图和指令表如图 6-11 所示。IN 中的整数存储在 MW0 中(用 16 进制表示为 16#0016)，当 I0.0 闭合时，转换完成后 OUT 端的 MD2 中的双整数是多少？

【解】 当 I0.0 闭合时，激活整数转换成双整数指令，IN 中的整数存储在 MW0 中(用 16 进制表示为 16#0016)，转换完成后 OUT 端的 MD2 中的双整数是 16#0000 0016。但要注意，MW2=16#0000，而 MW4=16#0016。

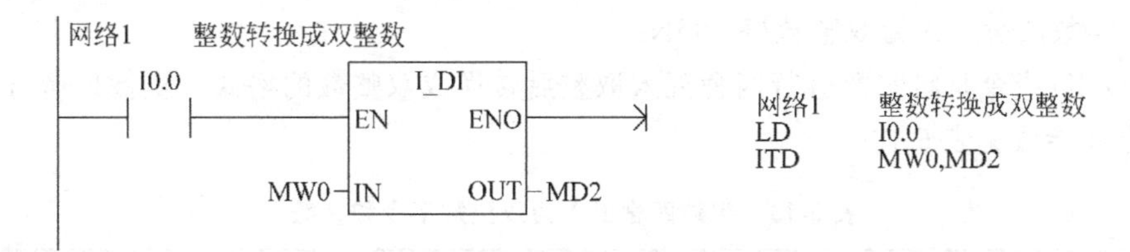

图 6-11　整数转换成双整数指令应用

(2) 双整数转换成实数(DTR)

双整数转换成实数指令是将 IN 端指定的内容以双整数的格式读入，然后将其转换为实数码格式输出到 OUT 端。实数格式在后续算术计算中是很常用的，如 3.14 就是实数形式。双整数转换成实数指令和参数见表 6-12。

表 6-12　双整数转换成实数指令和参数

LAD	参数	数据类型	说　明	存　储　区
DI_R EN ENO IN OUT	EN	BOOL	使能(允许输入)	V,I,Q,M,S,SM,L
	ENO	BOOL	允许输出	
	IN	DINT	输入的双整数	V,I,Q,M,S,SM,L,HC,AC,常数,* VD,* AC,* LD
	OUT	REAL	双整数转化成的实数	V,I,Q,M,S,SM,L,AC,* VD,* LD,* AC

【例 6-10】 梯形图和指令表如图 6-12 所示。IN 中的双整数存储在 MD0 中(用 10 进制表示为 16),转换完成后 OUT 端的 MD4 中的实数是多少?

【解】 当 I0.0 闭合时,激活双整数转换成实数指令,IN 中的双整数存储在 MD0 中(用 10 进制表示为 16),转换完成后 OUT 端的 MD4 中的实数是 16.0。一个实数要用 4 字节存储。

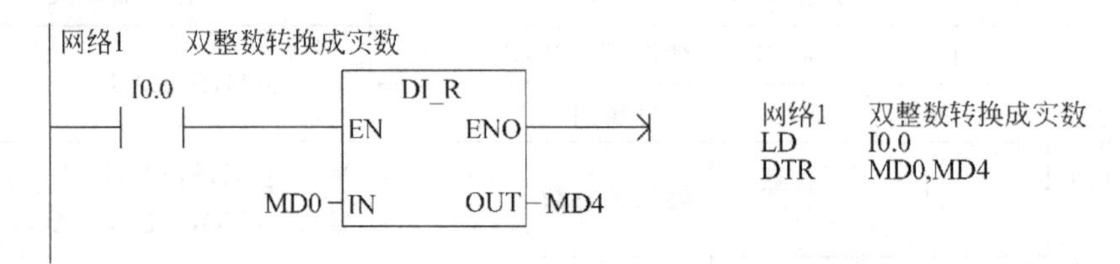

图 6-12 双整数转换成实数指令应用举例

【关键点】 应用 I_DI 转换指令后,数值的大小并未改变,但有时转换是必需的,因为只有相同的数据类型,才可以进行数学运算,例如要将一个整数和双整数相加,则比较保险的做法是先将整数转化成双整数,再做双整数加法。

DI_I 是双整数转换成整数的指令,将结果存入 OUT 指定的变量中。若双整数太大,则会溢出。

DI_R 是双整数转换成实数的指令,将结果存入 OUT 指定的变量中。

(3) 实数四舍五入为双整数(ROUND)

ROUND 指令是将实数进行四舍五入取整后转换成双整数的格式。实数四舍五入为双整数指令和参数见表 6-13。

表 6-13 实数四舍五入为双整数指令和参数

LAD	参数	数据类型	说　明	存　储　区
ROUND EN ENO IN OUT	EN	BOOL	允许输入	V,I,Q,M,S,SM,L
	ENO	BOOL	允许输出	
	IN	REAL	实数(浮点型)	V,I,Q,M,S,SM,L,AC,常数,*VD,*LD,*AC
	OUT	DINT	四舍五入后为双整数	V,I,Q,M,S,SM,L,AC,*VD,*LD,*AC

【例 6-11】 梯形图和指令表如图 6-13 所示。IN 中的实数存储在 MD0 中,假设这个实数为 3.14,进行四舍五入运算后 OUT 端的 MD4 中的双整数是多少?假设这个实数为 3.88,进行四舍五入运算后 OUT 端的 MD4 中的双整数是多少?

【解】 当 I0.0 闭合时,激活实数四舍五入指令,IN 中的实数存储在 MD0 中,假设这个实数为 3.14,进行四舍五入运算后 OUT 端的 MD4 中的双整数是 3,假设这个实数为 3.88,进行四舍五入运算后 OUT 端的 MD4 中的双整数是 4。

【关键点】 ROUND 是四舍五入指令,而 TRUNC 是截取指令,将输入的 32 位实数转

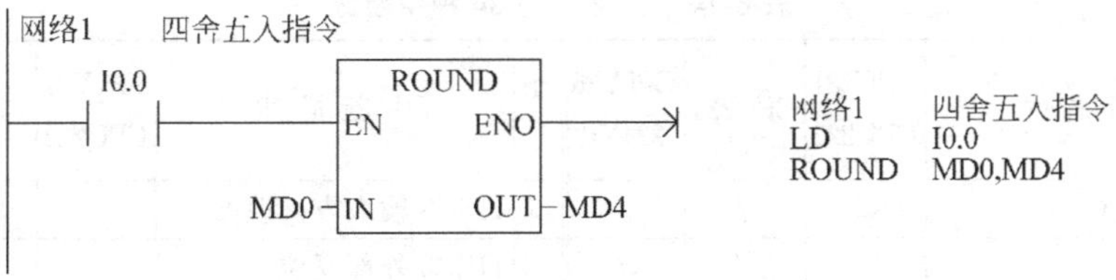

网络1　四舍五入指令

I0.0　ROUND　EN　ENO　MD0 - IN　OUT - MD4

网络1　四舍五入指令
LD　I0.0
ROUND　MD0,MD4

图 6-13　实数四舍五入为双整数指令应用举例

换成整数,只有整数部分保留,舍去小数部分,结果为双整数,并将结果存入 OUT 指定的变量中。例如输入是 32.2,执行 ROUND 或者 TRUNC 指令,结果都为 32。而输入是 32.5,执行 TRUNC 指令,结果为 32;执行 ROUND 指令,结果为 33。请注意区分。

【例 6-12】 将英寸转换成厘米,已知单位为英寸的长度保存在 VW0 中,数据类型为整数,英寸和厘米的转换单位为 2.54,保存在 VD12 中,数据类型为实数,要将最终单位厘米的结果保存在 VD20 中,且结果为双整数。编写程序实现这一功能。

【解】 要将单位为英寸的长度转化成单位为厘米的长度,必须要用到实数乘法,因此乘数必须为实数,而已知的英寸长度是整数,所以先要将整数转换成双整数,再将双整数转换成实数,最后将乘积取整就得到了结果。程序如图 6-14 所示。

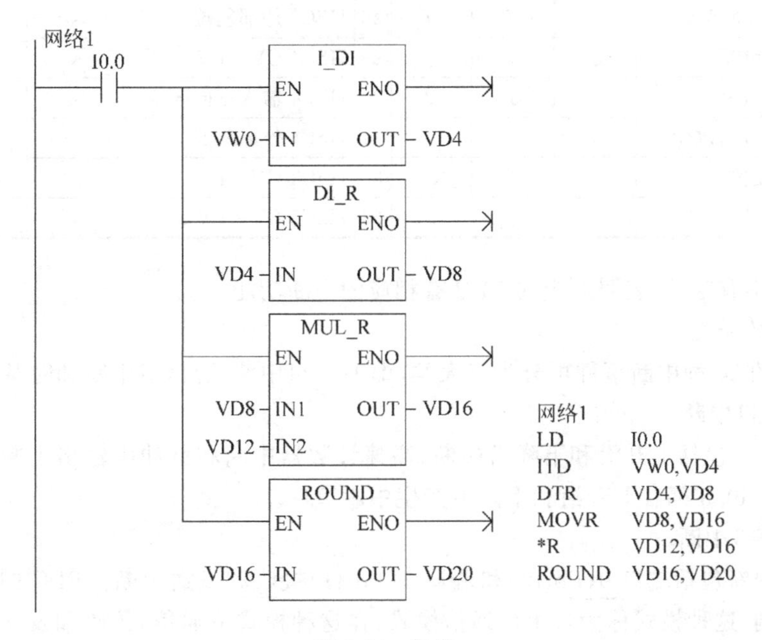

图 6-14　程序

6.3.3　中断调用

中断是计算机特有的工作方式,指在主程序的执行过程中,中断主程序,去执行中断子程序。中断子程序是为某些特定的控制功能而设定的。与子程序不同,中断是为随机发生的且必须立即响应的事件安排的,其响应时间应小于机器周期。引发中断的信号叫中断源,S7-200 有 34 种中断源,见表 6-14。

表 6-14　S7-200 的 34 种中断源

序号	中断描述	CPU221 CPU222	CPU224	CPU226 224XP	序号	中断描述	CPU221 CPU222	CPU224	CPU226 224XP
0	上升沿,I0.0	√	√	√	17	HSC2 输入方向改变		√	√
1	下降沿,I0.0	√	√	√	18	HSC2 外部复位		√	√
2	上升沿,I0.1	√	√	√	19	PTO 0 完成中断	√	√	√
3	下降沿,I0.1	√	√	√	20	PTO 1 完成中断	√	√	√
4	上升沿,I0.2	√	√	√	21	定时器 T32 CT＝PT 中断	√	√	√
5	下降沿,I0.2	√	√	√	22	定时器 T96 CT＝PT 中断	√	√	√
6	上升沿,I0.3	√	√	√	23	端口 0：接收信息完成	√	√	√
7	下降沿,I0.3	√	√	√	24	端口 1：接收信息完成			√
8	端口 0：接收字符	√	√	√	25	端口 1：接收字符			√
9	端口 0：发送完成	√	√	√	26	端口 1：发送完成			√
10	定时中断 0 SMB34	√	√	√	27	HSC0 输入方向改变	√	√	√
11	定时中断 1 SMB35	√	√	√	28	HSC0 外部复位	√	√	√
12	HSC0 CV＝PV	√	√	√	29	HSC4 CV＝PV	√	√	√
13	HSC1 CV＝PV		√	√	30	HSC4 输入方向改变	√	√	√
14	HSC1 输入方向改变		√	√	31	HSC4 外部复位	√	√	√
15	HSC 外部复位		√	√	32	HSC3 CV＝PV	√	√	√
16	HSC2 CV＝PV		√	√	33	HSC5 CV＝PV	√	√	√

表 6-14 中有“√”,表明对应的 PLC 有相应的中断功能。

1. 中断的分类

S7-200 的 34 种中断事件可分为三大类,即 I/O 口中断、通信口中断和时基中断。

(1) I/O 口中断

I/O 口中断包括上升沿和下降沿中断、高速计数器中断和脉冲串输出中断。S7-200 可以利用 I0.0～I0.3 都有上升沿和下降沿产生中断事件。

(2) 通信口中断

通信口中断包括端口 0(Port0)和端口 1(Port1)接收和发送中断。PLC 的串行通信口可由程序控制,这种模式称为自由口通信模式,在这种模式下通信,接收和发送中断可以简化程序。

(3) 时基中断

时基中断包括定时中断及定时器 T32/96 中断。定时中断可以反复执行,定时中断是非常有用的。

2. 中断指令

中断指令共有 6 条,包括连接中断、分离中断、清除中断事件、禁止中断、允许中断和从中断程序有条件返回,见表 6-15。

表 6-15　中断指令

LAD	STL	功　能
ATCH EN ENO INT EVNT	ATCH,INT,EVNT	连接中断,INT 是中断服务程序的标签,EVNT 是中断号
DTCH EN ENO EVNT	DTCH,EVNT	中断分离,EVNT 是中断号
CLR_EVNT EN ENO EVNT	CENT,EVNT	清除中断事件,EVNT 是中断号
—(DISI)	DISI	禁止中断
—(ENI)	ENI	允许中断
—(RETI)	CRETI	从中断程序有条件返回

【例 6-13】 用中断指令编写程序,要求每 100ms VD0 中的数值增加 1。

【解】 程序如图 6-15 所示。

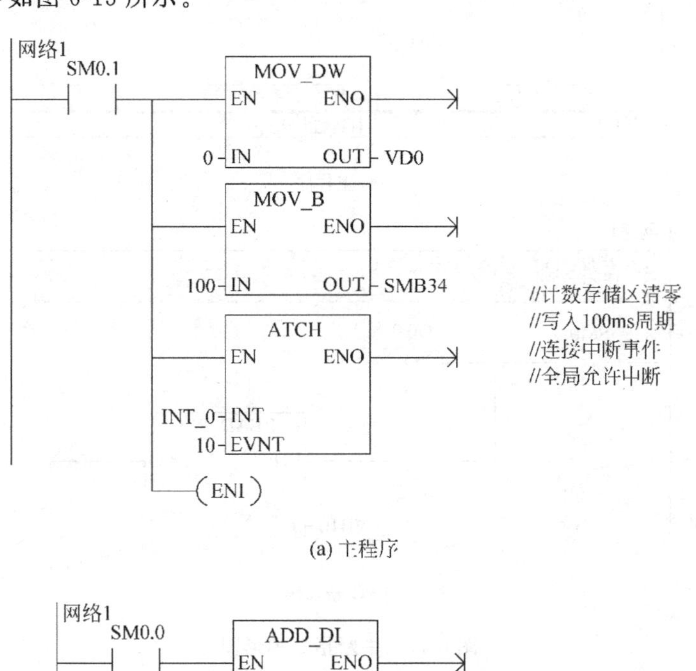

(a) 主程序

(b) 中断程序INT_0

图 6-15　中断指令程序

3. 使用中断的注意事项

① 一个事件只能连接一个中断程序，而多个中断事件可以调用同一个中断程序，但一个中断事件不可能在同一时间建立多个中断程序。

② 在中断子程序中不能使用 DISI、ENI、HDFE、FOR/NEXT 和 END 等指令。

③ 程序中有多个中断子程序时，要分别编号。在建立中断程序时，系统会自动编号，也可以更改编号。建立子程序的方法有三种，最简单的方法是在程序编辑器中的空白处右击，再执行“插入”→“中断程序”命令即可，如图 6-16 所示。

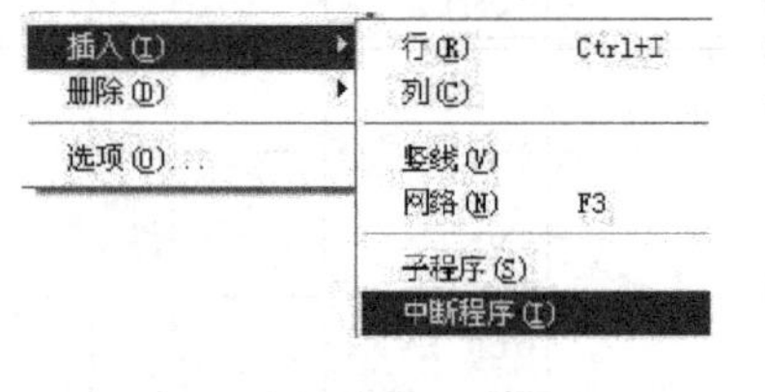

图 6-16 插入中断程序

【例 6-14】 记录一台设备损坏（设备损坏时接通 I0.0）的时间，请用 PLC 实现此功能。

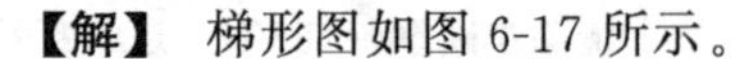

【解】 梯形图如图 6-17 所示。

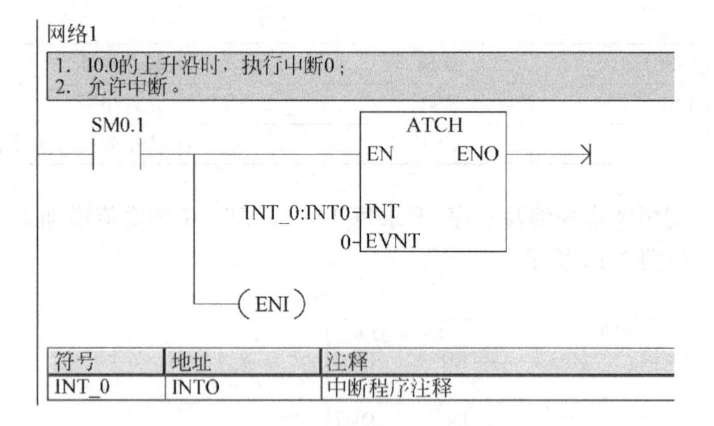

符号	地址	注释
INT_0	INTO	中断程序注释

(a) 主程序

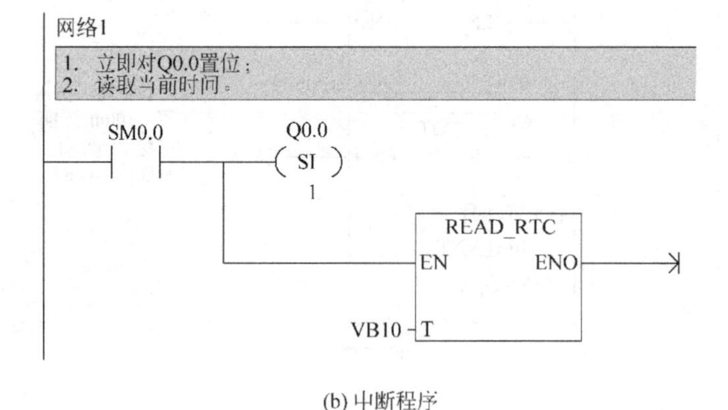

(b) 中断程序

图 6-17 中断指令梯形图

【例 6-15】 某实验室的一个房间，要求每天 16：30～18：00 开启一个加热器，请用 PLC 实现此功能。

【解】 先用 PLC 读取实时时间，因为读取的时间是 BCD 码格式，所以之后要将 BCD 码转化成整数，如果实时时间在 16：30～18：00，那么则开启加热器，梯形图如图 6-18 所示。

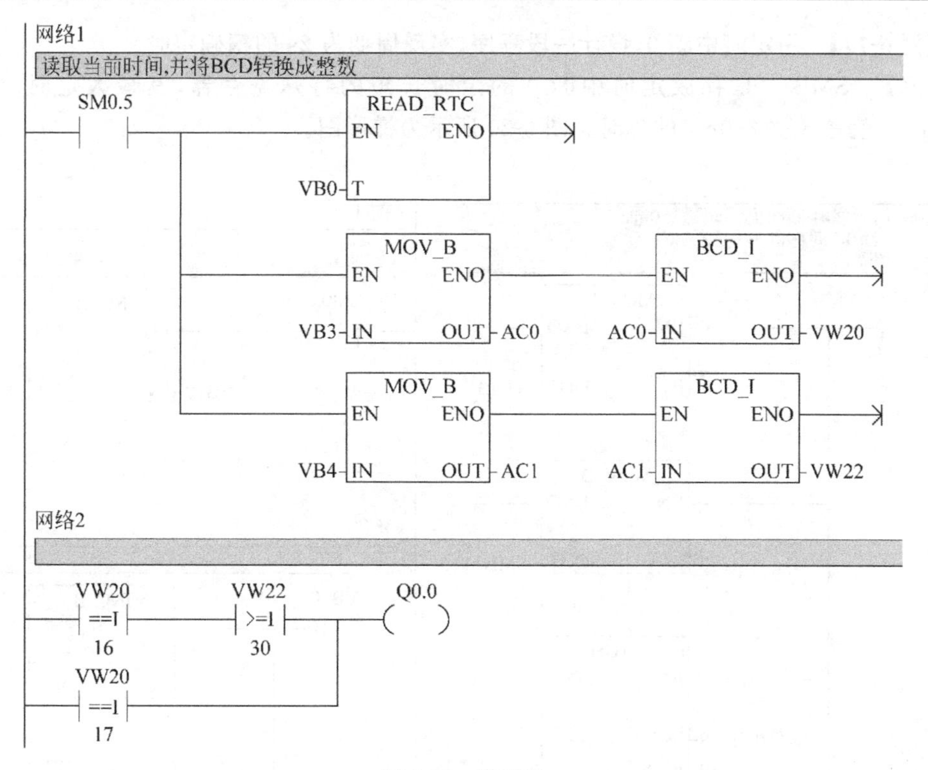

图 6-18　梯形图

【例 6-16】 在 I0.0 的上升沿，通过中断使 Q0.0 立即置位，在 I0.0 的下降沿，通过中断使 Q0.0 立即复位。

【解】 图 4-19 所示为梯形图。

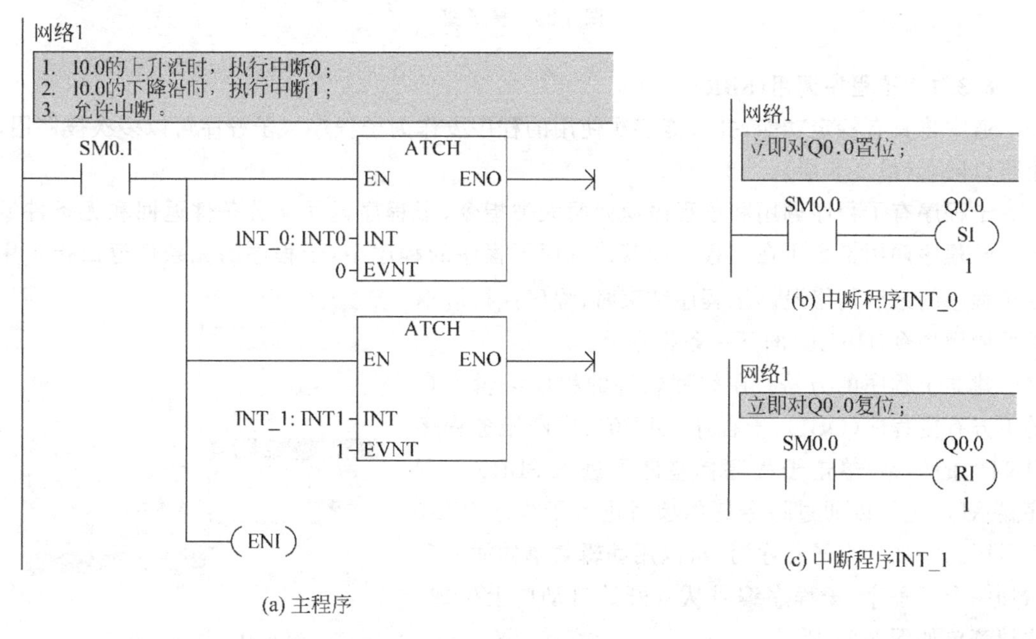

图 6-19　梯形图

【例 6-17】 用定时中断 0,设计一段程序,实现周期为 2s 的精确定时。

【解】 SMB34 是存放定时中断 0 的定时长短的特殊寄存器,其最大定时时间是 255ms,2s 就是 8 次 250ms 的延时。图 6-20 所示为梯形图。

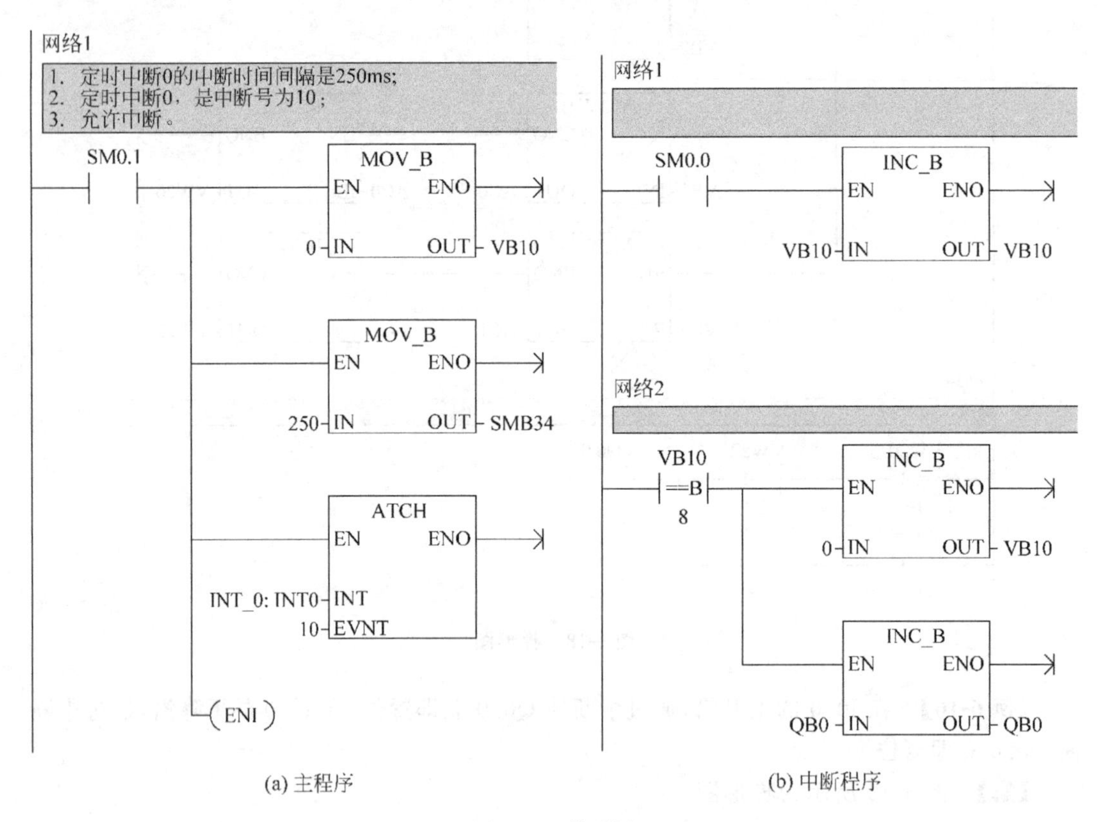

(a) 主程序　　(b) 中断程序

图 6-20　梯形图

6.3.4　子程序调用(SBR)

通常将具有特定功能,并且能多次使用的程序段作为子程序。子程序可以多次被调用,也可以嵌套(最多 8 层)。

子程序有子程序调用和子程序返回两大类指令,子程序返回又分条件返回和无条件返回。子程序调用指令用在主程序或其他调用子程序的程序中,子程序的无条件返回指令用在子程序的最后网络段。子程序结束时,程序执行应返回原调用指令(CALL)的下一条指令处。

建立子程序的方法:在编程软件的程序编辑窗口的下方有主程序(OB1)、子程序(SBR0)、中断服务程序(INT0)的标签,单击子程序标签即可进入 SBR0 子程序显示区,也可以通过指令树的项目进入子程序 SBR0 显示区。添加一个子程序时,可以用编辑菜单的插入项增加一个子程序,子程序编号从 0 开始自动向上生成,快捷菜单如图 6-21 所示。

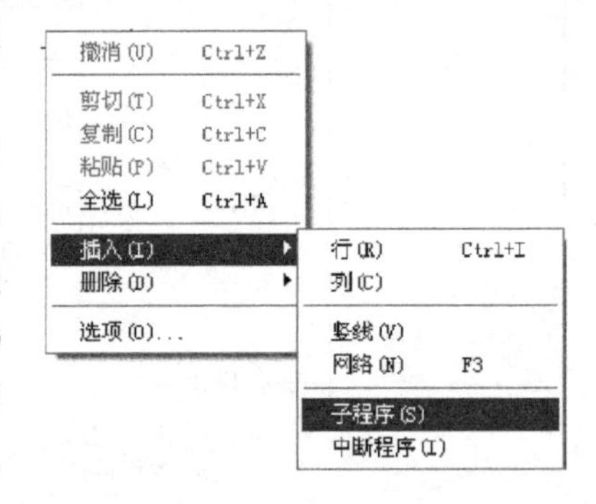

图 6-21　插入子程序

【例 6-18】 测量某系统温度，当温度超过一定数值（保存在 VW10 中）时，报警灯以 1s 为周期闪光，警铃鸣叫，使用 S7-200 PLC 和模块 EM231，编写此程序。

【解】 温度是一个变化较慢的量，可每 100ms 从模块 EM231 的通道 0 中采样 1 次。梯形图如图 6-22 所示。

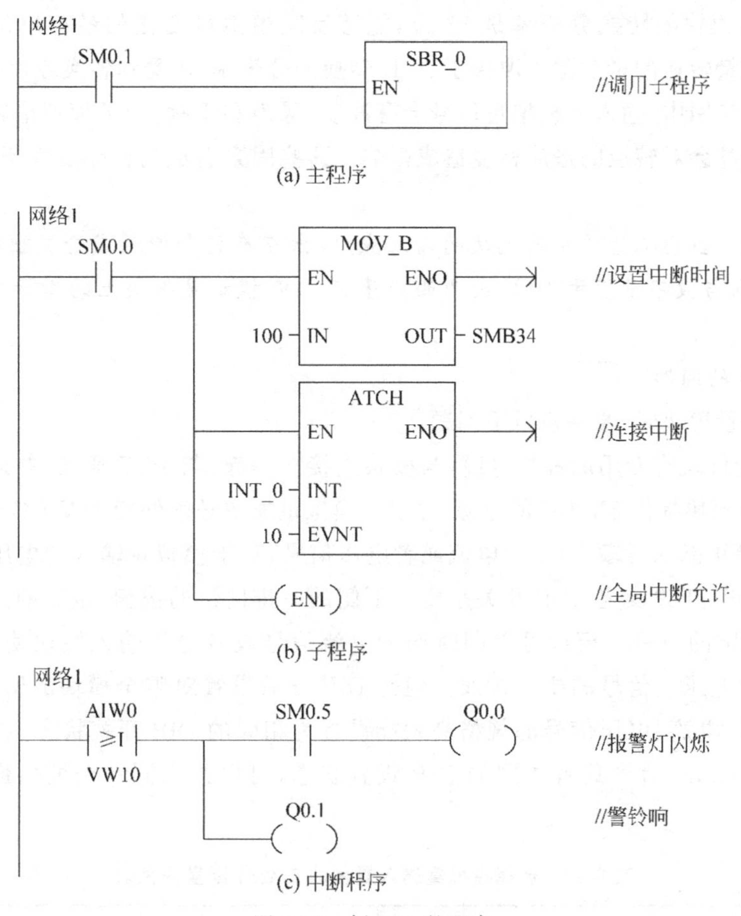

图 6-22　例 6-18 的程序

6.3.5　模拟量 I/O 扩展模块

1. 模拟量 I/O 扩展模块的规格

模拟量 I/O 扩展模块包括模拟量输入模块、模拟量输出模块和模拟量输入/输出模块。部分模拟量模块的规格见表 6-16。

表 6-16　模拟量 I/O 扩展模块规格表

模块型号	输入点	输出点	电压	功耗/W	电源要求	
					DC 5V	DC 24V
EM231	4	0	DC 24V	2	20mA	60mA
EM232	0	2	DC 24V	2	20mA	70mA
EM235	4	1	DC 24V	2	30mA	60mA

2. 模拟量I/O扩展模块的接线

S7-200系列的模拟量模块用于输入和输出电流或者电压信号。

模拟量输入模块有两个参数容易混淆，即模拟量转换的分辨率和模拟量转换的精度（误差）。分辨率是A/D模拟量转换芯片的转换精度，即用多少位的数值来表示模拟量。若S7-200模拟量模块的转换分辨率是12位，能够反映模拟量变化的最小单位是满量程的1/4096。模拟量转换的精度除了取决于A/D转换的分辨率，还受到转换芯片的外围电路的影响。在实际应用中，输入的模拟量信号会有波动、噪声和干扰，内部模拟电路也会产生噪声、漂移，这些都会对转换的最后精度造成影响。这些因素造成的误差要大于A/D芯片的转换误差。

【关键点】 当模拟量的扩展模块的输入点/输出点有信号输入或者输出时，LED指示灯不会亮，这点与数字量模块不同，因为西门子S7-200模拟量模块上的指示灯没有与电路相连。

3. 应注意的问题

使用模拟量模块时，要注意以下问题：

① 模拟量模块有专用的扁平电缆（与模块连接在一起）与PLC通信，并通过此电缆由PLC向模拟量模块提供5V DC的电源。此外，模拟量模块必须外接24V DC电源。

② 每个模块能同时输入/输出电流或者电压信号，对于模拟量输入的电压或者电流信号选择通过DIP开关设定，DIP开关是模块下侧的一排白色的拨钮，量程的选择也是通过DIP开关来设定的。一个模块可以同时作为电流信号或者电压输入模块使用，但必须分别按照电流和电压型信号的要求接线。但是DIP开关设置对整个模块的所有通道有效，在这种情况下，电流、电压信号的规格必须能设置为相同的DIP开关状态。在表6-17中，0～5V和0～20mA信号具有相同的DIP设置状态，可以接入同一个模拟量模块的不同通道。

表6-17 选择模拟量输入量程的EM231配置开关表

	SW1	SW2	SW3	满量程	分辨率
单极性	ON	OFF	ON	0～10V	2.5mV
		ON	OFF	0～5V	1.25mV
				0～20mA	5μA
双极性	OFF	OFF	ON	±5V	2.5mV
		ON	OFF	±2.5V	1.25mV

双极性就是信号在变化的过程中要经过“零”，单极性不过零。由于模拟量转换为数字量是有符号整数，所以双极性信号对应的数值会有负数。在S7-200中，单极性模拟量输入/输出信号的数值范围是0～32000，双极性模拟量信号的数值范围是－32000～＋32000。

③ 对于模拟量输入模块，传感器电缆线应尽可能短，而且应用屏蔽双绞线，导线应避免弯成锐角。靠近信号源屏蔽线的屏蔽层应单端接地。

④ 未使用的通道应短接，如图6-23中的B＋和B－端子未用，进行了短接。

⑤ 一般电压信号比电流信号容易受干扰，应优先选用电流信号。电压型的模拟量信号，由于输入端的内阻很高（S7-200 的模拟量模块为 10MΩ），极易引入干扰。一般电压信号用于控制设备柜内电位器设置，或者距离非常近、电磁环境好的场合。电流型信号不容易受到传输线沿途的电磁干扰，因而在工业现场获得了广泛的应用。电流信号可以传输比电压信号远得多的距离。

⑥ 对于模拟量输出模块，电压型和电流型信号的输出信号的接线不同，各自的负载接到各自的端子上。

⑦ 前述的 PLC 和扩展模块的数字量的输入和输出点都有隔离保护，但模拟量的输入和输出则没有隔离。如果用户的系统中需要隔离，请另行购买信号隔离器件。

⑧ 模拟量输入模块的电源地和传感器的信号地必须连接（工作接地），否则这将会产生一个很高的上下振动的共模电压，影响模拟量输入值，测量结果可能是一个变动很大的不稳定的值。

⑨ 模拟量输出模块总是要占据两个通道的输出地址。即便有些模块（EM235）只有一个实际输出通道，它也要占用两个通道的地址。在编程计算机和 PLC 实际联机时，使用 STEP 7-Micro/WIN 的菜单命令“PLC”→“信息”，可以查看 PLC 和扩展模块的实际 I/O 地址分配。

模拟量输出模块的接线如图 6-24 所示。

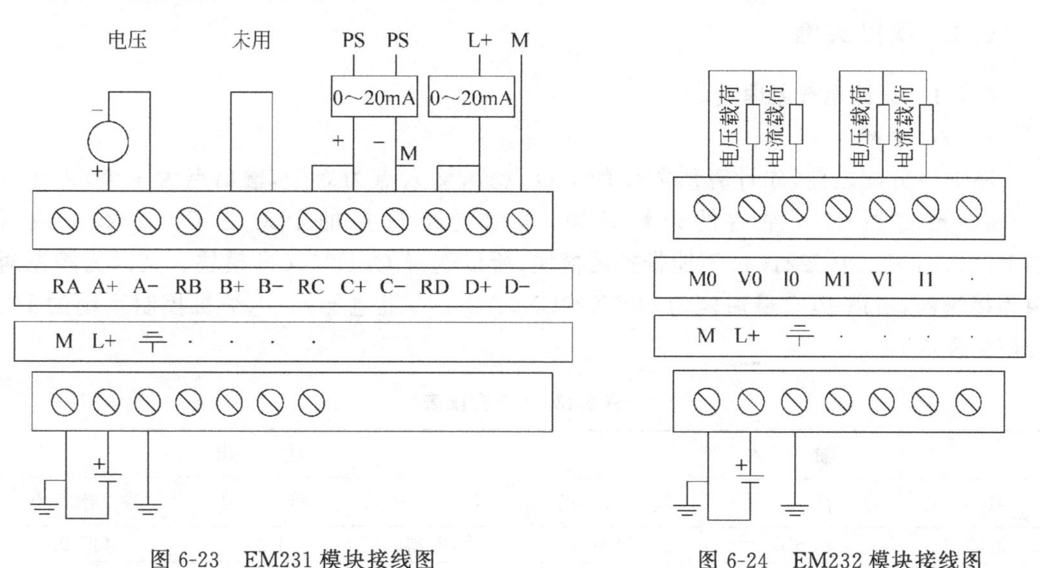

图 6-23　EM231 模块接线图

图 6-24　EM232 模块接线图

【例 6-19】 有一个系统，配置了一台 EM231，用于测量压力，压力传感器变送器输出的是 0～20mA 的信号，请画出接线图。

【解】 压力传感器上有两个接线端子，正接线端子和＋24V 电源相连，负接线端子和 RA 及 A＋相连，电源的 0V 和 A－相连。不用的通道要短接，B＋和 B－端子短接，C＋和 C－端子短接，D＋和 D－端子短接，接线图如图 6-25 所示。此外要注意拨码开关的位置，由于是电流信号，SW1 应为“ON”状态，SW2 应为“ON”状态，SW3 应为“OFF”状态。

【关键点】 本接线图是常见的接法,有的电流信号输出的传感器的接法和本例不同,因此使用传感器时一定要认真阅读传感器的说明书,根据其说明书接线。这实际就是电流二线式接法。

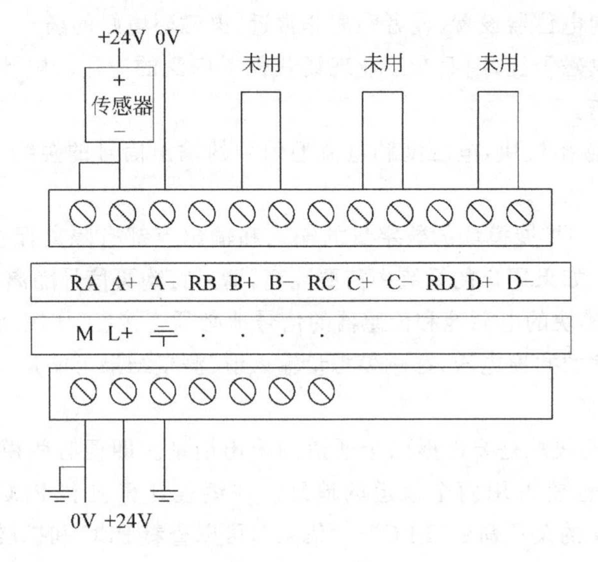

图 6-25 例 6-19 接线图

6.4 项目实施

6.4.1 设计电气原理图

1. I/O 分配

在 I/O 分配之前,先计算所需要的 I/O 点数,输入点为 3 个,输出点为 1 个,由于输入/输出最好留 15%左右的余量备用,所用初步选择的 PLC 是 CPU222CN 或者 CPU221CN,但 CPU221CN 不能带扩展模块,所以选择 CPU222CN 模块。又因为控制对象为接触器,所以 PLC 最后定为 CPU222CN(AC/DC/继电器)。电炉机控制系统的 I/O 分配见表 6-18。

表 6-18 I/O 分配表

输　　入			输　　出		
名　　称	符　　号	输　入　点	名　　称	符　　号	输　出　点
启动按钮	SB1	I0.0	继电器	KA1	Q0.0
停止按钮	SB2	I0.1			
急停按钮	SB3	I0.2			

2. 设计电气原理图

根据 I/O 分配表和题意,设计原理图如图 6-26 所示。

6.4.2 编写程序

1. 填写 PID 参数表

编写程序前,先要填写 PID 指令的参数表,参数见表 6-19。

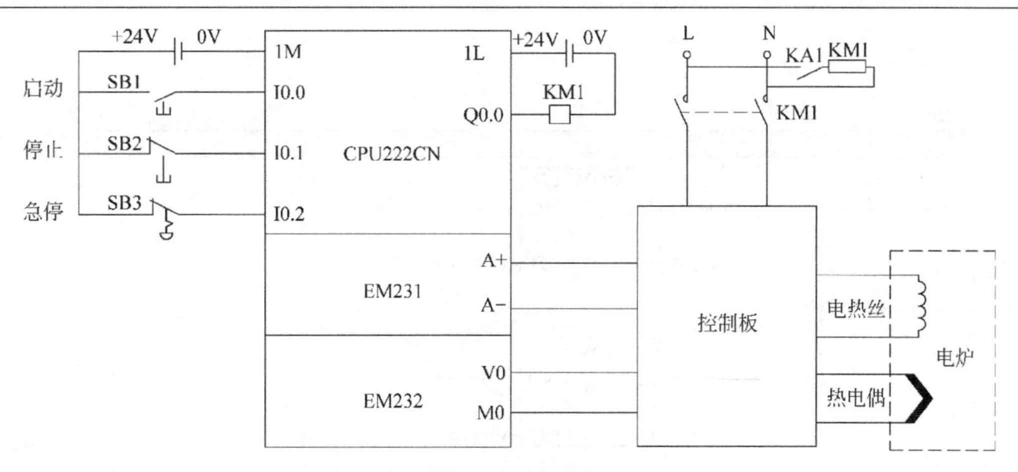

图 6-26　原理图

表 6-19　电炉温度控制的 PID 参数

地　　址	参　　数	描　　述
VD100	过程变量 PVn	温度经过 A/D 转换后的标准化数值
VD104	给定值 SPn	0.335(最高温度为 1,调节到 0.335)
VD108	输出值 Mn	PID 回路输出值
VD112	增益 K_c	5
VD116	采样时间 T_s	1
VD120	积分时间 T_I	30
VD124	微分时间 T_d	0
VD128	上一次积分值 M_X	根据 PID 运算结果更新
VD132	上一次过程变量 PV_{n-1}	最后一次 PID 运算过程变量值

2. 编写程序

编写 PLC 控制程序,梯形图如图 6-27 所示。

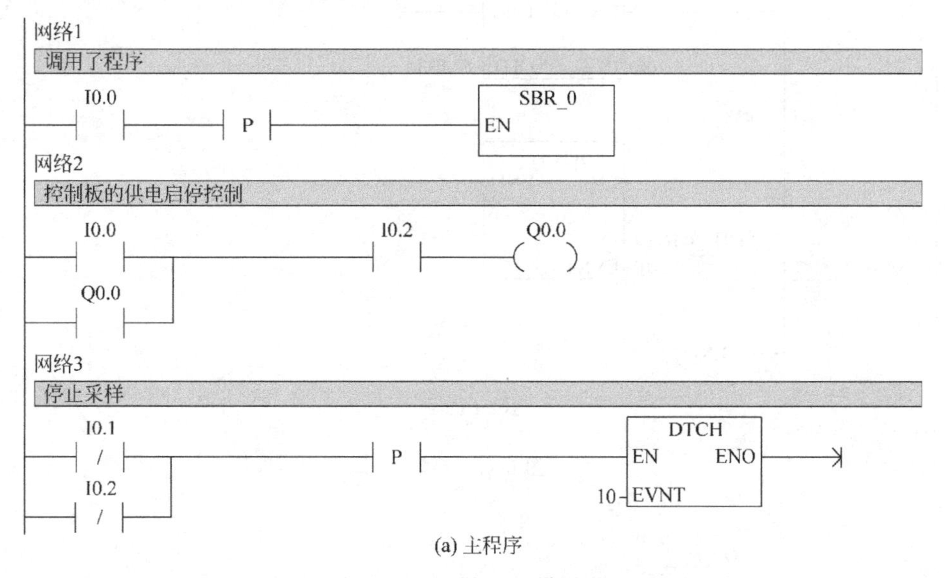

(a) 主程序

图 6-27　电炉 PID 梯形图

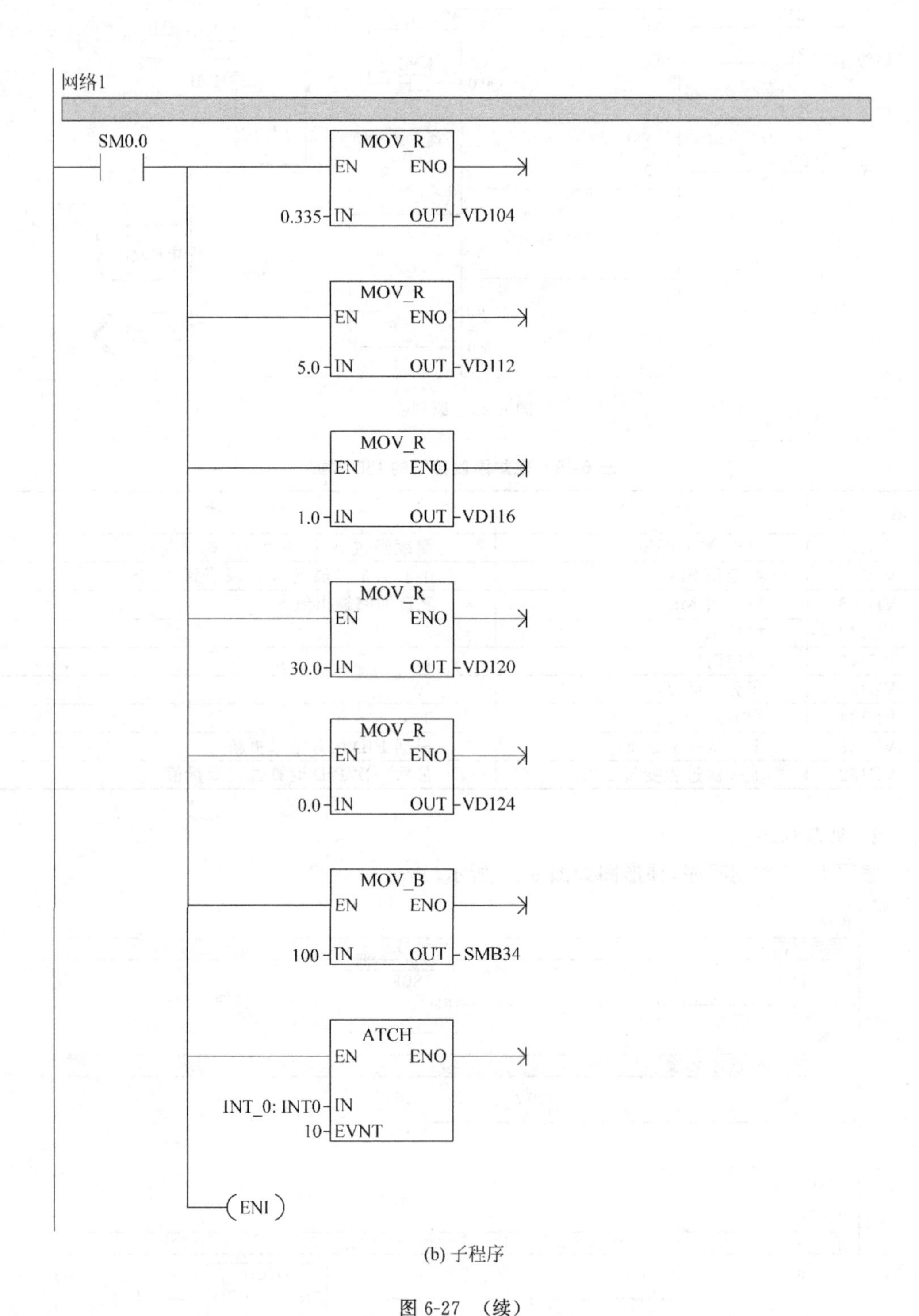

网络1
SM0.0
MOV_R
EN
ENO
0.335
IN
OUT
VD104
MOV_R
EN
ENO
5.0
IN
OUT
VD112
MOV_R
EN
ENO
1.0
IN
OUT
VD116
MOV_R
EN
ENO
30.0
IN
OUT
VD120
MOV_R
EN
ENO
0.0
IN
OUT
VD124
MOV_B
EN
ENO
100
IN
OUT
SMB34
ATCH
EN
ENO
INT_0: INT0
IN
10
EVNT
ENI

(b) 子程序

图 6-27 （续）

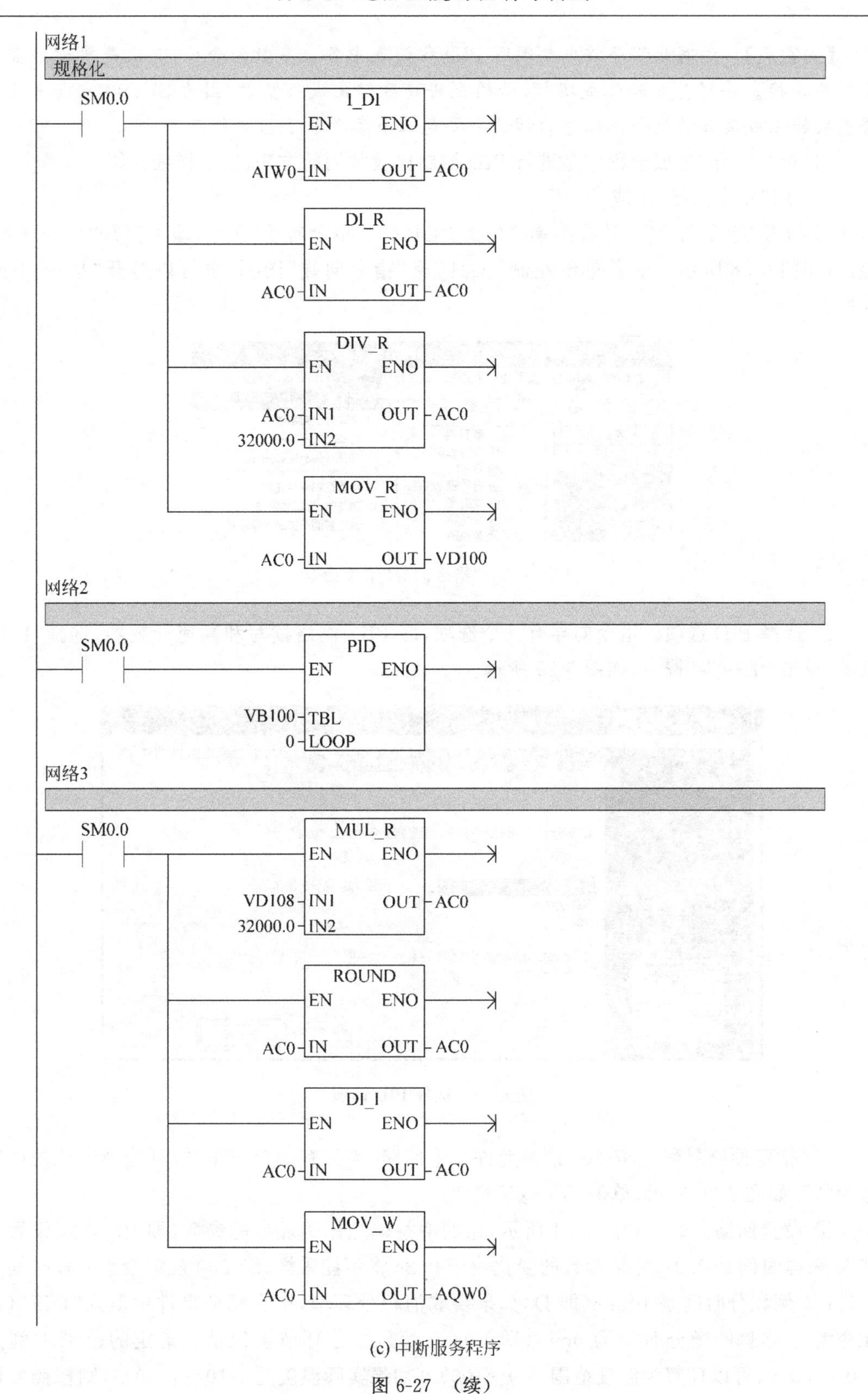

(c) 中断服务程序

图 6-27　（续）

【关键点】 编写此程序首先要理解 PID 参数表中各个参数的含义，其次是要理解数据类型的转换。要将整数转化成实数，必须先将整数转化成双整数，因为 S7-200 中没有直接将整数转化成实数的指令。程序的调试主要是三个参数 P、I、D 的修正。

用“指令向导”生成子程序是进行 PID 控制比较常用的方法，以下详细介绍。

(1) 用“指令向导”生成子程序

① 打开“指令向导”。选择菜单栏中的“工具”→“指令向导”命令，即可打开“指令向导”界面，如图 6-28 所示。或者单击左侧“工具”→“指令向导”图标，也可以打开“指令向导”界面。

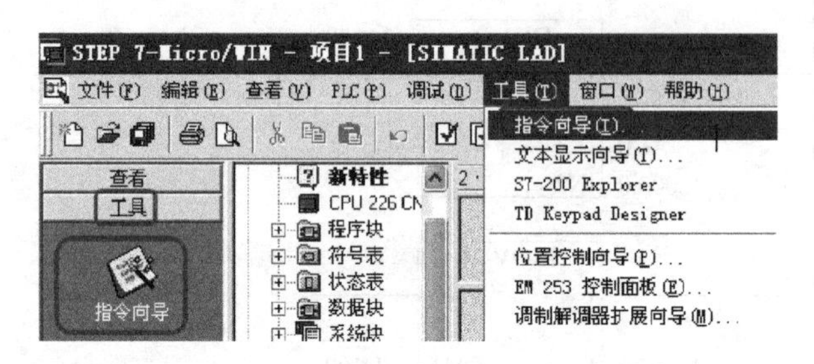

图 6-28 “指令向导”菜单命令

② 选择 PID 选项。指令向导有三个选项，即 PID、网络读写和高速计数器，选择“PID”选项，单击“下一步”按钮，如图 6-29 所示。

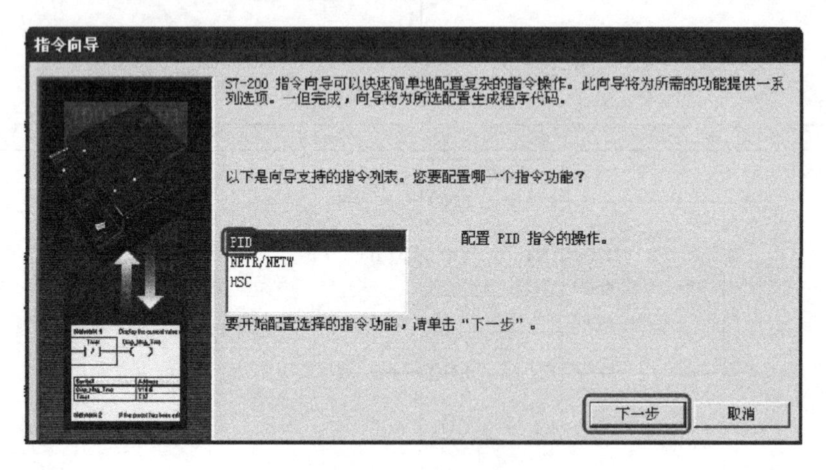

图 6-29 选择 PID 选项

③ 指定回路号码。S7-200 最多允许 8 个回路，当只有一个回路时，可选择默认的回路号为“0”，如图 6-30 所示，单击“下一步”按钮。

④ 设置回路参数。如图 6-31 所示，比例增益就是比例环节的参数(即 P)，本例设置为“2”；采样时间是 0.2s，如果参数的变化快于 0.2s 将不能采样，S7-200 规定最小采样时间是 0.1s；本例积分时间是 10min(即 I)，如果要取消积分环节，则在积分事件中填入“INF”(即无穷大)；本例的微分时间为 0min(即 D)，也就是微分环节被取消。给定的范围本例为 0.0～100.0，可以理解为温度范围是 0～100℃(如果实际温度是－10～1000℃，则按照实际

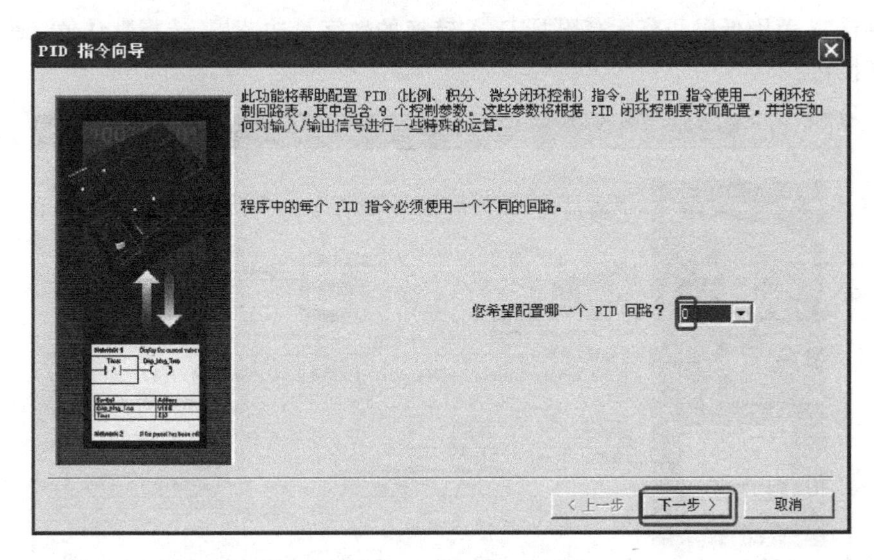

图 6-30　指定回路号码

填入），也可以理解为范围是 0～100%。以上参数可在调试时修改，单击“下一步”按钮。

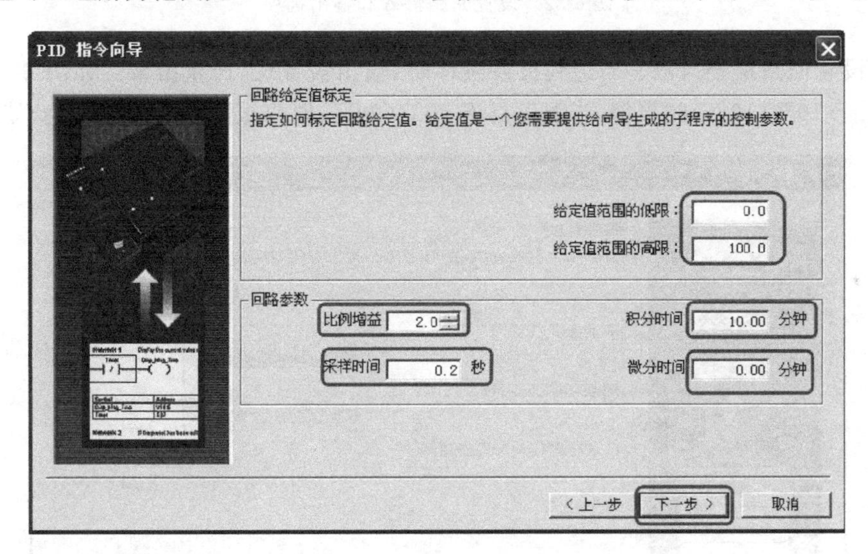

图 6-31　设置回路参数

⑤ 设置回路输入和输出选项。

回路输入选项。“标定”中有单极性和双极性两个选项，代表输入信号的极性（过零则为双极性，如±2V，不过零为单极性），如果输入信号是 4～20mA 的信号，可选择“使用 20%偏移量”；“过程变量”和回路给定值有一个对应关系，过程变量 0，对应回路给定值 0℃，过程变量 32000，对应回路给定值 100℃，如图 7-32 所示。

回路输出选项。“输出类型”有模拟量和数字量两个选项，本例使用的是 EM232 模拟量模块，所以选择“模拟量”；“标定”中有单极性和双极性两个选项，代表输出信号的极性（过零则为双极性，如±2V，不过零为单极性），如果输出信号是 4～20mA，可选择“使用

20%偏移量”；范围低限和范围高限是D/A转换的数字量的范围，选择默认值。最后单击“下一步”按钮。

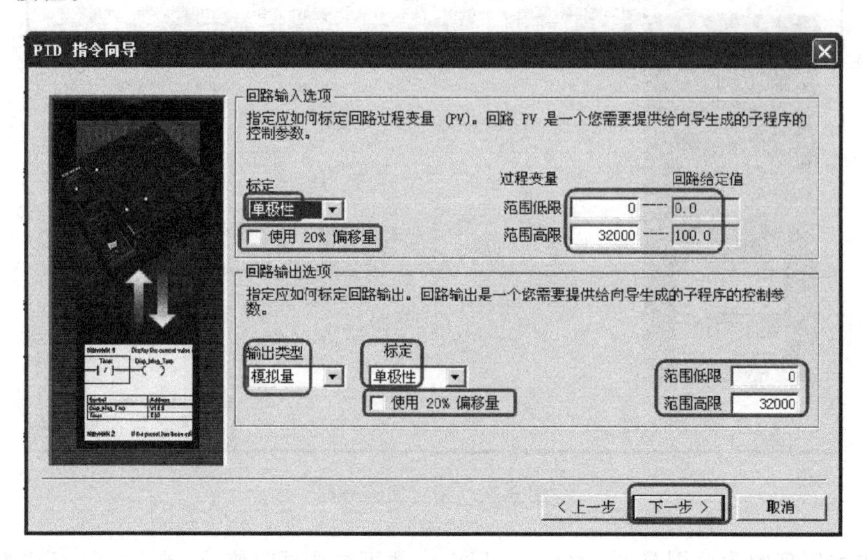

图 6-32　设置回路输入和输出选项

⑥ 设置回路报警选项。当达到报警条件时，输出被置位，产生报警。如图6-33所示，当温度低于10℃(10%)时报警，当温度高于90℃(90%)时也报警。单击“下一步”按钮。

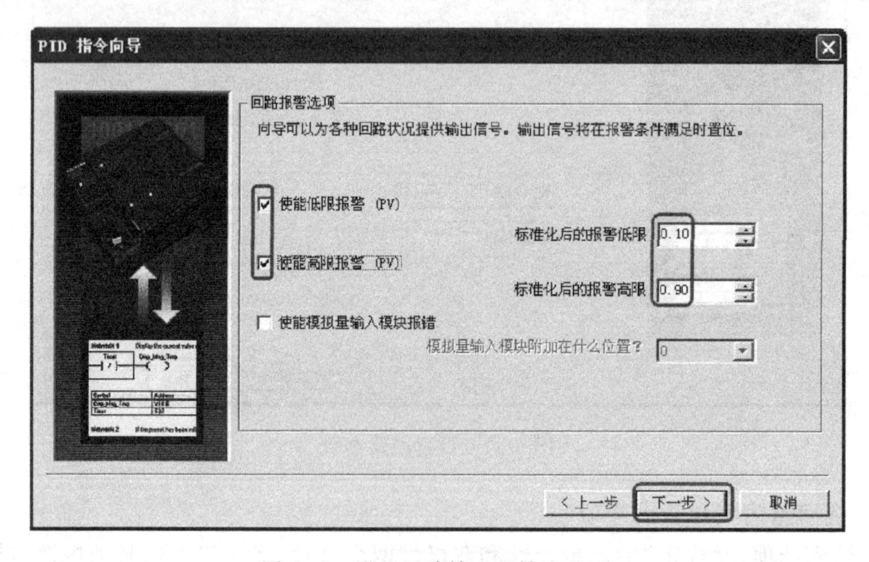

图 6-33　设置回路输入和输出选项

⑦ 为计算指定存储区。PID指令使用V存储区中的一个36个字节的参数表，存储用于控制回路操作的参数。这个V存储区可以读者分配也可以使用系统默认V存储区，但要注意，这个V存储区被系统占用后，读者编程时，不可以再使用，否则可能导致错误的结果。如图6-34所示，单击“下一步”按钮。

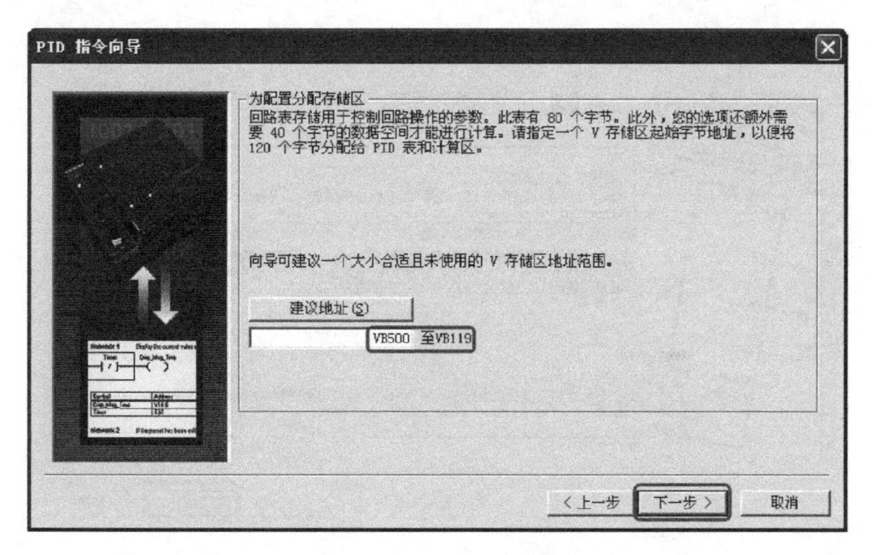

图 6-34　为计算指定存储区

⑧ 指定子程序和中断程序。如图 6-35 所示，为子程序和中断程序命令，这两个名称读者可以修改，也可以使用系统默认的名称，由于有多个回路时，初始化子程序不同，但多个回路使用同一个中断程序（如 PID_EXE），修改名称容易出错，所以笔者不建议修改名称。如果需要手动控制，则勾选“增加 PID 手动控制”复选项。单击“下一步”按钮。

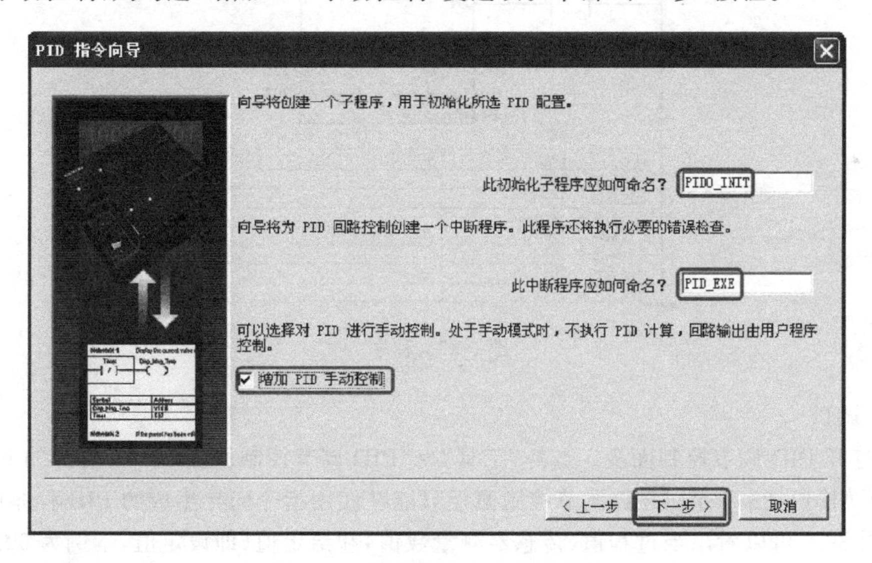

图 6-35　指定子程序和中断程序

【关键点】 本例的中断程序 PID_EXE，使用了定时中断 0，所以读者若还要使用定时中断，则只能使用定时中断 1。

⑨ 生成 PID 代码。如图 7-36 所示，单击“完成”按钮，即可生成 PID 代码。

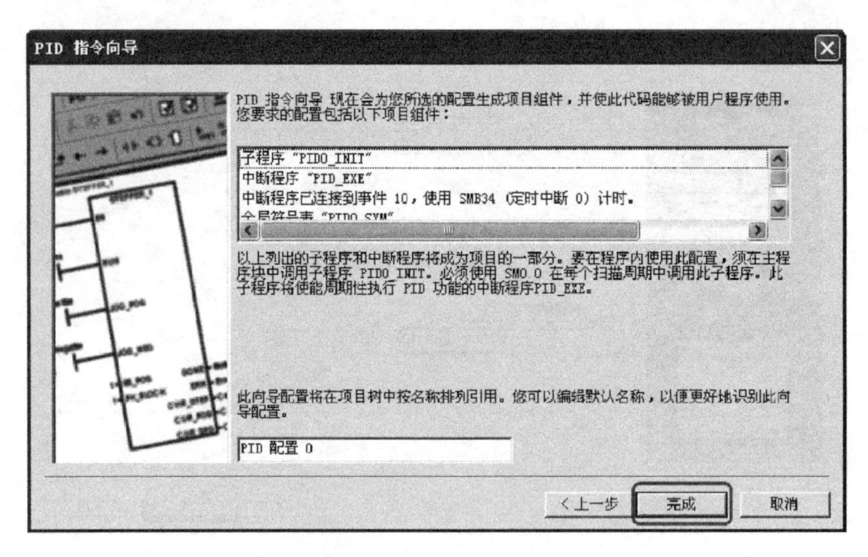

图 6-36　生成 PID 代码

(2) 编写和下载程序

程序和符号表如图 6-37 所示，并将程序下载到 PLC 中。

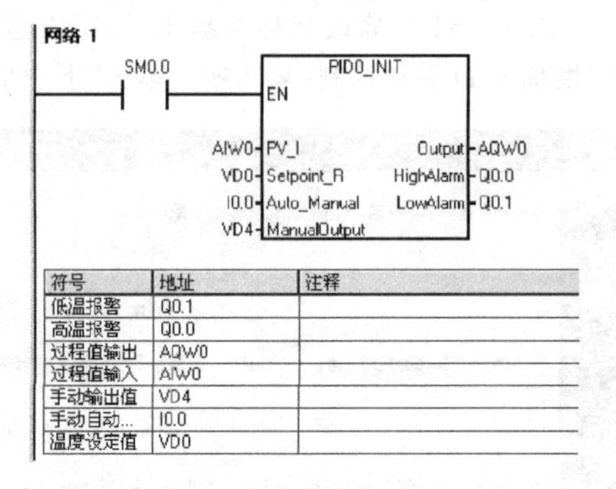

符号	地址	注释
低温报警	Q0.1	
高温报警	Q0.0	
过程值输出	AQW0	
过程值输入	AIW0	
手动输出值	VD4	
手动自动...	I0.0	
温度设定值	VD0	

图 6-37　程序

(3) 调试

① 打开 PID 调节控制面板。选择“工具”→“PID 调节控制面板”命令，打开的 PID 调节控制面板如图 6-38 所示。PID 调节控制面板只能在使用指令向导生成的 PID 程序中使用。

从图 6-38 可以看出当过程值(传感器测量数值)和给定值(即设定值，本例为 60.0℃)相差较大时，输出值很大，随着过程值接近给定值时，输出值减小，并在一定的范围内波动。

② 选择手动调节模式。在“增益”(P)、“积分时间”(I)和“微分时间”(D)中输入参数，并单击“更新 PLC 参数”按钮，这样 P、I、D 三个参数就写入到 PLC 中。调试完成后可以看到如图 6-39 所示的界面，过程值和给定值基本重合。

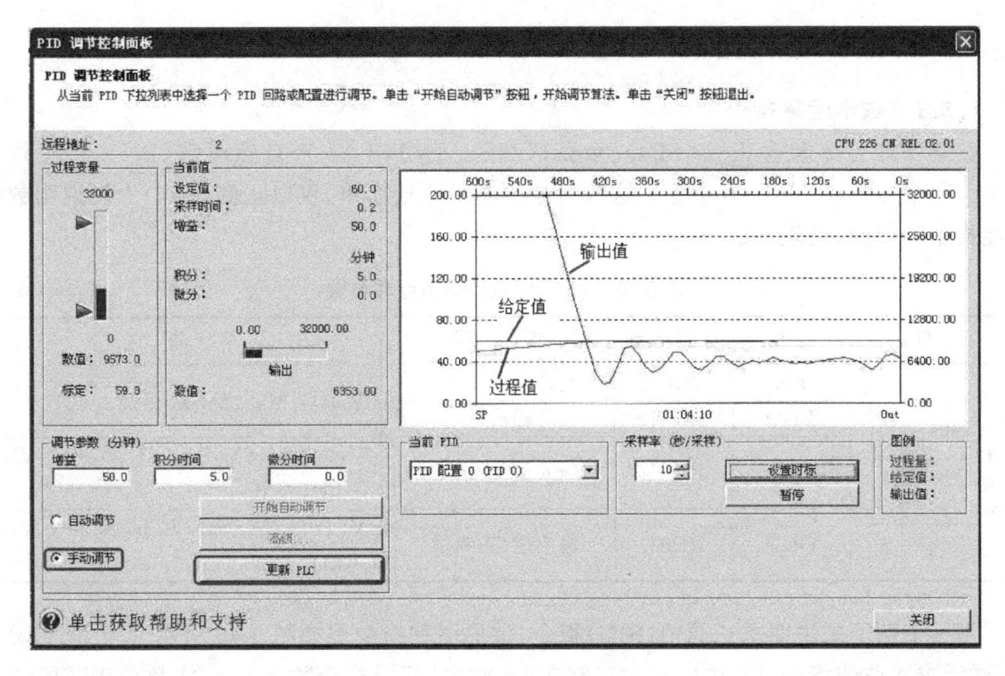

图 6-38　PID 调节控制面板(1)

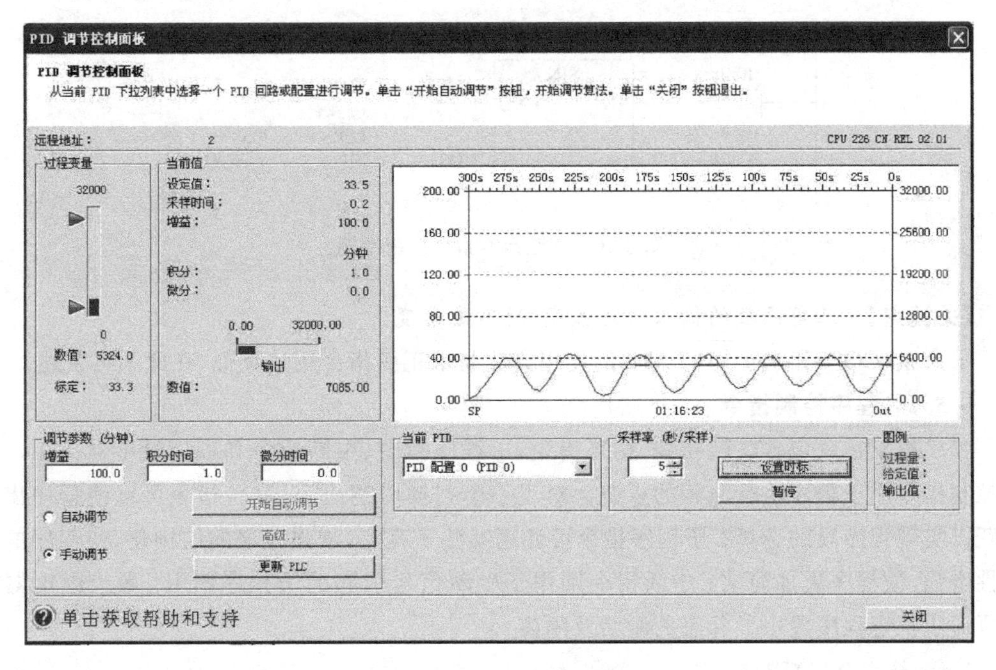

图 6-39　PID 调节控制面板(2)

6.5 知识与应用拓展

6.5.1 数学运算指令

数学功能指令包含正弦(SIN)、余弦(COS)、正切(TAN)、自然对数(LN)、自然指数(EXP)和平方根(SQRT)等指令。这些指令的使用比较简单,仅以正弦(SIN)为例说明数学功能指令的使用,见表6-20。

表6-20 求正弦值(SIN)指令和参数

LAD	参数	数据类型	说明	存储区
SIN EN ENO IN OUT	EN	BOOL	允许输入	V,I,Q,M,S,SM,L
	ENO	BOOL	允许输出	
	IN	REAL	输入值	V,I,Q,M,SM,S,L,AC,常数,* VD,* LD,* AC
	OUT	REAL	输出值(正弦值)	V, I, Q, M, SM, S, L, AC, * VD, * LD, * AC

用一个例子来说明求正弦值(SIN)指令,梯形图和指令表如图6-40所示。当I0.0闭合时,激活求正弦值指令,IN中的实数存储在MD0中,假设这个数为0.5,实数求正弦的结果存储在OUT端的MD8中,结果是0.479。

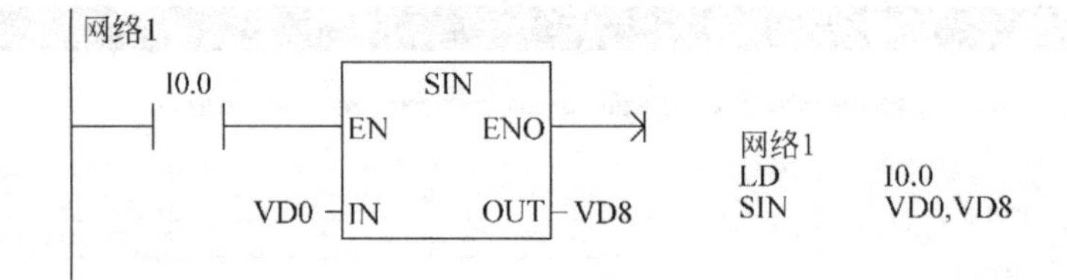

图6-40 正弦运算指令应用举例

【关键点】 三角函数的输入值是弧度,而不是角度。

求余弦(COS)和求正切(TAN)的使用方法与求正弦指令用法类似,在此不再赘述。

6.5.2 程序控制指令

程序控制指令包含跳转指令、循环指令、子程序指令、中断指令和顺控继电器指令。程序控制指令用于程序执行流程的控制。对于一个扫描周期而言,跳转指令可以使程序出现跳跃以实现程序段的选择;子程序指令可调用某些子程序,增强程序的结构化,使程序的可读性增强,使程序更加简洁;中断指令则用于中断信号引起的子程序调用;顺控继电器指令可形成状态程序段中各状态的激活及隔离。

1. 跳转指令(JMP)

跳转指令(JMP)和跳转地址标号(LBL)配合实现程序的跳转。使能端输入有效时,程序跳转到指定标号 n 处(同一程序内),跳转标号 $n=0\sim255$。使能端输入无效时,程序顺序执行。跳转指令格式见表6-21。

表 6-21　跳转、循环、子程序调用指令格式

LAD	功　　能
n —(JMP)	跳转到标号 n 处(n=0～255)
n LBL	跳转标号 n(n=0～255)

跳转指令的使用要注意如下几点：

① 允许多条跳转指令使用同一标号，但不允许一个跳转指令对应两个标号，同一个指令中不能有两个相同的标号。

② 跳转指令具有程序选择功能，类似于 BASIC 语言的“GOTO”指令。

③ 主程序、子程序和中断服务程序中都可以使用跳转指令，SCR 程序段中也可以使用跳转指令，但要特别注意。

④ 若跳转指令中使用上升沿或者下降沿脉冲指令时，跳转只执行一个周期，但若使用 SM0.0 作为跳转条件，跳转则称为无条件跳转。

跳转指令程序示例如图 6-41 所示。

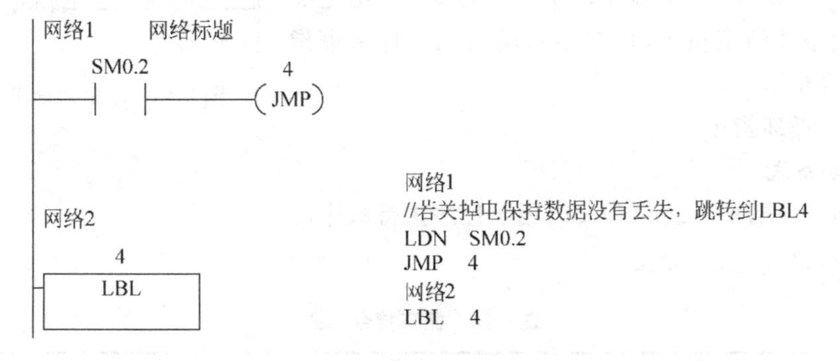

图 6-41　跳转指令应用举例

2. 暂停指令(STOP)

使能端输入有效时，立即停止程序的执行。指令执行的结果是 PLC 的工作方式由 RUN 切换到 STOP 方式。暂停指令格式见表 6-22。

表 6-22　暂停指令格式

LAD	功　　能
—(STOP)	暂停程序执行

暂停指令应用举例如图 6-42 所示。其含义是当有 I/O 错误时，PLC 从“RUN”运行状态切换到“STOP”状态。

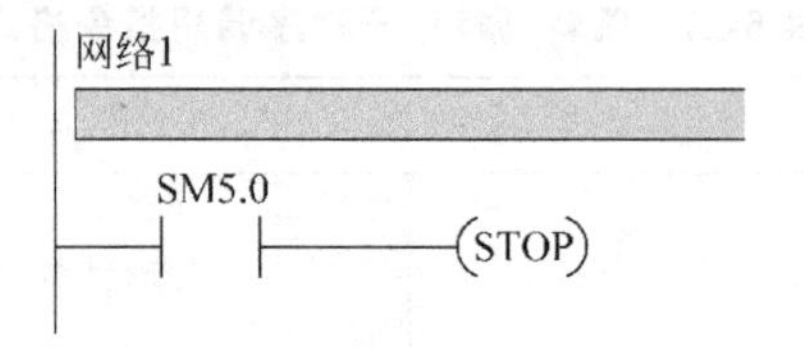

图 6-42　暂停指令应用举例

3．结束指令(END)

条件结束指令格式见表 6-23。

表 6-23　结束指令格式

LAD	STL	功　　能
—(END)	END	条件结束指令

条件结束指令在使能端输入有效时，终止用户程序的执行，返回主程序的第一条指令行(循环扫描方式)。

结束指令只能在主程序中使用，不能在子程序和中断服务程序中使用。结束指令的使用实例如图 6-43 所示。

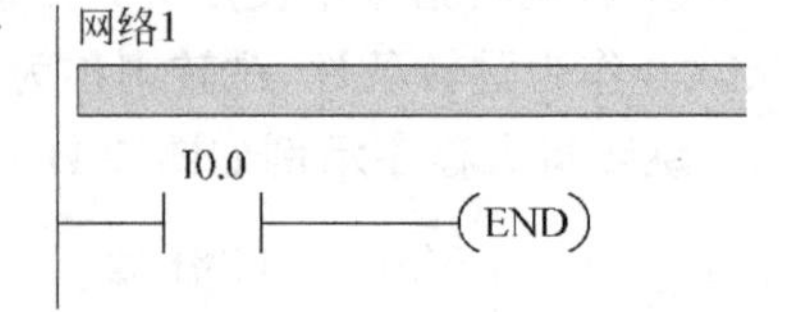

图 6-43　结束指令应用举例

STEP 7-Micro/WIN 编程软件会在主程序的结尾处自动生成无条件结束指令，用户不得输入无条件结束指令，否则编译出错。

6.5.3　循环指令

1．指令格式

循环指令包括 FOR 和 NEXT，用于程序执行顺序的控制，其指令格式见表 6-24。

表 6-24　循环指令格式

LAD	参数	数据类型	说　明	存　储　区
FOR EN ENO INDX INIT	EN	BOOL	允许输入	V,I,Q,M,S,SM,L
	ENO	BOOL	允许输出	
	INDX	INT	索引值或当前循环计数	VW,IW,QW,MW,SW,SMW,LW,T,C,AC,* VD,* LD,* AC
	INIT	INT	起始值	VW,IW,QW,MW,SW,SMW,T,C,AC,LW,AIW,常数,* VD,* LD,* AC
	FINAL	INT	结束值	VW,IW,QW,MW,SW,SMW,LW,T,C,AC,AIW,常数,* VD,* LD,* AC
-(NEXT)	无		循环返回	无

2. 循环控制指令(FOR)

循环控制指令用于一段程序的重复循环执行，由 FOR 指令和 NEXT 指令构成程序的循环体，FOR 标记循环的开始，NEXT 为循环体的结束指令。FOR 指令的主要参数有使能输入 EN、当前值计数器 INDX、循环次数初始值 INIT、循环计数终值 FINAL。

当使能输入 EN 有效时，循环体开始执行，执行到 NEXT 指令时返回。每执行一次循环体，当前计数器 INDX 增 1，达到终值 FINAL 时，循环结束。FINAL 为 10，使能有效时，执行循环体，同时 INDX 从 1 开始计数，每执行一次循环体，INDX 当前值加 1，执行到 10 次时，当前值也计到 11，循环结束。

使能输入无效时，循环体程序不执行。FOR 指令和 NEXT 指令必须成对使用，循环可以嵌套，最多为 8 层。循环指令应用程序如图 6-44 所示。

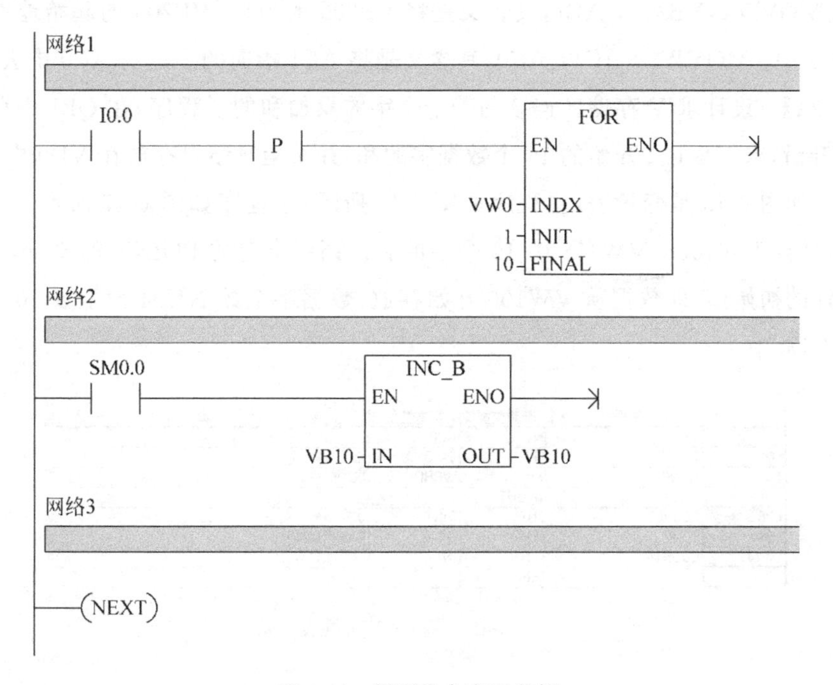

图 6-44　循环指令应用举例

【例 6-20】 如图 6-44 所示的程序，问单击两次按钮 I0.0 后，VW0 和 VB10 中的数值是多少？

【解】 单击两次按钮，执行两次循环程序，VB10 执行 20 次加 1 运算，所以 VB10 结果为 20。执行 1 次或者 2 次循环程序，VW0 中的值都为 11。

【关键点】 I0.0 后面要有一个上升沿“P”(或者“N”)，否则压下一次按钮，运行 INC 指令的次数是不确定数，一般远多于程序中的 10 次。

6.5.4　指针

间接寻址是指用指针来访问存储区数据。指针以双字的形式存储其他存储区的地址。

只能用 V 存储器、L 存储器或者累加器寄存器(AC1、AC2、AC3)作为指针。要建立一个指针，必须以双字的形式，将需要间接寻址的存储器地址移动到指针中。指针也可以为子程序传递参数。

S7-200 允许指针访问以下存储区：I、Q、V、M、S、AI、AQ、SM、T(仅限于当前值)和 C(仅限于当前值)。无法用间接寻址的方式访问位地址，也不能访问 HC 或者 L 存储区。

要使用间接寻址，应该用“&”符号加上要访问的存储区地址来建立一个指针。指令的输入操作数应该以“&”符号开头来表明是存储区的地址，而不是其内容将移动到指令的输出操作数(指针)中。

当指令中的操作数是指针时，应该在操作数前面加上“*”号。

例如：MOVD &VB200，AC1，其含义是将 VB200 的地址(VB200 的起始地址)作为指针存入 AC1 中；MOVW *AC1，AC0，其含义是将 AC1 指向的字送到 AC0 中去。

【例 6-21】 设计求 V 存储区连续的若干个字的累加和的子程序，在 OB1 中调用它，在 I0.0 的上升沿，求 VW100 开始的 10 个数据字的和，并将运算结果存放在 VD0 中。

【解】 如图 6-45 是变量表，主程序如图 6-46 所示，子程序如图 6-47 所示。当 I0.0 的上升沿时，计算 VW100～VW118 中 10 个字的和。调用指定的 POINT 的值“&VB100”是源地址指针的初始值，即数据从 VW100 开始存放，数据字个数 NUM 为常数 10，求和的结果存放在 VD0 中。

	符号	变量类型	数据类型	注释
	EN	IN	BOOL	
LD0	POINT	IN	DWORD	地址指针
LW4	NUMB	IN	WORD	求和数字
		IN_OUT		
LD6	RESULT	OUT	DINT	求和结果
LD10	TEMP	TEMP	DINT	存储待累加数
LW14	COUNT	TEMP	INT	循环次数累加器
		TEMP		

图 6-45　例 6-21 变量表

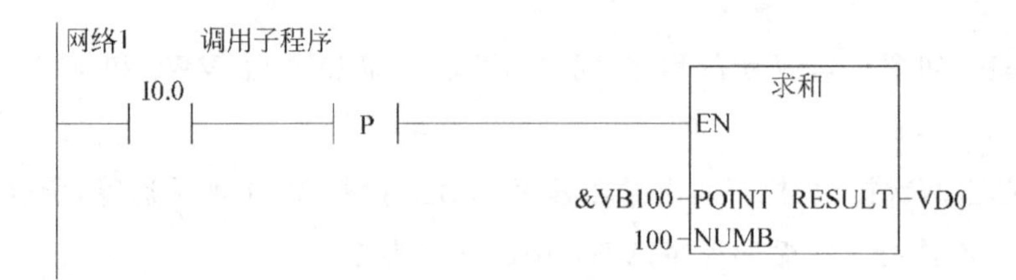

图 6-46　例 6-21 主程序

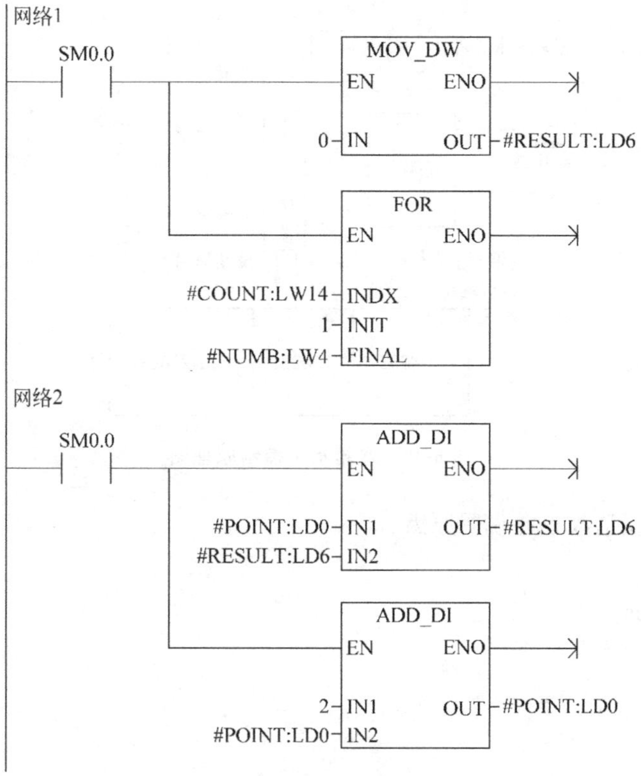

网络1

SM0.0

MOV_DW
EN　ENO
0 - IN　OUT - #RESULT:LD6

FOR
EN　ENO
#COUNT:LW14 - INDX
1 - INIT
#NUMB:LW4 - FINAL

网络2

SM0.0

ADD_DI
EN　ENO
#POINT:LD0 - IN1　OUT - #RESULT:LD6
#RESULT:LD6 - IN2

ADD_DI
EN　ENO
2 - IN1　OUT - #POINT:LD0
#POINT:LD0 - IN2

图 6-47　例 6-21 子程序

习　题　6

6-1　PID 三个参数的含义是什么?

6-2　闭环控制有什么特点?

6-3　简述调整 PID 三个参数的方法。

6-4　简述 PID 控制器的主要优点。

6-5　某水箱的出水口的流量是变化的,注水口的流量可通过调节水泵的转速控制,水位的检测可以通过水位传感器完成,水箱最大盛水高度为 2m,要求对水箱进行水位控制,保证水位高度为 1.6m。用 PLC 作为控制器,EM231 为模拟量输入模块,用于测量水位信号,用 EM232 产生输出信号,控制变频器,从而控制水泵的输出流量。水箱水位控制原理图如图 6-48 所示。

6-6　设计一段程序,将 VB100 每隔 100ms 加 1,当其等于 100 时停止加法运算,若时间间隔是 300ms 如何编写程序。

6-7　在 PLC 模拟量输入中,通常要进行被测物理量与 A/D 转换后数字量之间的换算。有一量程为 −30～30Pa 的变送器的输出信号为 DC4～20mA,模拟量输入模块将 0～20mA 转换为数字 0～32000,设转换后得到的数字为 N,求以 Pa 为单位的压力值。

6-8　下列程序是将变量存储器 VD200 加 1,并将结果放入累加器 AC1 中。请判断程

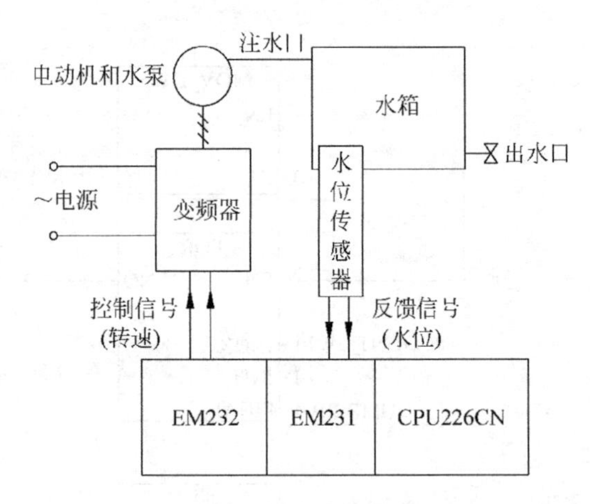

图 6-48　水箱水位控制原理图

序的正误，如果错误请改正并说明原因。

```
LD          I0.0
INCB        VD200
MOVB        VD200,AC1
```

项目7　跳动度测试仪的控制与调试

项目知识点

1. 了解跳动度测试仪的结构、功能；
2. 了解变频器的应用范围、优越性和工作原理；
3. 掌握USS通信指令和高速计数器指令；
4. 掌握变频器的启动和制动原理以及过程。

项目技能点

1. 掌握变频器参数的设置方法；
2. 会查询变频器相关的手册；
3. 会使用键盘对跳动度测试仪的变频器进行速度给定；
4. 会利用PLC对跳动度测试仪的变频器进行多段速给定；
5. 会利用PLC对跳动度测试仪的变频器进行通信速度给定；
6. 会利用PLC对跳动度测试仪的变频器进行模拟量速度给定；
7. 会利用PLC对跳动度测试仪的变频器进行启、停和正反转控制；
8. 会利用PLC对跳动度测试仪的变频器进行制动控制；
9. 能完成跳动度测试仪的接线、程序编写和调试。

本项目建议学时：12学时。

7.1　项目提出

1. 跳动度测试仪的结构和工作原理

(1) 跳动度测试仪的结构

洗衣机内桶的跳动度测试仪的机械结构比较简单，如图7-1所示，它主要由电动机1、减速器2、机架3、主轴4和锁紧螺母6等组成。机架对整个系统起支撑作用，电动机和减速器为测试仪提供动力，锁紧螺母则将洗衣机内桶压紧到主轴上。机械的运动过程是：电动机接收到控制器的启动命令后，电动机转动，从而带动减速器旋转，减速器的输出轴与主轴相连，转动的主轴带动洗衣机内桶旋转。

(2) 跳动度测试仪的工作原理

跳动度测试仪上有1个激光位移传感器(如图7-1所示的序号7)，主要实时采集激光传感器到内筒的距离。筒体转动一周，最大距离减去最小距离即是筒体的最大跳动度。

2. 跳动度测试仪的控制要求

① 控制系统能够启动、停止和急停；

② 能够实现无级调速，调速范围是90～450r/min；

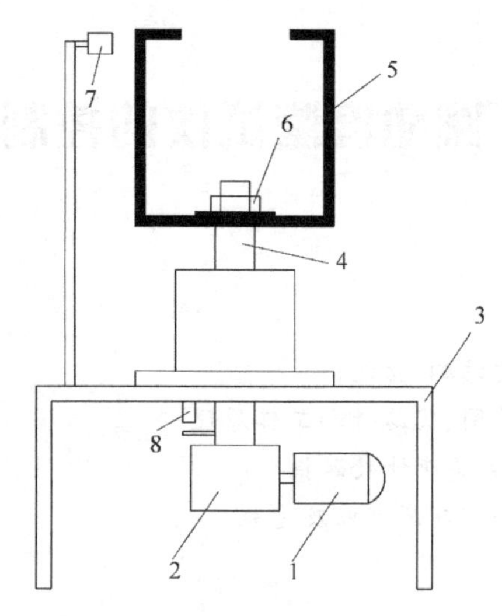

图 7-1　跳动度测试仪简图

1—电动机；2—减速器；3—机架；4—主轴；5—洗衣机内桶；6—锁紧螺母；7—激光位移传感器；8—接近开关

③ 当筒体转动一周时，测量一周的跳动度；

④ 实时测量电动机的转速；

⑤ 实时显示跳动度曲线和具体的数据。

7.2　项目分析

1. 控制器的确定

这个项目的控制器的选择可以有多个方案，首先可以选择单片机控制，其优点是批量生产时价格低廉，但单件生产并无成本优势，而且开发周期长。也可以采用数据采集卡（如研华、研祥公司的产品），其优点是开发周期短，产品稳定可靠，可以存储较大的数据量，功能强大，但需要开发者掌握高级开发工具（如 C 语言、Visual Basic 语言等），还需要工控计算机和 Windows 操作系统作为采集卡的开发平台，如果现场不适合使用工控机，则此方案不宜采用，这个方案成本较高。最后采用 PLC 采集数据，优点是价格较低、开发周期短、控制器稳定可靠，可以用于工业现场，其人机交换设备采用触摸屏，也可用于工业现场，因此本项目采用第三个方案。

2. 调速方案的确定

这是一个真实的工程项目，机械设计时配用的减速机的减速比为 1∶3，电动机的额定转速为 1440r/min，所以经过减速后，输出转速为 480r/min，项目要求的调速范围是 90～450r/min，而且要求无级调速，所以最好选用变频速度给定；又因为速度给定范围是 90～450r/min，调速比为 1∶5，常用的变频器都能满足这个要求。

变频器的速度给定方法有多种，手动键盘速度给定、多段速度给定、通信速度给定和模拟量速度给定。手动键盘速度给定不方便，本项目不采用；多段速度给定不是无级调速，不采用；通信速度给定和模拟量都可以满足本项目的要求，而且从成本的角度来看，两者基本相当（使用模拟量速度给定要使用模拟量模块，对本例而言用通信速度给定需要使用带两个通信口的 PLC,因为与变频器通信占一个通信口,与 HMI 通信占一个通信口),模拟量速度给定较常用,本项目采用模拟量速度给定。

7.3 必备知识

7.3.1 认识变频器

1. 初识变频器

变频器一般是利用电力半导体器件的通断作用将工频电源变换为另一频率的电能控制装置。变频器有着“现代工业维生素”之称,在节能方面的效果不容忽视。随着各界对变频器节能技术和应用等方面认识的逐渐加深,我国变频器市场变得异常活跃。

变频器产生的最初目的是速度控制,应用于印刷、电梯、纺织、机床和生产流水线等行业。而目前相当多的运用是以节能为目的。由于中国是能源消耗大国,而中国的能源储备又相对贫乏,因此国家大力提倡各种节能措施,其中着重推荐了变频器调速技术。在水泵、中央空调等领域,变频器可以取代传统的限流阀和回流旁路技术,充分发挥节能效果;在火电、冶金、矿山、建材行业,高压变频速度给定的交流电动机系统的经济价值正在得以体现。

变频器是一种高技术含量、高附加值、高效益回报的高科技产品,符合国家产业发展政策。在过去的二十几年中,我国变频器行业从起步阶段到目前正逐步开始趋于成熟,发展十分迅速。进入 21 世纪以来,我国中、低压变频器市场的增长速度超过了 20%,远远大于近几年的 GDP 增长水平。

从产品优势角度看,通过高质量地控制电动机转速,提高制造工艺水准,变频器不但有助于提高制造工艺水平,尤其在精细加工领域,而且可以有效节约电能,是目前最理想、最有前途的电动机节能设备。

从变频器行业所处的宏观环境看,无论是国家中长期规划、短期的重点工程、政策法规、国民经济整体运行趋势,还是人们节能环保意识的增强、技术的创新、发展高科技产业的要求,从国家相关部委到各相关行业,变频器都受到了广泛的关注,市场吸引力巨大。典型的变频器的外形如图 7-2 所示。

图 7-2 变频器外形图

2. 变频器技术的发展阶段

芬兰瓦萨控制系统有限公司,前身是瑞典的 STRONGB,于 20 世纪 60 年代成立,并于 1967 年开发出了世界上第一台变频器,被称为变频器的鼻祖,开创了世界商用变频器的市场。之后变频器技术不断发展,如按照变频器的控制方式,可划分为以下几个阶段。

（1）第一阶段：恒压频比 U/f 技术

U/f 控制就是保证输出电压跟频率成正比的控制，这样可以使电动机的磁通保持一定，避免弱磁和磁饱和现象的产生，多用于风机、泵类，用压控振荡器实现。日本于 20 世纪 80 年代，开发出了电压空间矢量控制技术，后引入频率补偿控制。电压空间矢量的频率补偿方法，不仅能消除速度控制的误差，而且可以通过反馈估算磁链幅值，消除低速时定子电阻的影响，将输出电压、电流闭环，以提高动态的精度和稳定度。

（2）第二阶段：矢量控制

20 世纪 70 年代，德国人（F. Blaschke）首先提出了矢量控制模型。矢量控制实现的基本原理是通过测量和控制异步电动机定子电流矢量，根据磁场定向原理分别对异步电动机的励磁电流和转矩电流进行控制，从而达到控制异步电动机转矩的目的。1992 年，西门子开发出了 6SE70 系列矢量控制变频器，是矢量控制模型的代表产品。

矢量控制方式又有基于转差频率控制的矢量控制方式、无速度传感器矢量控制方式和有速度传感器的矢量控制方式等。这样就可以将一台三相异步电动机等效为直流电动机来控制，因而获得与直流调速系统同样的静、动态性能。矢量控制算法已被广泛地应用在 SIEMENS、ABB、GE、Fuji 和 SAJ 等国际化大公司变频器上。

（3）第三阶段：直接转矩控制

直接转矩控制系统简称 DTC（Direct Torque Control），是在 20 世纪 80 年代中期继矢量控制技术之后发展起来的一种高性能异步电动机变频调速系统。1977 年美国学者 A. B. Plunkett 在 IEEE 杂志上首先提出了直接转矩控制理论，1985 年由德国鲁尔大学 Depenbrock 教授和日本的 Tankahashi 分别取得了直接转矩控制在应用上的成功，接着在 1987 年又把直接转矩控制推广到弱磁调速范围。不同于矢量控制，直接转矩控制具有鲁棒性强、转矩动态响应速度快、控制结构简单等优点，它在很大程度上解决了矢量控制中结构复杂、计算量大、对参数变化敏感等问题。直接转矩控制技术的主要问题是低速时转矩脉动大，其低速性能还是不能达到矢量控制的水平。

1995 年美国 ABB 公司推出了 ACS600 直接转矩控制系列变频器，是直接转矩控制的代表产品。

表 7-1 所示为 20 世纪 60 年代到 21 世纪初，变频器技术发展的历程。

表 7-1　变频器技术发展的历程

项　　目	20 世纪 60 年代	20 世纪 70 年代	20 世纪 80 年代	20 世纪 90 年代	21 世纪 00 年代
电动机控制算法	U/f 控制		矢量控制	无速度矢量控制电流矢量 U/f	算法优化
功率半导体技术	SCR	GTR	IGBT	IGBT 大容量	更大容量，更高开关频率
计算机技术			单片机 DSP	高速 DSP 专用芯片	更高速率和容量
PWM 技术		PWM 技术	SPWM 技术	空间电压矢量调制技术	PWM 优化新一代开关技术
变频器的特点	大功率传动使用变频器，体积大，价格高	变频器体积缩小，开始在中小功率电动机上使用	超静音变频器开始流行，解决了 GTR 噪声问题，变频器性能大幅提升，大批量使用，取代直流		未来发展方向是完美无谐波，如矩阵式变频器

3. 变频器的发展趋势

随着节约环保型社会发展模式的提出,人们开始更多地关注生活的环境品质。节能型、低噪声变频器,是今后一段时间发展的一个总趋势。我国变频器的生产商家虽然不少,但是缺少统一的、具体的规范标准,使得产品差异性较大。且大部分采用了 U/f 控制和电压矢量控制,其精度较低,动态性能也不高,稳定性能较差,这些方面与国外同等产品相比有一定的差距。就变频器设备来说,其发展趋势主要表现在以下方面。

① 变频器将朝着高压大功率、低压小功率、小型化、轻型化的方向发展。

② 工业高压大功率变频器、民用低压中小功率变频器潜力巨大。

③ 目前,IGBT、IGCT、SGCT 仍将扮演着主要的角色,SCR、GTO 将会退出变频器市场。

④ 无速度传感器的矢量控制、磁通控制和直接转矩控制等技术的应用将趋于成熟。

⑤ 全面实现数字化和自动化,参数自设定技术、过程自优化技术、故障自诊断技术。

⑥ 高性能单片机的应用优化了变频器的性能,实现了变频器的高精度和多功能。

⑦ 相关配套行业正朝着专业化、规模化发展,社会分工逐渐明显。

⑧ 伴随着节约型社会的发展,变频器在民用领域的使用会逐步得到推广和应用。

7.3.2　变频器的分类

变频器发展到今天,已经研制了多种适合不同用途的变频器,变频器的种类比较多,以下详细介绍变频器的分类。

1. 按变换的环节分类

① 交-直-交变频器,先把工频交流通过整流器变成直流,然后再把直流变换成频率电压可调的交流,又称间接式变频器,是目前广泛应用的通用型变频器。

② 交-交变频器,即将工频交流直接变换成频率电压可调的交流,又称直接式变频器,主要用于大功率(500kW 以上)低速交流传动系统中,目前已经在轧机、鼓风机、破碎机、球磨机和卷扬机等设备中应用。这种变频器既可用于异步电动机,也可以用于同步电动机的调速控制。

这两种变频器的比较见表 7-2。

表 7-2　交-直-交变频器和交-交变频器的比较

交-直-交变频器	交-交变频器
• 结构简单 • 输出频率变化范围大 • 功率因数高 • 谐波易于消除 • 可使用各种新型大功率器件	• 过载能力强 • 效率高,输出波形好 • 但输出频率低 • 使用功率器件多 • 输入无功功率大 • 高次谐波对电网影响大

2. 按直流电源性质分类

(1) 电压型变频器

电压型变频器的特点是中间直流环节的储能元件采用大电容,负载的无功功率将由它来缓冲，直流电压比较平稳，直流电源内阻较小，相当于电压源，故称电压型变频器，常用于负载电压变化较大的场合。这种变压器应用广泛。

(2) 电流型变频器

电流型变频器的特点是中间直流环节采用大电感作为储能环节，缓冲无功功率，即扼制电流的变化，使电压接近正弦波，由于该直流内阻较大，故称电流源型变频器(电流型)。电流型变频器的特点(优点)是能扼制负载电流频繁而急剧的变化，常用于负载电流变化较大的场合。

3. 按照用途分类

可以分为通用变频器、高性能专用变频器、高频变频器、单相变频器和三相变频器等。此外，变频器还可以按输出电压调节方式分类，按控制方式分类，按主开关元器件分类，按输入电压高低分类。

4. 按变频器调压方法

① PAM变频器是通过改变电压源 U_d 或电流源 I_d 的幅值进行输出控制的。这种变频器已很少使用了。

② PWM变频器将变频器输出波形的每半个周期分割成许多脉冲，通过调节脉冲宽度和脉冲周期之间的“占空比”调节平均电压，其等值电压为正弦波，波形较平滑。

5. 按控制方式分

① U/f 控制变频器(VVVF控制)。U/f 控制就是保证输出电压跟频率成正比的控制。低端变频器都采用这种控制原理。

② SF控制变频器(转差频率控制)。转差频率控制就是通过控制转差频率来控制转矩和电流。是高精度的闭环控制，但通用性差，一般用于车辆控制。与 U/f 控制相比，其加减速特性和限制过电流的能力提高了。另外，它有速度调节器，利用速度反馈构成闭环控制，速度的静态误差小。然而要进行自动控制系统稳态控制，还达不到良好的动态性能。

③ VC(Vectory Control，矢量控制)变频器。矢量控制实现的基本原理是通过测量和控制异步电动机定子电流矢量，根据磁场定向原理分别对异步电动机的励磁电流和转矩电流进行控制，从而达到控制异步电动机转矩的目的，一般用在高精度要求的场合。

④ 直接转矩控制。简单地说就是将交流电动机等效为直流电动机进行控制。

6. 按国际区域分类

① 国产变频器品牌：安邦信、汇川、浙江三科、欧瑞传动、森兰、英威腾、蓝海华腾、迈凯诺、伟创、易泰帝等，国产的品牌已经超过200家。

② 欧美变频器品牌：西门子、科比、伦茨、施耐德、ABB、丹佛斯、ROCKWELL、VACON、AB、西威。

③ 日本变频器品牌：富士、三菱、安川、三垦、日立、欧姆龙、松下电器、松下电工、东芝、明电舍。

④ 韩国变频器品牌：LG、现代、三星、收获。

7. 按电压等级分类

① 高压变频器：3kV、6kV、10kV。

② 中压变频器：660V、1140V。

③ 低压变频器：220V、380V。

8. 按电压性质分类

① 交流变频器：AC-DC-AC(交-直-交)、AC-AC(交-交)。

② 直流变频器：DC-AC(直-交)。

7.3.3　交-直-交变频调速的原理

以图 7-3 说明交-直-交变频调速的原理，交-直-交变频调速就是变频器先将工频交流电整流成直流电，逆变器在微控制器(如 DSP)的控制下，将直流电逆变成不同频率的交流电。目前市面上的变频器多是这种原理的。

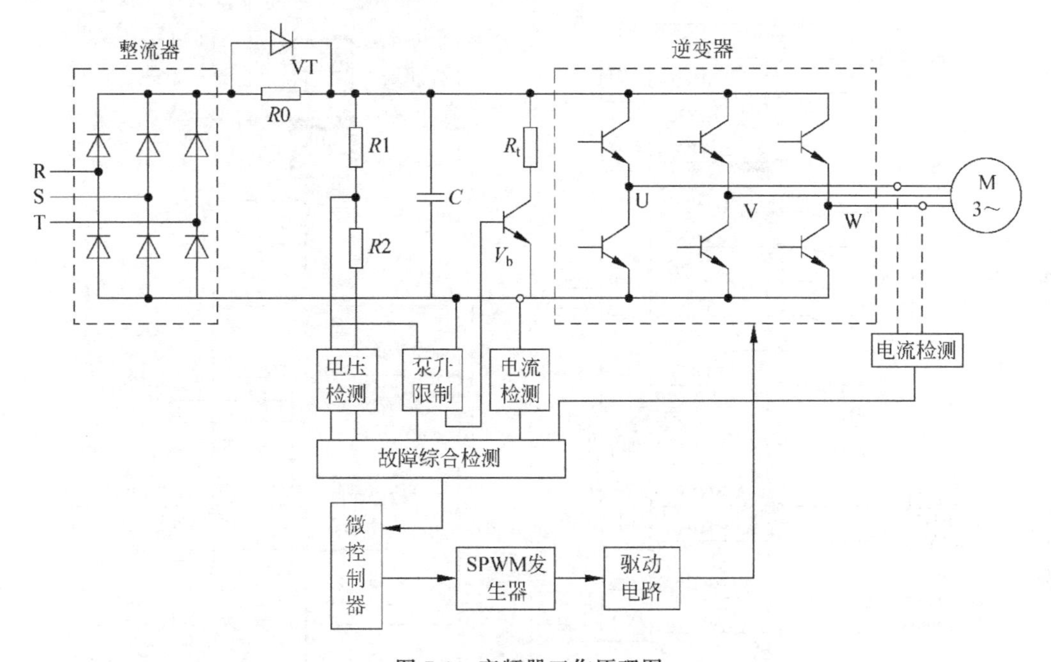

图 7-3　变频器工作原理图

图 7-3 中 R0 起限流作用，当 R、S、T 端子上的电源接通时，$R0$ 接入电路，以限制启动电流。延时一段时间后，晶闸管 VT 导通，将 $R0$ 短路，避免造成附加损耗。R_t 为能耗制动电阻，当制动时，异步电动机进入发动机状态，逆变器向电容 C 反向充电，当直流回路的电压，即电阻 $R1$、$R2$ 上的电压，升高到一定的值时(图中实际上测量的是电阻 $R2$ 的电压)，通过泵升电路使开关器件 V_b 导通，这样电容 C 上的电能就消耗在制动电阻 R_t 上。通常为了散热，制动电阻 R_t 安装在变频器外侧。电容 C 除了参与制动外，在电动机运行时，主要起滤波作用。顺便指出起滤波作用的是电容器的变频器称为电压型变频器；起滤波作用的是电感器的变频器称为电流型变频器，比较多见的是电压型变频器。

微控制器经运算输出控制正弦信号后，经过 SPWM(正弦脉宽调制)发生器调制，再由驱动电路放大信号，放大后的信号驱动 6 个功率晶体管，产生三相交流电压 U、V、W 驱动电动机运转。

一般变频器有手动键盘速度给定、多段速度给定、模拟量速度给定和通信速度给定等速度给定方式。其中手动键盘速度给定是基本的速度给定方式，使用最简单、成本最低。

7.3.4 利用键盘对用 MM440 变频器速度给定

1. 初识西门子 MM440 变频器

西门子 MM440 变频器由微处理器控制,并采用具有现代先进技术水平的绝缘栅双极性晶体管(IGBT)作为功率输出器件,它具有很高的运行可靠性和功能多样性。脉冲宽度调制的开关频率也是可选的,降低了电动机运行的噪声。

MM440 变频器的框图如图 7-4 所示,控制端子定义见表 7-3。

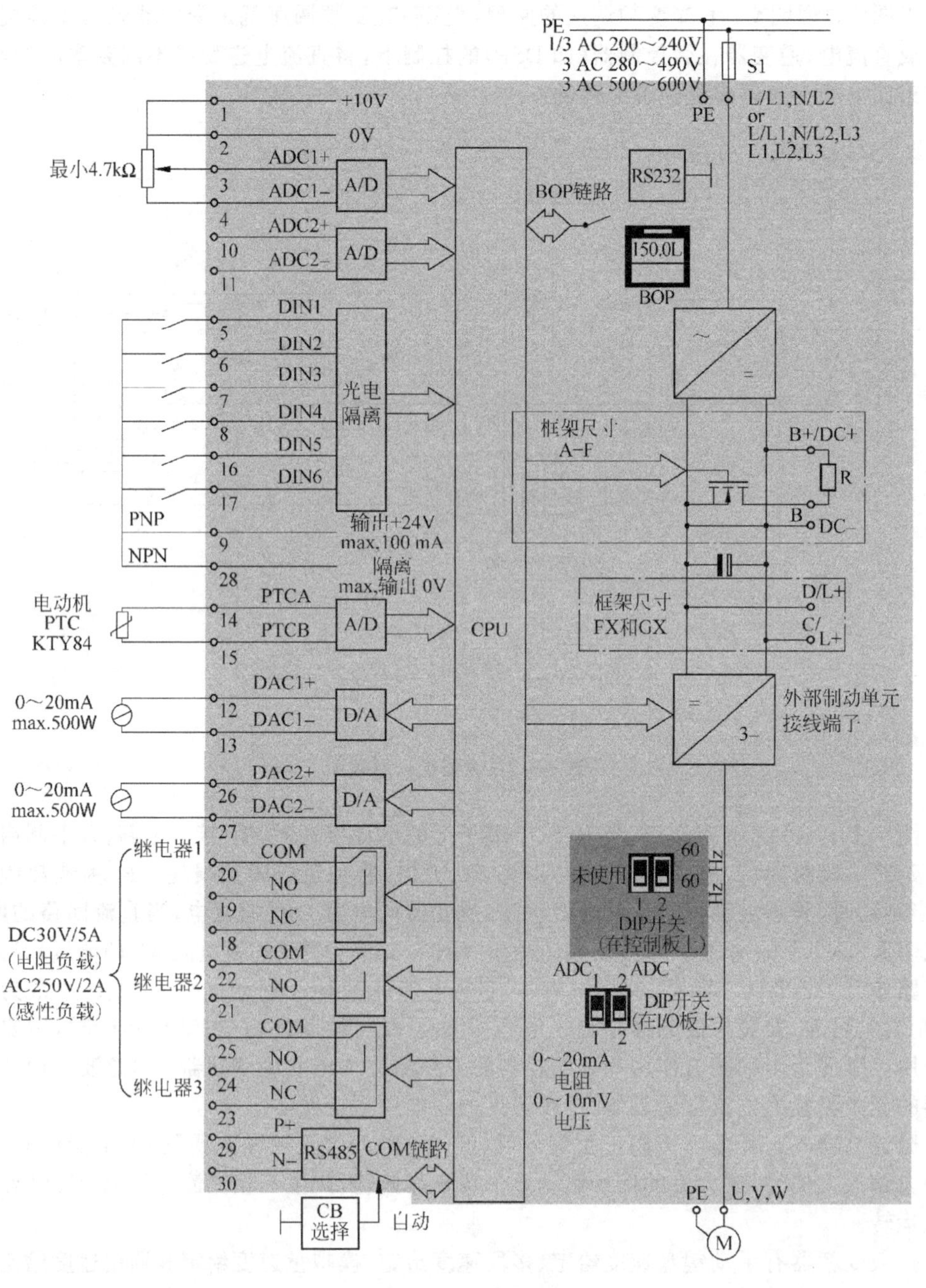

图 7-4 MM440 变频器的框图

【关键点】 表 7-3 中，第 2 号端子是模拟量的 0V，而第 28 号端子是数字输入的 0V，在变频器内部，二者并未连接在一起，二者作用不相同。

MM440 变频器的核心部件是 PLC 单元，根据设定的参数，经过运算输出控制正弦波信号，再经过 SPWM 调制，放大输出正弦交流电驱动三相异步电动机运转。

表 7-3　MM440 控制端子表

端子序号	端子名称	功　　能	端子序号	端子名称	功　　能
1	—	输出＋10V	16	DIN5	数字输入 5
2	—	输出 0V	17	DIN6	数字输入 6
3	ADC1＋	模拟输入 1(＋)	18	DOUT1/NC	数字输出 1/常闭触点
4	ADC1－	模拟输入 1(－)	19	DOUT1/NO	数字输出 1/常开触点
5	DIN1	数字输入 1	20	DOUT1/COM	数字输出 1/转换触点
6	DIN2	数字输入 2	21	DOUT2/NO	数字输出 2/常开触点
7	DIN3	数字输入 3	22	DOUT2/COM	数字输出 2/转换触点
8	DIN4	数字输入 4	23	DOUT3NC	数字输出 3 常闭触点
9	—	隔离输出＋24V/max. 100mA	24	DOUT3NO	数字输出 3 常开触点
10	ADC2＋	模拟输入 2(＋)	25	DOUT3COM	数字输出 3 转换触点
11	ADC2－	模拟输入 2(－)	26	DAC2＋	模拟输出 2(＋)
12	DAC1＋	模拟输出 1(＋)	27	DAC2－	模拟输出 2(－)
13	DAC1－	模拟输出 1(－)	28	—	隔离输出 0V/max. 100mA
14	PTCA	连接 PTC/KTY84	29	P＋	RS485
15	PTCB	连接 PTC/KTY84	30	P－	RS485

MM440 变频器是一个智能化的数字变频器，在基本操作板上可进行参数设置，参数可分为四个级别：

① 标准级，可以访问经常使用的参数。

② 扩展级，允许扩展访问参数范围，例如变频器的 I/O 功能。

③ 专家级，只供专家使用，即高级用户。

④ 维修级，只供授权的维修人员使用，具有密码保护。

【关键点】 一般的用户，将变频器设置成标准级或者扩展级即可。

BOP 基本操作面板的外形如图 7-5 所示，利用基本操作面板可以改变变频器的参数。BOP 具有 7 段显示的 5 位数字，可以显示参数的序号和数值、报警和故障信息，以及设定值和实际值。参数的信息不能用 BOP 存储。BOP 基本操作面板上的按钮的功能见表 7-4。

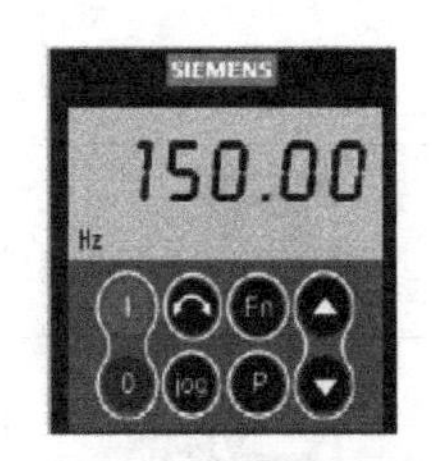

图 7-5　BOP 基本操作面板的外形

表 7-4　BOP 基本操作面板上的按钮的功能

显示/按钮	功　　能	说　　明
P(1) r0000 Hz	状态显示	LED 显示变频器当前的设定值

续表

显示/按钮	功　　能	说　　明
I	启动变频器	按此键启动变频器。默认值运行时此键是被封锁的。为了使此键有效,应设定 P0700=1
0	停止变频器	OFF1:按此键,变频器将按选定的斜坡下降速率减速停车。默认值运行时此键被封锁;为了允许此键操作,应设定 P0700=1 OFF2:按此键两次(或一次,但时间较长)电动机将在惯性作用下自由停车,此功能总是“使能”的
	改变电动机的旋转方向	按此键可以改变电动机的旋转方向。电动机的反向用负号(—)表示或用闪烁的小数点表示。在默认设定时此键被封锁。为使此键有效,应先按“启动变频器”键
jog	电动机点动	在“准备合闸”状态下按此键,则电动机启动并运行在预先设定的点动频率。当释放此键,电动机停车。当电动机正在旋转时,此键无功能
Fn	功能键	此键用于浏览辅助信息 变频器运行过程中,在显示任何一个参数时按下此键并保持不动 2 秒,将显示以下参数值(在变频器运行中,从任何一个参数开始): ① 直流回路电压(用 d 表示,单位为 V) ② 输出电流(A) ③ 输出频率(Hz) ④ 输出电压(用 o 表示,单位为 V) ⑤ 由 P0005 选定的数值[如果 P0005 选择显示上述参数中的任何一个(3、4 或 5),这里将不再显示] 连续多次按下此键,将轮流显示以上参数 跳转功能 在显示任何一个参数(rXXXX 或 PXXXX)时短时间按下此键,将立即跳转到 r0000,如果需要的话,可以接着修改其他的参数。跳转到 r0000 后,按此键将返回原来的显示点
P	访问参数	按此键即可访问参数
	增加数值	按此键即可增加面板上显示的参数数值
	减少数值	按此键即可减少面板上显示的参数数值
Fn + P	AOP 菜单	调出 AOP 菜单提示(仅用于 AOP)

2. MM440 变频器 BOP 速度给定

以下用一个例子介绍 MM440 变频器 BOP 速度给定的过程。

【例 7-1】　一台 MM440 变频器配一台西门子三相异步电动机，已知电动机的技术参数，功率为 0.75kW，额定转速为 1380rpm，额定电压为 380V，额定电流为 2.05A，额定频率为 50Hz，试用 BOP 将电动机的运行频率设定为 10Hz。

【解】

① 先介绍如何设定参数，以将参数 P1000 的第 0 组参数，即设置 P1000[0]＝1 的设置过程为例，讲解一个参数的设置方法。参数的设定方法见表 7-5。

表 7-5　参数的设定方法

序号	操 作 步 骤	BOP 显示
1	按P键，访问参数	r0000
2	按▲键，直到显示 P1000	P1000
3	按P键，显示 in000，即 P1000 的第 0 组值	in000
4	按P键，显示当前值 2	2
5	按▼键，达到所要求的数值 1	1
6	按P键，存储当前设置	P1000
7	按Fn键，显示 r0000	r0000
8	按P键，显示频率	10.00

② 完整的设置过程。

按照表 7-6 中的步骤进行设置。

表 7-6　设置过程

步骤	参数及设定值	说　　明	步骤	参数及设定值	说　　明
1	P0003＝2	扩展级	8	P1000＝1	频率源为 BOP
2	P0010＝1	为 1 才能修改电动机参数	9	P0700＝1	命令源(启停)为 BOP
3	P0304＝380	额定电压	10	P1082＝50	最大频率
4	P0305＝2.05	额定电流	11	P1120＝10	从静止到达最大频率所需时间
5	P0307＝0.75	额定功率	12	P1121＝10	从最大频率到停止所需时间
6	P0311＝1440	额定转速	13	P1121＝10	从最大频率到停止所需时间
7	P0010＝0	运行和设定变频器参数时，必须为 0			

③ 启停控制。

按下基本操作面板上的 I 按键，三相异步电动机启动，稳定运行的频率为 10Hz；当按按键时,电动机停机。

【关键点】 初学者在设置参数时,有时不注意进行了错误的设置,但又不知道在什么参数的设置上出错,一般这种情况下可以对变频器进行复位,一般的变频器都有这个功能,复位后变频器的所有参数变成出厂的设定值,但工程中正在使用的变频器要谨慎使用此功能。西门子 MM440 的复位方法是,先将 P0010 设置为 30,再将 P0970 设置为 1,变频器上的显示器中闪烁的 busy 消失后,变频器成功复位。

【例 7-2】 如图 7-6 所示,将输入端 L1 和 L2 电源线对调,三相交流电动机 M1 的转向是否会改变?为什么?若一定要通过"调线"的方法改变三相电动机的转向,又该怎么办?

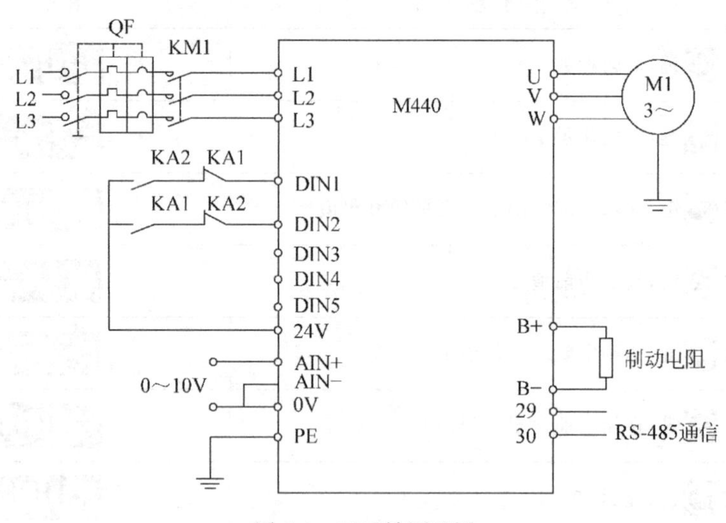

图 7-6　正反转原理图

【解】

① 将输入端 L1 和 L2 电源线对调,电动机的转向不会改变,因为这个操作不会改变变频器输出交流电的相序。

② 改变变频器输出端的 U、V、W 任意两根线都可改变电动机的转向。

顺便指出,通过变频器改变电动机的转向很容易,在后续章节中将会介绍。

7.3.5　利用模拟量对用 MM440 变频器速度给定

手动键盘速度给定的功能是有限的,不易实现自动控制,而模拟量输入不仅可以实现无级速度给定,也容易实现自动控制,而且模拟量可以是电压信号或者电流信号,使用比较灵活,因此应用较广。下面用实例介绍模拟量信号速度给定。

【例 7-3】 要对一台变频器进行电压信号模拟量速度给定,已知电动机的技术参数,功率为 0.06kW,额定转速为 1430rpm,额定电压为 380V,额定电流为 0.35A,额定频率为 50Hz。设计电气控制系统,并设定参数。

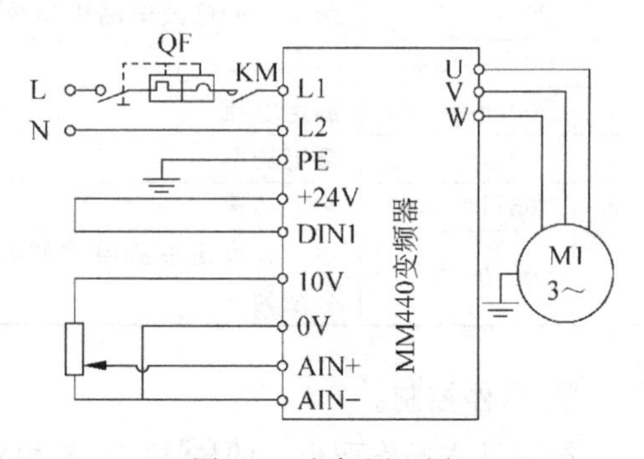

图 7-7　电气原理图

【解】 电气控制系统如图 7-7 所示,只要调节电位器就可以实现对电动机进行无级调速，参数设定见表 7-7。

表 7-7　变频器参数表

序　　号	变频器参数	出厂值	设定值	功 能 说 明
1	P0304	230	380	电动机的额定电压(380V)
2	P0305	3.25	0.35	电动机的额定电流(0.35A)
3	P0307	0.75	0.06	电动机的额定功率(60W)
4	P0310	50.00	50.00	电动机的额定频率(50Hz)
5	P0311	0	1430	电动机的额定转速(1430r/min)
6	P0700	2	2	选择命令源(由端子排输入)
7	P0756	0	0	选择 ADC 的类型(电压信号)
8	P1000	2	2	频率源(模拟量)
9	P701	1	1	数字量输入 1

7.4　项目实施

7.4.1　设计电气原理图

1. I/O 分配

在 I/O 分配之前，先计算所需要的 I/O 点数，输入点为 5 个，输出点为 2 个，由于输入/输出最好留 15%左右的余量备用，所用初步选择的 PLC 是 CPU221CN 或者 CPU222CN，又因为要使用扩展模块 EM235CN，所以不能选择 CPU221CN。西门子 S7-200 系列的 PLC，晶体管输出的类型要比继电器输出类型的 PLC 便宜一些，所以 PLC 最后定为 CPU222CN(DC/DC/DC)。跳动度测试仪的 I/O 分配见表 7-8。

表 7-8　I/O 分配表

输　　入			输　　出		
名称	符号	输入点	名 称	符 号	输出点
启动按钮	SB1	I0.0	继电器	KA	Q0.0
停止按钮	SB2	I0.1			
测量按钮	SA1	I0.2			
光电开关	SQ1	I0.3			

2. 设计电气原理图

根据 I/O 分配表和题意，设计原理图如图 7-8 所示。SB4 是上电按钮，压下按钮 SB4 时，接触器 KM 线圈得电，接触器自锁，接触器常开触头闭合，电源与变频器、开关电源 VC 接通，进而开关电源为 CPU222CN 和 EM235 模块提供＋24V DC 电源。当压下按钮 SB4 时，切断了整个系统的电源。有紧急情况时，压下 SB3 按钮，也可以切断系统的电源。

SB1 是启动按钮，可以使得变频器控制电动机转动；SB2 是停止按钮，可以使得变频器控制电动机停止转动；SB3 是测量按钮，当筒体运转平稳后，接通按钮，当光电开关第一次有感应时，开始采集数据，当光电开关第二次有感应时，停止数据采集，表明系统采集了洗衣机筒体一周的数据，PLC 计算出跳动度，并显示在 HMI 上。

变频器上的 18 和 20 号端子，是变频器内部的继电器的常闭触头，当变频器处于故障和

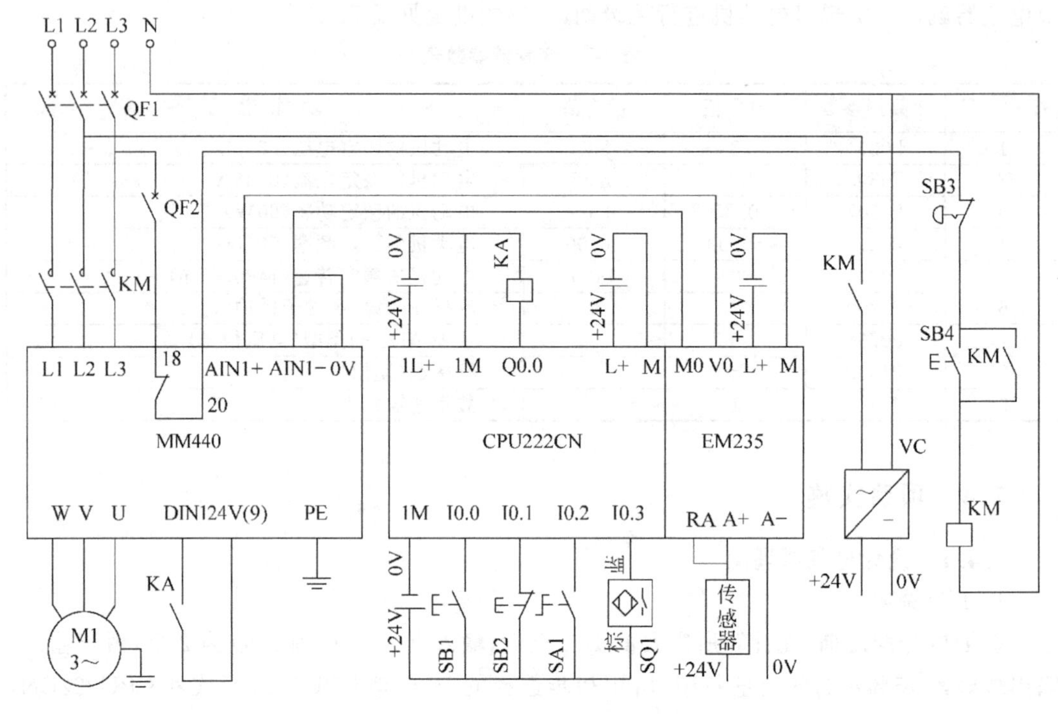

图 7-8　跳动度测试仪接线图

报警状态时，此常闭触头断开。

7.4.2　编写程序

数字量多段速度给定可以设定速度段是有限的，而且不能做到无级调速，而外部模拟量输入可以做到无级调速，而且模拟量可以是电压信号或者电流信号，使用比较灵活，因此应用较广，但 S7-200 PLC（CPU224XP 除外）输出模拟量时需要配置模拟量输出模块（如 EM232），这增加了配置硬件的成本。

① 将 PLC、变频器、模拟量输出模块 EM235 和电动机按照图 7-7 接线。

② 查询 MM440 变频器的说明书，再依次在变频器中设定表 7-9 中的参数。

表 7-9　变频器参数表

序号	变频器参数	出厂值	设定值	功 能 说 明
1	P0304	380	380	电动机的额定电压(380V)
2	P0305	2.05	2.05	电动机的额定电流(2.05A)
3	P0307	0.75	0.75	电动机的额定功率(0.75W)
4	P0310	50.00	50.00	电动机的额定频率(50Hz)
5	P0311	0	1440	电动机的额定转速(1440r/min)
6	P0700	2	2	选择命令源(由端子排输入)
7	P0756	0	0	选择 ADC 的类型(电压信号)
8	P1000	2	2	频率源(模拟量)
9	P701	1	1	数字量输入 1

【关键点】 P0756 设定成 0 表示电压信号对变频器速度给定，这是容易忽略的，默认是电压信号，这个参数的默认值为 0；此外，若调速模拟量是电流信号，还要将 I/O 控制板上的 DIP 开关设定为“ON”，如图 7-9 所示。本例的调速模拟量为电压信号，故不需要进行以上设置。

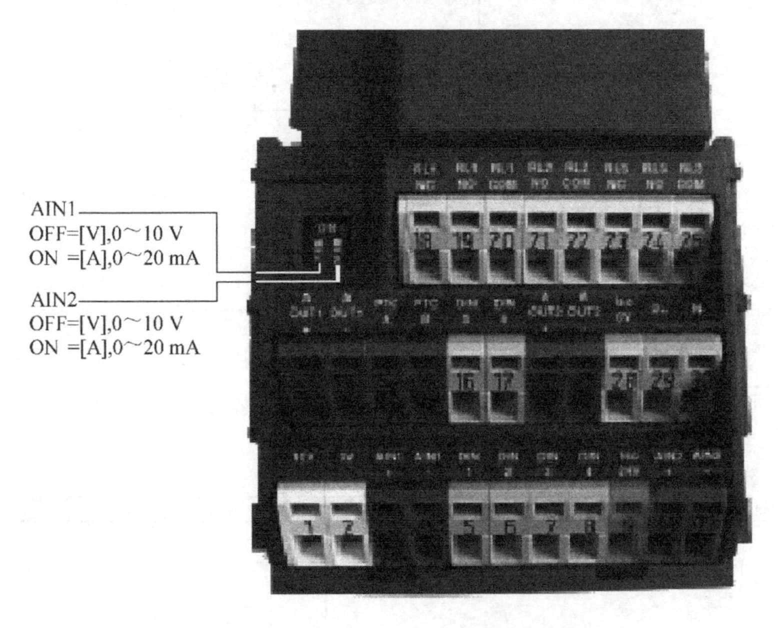

图 7-9　I/O 控制板上的 DIP 开关设定为“ON”

③ 编写程序，并将程序下载到 PLC 中。

电动机的转速为 1440r/min，减速器的减速比为 1∶3，要使电动机的转速为 90～450r/min，变频器的频率要降低，降低到工频的 0.19～0.94。又因我国的工频为 50Hz，所以变频器的频率设定为 9.4～47Hz。由于 0～32000 对应的输出模拟量值为 0～10V，所以 3200 对应的模拟量为 1V，电动机每转对应的数字量为 200/9，用一个表格说明则更加清楚，见表 7-10。默认变频器的频率为 10Hz，可利用触摸屏设置不同的数值来改变 VW0 的数值，从而达到调速的目的。

表 7-10　EM235 模拟量模块和变频器对应关系

模拟量模块的数字量	模拟量模块输出的模拟量	变频器的频率	电动机输出转速	减速器输出转速
0	0	0	0	0
6000	1.9V	9.4Hz	270r/min	90r/min
30000	0.94V	47Hz	1350r/min	450r/min
32000	10V	50Hz	1440r/min	480r/min

激光位移传感器，输出的是 0～20mA 的电流信号，其测量范围是 0～50000μm，所以位移为 50000μm 时对应的数字量是 32000，或者说 25μm 的位移对应的数字量是 16，这点在编写程序时要用到。

梯形图如图 7-10 所示。

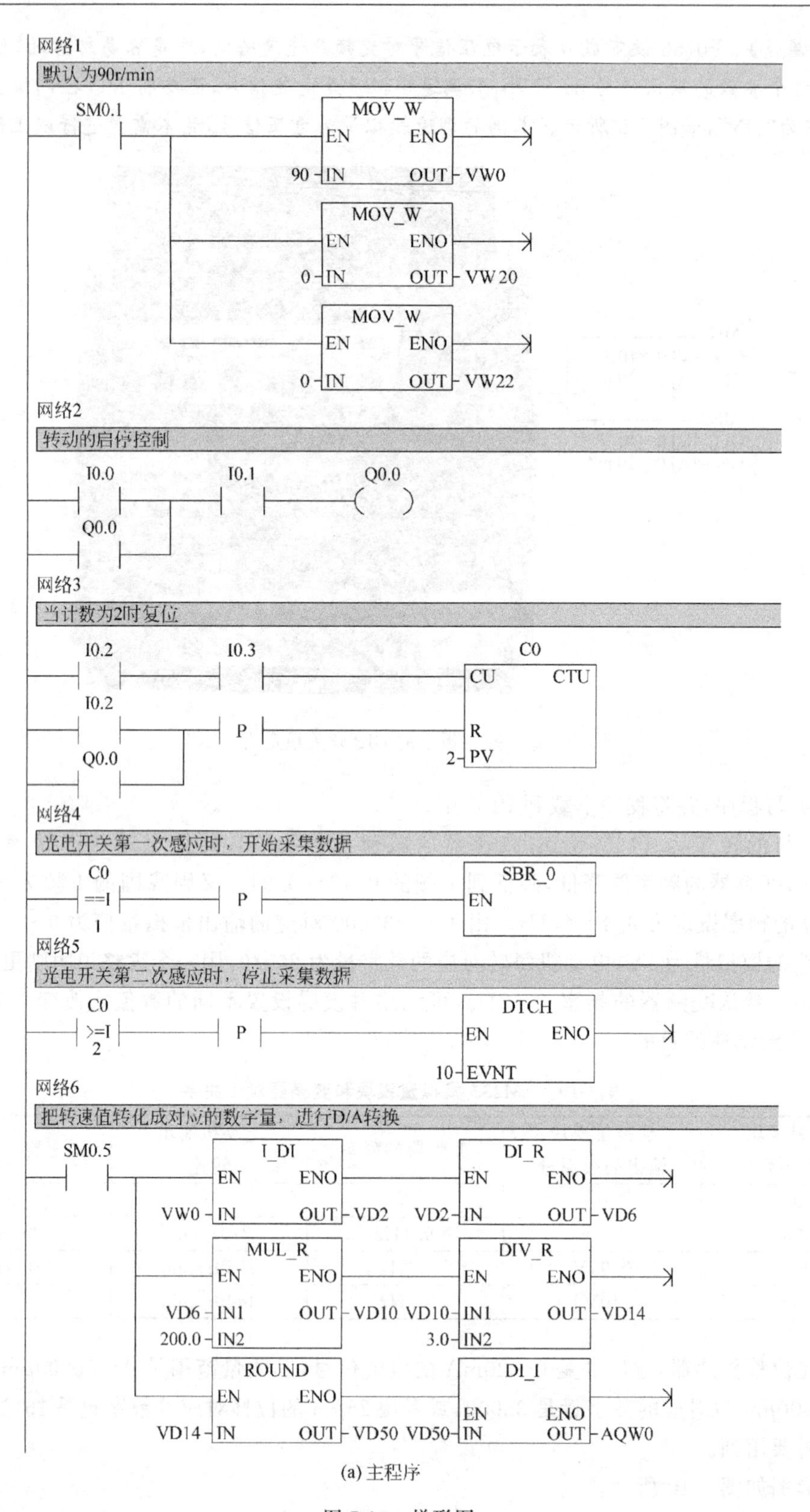

(a) 主程序

图 7-10　梯形图

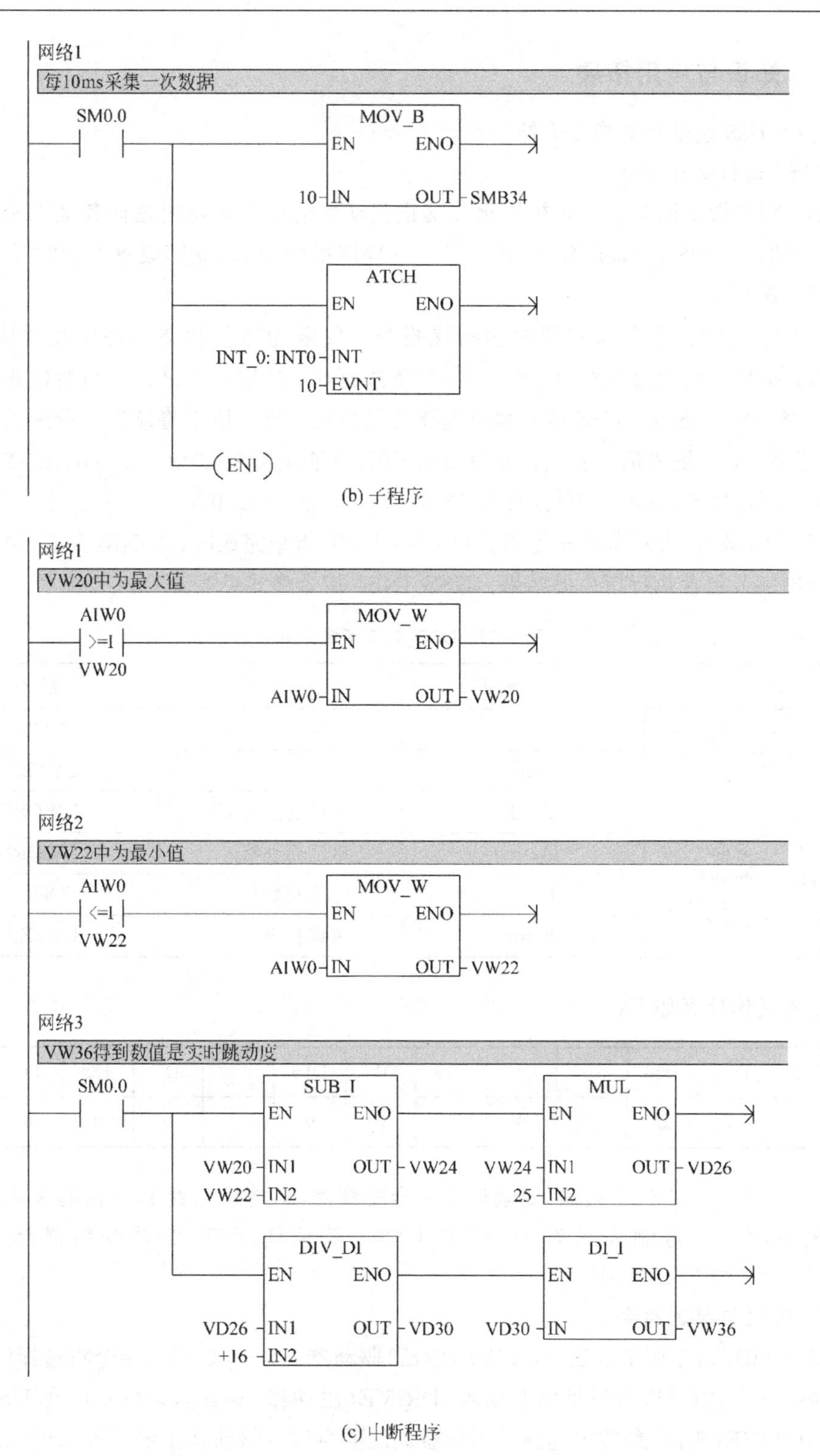

(b) 子程序

(c) 中断程序

图 7-10　(续)

7.5 知识与应用拓展

7.5.1 USS 通信相关指令介绍

1. USS 通信初始化指令

USS_INIT 指令用于启用和初始化或禁止驱动器通信。在使用任何其他 USS 协议指令之前，必须执行 USS_INIT 指令，且无错。一旦该指令完成，立即设置"完成"位，才能继续执行下一条指令。

EN 输入打开时，在每次扫描时执行该指令。仅限为通信状态的每次改动执行一次 USS_INIT 指令。使用边缘检测指令，以脉冲方式打开 EN 输入。欲改动初始化参数，执行一条新 USS_INIT 指令。USS 输入数值选择通信协议：输入值 1 将端口 0 分配给 USS 协议，并启用该协议；输入值 0 将端口 0 分配给 PPI，并禁止 USS 协议。BAUD(波特率)将波特率设为 1200、2400、4800、9600、19200、38400、57600 或 115200。

ACTIVE(激活)表示激活驱动器。当 USS_INIT 指令完成时，DONE(完成)输出打开。"错误"输出字节包含执行指令的结果。USS_INIT 指令格式见表 7-11。

表 7-11 USS_INIT 指令格式

LAD	输入/输出	含　义	数据类型
USS_INIT EN Mode　Done Baud　Error Active	EN	使能	BOOL
	Mode	模式	BYTE
	Baud	通信的波特率	DWORD
	Active	激活驱动器	DWORD
	Done	完成初始化	BOOL
	Error	错误代码	BYTE

站点号具体计算如下：

D31	D30	D29	D28	…	D19	D18	D17	D16	…	D3	D2	D1	D0
0	0	0	0		0	1	0	0		0	0	0	0

D0～D31 代表 32 台变频器，要激活某一台变频器，就将该位置 1，上面的表格将 18 号变频器激活，其 16 进制表示为 16＃00040000。若要将所有 32 台变频器都激活，则 ACTIVE 为 16＃FFFFFFFF。

2. USS 通信控制指令

USS_CTRL 指令用于控制 ACTIVE(激活)驱动器。USS_CTRL 指令将选择的命令放在通信缓冲区中，然后送至编址的驱动器[DRIVE(驱动器)参数]，条件是已在 USS_INIT 指令的 ACTIVE(激活)参数中选择该驱动器。仅限为每台驱动器指定一条 USS_CTRL 指令。USS_CTRL 指令格式见表 7-12。

表 7-12　USS_CTRL 指令格式

<table>
<tr><th>LAD</th><th>输入/输出</th><th>含　义</th><th>数据类型</th></tr>
<tr><td rowspan="16">USS_CTRL
EN
RUN
OFF2
OFF3
F_ACK　Resp_R
DIR　Error
Status
Speed
Drive　Run_EN
Type　D_Dir
Speed~　Inhibit
Fault</td><td>EN</td><td>使能</td><td>BOOL</td></tr>
<tr><td>RUN</td><td>模式</td><td>BOOL</td></tr>
<tr><td>OFF2</td><td>允许驱动器滑行至停止</td><td>BOOL</td></tr>
<tr><td>OFF3</td><td>命令驱动器迅速停止</td><td>BOOL</td></tr>
<tr><td>F_ACK</td><td>故障确认</td><td>BOOL</td></tr>
<tr><td>DIR</td><td>驱动器应当移动的方向</td><td>BOOL</td></tr>
<tr><td>Drive</td><td>驱动器的地址</td><td>BYTE</td></tr>
<tr><td>Type</td><td>选择驱动器的类型</td><td>BYTE</td></tr>
<tr><td>Speed_SP</td><td>驱动器速度</td><td>DWORD</td></tr>
<tr><td>Resp_R</td><td>收到应答</td><td>BOOL</td></tr>
<tr><td>Error</td><td>通信请求结果的错误字节</td><td>BYTE</td></tr>
<tr><td>Speed</td><td>全速百分比</td><td>DWORD</td></tr>
<tr><td>Status</td><td>驱动器返回的状态字原始数值</td><td>WORD</td></tr>
<tr><td>D_Dir</td><td>表示驱动器的旋转方向</td><td>BOOL</td></tr>
<tr><td>Inhibit</td><td>驱动器上的禁止位状态</td><td>BOOL</td></tr>
<tr><td>Fault</td><td>故障位状态</td><td>BOOL</td></tr>
</table>

具体描述如下。

EN 位必须打开，才能启用 USS_CTRL 指令。该指令应当始终启用。RUN(运行)[RUN/STOP(运行/停止)]表示驱动器是打开(1)还是关闭(0)。当 RUN(运行)位打开时，驱动器收到一条命令，按指定的速度和方向开始运行。为了使驱动器运行，必须符合三个条件，分别是 DRIVE(驱动器)在 USS_INIT 中必须被选为 ACTIVE(激活)，OFF2 和 OFF3 必须被设为 0，FAULT(故障)和 INHIBIT(禁止)必须为 0。

当 RUN(运行)关闭时，会向驱动器发出一条命令，将速度降低，直至电动机停止。OFF2 位用于允许驱动器滑行至停止。OFF3 位用于命令驱动器迅速停止。Resp_R(收到应答)位确认从驱动器收到应答，对所有的激活驱动器进行轮询，查找最新驱动器状态信息。每次 S7-200 从驱动器收到应答时，Resp_R 位均会打开，进行一次扫描，所有数值均被更新。F_ACK(故障确认)位用于确认驱动器中的故障。当 F_ACK 从 0 转为 1 时，驱动器清除故障。DIR(方向)位表示驱动器应当移动的方向。"驱动器"(驱动器地址)输入是驱动器的地址，向该地址发送 USS_CTRL 命令。有效地址：0～31。"类型"(驱动器类型)输入选择驱动器的类型。将 3(或更早版本)驱动器的类型设为 0。将 4 驱动器的类型设为 1。

Speed_SP(速度设定值)是作为全速百分比的驱动器速度。Speed_SP 的负值会使驱动器反向旋转方向。范围：－200.0%～200.0%。

Error 是一个包含对驱动器最新通信请求结果的错误字节。

Status 是驱动器返回的状态字原始数值。

Speed 是作为全速百分比的驱动器速度。范围：－200.0%～200.0%。

D_Dir 表示驱动器的旋转方向。

Inhibit 表示驱动器上的禁止位状态(0-不禁止，1-禁止)。欲清除禁止位，"故障"位必须关闭，RUN(运行)、OFF2 和 OFF3 输入也必须关闭。

Fault 表示故障位状态(0-无故障，1-故障)。驱动器显示故障代码。清除故障位，纠正引起故障的原因，并打开 F_ACK 位。

7.5.2 高速计数器简介

S7-200 CPU 提供了多个高速计数器(HSC0～HSC5)以响应快速脉冲输入信号。高速计数器的计数速度比 PLC 的扫描速度要快得多，因此高速计数器可独立于用户程序工作，不受扫描时间的限制。用户通过相关指令，设置相应的特殊存储器控制计数器的工作。

1. 高速计数器的工作模式和输入

高速计数器有 12 种工作模式，每个计数器都有时钟、方向控制、复位启动等特定输入。对于双向计数器，两个时钟都可以运行在最高频率，高速计数器的最高技术频率取决于 CPU 的类型。在正交模式下，可选择 1×(1 倍速)或者 4×(4 倍速)输入脉冲频率的内部技术频率。高速计数器有 8 种 4 类工作模式。

① 无外部方向输入信号的单/减计数器(模式 0 和模式 2)。

用高数计数器的控制字的第 3 位控制加减计数，该位为 1 时为加计数，为 0 时为减计数。

② 有外部方向输入信号的单/减计数器(模式 3 和模式 5)。

方向信号为 1 时，为加计数，方向信号为 0 时，为减计数。

③ 有加计数时钟脉冲和减计数时钟脉冲输入的双相计数器(模式 6 和模式 8)。

若加计数脉冲和减计数脉冲的上升沿出现的时间间隔短，高速计数器认为这两个事件同时发生，当前值不变，也不会有计数方向的变化的指示。否则高速计数器能捕捉到每一个独立的信号。

④ A/B 相正交计数器(模式 9 和模式 11)

它的两路计数脉冲的相位相差 90°，正转时 A 相时钟脉冲比 B 相时钟脉冲超前 90°。反转时，A 相时钟脉冲比 B 相时钟脉冲滞后 90°。利用这一特点，正转时加计数，反转时减计数。

高速计数器的工作模式和输入点见表 7-13。

表 7-13 高速计数器的工作模式和输入点

模式	中断描述	输入点			
	HSC0	I0.0	I0.1	I0.2	
	HSC1	I0.6	I0.7	I1.0	I1.1
	HSC2	I1.2	I1.3	I1.4	I1.5
	HSC3	I0.1			
	HSC4	I0.3	I0.4	I0.5	
	HSC5	I0.4			
0	带有内部方向控制的单相计数器	时钟			
1		时钟		复位	
2		时钟		复位	启动
3	带有外部方向控制的单相计数器	时钟	方向		
4		时钟	方向	复位	
5		时钟	方向	复位	启动

续表

模式	中断描述	输入点			
6	带有增减计数时钟的双相计数器	增时钟	减时钟		
7		增时钟	减时钟	复位	
8		增时钟	减时钟	复位	启动
9	A/B 正交计数器	时钟 A	时钟 B		
10		时钟 A	时钟 B	复位	
11		时钟 A	时钟 B	复位	启动
12	只有 HSC0 和 HSC3 支持模式 12				

【关键点】 S7-200 CPU221、CPU222 没有 HSC1 和 HSC2；CPU224、CPU224XP 和 CPU226 拥有全部 6 个高速计数器。只有 HSC0 和 HSC3 支持模式 12，其中 HSC0 计数 Q0.0 的输出脉冲，HSC3 计数 Q0.1 的输出脉冲，在此模式下工作时，并不需要外部接线。

高速计数器的硬件输入接口与普通数字量接口使用相同的地址。已经定义用于高速计数器的输入点不能再用于其他功能。但某些模式下，没有用到的输入点还可以用做开关量输入点。

2. 高速计数器的控制字和初始值、预置值

所有的高速计数器在 S7-200 CPU 的特殊存储区中都有各自的控制字。控制字用来定义计数器的计数方式和其他一些设置，以及在用户程序中对计数器的运行进行控制。高速计数器的控制字的位地址分配见表 7-14。

表 7-14　高速计数器的控制字的位地址分配

HSC0	HSC1	HSC2	HSC3	HSC4	HSC5	描　　述
SM37.0	SM47.0	SM57.0	—	SM147.0	—	复位有效控制，0=复位高电平有效，1=复位低电平有效
—	SM47.1	SM57.1	—	—	—	启动有效控制，0=启动高电平有效，1=启动低电平有效
SM37.2	SM47.2	SM57.2	—	SM147.2	—	正交计数器速率选择，0=4×计数率，1=1×计数率
SM37.3	SM47.3	SM57.3	SM137.3	SM147.3	SM157.3	计数方向控制，0=减计数，1=加计数
SM37.4	SM47.4	SM57.4	SM137.4	SM147.4	SM157.4	向 HSC 中写入计数方向，0=不更新，1=更新
SM37.5	SM47.5	SM57.5	SM137.5	SM147.5	SM157.5	向 HSC 中写入预置值，0=不更新，1=更新
SM37.6	SM47.6	SM57.6	SM137.6	SM147.6	SM157.6	向 HSC 中写入初始值，0=不更新，1=更新
SM37.7	SM47.7	SM57.7	SM137.7	SM147.7	SM157.7	HSC 允许，0=禁止 HSC，1=允许 HSC

高速计数器都有初始值和预置值，所谓初始值就是高速计数器的起始值，而预置值就是计数器运行的目标值，当前值(当前计数值)等于预置值时，会引发一个内部中断事件，初始值、预置值和当前值都是 32 位有符号整数。必须先设置控制字以允许装入初始值和预置值，并且初始值和预置值存入特殊存储器中，然后执行 HSC 指令使新的初始值和预置值有效。装载高速计数器的初始值、预置值和当前值的寄存器与计数器的对应关系见表 7-15。

表 7-15　装载初始值、预置值和当前值的寄存器与计数器的对应关系

高速计数器	HSC0	HSC1	HSC2	HSC3	HSC4	HSC5
初始值	SMD38	SMD48	SMD58	SMD138	SMD148	SMD158
预置值	SMD42	SMD52	SMD62	SMD142	SMD152	SMD162
当前值	HC0	HC1	HC2	HC3	HC4	HC5

3. 高速计数器指令介绍

高速计数器(HSC)指令根据HSC特殊内存位的状态配置和控制高速计数器。高速计数器定义(HDEF)指令选择特定的高速计数器(HSCx)的操作模式。模式选择定义高速计数器的时钟、方向、起始和复原功能。高速计数指令的格式见表7-16。

表 7-16　高速计数指令格式

LAD	输入/输出	参数说明	数据类型
HDEF EN　ENO HSC MODE	HSC	高速计数器的号码	BYTE
	MODE	模式	BYTE
HSC EN　ENO N	N	指定高速计数器的号码	WORD

以一个简单例子说明控制字和高速计数器指令的具体应用,如图7-11所示。

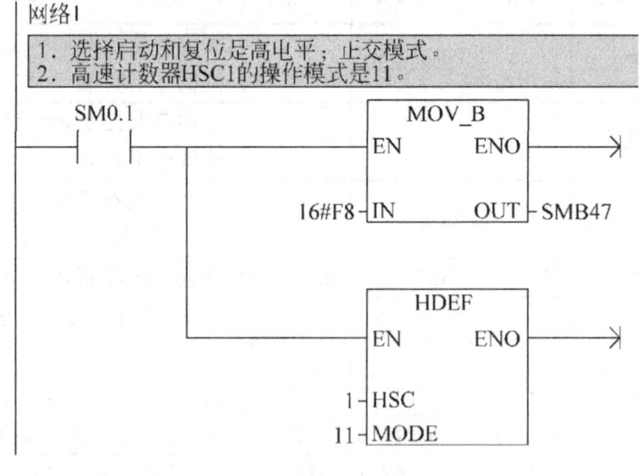

图 7-11　程序

【例 7-4】 用高速计数器HSC0计数,当计数值达到500～1000之间时报警,报警灯Q0.0亮。

【解】 从这个题目可以看出,报警有上位1000和下位500,因此当高速计数达到计数值时,要执行两次中断程序。主程序如图7-12所示,中断程序0如图7-13所示,中断程序1如图7-14所示。

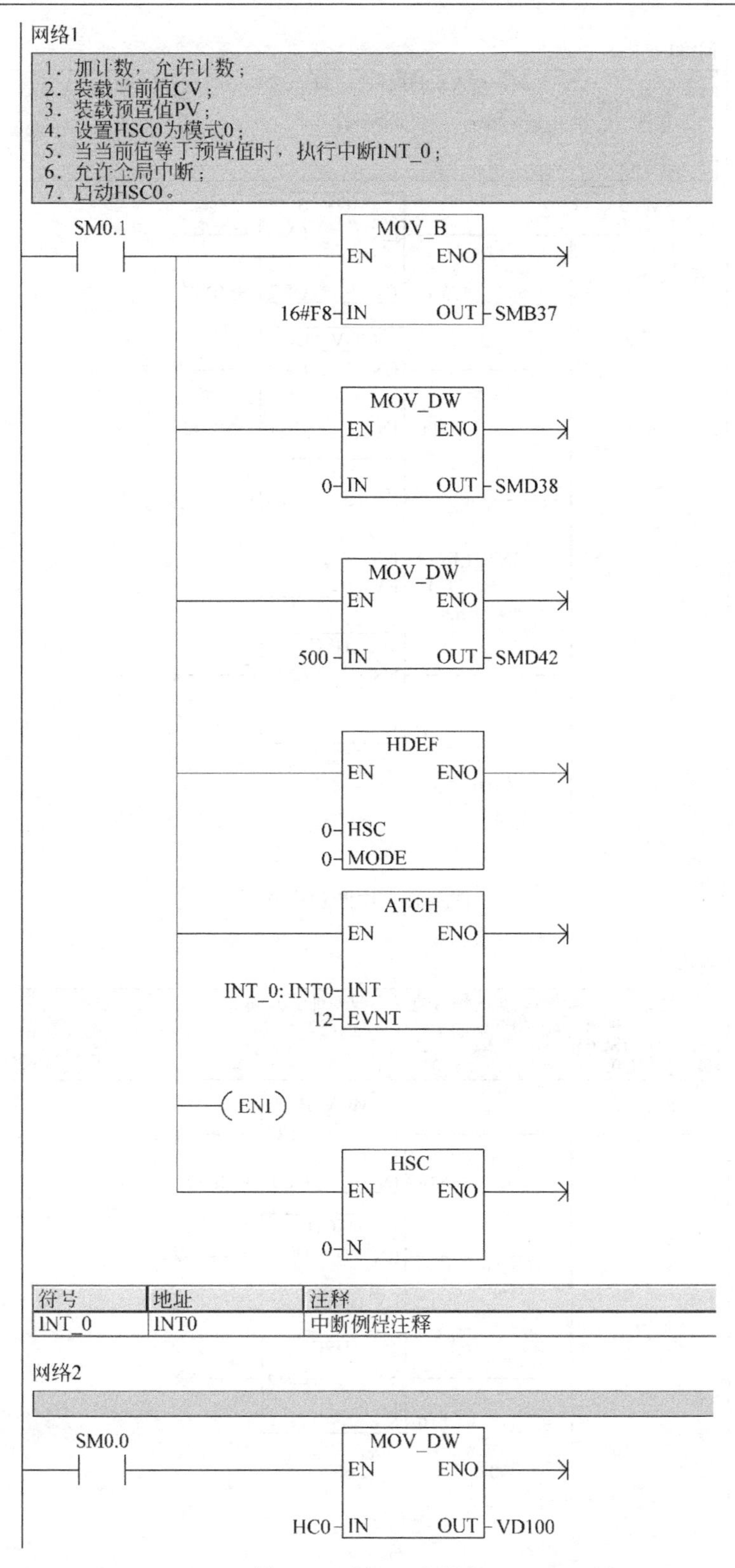
网络1
1．加计数，允许计数；
2．装载当前值CV；
3．装载预置值PV；
4．设置HSC0为模式0；
5．当当前值等于预置值时，执行中断INT_0；
6．允许全局中断；
7．启动HSC0。
SM0.1
MOV_B
EN ENO
16#F8 IN OUT SMB37
MOV_DW
EN ENO
0 IN OUT SMD38
MOV_DW
EN ENO
500 IN OUT SMD42
HDEF
EN ENO
0 HSC
0 MODE
ATCH
EN ENO
INT_0: INT0 INT
12 EVNT
ENI
HSC
EN ENO
0 N
符号 地址 注释
INT_0 INT0 中断例程注释
网络2
SM0.0
MOV_DW
EN ENO
HC0 IN OUT VD100

图 7-12　例 7-4 主程序

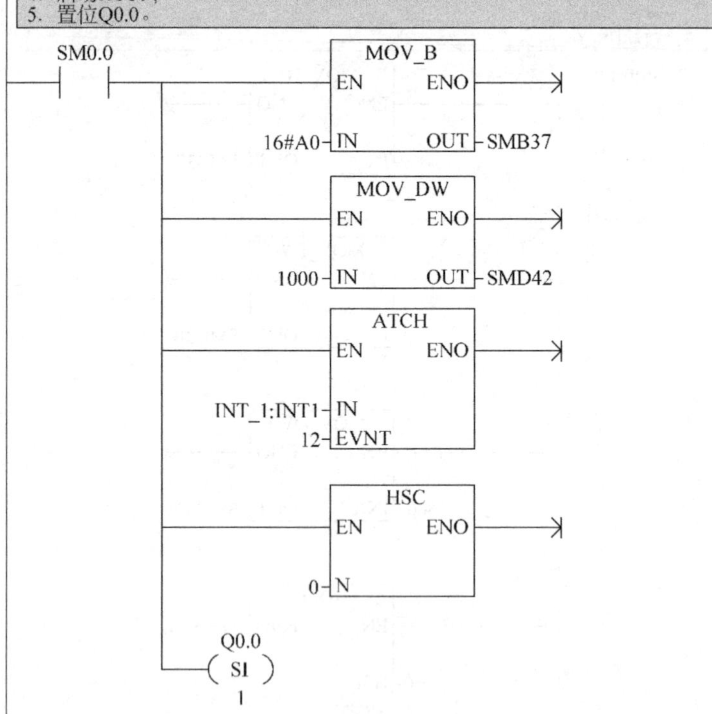

图 7-13　中断程序 0

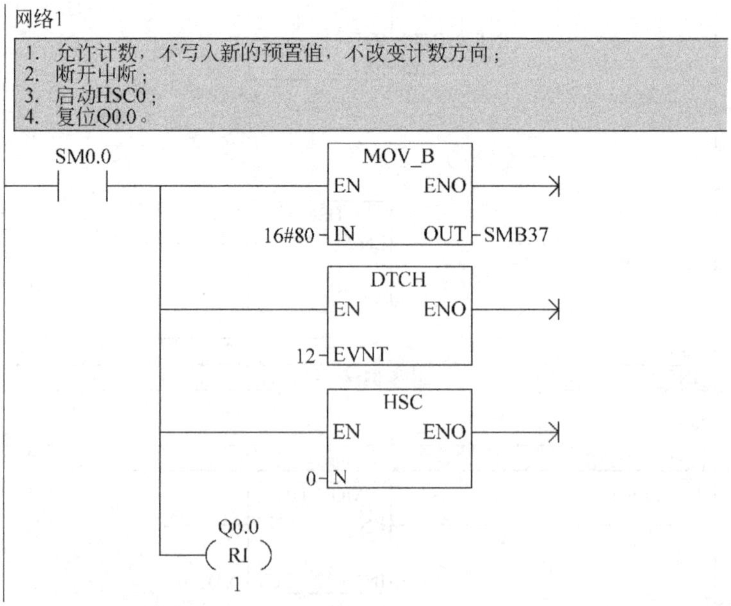

网络1

1. 允许计数，不写入新的预置值，不改变计数方向；
2. 断开中断；
3. 启动HSC0；
4. 复位Q0.0。

SM0.0

MOV_B
EN ENO
16#80 IN OUT SMB37

DTCH
EN ENO
12 EVNT

HSC
EN ENO
0 N

Q0.0
RI
1

图 7-14　例 7-4 中断程序 1

7.5.3　多段速度给定

在基本操作面板进行手动速度给定的方法简单，对资源消耗少，但这种速度给定方法对于操作者来说比较麻烦，而且不容易实现自动控制，而 PLC 控制的多段速度给定和通信速度给定，就容易实现自动控制，以下将用几个例题来介绍 MM440 变频器的多段速度给定。

【例 7-5】 有一台 MM440 变频器，接线如图 7-15 所示，当按钮 SB1 按下时，三相异步电动机以 5Hz 正转，当按钮 SB2 按下时，三相异步电动机以 10Hz 正转，当按钮 SB3 按下时，三相异步电动机以 15Hz 反转，已知电动机的技术参数，功率为 0.75kW，额定转速为 1440r/m，额定电压为 380V，额定电流为 2.05A，额定频率为 50Hz，请设计方案。

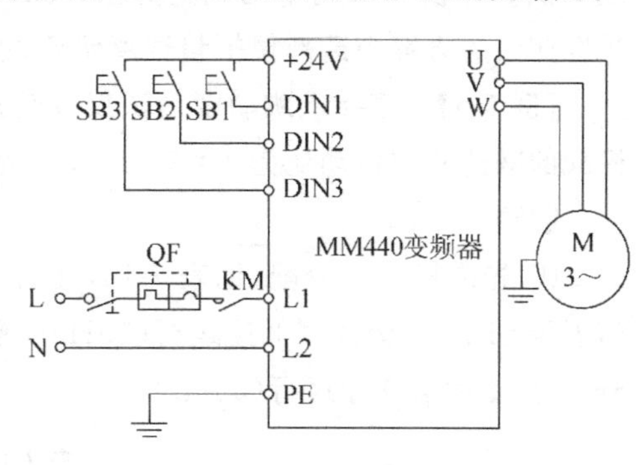

图 7-15　接线图

【解】 多段调速时，当按下按钮 SB1 时，DIN1 端子与变频器的＋24V(端子 9)连接时对应一个频率，频率值设定在 P1001 中；当按下按钮 SB2 时，DIN2 端子与变频器的＋24V(端子 9)连接时再对应一个频率，频率值设定在 P1002 中；当按下按钮 SB3 时，DIN3 端子与变频器的＋24V 接通，对应一个频率，频率值设定在 P1003 中。变频器参数见表 7-17。

表 7-17　变频器参数

序号	变频器参数	出厂值	设定值	功 能 说 明
1	P0304	380	380	电动机的额定电压(380V)
2	P0305	2.05	2.05	电动机的额定电流(2.05A)
3	P0307	0.75	0.75	电动机的额定功率(0.75W)
4	P0310	50.00	50.00	电动机的额定频率(50Hz)
5	P0311	0	1440	电动机的额定转速(1440r/min)
6	P1000	2	3	固定频率设定
7	P1080	0	0	电动机的最小频率(0Hz)
8	P1082	50	50.00	电动机的最大频率(50Hz)
9	P1120	10	10	斜坡上升时间(10s)
10	P1121	10	10	斜坡下降时间(10s)
11	P0700	2	2	选择命令源(由端子排输入)
12	P0701	1	16	固定频率设定值(直接选择选择＋ON)
13	P0702	12	16	固定频率设定值(直接选择选择＋ON)
14	P0703	9	2	反转
15	P1001	0.00	5	固定频率 1
16	P1002	5.00	10	固定频率 2
17	P1003	10.00	15	固定频率 3

前面的项目中有手动键盘速度给定和模拟量速度给定，其中模拟量速度给定已经用于跳动度测试仪。手动调速方法简单，对资源消耗少，跳动度测试仪的调速可以采用手动调速的方法，但这种调速方法对于操作者来说比较麻烦，而且不容易实现自动控制。因此，跳动度测试仪并没有采用手动调速方法，可以采用数字量多段速度给定或者模拟量速度给定。尽管前面的方案中选择模拟量速度给定，但多段速度给定也是可选方案。

【例 7-6】 若要求跳动度测试仪以转速为 96r/min、192r/min 和 288r/min 运行。电动机配的减速器的传动比为 1∶3。试设计此系统，并编写程序。

【解】

① 先进行 I/O 分配，见表 7-18，在将 PLC、变频器和电动机按照如图 7-16 所示接线。当下压 SB1 时，变频器低速运行(10Hz)；当下压 SB2 时，变频器中速运行(20Hz)；当下压 SB3 时，变频器高速运行(30Hz)。

表 7-18　I/O 分配表

输　入			输　出		
名　称	符　号	输　入　点	名　称	符　号	输　出　点
低速按钮	SB1	I0.0	低速输出		Q0.0
中速按钮	SB2	I0.1	中速输出		Q0.1
高速按钮	SB3	I0.2	高速输出		Q0.2
停止按钮	SB4	I0.3			
测量按钮	SA1	I0.4			
光电开关	SQ1	I0.5			

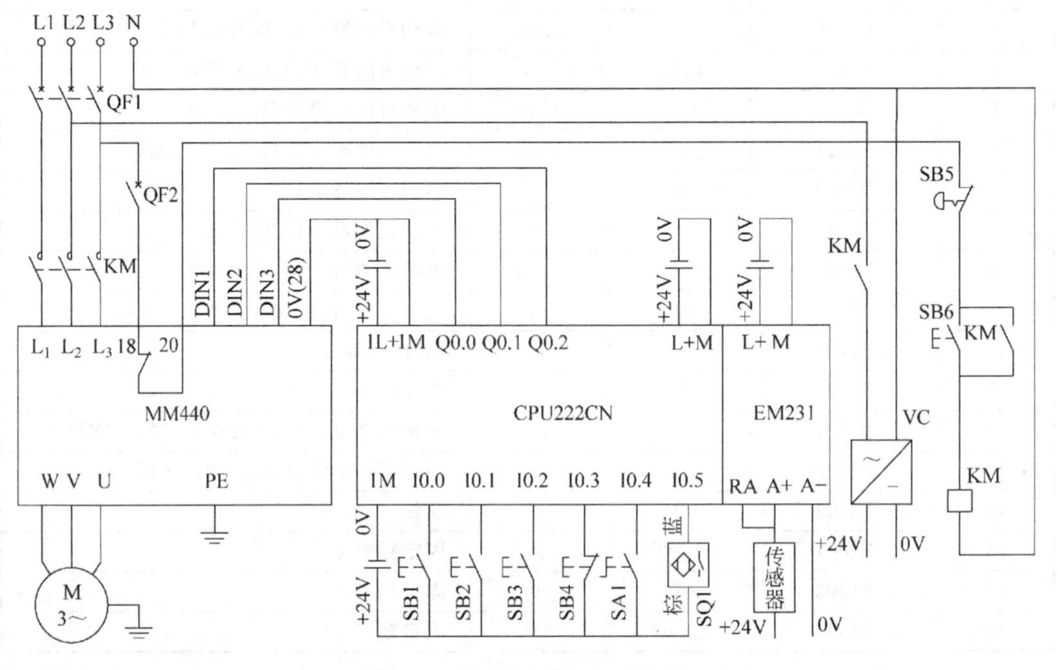

图 7-16　接线图(多段速度给定)

② 按照表7-19设定变频器的参数，查询变频器MM440的使用说明书，并设定这些参数。

因为跳动度测试仪的转速为96r/min、192r/min和288r/min，减速器的传动比 $i=3$，先必须计算96r/min对应的频率 f。

$$f=\frac{50\times 96\times 3}{1440}=10\text{Hz}$$

同理，可以得出转速192r/min和288r/min对应的频率为20Hz和30Hz。

表7-19　变频器参数

序号	变频器参数	出厂值	设定值	功能说明
1	P0304	380	380	电动机的额定电压(380V)
2	P0305	2.05	2.05	电动机的额定电流(2.05A)
3	P0307	0.75	0.75	电动机的额定功率(0.75W)
4	P0310	50.00	50.00	电动机的额定频率(50Hz)
5	P0311	0	1440	电动机的额定转速(1440r/min)
6	P1000	2	3	固定频率设定
7	P1080	0	0	电动机的最小频率(0Hz)
8	P1082	50	50.00	电动机的最大频率(50Hz)
9	P1120	10	10	斜坡上升时间(10s)
10	P1121	10	10	斜坡下降时间(10s)
11	P0700	2	2	选择命令源(由端子排输入)
12	P0701	1	16	固定频率设定值(直接选择+ON)
13	P0702	12	16	固定频率设定值(直接选择+ON)
14	P0703	9	16	固定频率设定值(直接选择+ON)
15	P1001	0.00	30	固定频率1
16	P1002	5.00	20	固定频率2
17	P1003	10.00	10	固定频率3

③ 将编译完成的程序下载到PLC中，程序如图7-17所示。

④ 接通电源，分别按下SB1、SB2和SB3按钮，跳动度测试仪的电动机分别得到三种不同的转速。

【关键点】 PLC为晶体管输出时，其1M(0V)必须与变频器的0V短接，否则，PLC的输出不能形成回路。

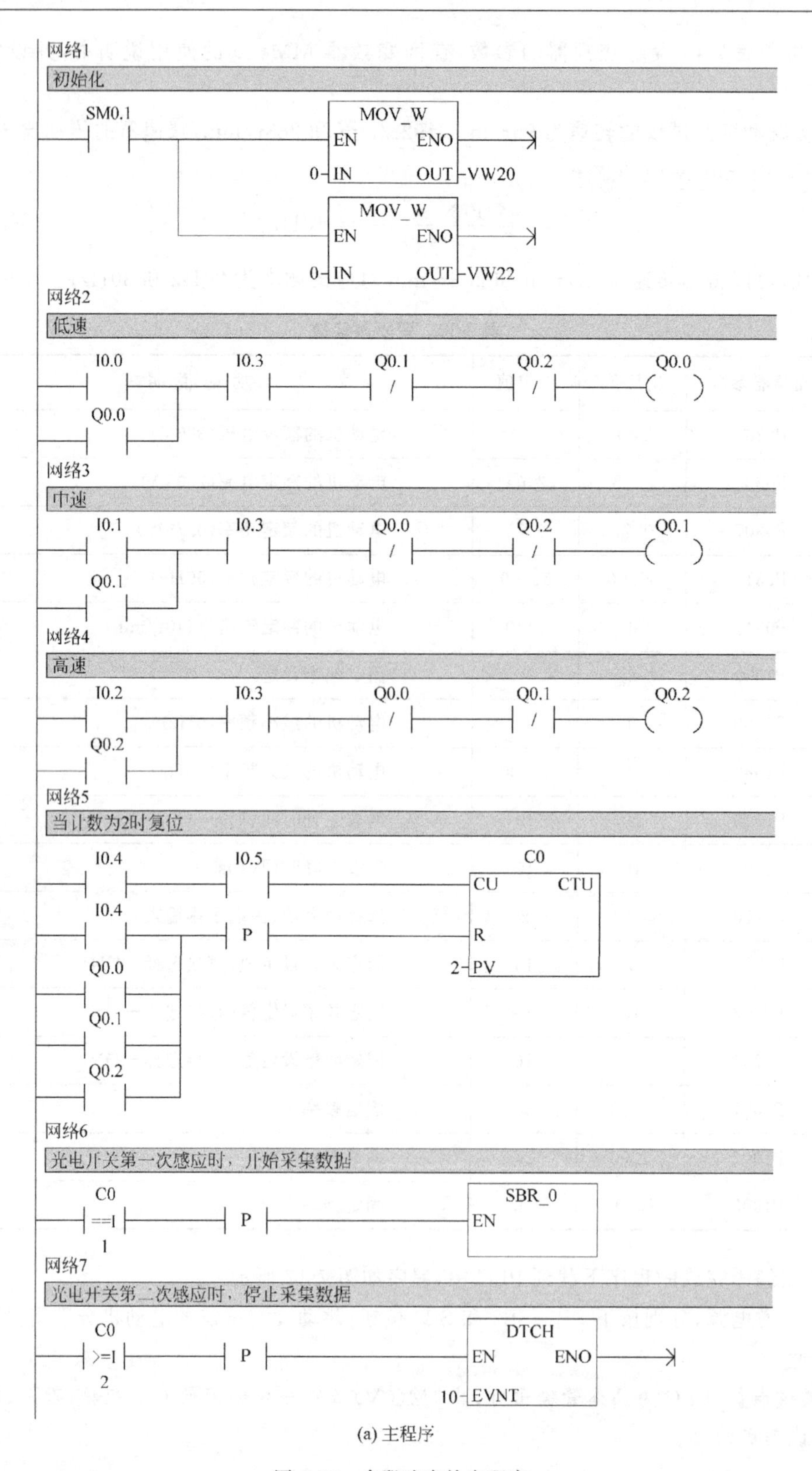

(a) 主程序

图 7-17 多段速度给定程序

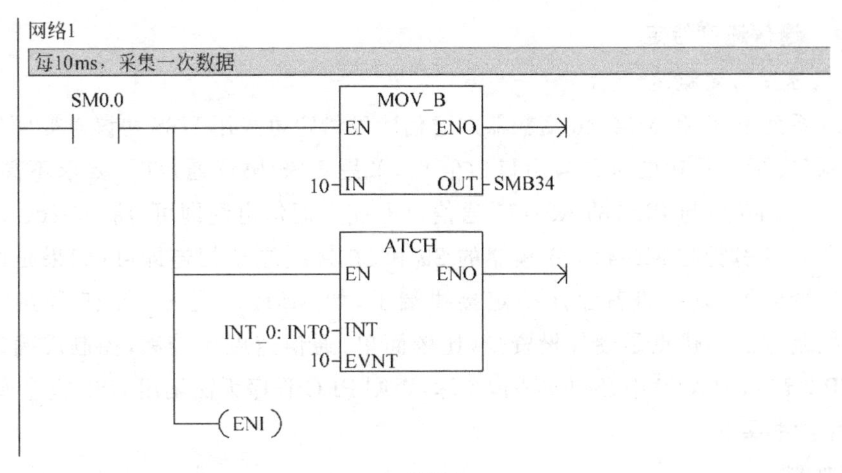

(b) 子程序

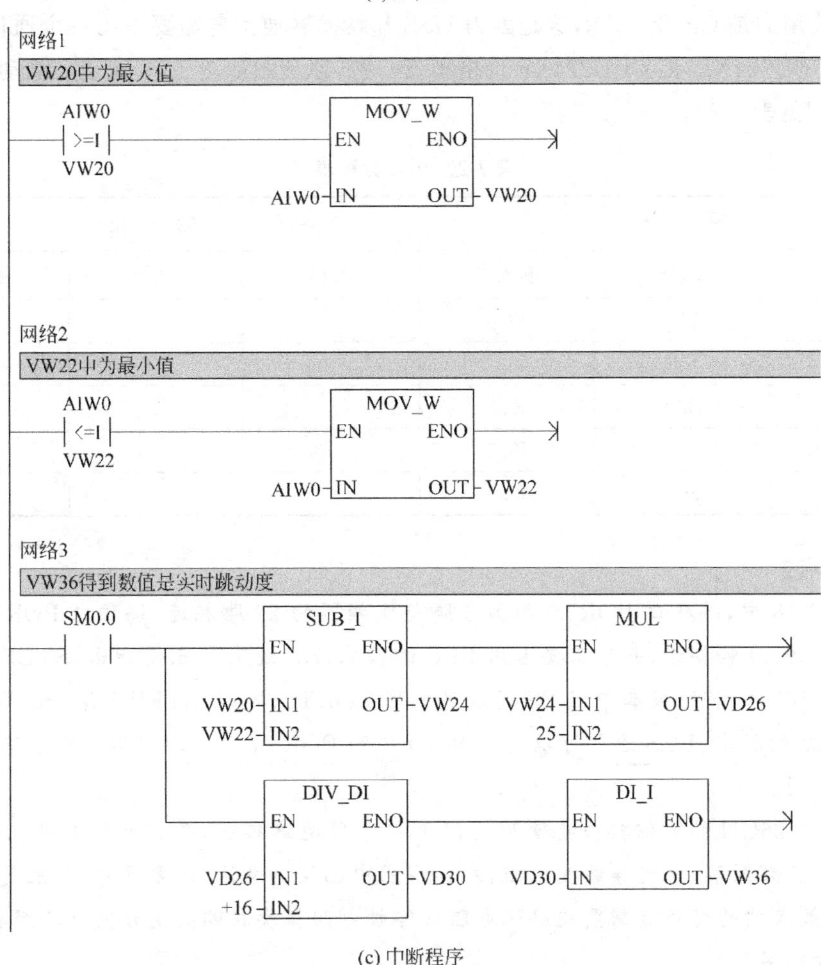

(c) 中断程序

图 7-17 （续）

7.5.4 通信速度给定

1. 通信速度给定概述

S7-200系列PLC和MM440变频器的通信速度给定可采用USS协议对变频器进行速度给定控制(实际上采用的都是自由口通信)。采用USS协议通信时,要求不高时,只要在PLC的PORT0口与PLC的RS-485通信口上连上通信电缆即可,将S7-200 PLC的编程口的3和8号引脚与MM440变频器的29和30接线端子相连即可(如果是西门子的其他型号的变频器,则要查其手册确定接线端子,如MM420是14和15号接线端子)。这种调速控制方法的优点是硬件投资少,比较简单,通信速度比较高,控制准确。但编译软件STEP 7-Micro/WIN中必须安装指令库,否则PLC程序无法调用USS指令库函数,指令库需要单独购买。

2. 原理图

本例选用的是CPU226CN,这是因为USS和触摸屏通信各需要占用一个通信接口,也可以选用CPU224XP,但CPU224XP价格稍贵一些,原理图如图7-18所示。跳动度测试仪的I/O分配见表7-20。

表7-20 I/O分配表

输入			输出		
名称	符号	输入点	名称	符号	输出点
启动按钮	SB1	I0.0			
停止按钮	SB2	I0.1			
测量按钮	SA1	I0.2			
编码器输入		I0.3			
光电开关	SQ1	I0.4			

【关键点】

① 图7-18中,编程口PORT0的第3脚与变频器的29脚相连,编程口PORT0的第8脚与变频器的30脚相连,并不需要占用PLC的输出点。还有一点要指出,STEP 7-Micro/WIN V4.0 SP5以前的版本中,USS通信只能用PORT0口,而STEP 7-Micro/WIN V4.0 SP5(含)之后的版本,USS通信可以用PORT0口和PORT1口。调用不同的通信口使用的子程序也不同。

② CPU226CN的通信接头要使用西门子的专用网络接头,并将网络接头上的拨钮置于ON上。变频器端,也要接终端电阻,在接线图中已经有表达,但要注意,如果是多台变频器,则只有最末端的变频器需要接终端电阻。终端电阻模块在购买变频器时已经打包在内,不需要另外购买。

3. 编写程序

先查询MM440变频器的说明书,再依次在变频器中设定表7-21中的参数。

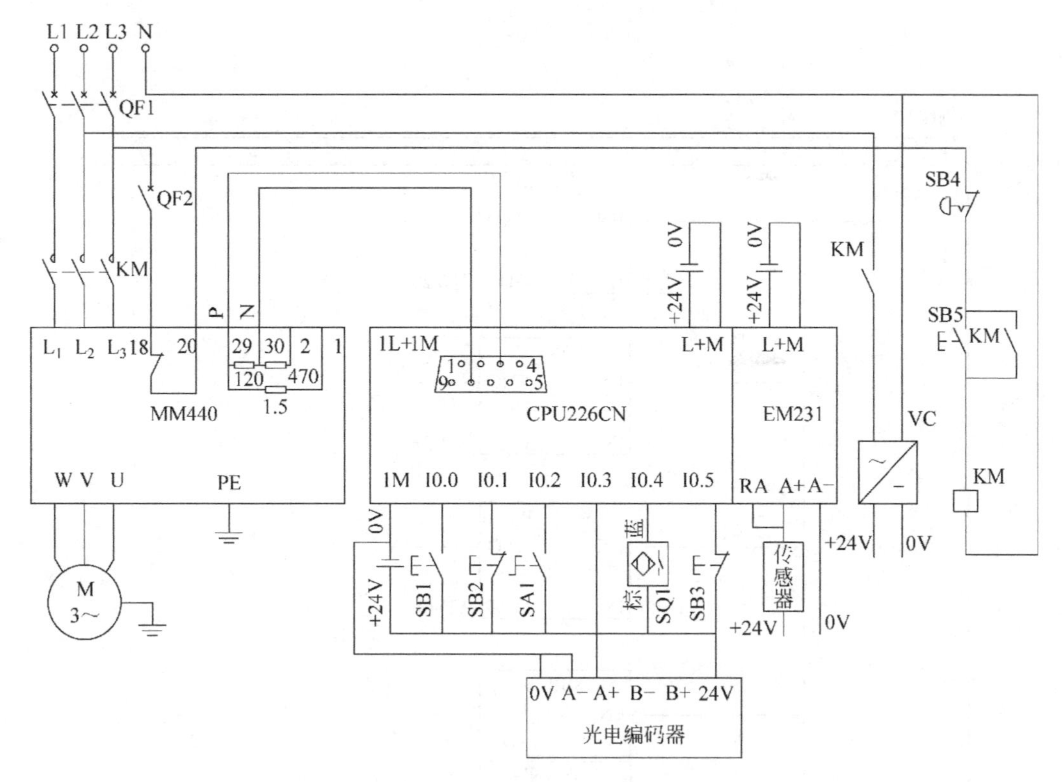

图 7-18　原理图(USS 速度给定)

表 7-21　变频器参数

序号	变频器参数	出　厂　值	设　定　值	功 能 说 明
1	P0304	380	380	电动机的额定电压(380V)
2	P0305	2.05	2.05	电动机的额定电流(2.05A)
3	P0307	0.75	0.75	电动机的额定功率(0.75W)
4	P0310	50.00	50.00	电动机的额定频率(50Hz)
5	P0311	0	1440	电动机的额定转速(1440r/min)
6	P0700	2	5	选择命令源(COM 链路的 USS 设置)
7	P1000	2	5	频率源(COM 链路的 USS 设置)
8	P2010	6	6	USS 波特率(7-9600)
9	P2011	0	18	站点的地址

程序如图 7-19 所示。

【关键点】 P2011 设定值为 18,与程序中的地址一致,正确设置变频器的参数是 USS 通信成功的前提。只要双击在如图 7-20 所示的库中对应的指令即可。

S7-300/400 系列 PLC 和 MM440 变频器的通信速度给定可采用 PROFIBUS 协议,变频器作为 S7-300/400 系列 PLC 的智能从站,但注意变频器必须配专用通行模块,S7-300/400 系列 PLC 必须自带 DP 通信口或者配置专用通信模块,还要使用专用的 PROFIBUS 屏蔽电缆和网络连接器。

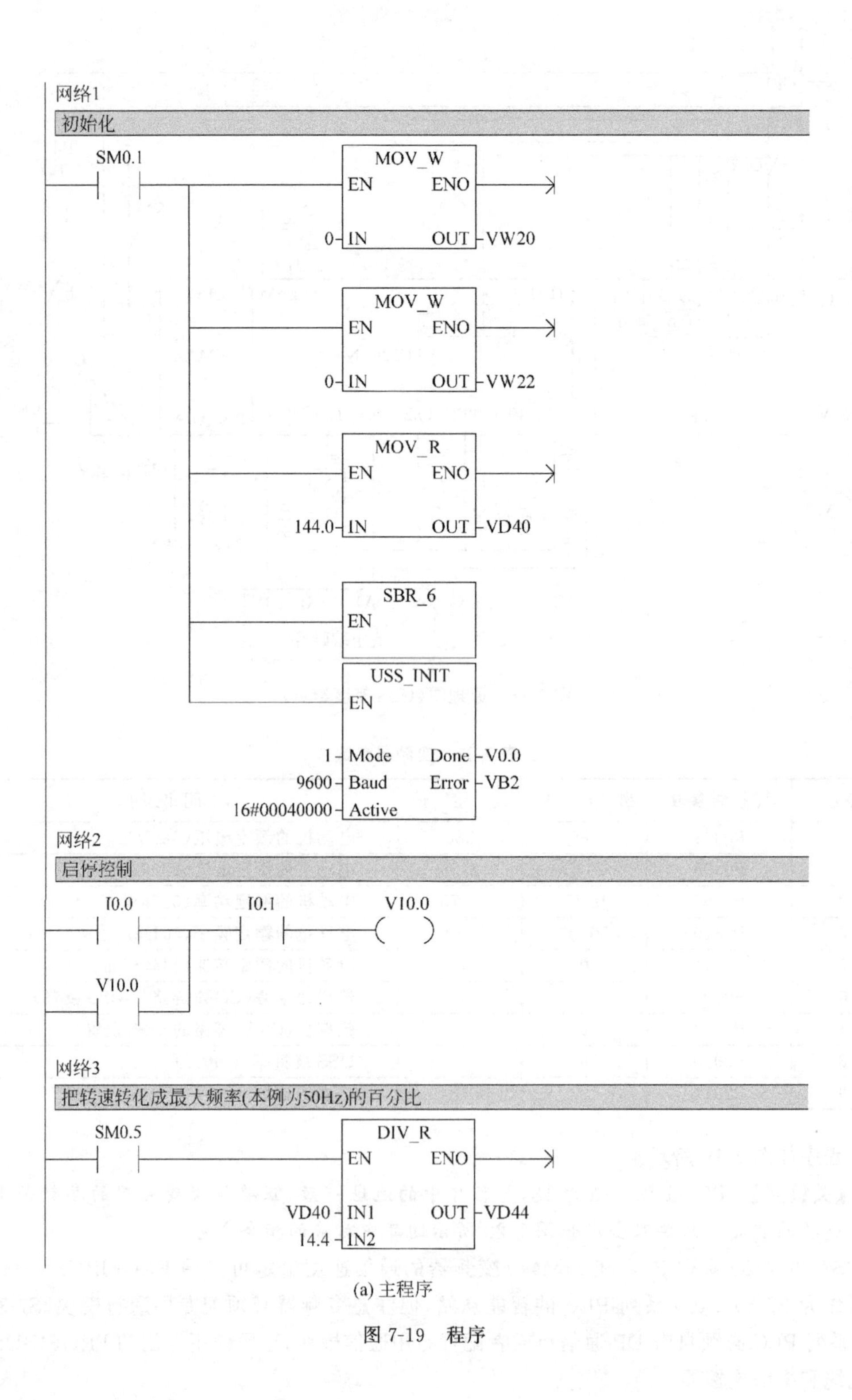
网络1
初始化
SM0.1
MOV_W
EN
ENO
0
IN
OUT
VW20
MOV_W
EN
ENO
0
IN
OUT
VW22
MOV_R
EN
ENO
144.0
IN
OUT
VD40
SBR_6
EN
USS_INIT
EN
1
Mode
Done
V0.0
9600
Baud
Error
VB2
16#00040000
Active
网络2
启停控制
I0.0
I0.1
V10.0
V10.0
网络3
把转速转化成最大频率(本例为50Hz)的百分比
SM0.5
DIV_R
EN
ENO
VD40
IN1
OUT
VD44
14.4
IN2

(a) 主程序

图 7-19　程序

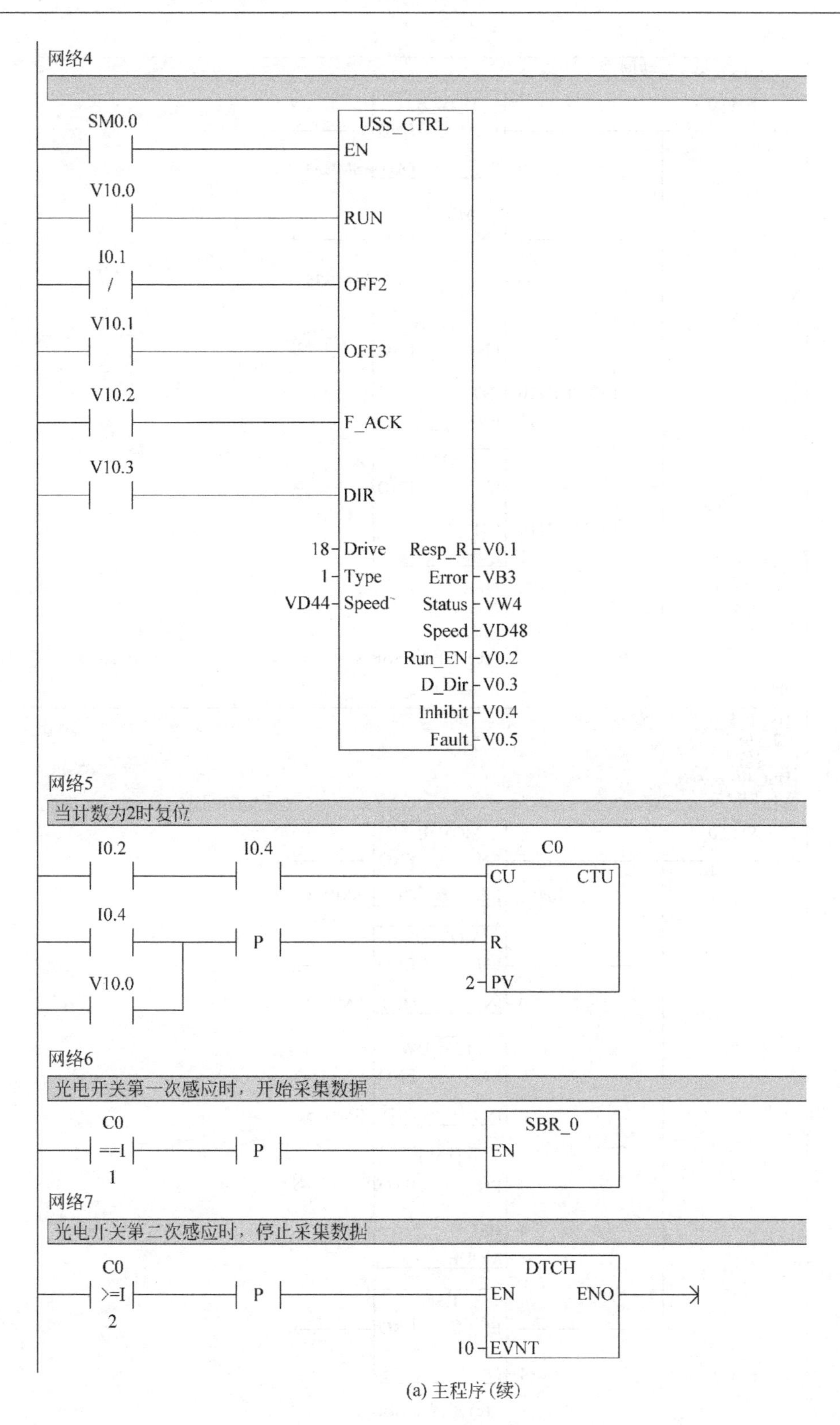

网络4
SM0.0
USS_CTRL
EN
V10.0
RUN
I0.1
OFF2
V10.1
OFF3
V10.2
F_ACK
V10.3
DIR
18 Drive
1 Type
VD44 Speed~
Resp_R V0.1
Error VB3
Status VW4
Speed VD48
Run_EN V0.2
D_Dir V0.3
Inhibit V0.4
Fault V0.5
网络5
当计数为2时复位
I0.2
I0.4
C0
CU CTU
I0.4
P
R
V10.0
2 PV
网络6
光电开关第一次感应时，开始采集数据
C0
==I
1
P
SBR_0
EN
网络7
光电开关第二次感应时，停止采集数据
C0
>=I
2
P
DTCH
EN ENO
10 EVNT

(a) 主程序(续)

图 7-19　(续)

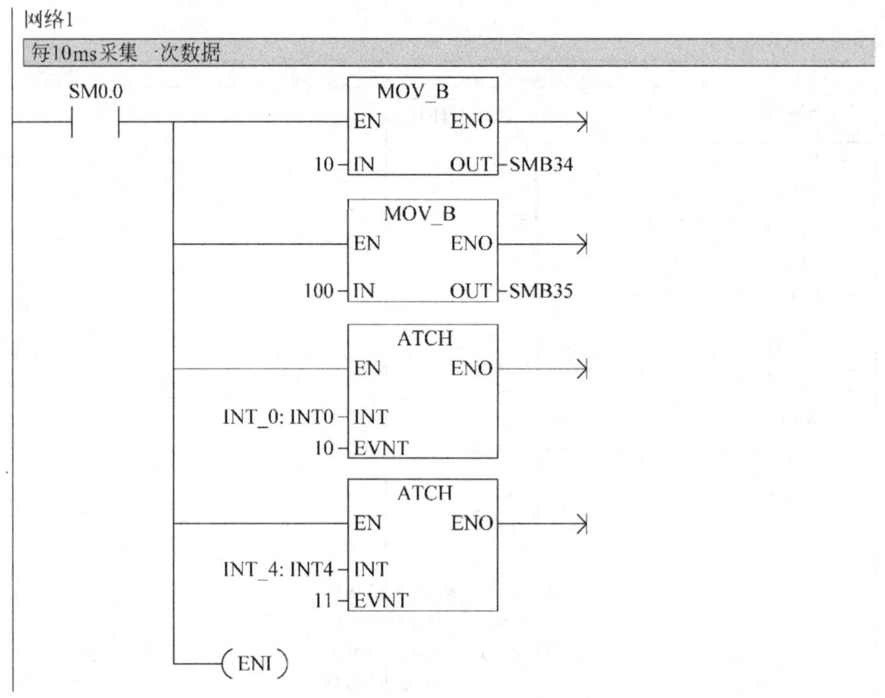

(b) 子程序 SBR_0

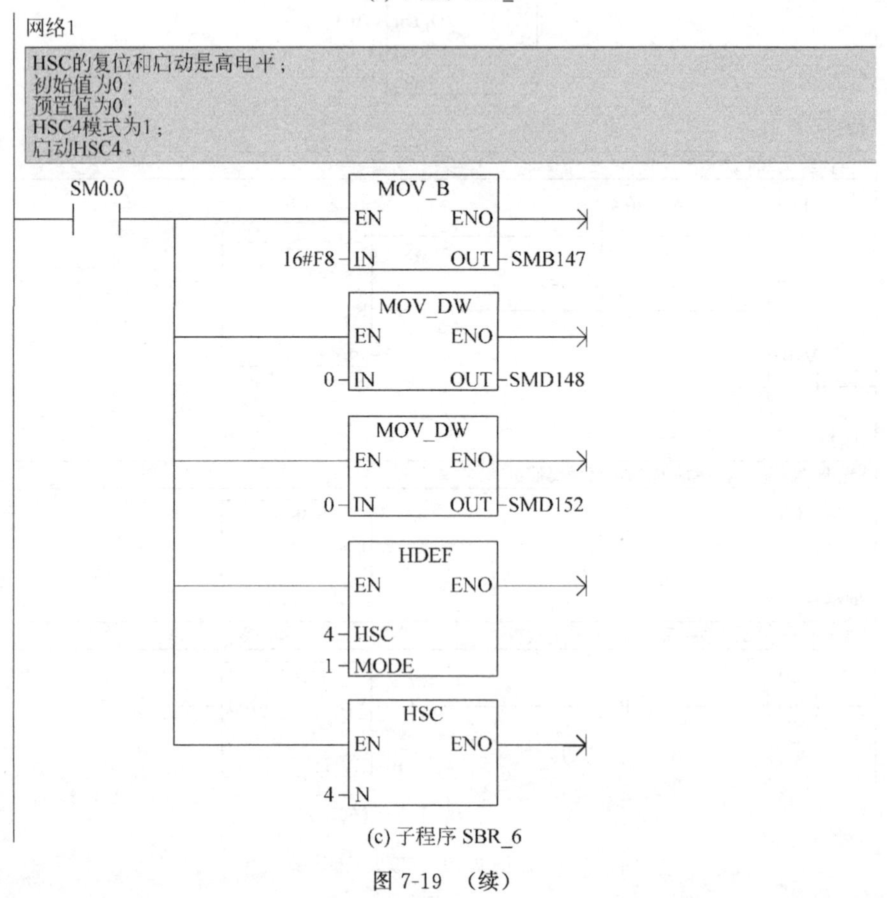

(c) 子程序 SBR_6

图 7-19 （续）

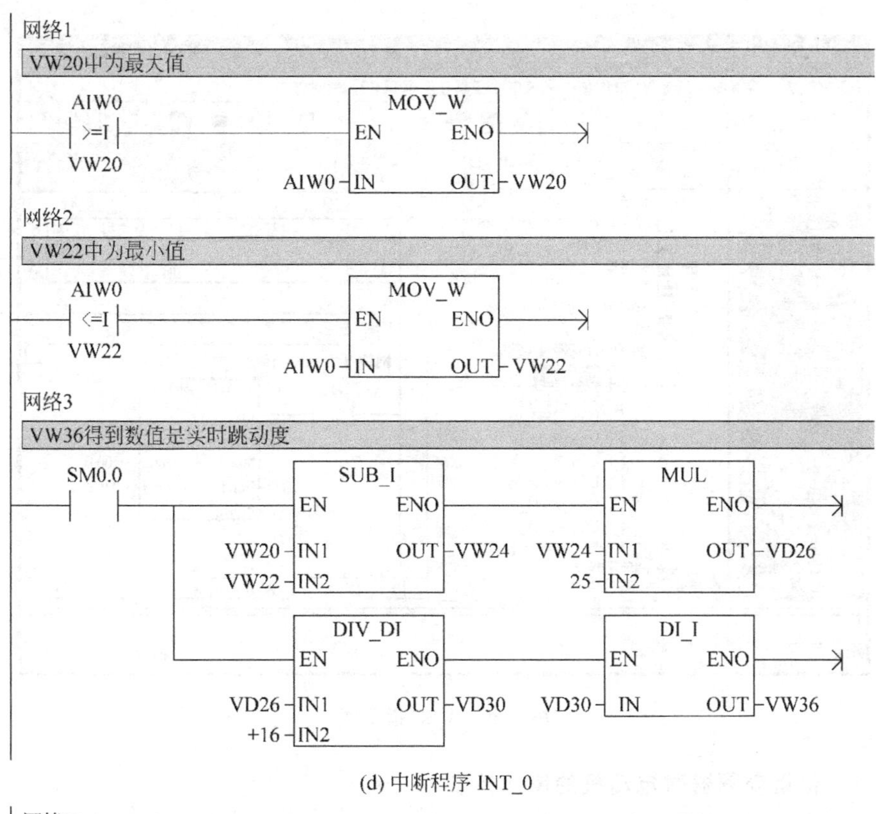

(d) 中断程序 INT_0

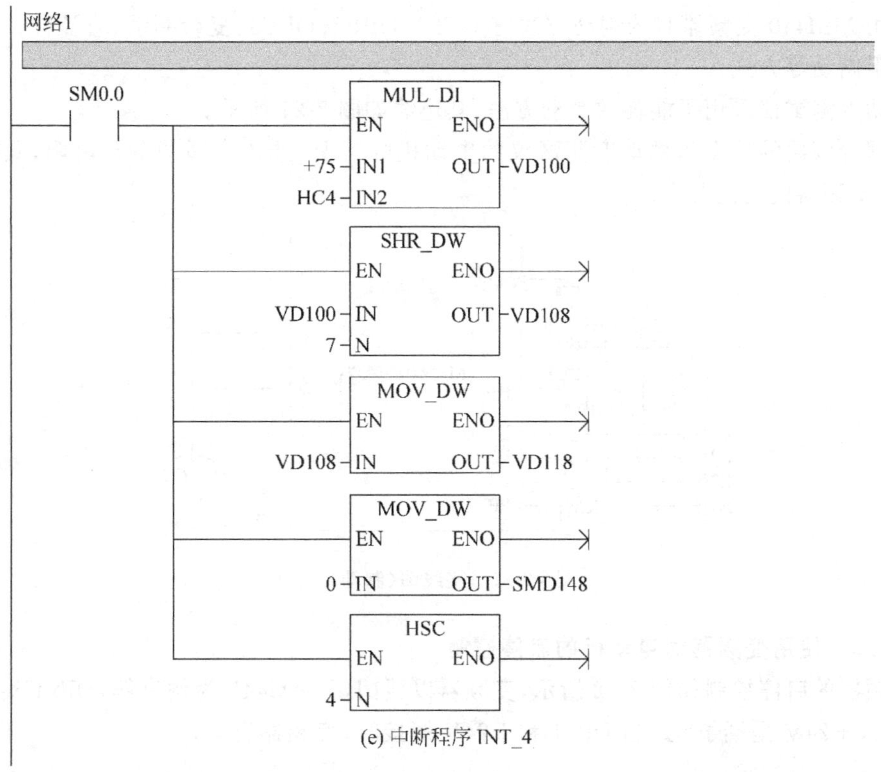

(e) 中断程序 INT_4

图 7-19 （续）

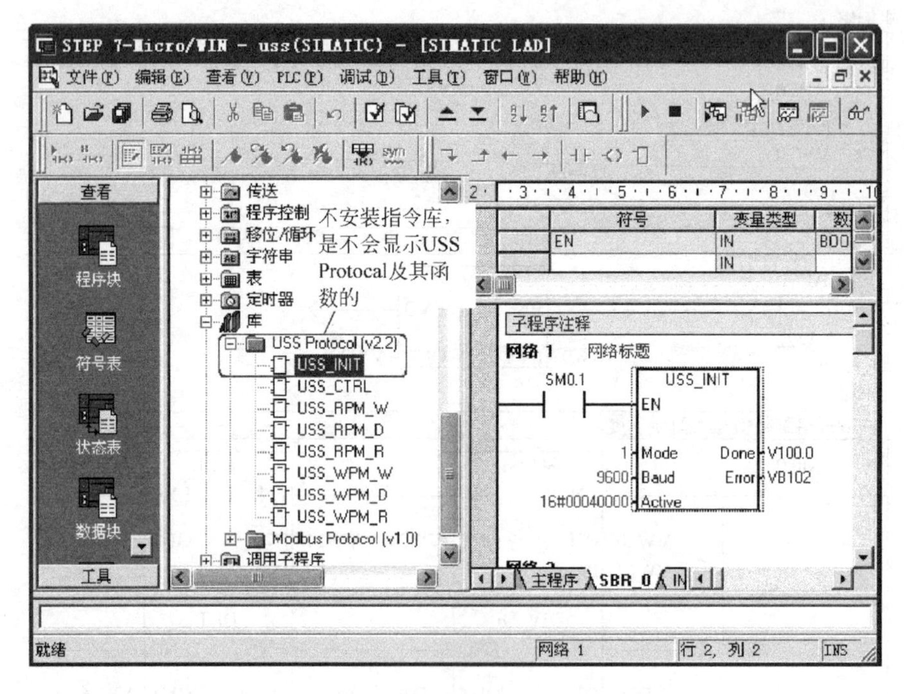

图 7-20 USS指令库

7.5.5 使用变频器时电动机的制动控制

使用MM440变频器时的制动方法有OFF1、OFF2、OFF3、复合制动、直流注入制动和外接电阻制动等方式。

跳动度测试仪采用了能耗的制动方法，其连线如图7-21所示。

根据变频器的功率和跳动度测试仪的电动机的工况，选用合适的制动电阻，具体参考MM440变频器使用说明书。

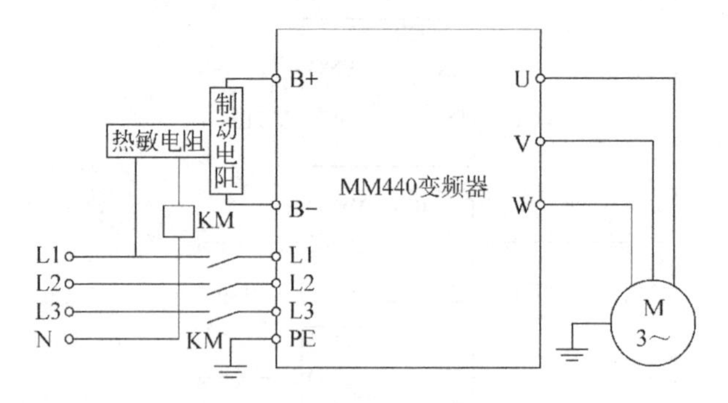

图 7-21 接线图(制动)

7.5.6 使用变频器时电动机的启停控制

变频器的启停控制如图7-22所示，变频器以西门子MM440为例讲解，DIN1实际是控制端子5，+24V是端子9。当DIN1和+24V短接时，变频器启动。

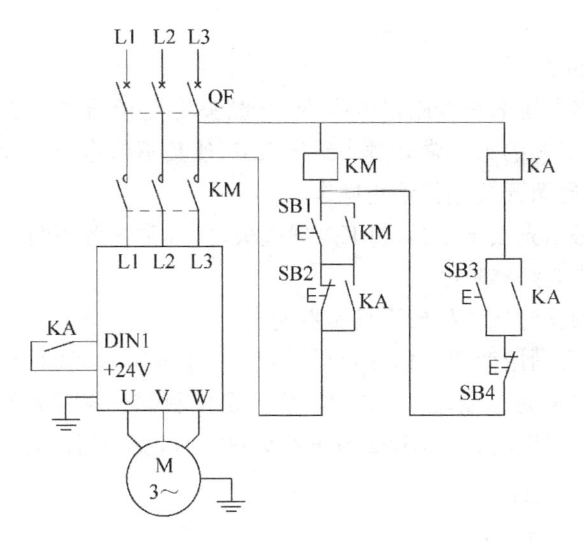

图 7-22　启停控制

1. 电路中各元器件的作用

① QF 断路器,主电源通断开关;

② KM 接触器,变频器通断开关;

③ SB1 按钮,变频器通电;

④ SB2 按钮,变频器断电;

⑤ SB3 按钮,变频器正转启动;

⑥ SB4 按钮,变频器停止;

⑦ KA 中间继电器,正转控制。

2. 设定变频器参数

根据参考说明书,填写表 7-22,并按照表 7-22 设定变频器的参数。

表 7-22　变频器参数

序号	变频器参数	出厂值	设定值	功能说明
1	P0304	380	380	电动机的额定电压(380V)
2	P0305	2.05	2.05	电动机的额定电流(2.05A)
3	P0307	0.75	0.75	电动机的额定功率(0.75W)
4	P0310	50.00	50.00	电动机的额定频率(50Hz)
5	P0311	0	1440	电动机的额定转速(1440r/min)
6	P0700	2	2	选择命令源
7	P1000	2	1	频率源
8	P0701	1	1	正转

3. 控制过程

(1) 变频器通断电的控制

当 SB1 按下,KM 线圈通电,其触头吸合,变频器通电;按下 SB2,KM 线圈失电,触头断开,变频器断电。

(2) 变频器启停的控制

按下SB3,中间继电器KA线圈得电吸合,其触头将变频器的DIN1与+24V短路,电动机正向转动。此时KA的另一常开触头封锁SB2,使其不起作用,这就保证了变频器在正向转动期间不能使用电源开关进行停止操作。

当需要停止时,必须先按下SB4,使KA线圈失电,其常开触头断开(电动机减速停止),这时才可按下SB2,使变频器断电。

7.5.7 使用变频器时电动机的正反转控制

很多生产机械都要利用变频器的正反转控制,其电路如图7-23所示,变频器以西门子MM440为例,DIN1实际是控制端子5,DIN2实际是控制端子6,+24V是端子9。当DIN1和+24V短接时,变频器正转;当DIN2与+24V短接时,变频器反转。

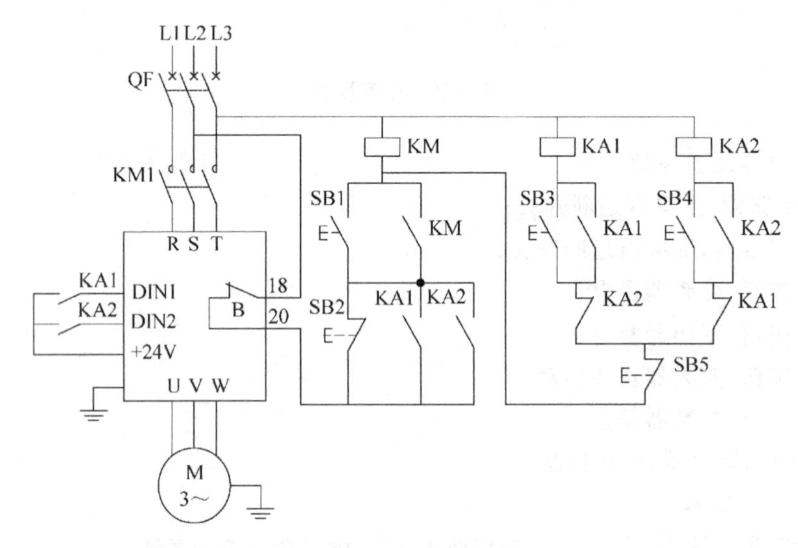

图7-23 正反转控制

1. 电路中各元器件的作用

① SB1按钮,变频器通电;

② SB2按钮,变频器断电;

③ SB3按钮,正转启动;

④ SB4按钮,反转启动;

⑤ SB5按钮,电动机停止;

⑥ KA1继电器,正转控制;

⑦ KA2继电器,反转控制。

2. 电路的设计要点

① KM接触器仍只作为变频器的通、断电控制,而不作为变频器的运行与停止控制。因此,断电按钮SB2仍由运行继电器KA1或KA2封锁,使运行时SB2不起作用。

② 控制电路串接报警输出接点18、20,当变频器故障报警时切断控制电路,KM断开而

停机。

③ 变频器的通、断电，正、反转运行控制均采用主令按钮。

④ 正反转继电器 KA1 和 KA2 互锁，正反转切换不能直接进行，必须先停机再改变转向。

3. 设定变频器参数

根据参考说明书，填写表 7-23，并按照表 7-23 设定变频器的参数。

表 7-23　变频器参数

序号	变频器参数	出厂值	设定值	功能说明
1	P0304	380	380	380
2	P0305	3.25	2.05	2.05
3	P0307	0.75	0.75	0.75
4	P0310	50.00	50.00	50.00
5	P0311	0	0	1440
6	P0700	2	2	选择命令源
7	P1000	2	1	频率源
8	P0701	1	1	正转
9	P0702	12	2	反转

4. 变频器的正反转控制

(1) 正转

当按下 SB1，KM 线圈得电吸合，其主触头接通，变频器通电处于待机状态。与此同时，KM 的辅助常开触头使 SB1 自锁。这时如按下 SB3，KA1 线圈得电吸合，其常开触头 KA1 接通变频器的 DIN1 端子，电动机正转。与此同时，其另一常开触头闭合使 SB3 自锁，常闭触头断开，使 KA2 线圈不能通电。

(2) 反转

如果要使电动机反转，先按下 SB5 使电动机停止。然后按下 SB4，KA2 线圈得电吸合，其常开触头 KA2 闭合，接通变频器 DIN2 端子，电动机反转。与此同时，其另一常开触头 KA2 闭合使 SB4 自保，常闭触头 KA2 断开使 KA1 线圈不能通电。

(3) 停止

当需要断电时，必须先按下 SB5，使 KA1 和 KA2 线圈失电，其常开触头断开(电动机减速停止)，并解除对 SB2 的旁路，这时才能按下 SB2，使变频器断电。变频器故障报警时，控制电路被切断，变频器主电路断电。

(4) 控制电路的特点

- 自锁保持电路状态的持续，KM 自锁，持续通电；KA1 自锁，持续正转；KA2 自锁，持续反转。
- 互锁保持变频器状态的平稳过渡，避免变频器受冲击。KA1、KA2 互锁，正、反转运行不能直接切换；KA1、KA2 对 SB2 的锁定，保证运行过程中不能直接断电停机。
- 主电路的通断由控制电路控制，操作更安全可靠。

习　题　7

7-1　简述变频器的“交-直-交”工作原理。

7-2　三相交流异步电动机有几种调速方式？

7-3　使用变频器时，一般有几种速度给定方式？

7-4　变频器电源输入端接到电源输出端后，有什么后果？

7-5　使用变频器时，制动原理是什么？

7-6　使用变频器时，电动机的正反转怎样实现？

7-7　例 7-6 中，若将 PLC 改为继电器输出，应该怎样接线？

7-8　例 7-6 中，若将 PLC 改为三菱的 FX2N-48MT，应该怎样接线？变频器的参数设置有何变化？（提示：请参考三菱 FX 系统手册和西门子变频器使用大全）

7-9　不用西门子的指令库，也能建立两台 CPU226CN 的 Modbus 通信，这句话对吗？为什么？

7-10　不用西门子的指令库，也能建立两台 CPU226CN 和 MM440 变频器的 USS 通信，这句话对吗？

7-11　频率监测器用于监测脉冲信号的频率，若其低于下限，则指示灯亮，“确认”按键能使指示灯复位。请设计此程序。

7-12　通过调用子程序 0 来对 HSC1 进行编程，设置 HSC1 以方式 11 工作，其控制字(SMB47)设为 16＃F8；预设值(SMD52)为 50。当计数值完成(中断事件编号 13)时通过中断服务程序 0 写入新的当前值(SMD50)16＃C8。

项目8　工业氮气管道流量监控系统的控制与调试

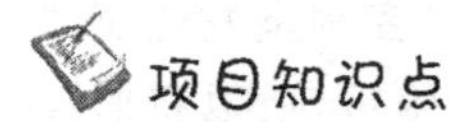

1. 掌握通信的基本概念；
2. 掌握PLC间的PPI通信的相关指令和指令向导；
3. 掌握PROFIBUS的应用范围和协议；
4. 了解MODBUS通信程序的应用范围和协议；
5. 了解自由口通信。

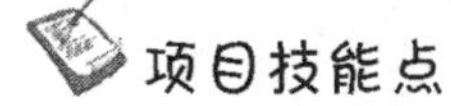

1. 能制作PPI、PROFIBUS通信电缆，并会接线；
2. 能完成至少2站PLC间的PPI通信程序的编写和调试；
3. 能完成至少2站PLC间的MODBUS通信程序的编写和调试；
4. 会查询PPI通信和MODBUS通信相关的手册；
5. 能完成自由口通信程序的编写。

本项目建议学时：10学时。

8.1　项目提出

1. 项目的背景描述

某电子元件厂，因为其工艺要求，需要在包装袋中填充氮气，已知公司有三条氮气管道，管道距离在30m左右，每条管道给一条生产线供气。每条氮气管道上安装有一台流量计。已知流量计的输出电流信号的范围是0～20mA，对应的流量是0～200L/min。中央控制室就在第一根管道附近。

2. 项目的技术要求

① 要求设计一个管道的氮气流量监控系统，实时采集氮气管路上的流量信号，当管路中的流量低于20L/min或者高于160L/min时，监控系统发出声光报警信息。

② 三条生产线是独立运行的生产线，要求三根管道的报警系统可以独立运行，同时也能向中央控制室发送流量是否正常和实时流量数据，这些数据信息显示在人机界面上。

8.2　项目分析

根据项目的背景和技术要求，可以分析得出如下结论。

① 由于三条生产线的距离在30m左右，所以用一台PLC控制是不合适的，因为这么远的距离，模拟量信号会受到较大的干扰，因此首先确定，信号传送到中央控制室要采用的通信方式。

② 由于本项目的数据量不大，逻辑控制也比较简单，常见的小型 PLC 都可以作为控制器使用，本项目初步确定为 S7-200 系列 PLC。大中型 PLC（如 S7-300/400）虽然通信功能更加强大，使用更加便利，但由于成本较高，本项目暂时不选用。

③ S7-200 的 PPI 通信易学易用，通信数据波特率可达 187.5kbps，能够满足本项目数据通信的需求，而且 PPI 通信是一种较廉价的通信方式，硬件投资少，应优先选用。

④ 由于项目要求每条管道的报警系统都可以独立运行，而且要向中央控制室发送实时流量数据信号，因此每条生产线配置一台 PLC，由于第一条管道在中控制附近，所以将监控第一条管道的 PLC 确定为主站，设置主站的站地址为 2；监控其余两条管道的 PLC 为从站，设置其站地址分别为 3 和 4。工作站 2、3 和 4 分别监控各自管道的流量信息，工作站 3 和 4 要把实时流量信息发送到工作站 2 上，人机界面（HMI）从主站（工作站 2）上采集实时流量信息，并显示在人机界面上。

8.3 必备知识

8.3.1 通信相关的概念

PLC 的通信包括 PLC 与 PLC 之间的通信、PLC 与上位计算机之间的通信以及 PLC 与其他智能设备之间的通信。PLC 与 PLC 之间通信的实质就是计算机的通信，使得众多的独立的控制任务构成一个控制工程整体，形成模块控制体系。PLC 与计算机连接组成网络，PLC 用于控制工业现场，计算机用于编程、显示和管理等任务，构成“集中管理、分散控制”的分布式控制系统（DCS）。

1. 通信的基本概念

(1) 串行通信与并行通信

串行通信和并行通信是两种不同的数据传输方式。

并行通信就是将一个 8 位数据（或者 16 位、32 位）的每一二进制位采用单独的导线进行传输，并将传送方和接收方进行并行连接，一个数据的各二进制位可以在同一时间内一次传送。例如，老式打印机的打印口与计算机的通信就是并行通信。并行通信的特点是一个周期内，可以一次传输多位数据，其连线的电缆多，因此长距离传送时，成本高。

串行通信就是通过一对导线，将发送方与接收方进行连接，传输数据的每一二进制位，按照规定顺序在同一导线上，依次发送与接收。例如，常用的 U 盘的 USB 接口就是串行通信。串行通信的特点是通信控制复杂，通信电缆少，因此与并行通信相比，成本低。

(2) 异步通信与同步通信

异步通信与同步通信也称异步传送与同步传送，这是串行通信的两种基本信息传送方式。从用户的角度来说，两者最主要的区别在于通信方式的“帧”不同。

异步通信方式又称起止方式。它在发送字符时，要先发送起始位，然后是字符本身，最后是停止位。字符之后还可以加入奇偶校验位。它具有硬件简单、成本低的特点，主要用于传输速率低于 19.2kbps 以下的数据通信。

同步通信在传递数据的同时，也传输时钟同步信号，并始终按照给定的时刻采集数据。其传输数据的效率高，硬件复杂，成本高，一般用于传输速率高于 20kbps 以上的数据通信。

(3) 单工、双工与半双工

单工、双工与半双工是通信中描述数据传送方向的专门术语。

单工(Simplex)：指数据只能实现单向传送的通信方式，一般用于数据的输出，不能进行数据交换。

全双工(Full Simplex)：也称双工，指可以进行双向数据传送，同一时刻，既能发送数据也能接收数据。通常需要两对双绞线连接，通信线路成本高。例如，RS-422 就是“全双工”通信方式。

半双工(Half Simplex)：指数据可以进行双向数据传送，同一时刻，只能发送数据或者接收数据。通常需要一对双绞线连接，与全双工相比通信线路成本低。例如，RS-485 就是“半双工”通信方式，通信时只用一对双绞线。

2. RS-485 标准串行接口

(1) RS-485 接口概念

RS-485(Recommended Standard 485)接口是在 RS-422 基础上发展起来的一种 EIA 标准串行接口，采用“平衡差分驱动”方式。接口满足 RS-422 的全部技术规范，可以用于 RS-422 通信。RS-485 接口通常采用 9 针连接器。RS-485 接口引脚的名称、代号与功能见表 8-1。

表 8-1　RS-485 接口的引脚名称、代号与功能

PLC 侧引脚	信号代号	信号功能
1	SG 或 GND	机壳接地
2	+24V 返回	逻辑地
3	RXD+或 TXD+	RS-485 的 B，数据发送/接收+端
4	请求-发送	RTS(TTL)
5	+5V 返回	逻辑地
6	+5V	+5V，100Ω 串联电阻
7	+24V	+24V
8	RXD-或 TXD-	RS-485 的 A，数据发送/接收-端
9	不适用	10 位协议选择(输入)

(2) 西门子 PLC 的通信连线

西门子 PLC 的 PPI 通信、MPI 通信和 PROFIBUS-DP 现场总线通信的物理层都是 RS-485 通信，而且都采用相同的通信线缆和专用网络接头。西门子提供两种网络接头，即标准网络接头和编程端口接头，可方便地将多台设备与网络连接，编程端口允许用户将编程站或 HMI 设备与网络连接，而不会干扰任何现有网络连接。编程端口接头通过编程端口传送所有来自 S7-200 PLC 的信号(包括电源针脚)，这对于连接由 S7-200 PLC(例如 SIMATIC 文本显示)供电的设备尤其有用。标准网络接头的编程端口接头均有两套终端螺丝钉，用于连接输入和输出网络电缆。这两种接头还配有开关，可选择网络偏流和终端。图 8-1 显示了电缆接头的普通偏流和终端状况，两端的电阻设置为“on”，而中间的设置为“off”，图中只显示了一个，若有多个也是这样设置。要将偏流电阻设置“on”或者“off”，只要拨动网络接头上的拨钮即可。图 8-1 中拨钮在“off”一侧，因此偏流电阻未接入电路。

【关键点】 西门子的专用 PROFIBUS 电缆中有两根线，一根为红色，上标有“B”，一根

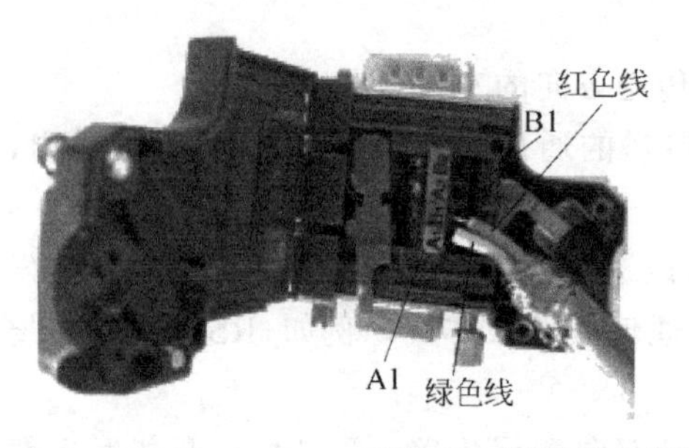

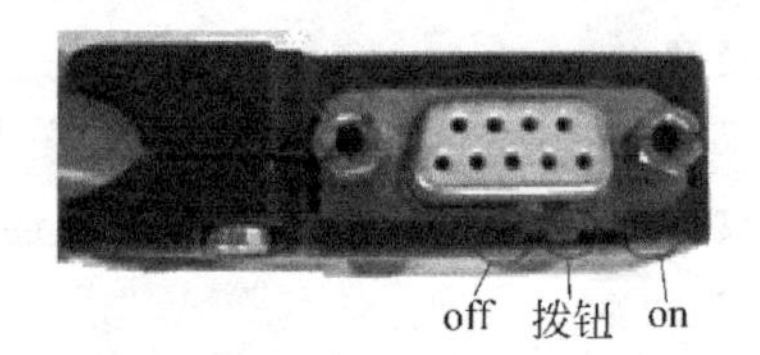

图 8-1　网络接头的偏流电阻设置图

为绿色，上面标有“A”，这两根线只要与网络接头上相对应的“A”和“B”接线端子相连即可(如“A”线与“A”接线端相连)。网络接头直接插在 PLC 的 PORT 口上即可，不需要其他设备。注意，三菱的 FX 系列 PLC 的 RS-485 通信要使用 RS-485 专用通信模块和偏流电阻。

3. PLC 网络的术语解释

PLC 网络中的名词、术语很多，下面将常用的予以介绍。

① 站(Station)：在 PLC 网络系统中，将可以进行数据通信、连接外部输入/输出的物理设备称为“站”。例如，由 PLC 组成的网络系统中，每台 PLC 可以是一个“站”。

② 主站(Master Station)：PLC 网络系统中进行数据连接的系统控制站，主站上设置了控制整个网络的参数，每个网络系统只有一个主站，主站号固定为“0”，站号实际就是 PLC 在网络中的地址。

③ 从站(Slave Station)：PLC 网络系统中，除主站外，其他的站称为“从站”。

④ 远程设备站(Remote Device Station)：PLC 网络系统中，能同时处理二进制位、字的从站。

⑤ 本地站(Local Station)：PLC 网络系统中，带有 CPU 模块并可以与主站以及其他本地站进行循环传输的站。

⑥ 站数(Number of Station)：PLC 网络系统中，所有物理设备(站)所占用的“内存站数”的总和。

⑦ 网关(Gateway)：又称网间连接器、协议转换器。网关在传输层上实现网络互连，是最复杂的网络互连设备，仅用于两个高层协议不同的网络互连。网关的结构和路由器类似，不同的是互连层。网关既可以用于广域网互连，也可以用于局域网互连。网关是一种充当转换重任的计算机系统或设备。在使用不同的通信协议、数据格式或语言，甚至体系结构完全不同的两种系统之间，网关是一个翻译器。例如 AS-I 网络的信息要传送到由西门子 S7-200 系列 PLC 组成的 PPI 网络，就要通过 CP243-2 通信模块进行转换，这个模块实际上就是网关。

⑧ 中继器(Repeater)：用于网络信号放大、调整的网络互连设备，能有效延长网络的连接长度。例如，以太网的正常传送距离是 500m，经过中继器放大后，可传输 2500m。由于存在损耗，在线路上传输的信号功率会逐渐衰减，衰减到一定程度时将造成信号失真，因此会导致接收错误。中继器就是为解决这一问题而设计的。它完成物理线路的连接，对衰减的信号进行放大，保持与原数据相同。一般情况下，中继器的两端连接的是相同的媒体，但有的中继器也可以完成不同媒体的转接工作。

4. OSI 参考模型

通信网络的核心是 OSI(Open System Interconnection,开放式系统互连)参考模型。为了理解网络的操作方法,为创建和实现网络标准、设备和网络互连规划提供了一个框架。1984 年,国际标准化组织(ISO),提出了开放式系统互连的七层模型,即 OSI 模型。该模型自下而上分为:物理层、数据链接层、网络层、传输层、会话层、表示层和应用层。理解 OSI 参考模型比较难,但了解它,对掌握后续的 PROFIBUS 现场总线通信是很有帮助的。

OSI 的上三层通常称为应用层,用来处理用户接口、数据格式和应用程序的访问。下四层负责定义数据的物理传输介质和网络设备。OSI 参考模型定义了大多数协议栈共有的基本框架,如图 8-2 所示。

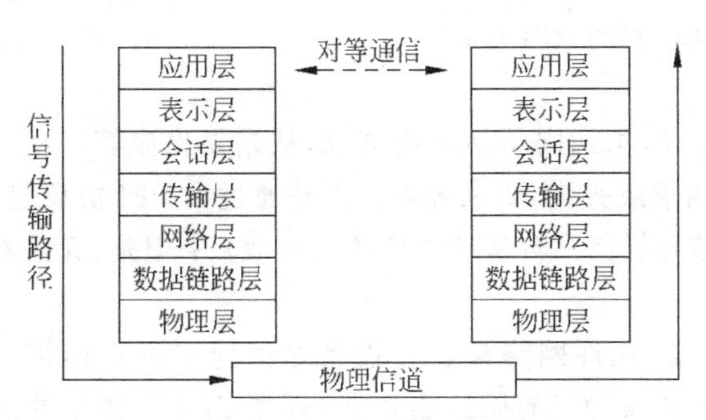

图 8-2　信息在 OSI 模型中的流动形式

① 物理层(Physical Layer):定义了传输介质、连接器和信号发生器的类型,规定了物理连接的电气、机械功能特性,如电压、传输速率、传输距离等特性。典型的物理层设备有集线器(Hub)和中继器等。

② 数据链路层(Data Link Layer):确定传输站点物理地址以及将消息传送到协议栈,提供顺序控制和数据流向控制。该层可以继续分为两个子层:介质访问控制层(MAC,Medium Access Control)和逻辑链路层(LLC,Logical Link Control Layer),即层 2a 和 2b。其中 IEEE802.3(Ethernet,CSMA/CD)就是 MAC 层常用的通信标准。典型的数据链路层的设备有交换机和网桥等。

③ 网络层(Network Layer):定义了设备间通过逻辑地址(IP,Internet Protocol,因特网协议地址)传输数据,连接位于不同广播域的设备,常用来组织路由。典型的网络层设备是路由器。

④ 传输层(Transport Layer):建立会话连接,分配服务访问点(SAP,Service Access Point),允许数据进行可靠(TCP,Transmission Control Protocol,传输控制协议)或者不可靠(UDP,User Datagram Protocol,用户数据报协议)的传输。可以提供通信质量检测服务(QoS)。网关是互联网设备中最复杂的,它是传输层及以上层的设备。

⑤ 会话层(Session Layer):负责建立、管理和终止表示层实体间通信会话,处理不同设备应用程序间的服务请求和响应。

⑥ 表示层(Presentation Layer):提供多种编码用于应用层的数据转化服务。

⑦ 应用层(Application Layer):定义用户及用户应用程序接口与协议对网络访问的切

入点。目前各种应用版本较多，很难建立统一的标准。在工控领域常用的标准是 MMS (Multimedia Messaging Service，多媒体信息服务)，用来描述制造业应用的服务和协议。

数据经过封装后通过物理介质传输到网络上，接收设备除去附加信息后，将数据上传到上层堆栈层。

各层的数据单位一般有各自特定的称呼。物理层的单位是比特(bit)，数据链路层的单位是帧(frame)，网络层的单位是分组(packet，有时也称包)，传输层的单位是数据报(datagram)或者段(segment)，会话层、表示层和应用层的单位是消息(message)。

现场总线一般用第一层和第二层，也有用到第七层的，如西门子的 PROFIBUS-S7 就使用了第一层、第二层和第七层。

8.3.2 西门子 PLC 间的 PPI 通信

1. PPI 协议

PPI 是一个主从协议，主站向从站发出请求，从站做出应答。从站不主动发出信息，而是等候主站向其发出请求或查询，要求应答。主站通过由 PPI 协议管理的共享连接与从站通信。PPI 不限制能够与任何一台从站通信的主站数目；但是，无法在网络中安装 32 台以上主站。

选择"PPI 高级协议"允许网络设备在设备之间建立逻辑连接。若使用"PPI 高级协议"，每台设备可提供的连接数目有限。表 8-2 显示了 S7-200 提供的连接数目。PPI 协议目前还没有公开。PPI 通信例子如图 8-3 所示。

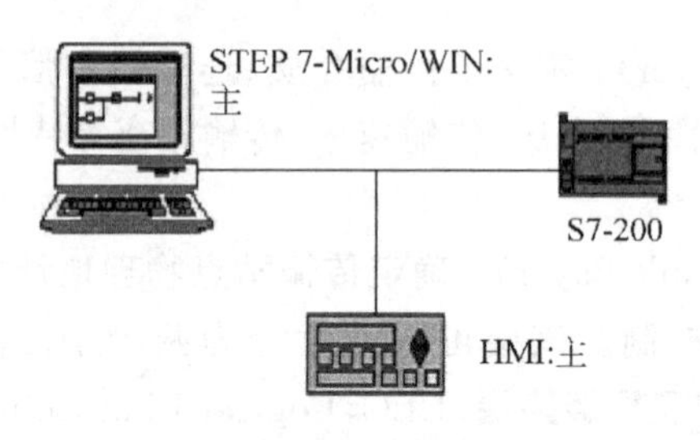

图 8-3 PPI 通信例图

表 8-2 S7-200 提供的连接数目

模块	端口	波特率	连接
S7-200 PLC	端口 0	9.6kbaud、19.2kbaud 或 187.5kbaud	4 个
	端口 1	9.6kbaud、19.2kbaud 或 187.5kbaud	4 个
EM277 模块		9.6kbaud 至 12Mbaud	每个模块 6 个

如果在用户程序中启用 PPI 主站模式，S7-200 PLC 可在处于 RUN(运行)模式时用做主站。启用 PPI 主站模式后，可以使用"网络读取"(NETR)或"网络写入"(NETW)从其他 S7-200 PLC 读取数据或向 S7-200 PLC 写入数据。S7-200 用做 PPI 主站时，作为从站应答来自其他主站的请求。可以使用 PPI 协议与所有的 S7-200 PLC 通信。欲与 EM277 通信，必须启用"PPI 高级协议"。

2. 网络读写指令

网络读取(NETR)指令开始一项通信操作，通过指定的端口(PORT)根据表格(TBL)

定义从远程设备收集数据。NETR 指令可从远程站最多读取 16 字节信息。网络读取(NETR)指令和参数见表 8-3。

表 8-3　网络读取(NETR)指令和参数

LAD	参数	数据类型	说　明	存　储　区
NETR EN　ENO TBL PORT	EN	BOOL	允许输入	V,I,Q,M,S,SM,L
	ENO	BOOL	允许输出	
	TBL	BYTE	表格起始地址	VB,MB,*VD,*LD,*AC
	PORT	常数	指定的读端口	0 或者 1 指通信的端口是 PORT0 或者 PORT1

网络写入(NETW)指令开始一项通信操作,通过指定的端口(PORT)根据表格(TBL)定义向远程设备写入数据。NETW 指令可向远程站最多写入 16 字节信息。网络写入(NETW)指令和参数见表 8-4。

表 8-4　网络写入(NETW)指令和参数

LAD	参数	数据类型	说　明	存　储　区
NETW EN　ENO TBL PORT	EN	BOOL	允许输入	V,I,Q,M,S,SM,L
	ENO	BOOL	允许输出	
	TBL	BYTE	表格起始地址	VB,MB,*VD,*LD,*AC
	PORT	常数	指定的写端口	0 或者 1 指通信的端口是 PORT0 或者 PORT1

可在程序中保持任意数目的 NETR/NETW 指令,但在任何时间最多只能有 8 条 NETR 和 NETW 指令被激活。例如,可以在特定 S7-200 中的同一时间有 4 条 NETR 和 4 条 NETW 指令,或 2 条 NETR 和 6 条 NETW 指令处于现用状态。

欲启动“网络读取/网络写入指令向导”,选择“工具”(Tools)→“指令向导”(Instruction Wizard)菜单命令,然后在“指令向导”窗口中选择“网络读取/网络写入”。

网络读写指令具有相似的数据缓冲区,缓冲区以一个状态字起始。主站的数据缓冲区如图 8-4 所示。远程站的数据缓冲区如图 8-5 所示。

3. PPI 主站的定义

PLC 用特殊寄存器的字节 SMB30(对 PORT0,端口 0)和 SMB130(对 PORT1,端口 1)定义通信口。控制位的定义如图 8-6 所示。

控制字由最低的两位“mm”决定。

① mm=00:PPI 从站模式(默认这个数值)。

② mm=01:自由口模式。

③ mm=10:PPI 主站模式。

所以,只要将 SMB30 或 SMB130 赋值为 2#10,即可将通信口设置为 PPI 主站模式。

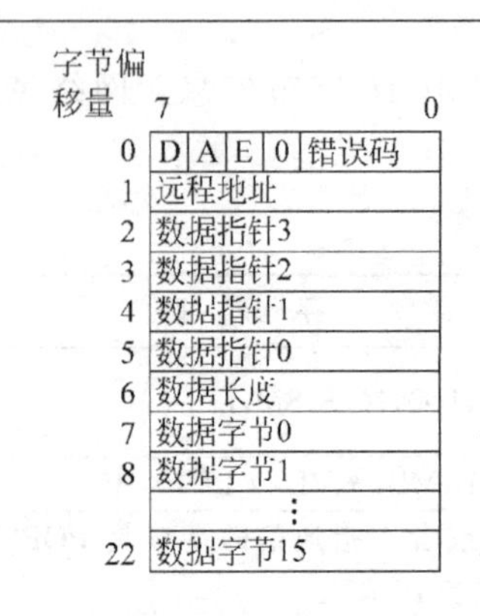

D 完成(操作已完成):0=未完成,1=完成
A 有效(操作已被排队):0=无效,1=有效
E 错误(操作返回一个错误):0=无错误,1=错误
远程站地址:被访问的PLC的地址

远程站的数据区指针:被访问数据的间接指针

数据长度:远程站上被访问数据的字节数

接收和发送数据区:如下描述的保存数据的1到16字节
对NETR,执行NETR指令后,从远程站读到的数据放在这个数据区
对NETW,执行NETW指令前,要发送到远程站的数据放在这个数据区

图 8-4 主站的数据缓冲区

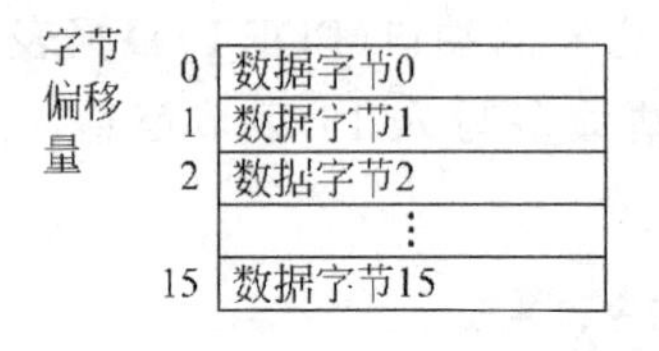

接收和发送区:
主站执行NETR指令后,此缓冲区的数据被读到主站
主站执行NETW指令后,主站发送数据到此缓冲区

图 8-5 远程站的数据缓冲区

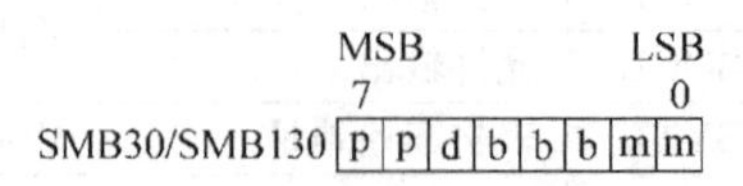

图 8-6 控制位的定义

8.4 项目实施

8.4.1 设计电气原理图

1. 总方案的设计

根据项目的描述,得出如下方案:

监控第一条管道的 PLC 确定为主站,设置主站的站地址为 2;监控其余两条管道的 PLC 为从站,设置其站地址分别为 3 和 4。工作站 2、3 和 4 分别监控各自管道的流量信息,工作站 3 和 4 要把实时流量信息发送到工作站 2 上,人机界面(HMI)从主站(工作站 2)上采集实时流量信息,并显示在人机界面上。总方案如图 8-7 所示。

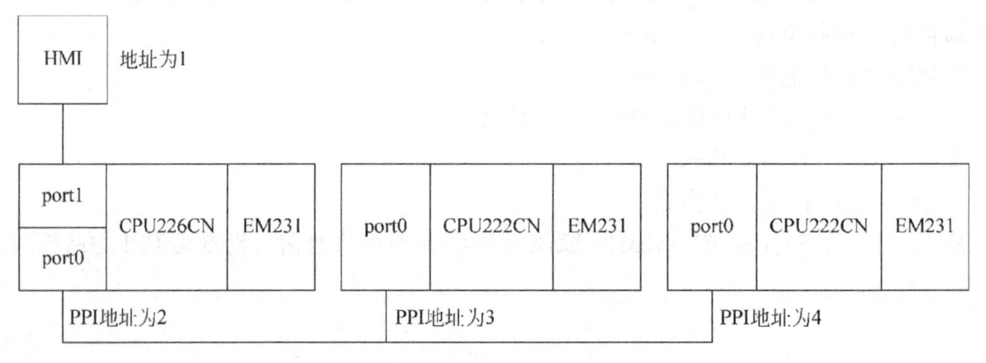

图 8-7 总方案图

PLC 与 PLC 之间以及 PLC 与 HMI 之间的连接电缆是 PROFIBUS 网络电缆(含两个网络总线连接器),如图 8-8 所示。

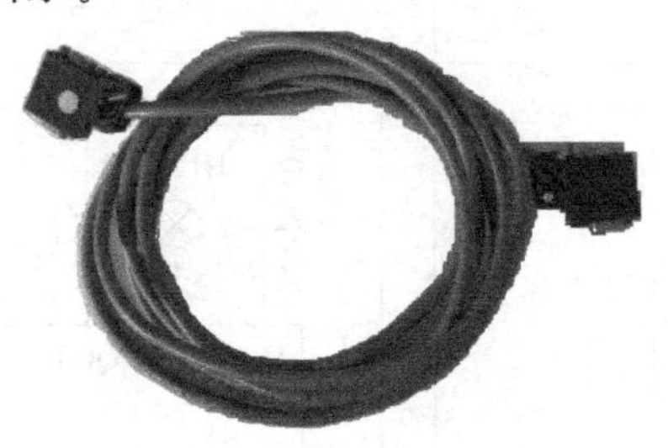

图 8-8　PROFIBUS 网络电缆

2. I/O 分配

在 I/O 分配之前,先计算所需要的 I/O 点数,输出点为两个,不需要输入点,由于输入/输出最好留 15%左右的余量备用,初步选择从站的 PLC 是 CPU221CN 或者 CPU222CN,又因为要使用扩展模块 EM231CN,所以不能选择 CPU221CN。主站既要与从站通信,又要与 HMI 通信,所以需要两个通信接口,选定为 CPU226CN。西门子 S7-200 系列的 PLC,继电器输出的类型要比晶体管输出类型的 PLC 驱动能力大得多,所以从站 PLC 最后定为 CPU222CN(AC/DC/继电器)。氮气管路流量监控系统的主站的 I/O 分配见表 8-5。从站的 I/O 分配也一样,在此不再重复。

表 8-5　I/O 分配表

输　入			输　出		
名称	符号	输入点	名称	符号	输出点
模拟量输入		AIW0	报警灯	HL	Q0.0
			报警铃	BL	Q0.1

【关键点】　主站的 CPU 也可以选择 CPU224XP,但价格稍贵;还可以选择 CPU222 和 EM277 模块组合,但必须使用西门子的 HMI。

3. 设计电气原理图

根据 I/O 分配表和题意,设计主站的原理图,如图 8-9 所示,从站的原理图与之类似,只要把 CPU226CN 改为 CPU222CN 即可,其他部分相同,在此不再重复。

8.4.2　编写程序

编写 PPI 通信的程序,有两种方法。一是用指令向导生成子程序,然后在程序中调用子程序,使用指令向导,大大降低了编写程序的难度,这种方法适合初学者。另一种方法是用网络读/网络写指令,稍微难一些,以下将分别介绍。

1. 方法一(用指令向导)

1) 硬件配置过程

(1) 选择“NETR/NETW”

首先单击工具条中的“指令向导”按钮,弹出“指令向导”对话框,如图 8-10 所示,选择

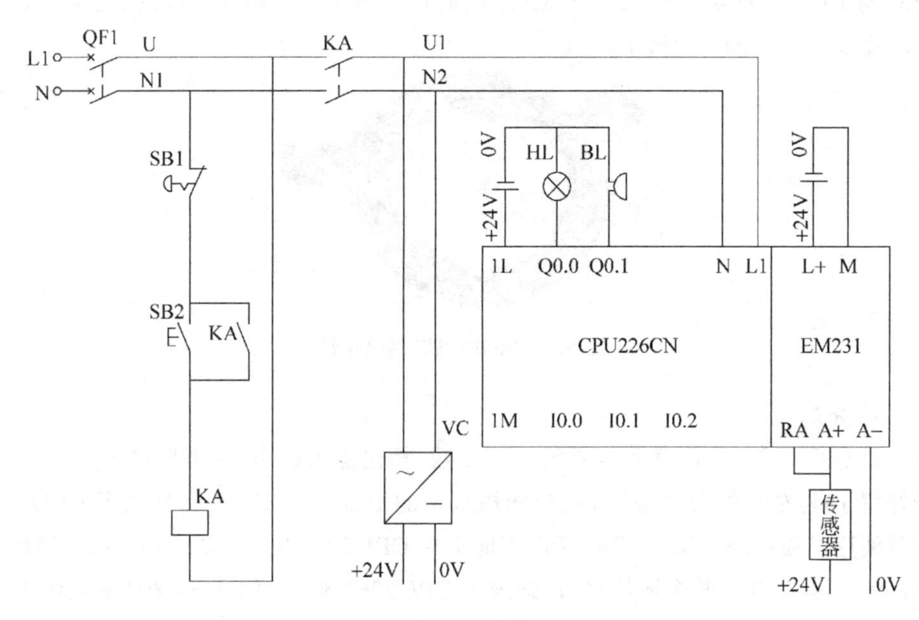

图 8-9 主站的原理图

"NETR/NETW"选项，单击"下一步"按钮。

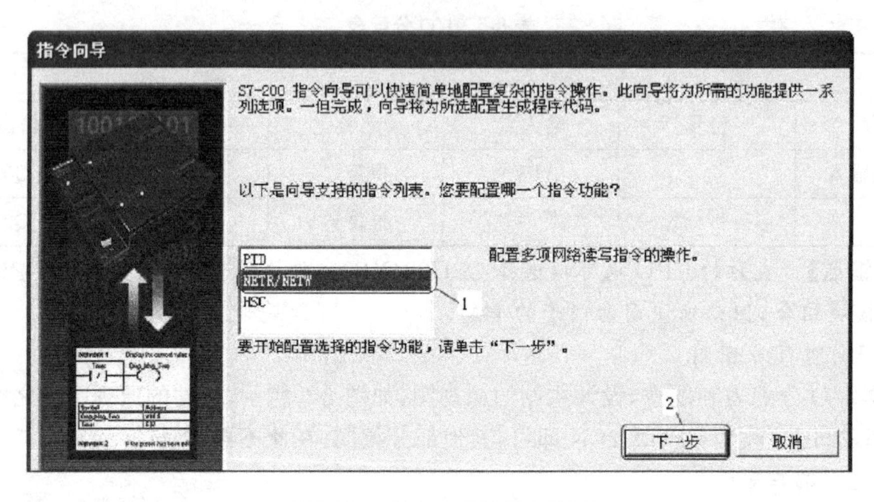

图 8-10 选择"NETR/NETW"

(2) 指定需要的网络操作数目

在图 8-11 所示的界面中设置需要进行多少网络读写操作，本例主站与两个从站通信，各有一个写操作，故设为"2"即可，单击"下一步"按钮。

(3) 指定端口号和子程序名称

由于 CPU226CN 有 0 和 1 两个通信口，网络连接器插在哪个端口，配置时就选择哪个端口，子程序的名称可以不更改，因此在图 8-12 所示的界面中直接单击"下一步"按钮。

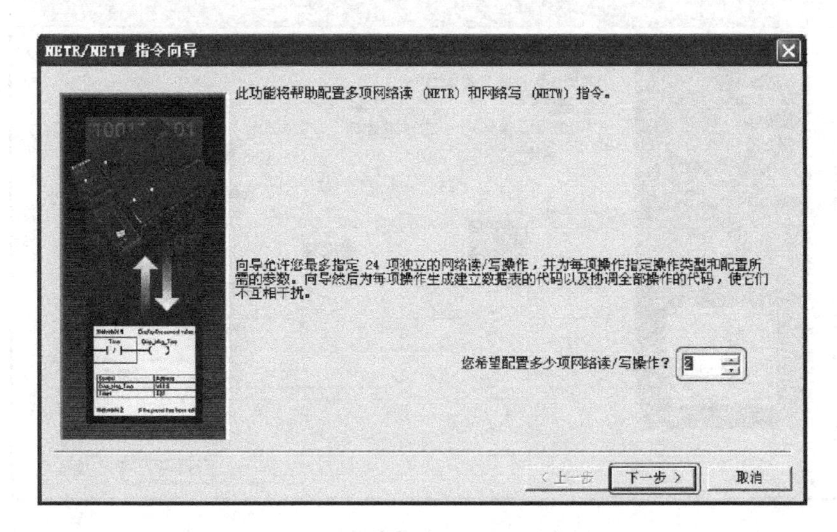

图 8-11　指定需要的网络操作数目

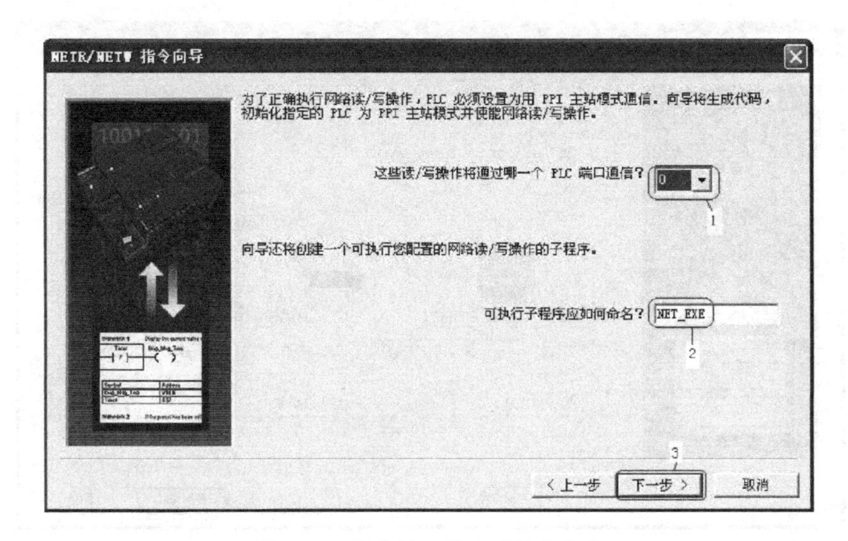

图 8-12　指定端口号和子程序名称

(4) 指定网络操作

图 8-13 所示的界面相对比较复杂，需要设置 5 项参数。在图中的位置选择“NETR”(网络读)，因为本例中只要求从站把信息读到主站；在位置 2 输入 2，因为只要读取 1 个字的信息；在位置 3 输入 3，因为第三站的地址为“3”；位置 4 和位置 5 保持默认值，然后单击“下一项操作”按钮。弹出如图 8-14 所示界面，做如图所示的设置，单击“下一步”按钮。这一步操作的效果是将从站 3 的 VW0 的信息传送到主站 VW0，将从站 4 的 VW2 的信息传送到主站 VW2。

(5) 分配 V 存储区

接下来在图 8-15 所示的界面中分配系统要使用的存储区，通常使用默认值，然后单击

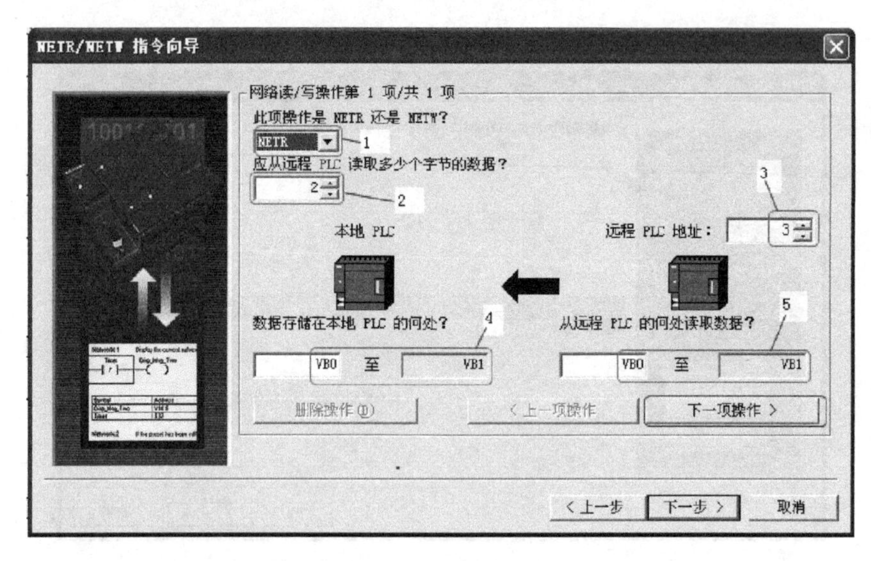

图 8-13 指定网络操作(1)

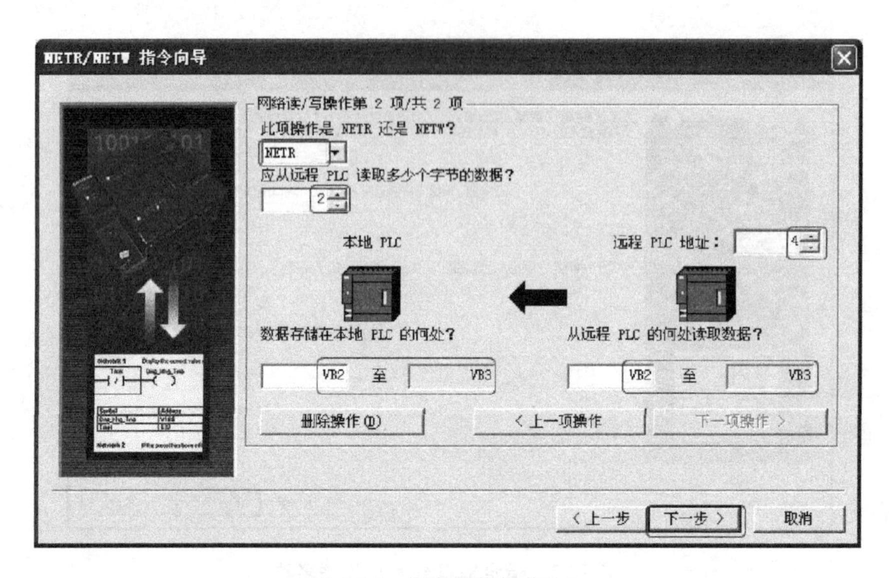

图 8-14 指定网络操作(2)

“下一步”按钮。

(6) 生成程序代码

最后单击“完成”按钮,如图 8-16 所示。至此通信子程序“NET_EXE”已经生成,在后面的程序中可以方便地进行调用。这个子程序是主站 2 读取从站 3 信息的子程序。

2) 编写程序

编写主站和从站的程序,如图 8-17 所示。因为主站的声光报警直接在主站的 Q0.0 和 Q0.1 上输出,而从站的声光报警在从站的 Q0.0 和 Q0.1 上输出。主站只将从站的报警信号传送到 HMI 上显示,从站的声光报警信息并不需要在主站上输出。

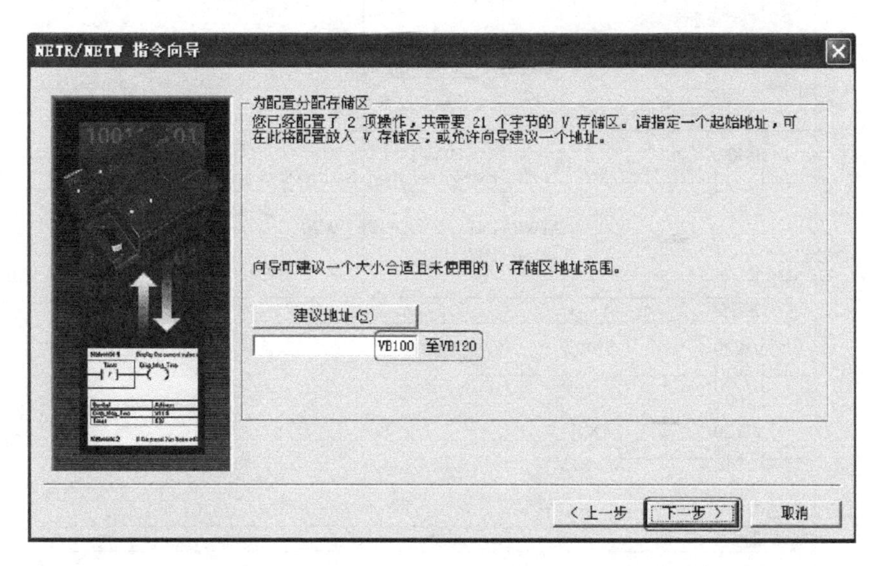

图 8-15　分配 V 存储区

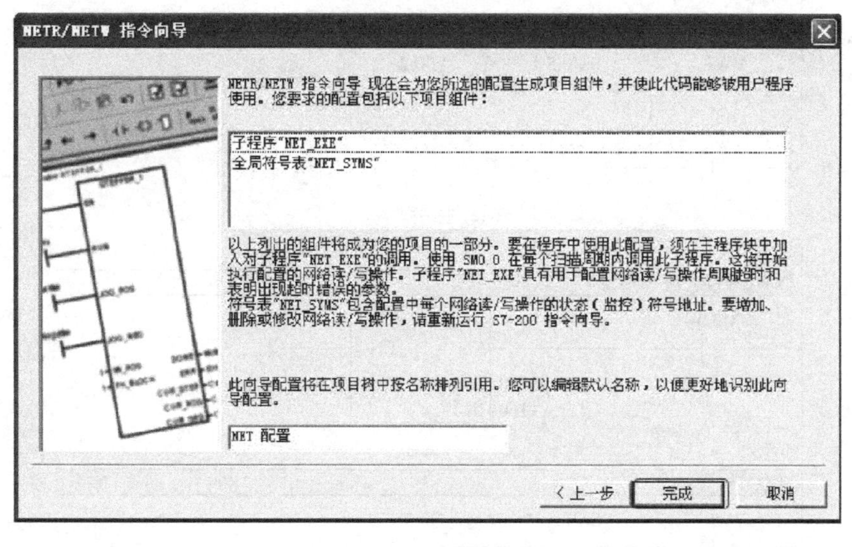

图 8-16　生成程序代码

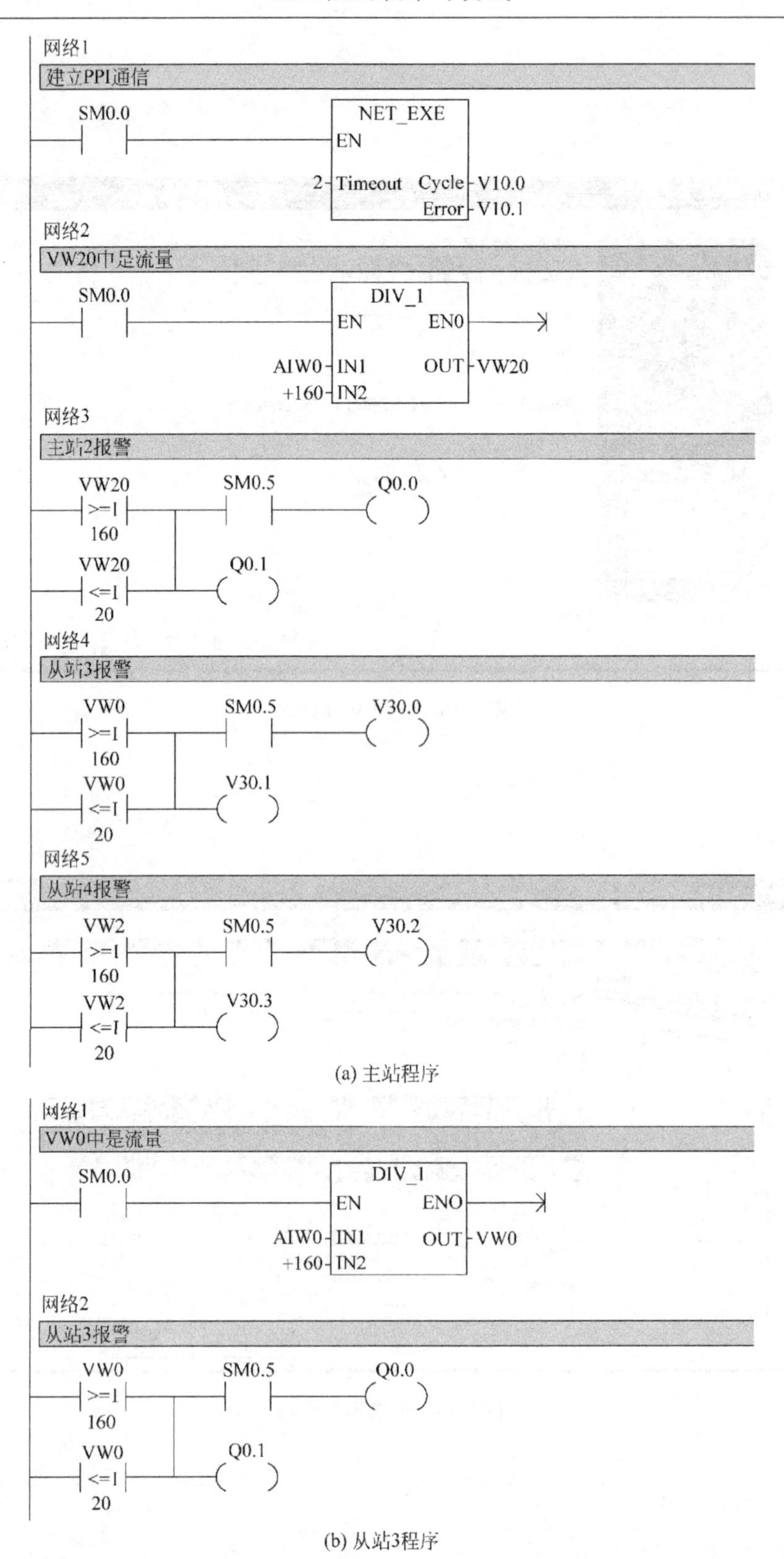

(a) 主站程序

(b) 从站3程序

图 8-17　主站和从站的程序

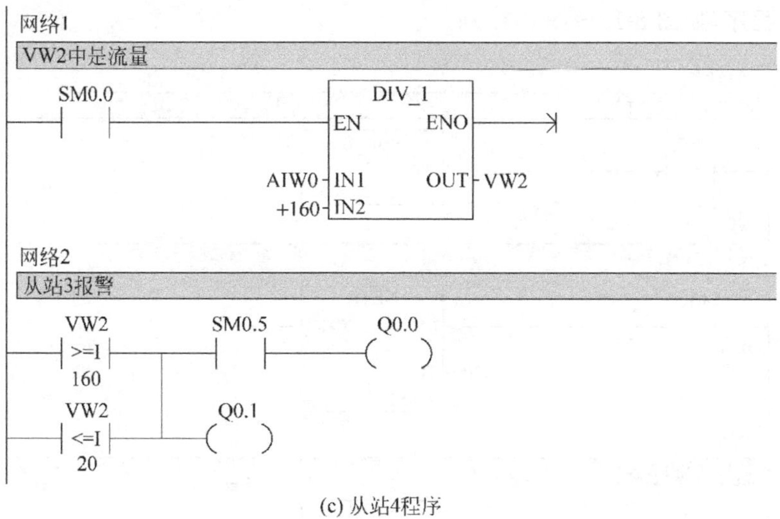

(c) 从站4程序

图 8-17 （续）

【关键点】 本例的主站站地址为“2”，在运行程序前，必须将从站 3 的站地址设置成“3”（与图 8-13 中设置一致），必须将从站 4 的站地址设置成“4”（与图 8-14 中设置一致）。此外，本例实际是将从站 3 的 VW0 中数据传送到主站 2 的 VW0 中，将从站 4 的 VW2 中数据传送到主站 2 的 VW2 中。另外，要注意站地址和站内地址的区别。主站和从站的波特率必须相等。一般而言，其他的通信方式也遵循这个原则，这点初学者很容易忽略。从站 3 和从站 4 的报警信息可以显示在 HMI 上。

2. 方法二（用网络读写指令）

① 先列出数据缓冲区，主站接收数据缓冲区和从站发送数据缓冲区见表 8-6 和表 8-7。

表 8-6　主站接收缓冲区

VB200	状态字
VB201	从站的地址(3)
VD202	&VB200 从站的接收缓冲区地址
VB206	2(字节)
VB207	VW207
VB208	

⇦

表 8-7　从站 3 发送缓冲区

	从站流量
VB200	VW200
VB201	

主站接收数据缓冲区和从站发送数据缓冲区见表 8-8 和表 8-9。

表 8-8　主站接收缓冲区

VB300	状　态　字
VB301	从站的地址(4)
VD302	&VB300 从站的接收缓冲区地址
VB306	2(字节)
VB307	VW307
VB308	

⇦

表 8-9　从站 4 发送缓冲区

	从站流量
VB300	VW300
VB301	

② 编写程序，如图 8-18～图 8-21 所示。

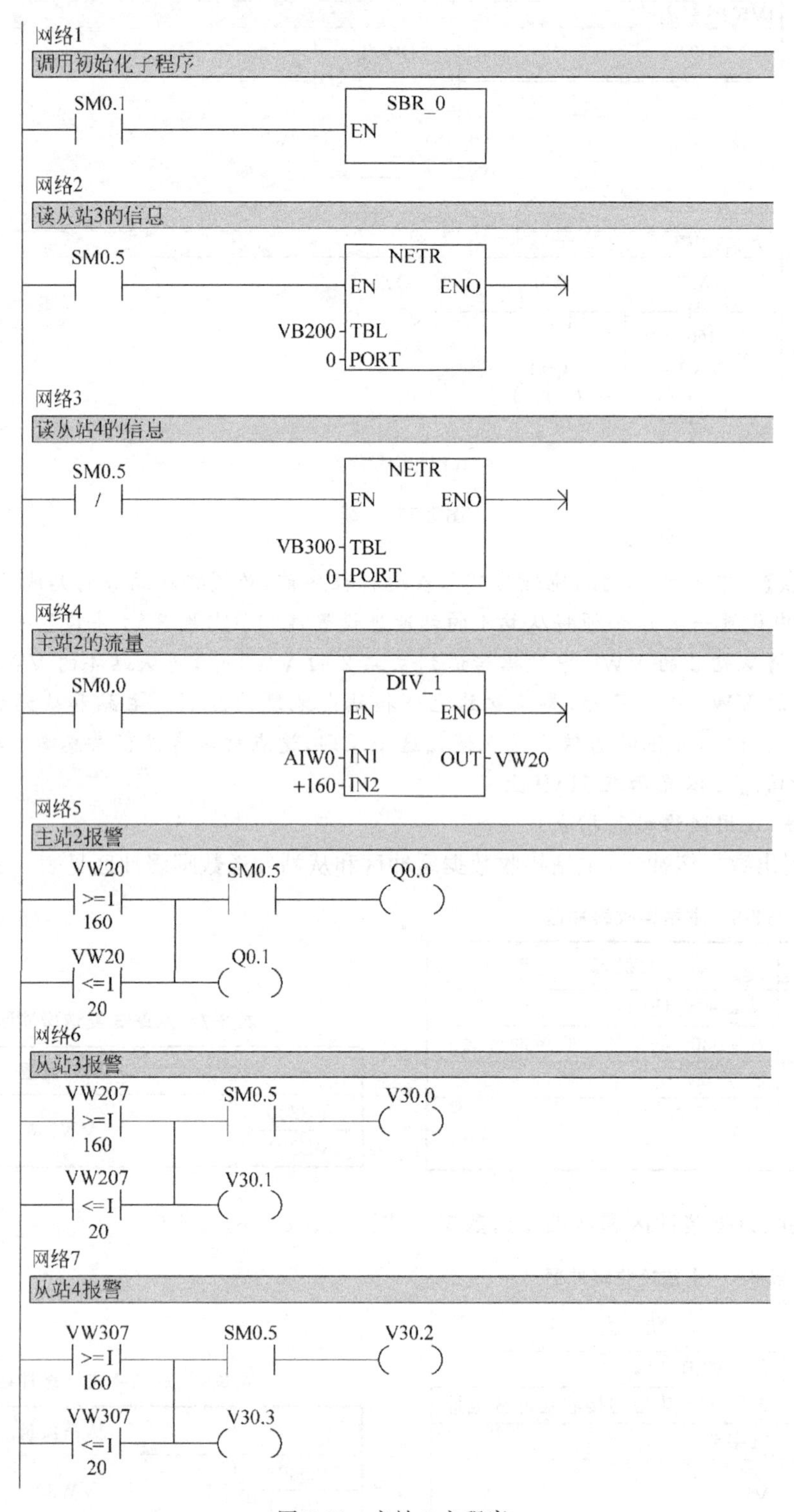

图 8-18　主站 2 主程序

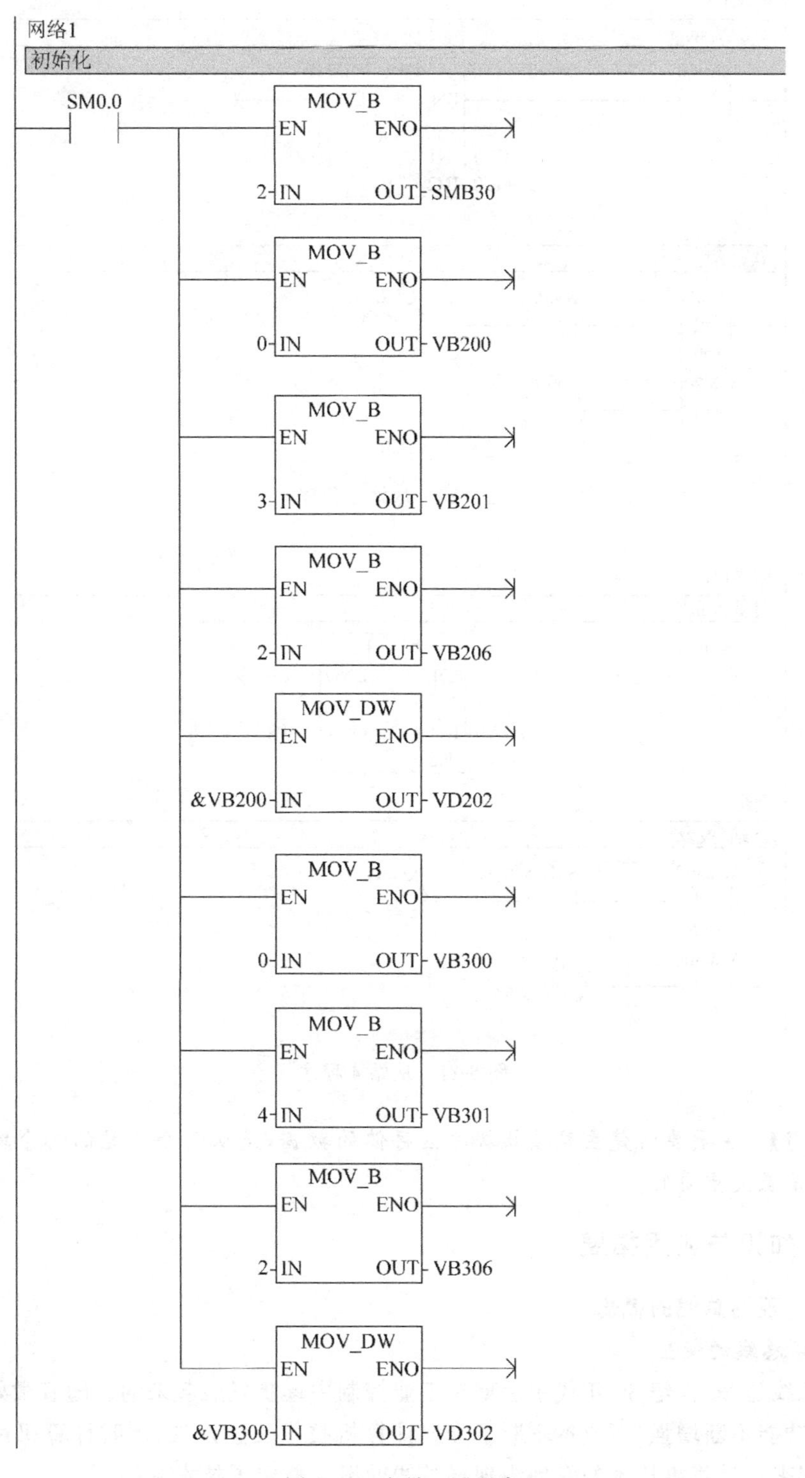
网络1
初始化
SM0.0
MOV_B
EN ENO
2 IN OUT SMB30
MOV_B
EN ENO
0 IN OUT VB200
MOV_B
EN ENO
3 IN OUT VB201
MOV_B
EN ENO
2 IN OUT VB206
MOV_DW
EN ENO
&VB200 IN OUT VD202
MOV_B
EN ENO
0 IN OUT VB300
MOV_B
EN ENO
4 IN OUT VB301
MOV_B
EN ENO
2 IN OUT VB306
MOV_DW
EN ENO
&VB300 IN OUT VD302

图 8-19　主站 2 子程序

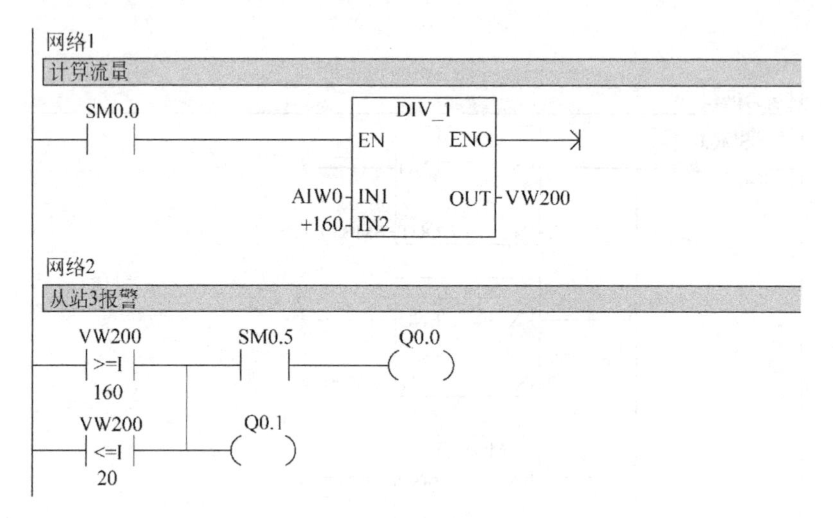

图 8-20　从站 3 程序

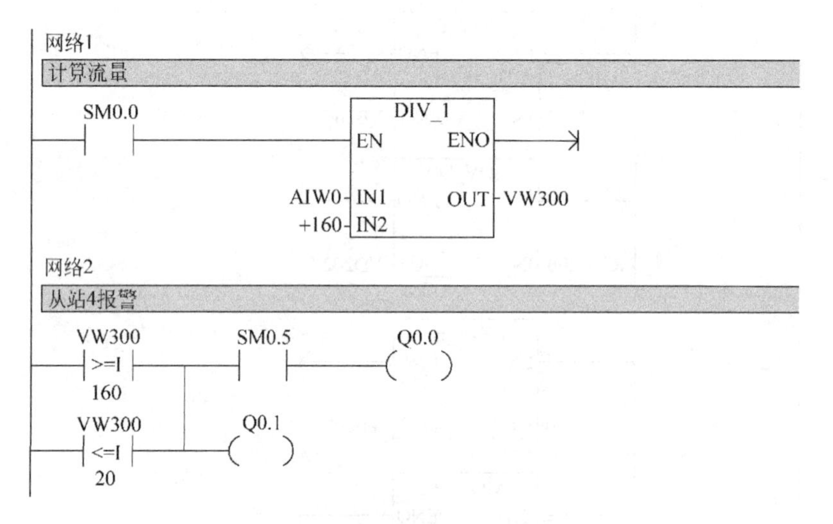

图 8-21　从站 4 程序

【关键点】 主要要清楚主站接收缓冲区存储的数据,是从哪个从站的哪个缓冲区发送过来的,这是至关重要的。

8.5　知识与应用拓展

8.5.1　现场总线的概念

1. 现场总线的诞生

现场总线是 20 世纪 80 年代中后期在工业控制中逐步发展起来的。随着微处理器技术的发展,其功能不断增强,而成本不断下降。计算机技术飞速发展,同时计算机网络技术也迅速发展起来。计算机技术的发展为现场总线的诞生奠定了技术基础。

另一方面,智能仪表也出现在工业控制中。在原模拟仪表的基础上增加具有计算功能的微处理器芯片，在输出的 4～20mA 直流信号上叠加了数字信号，使现场输入/输出设备与控制器之间的模拟信号转变为数字信号。智能仪表的出现为现场总线的诞生奠定了应用基础。

2. 现场总线的概念

国际电工委员会(IEC)对现场总线(Fieldbus)的定义为：一种应用于生产现场，在现场设备之间、现场设备和控制装置之间建立双向、串行、多节点的数字通信网络。

现场总线的概念有广义与狭义之分。狭义的现场总线就是指基于 EIA485 的串行通信网络，广义的现场总线泛指用于工业现场的所有控制网络。广义的现场总线包括狭义现场总线和工业以太网。

工业以太网是用于工业现场的以太网，一般采用交换技术，即交换式以太网技术。工业以太网以 TCP/IP 为基础，与串行通信的技术体系是不同的。

在工业控制中，现场总线的概念因场合不同而不同。广义的"现场总线"，包括现场总线和工业以太网，而本书后续的项目中，现场总线的概念又是狭义的，读者应根据不同场合加以区别。

8.5.2　主流现场总线的简介

1984 年国际电工技术委员会/国际标准协会(IEC/ISA)就开始制定现场总线的标准，然而统一的标准至今仍未完成。很多公司推出各自的现场总线技术，但彼此的开放性和互操作性难以统一。

经过多年的讨论，终于在 1999 年年底通过了 IEC61158 现场总线标准，这个标准容纳了 8 种互不兼容的总线协议。后来又经过不断讨论和协商，在 2003 年 4 月，IEC61158 Ed.3 现场总线标准第 3 版正式成为国际标准，确定了 10 种不同类型的现场总线为 IEC61158 现场总线，见表 8-10。2007 年 7 月，第四版现场总线增加到 20 种，新的现场总线有 7 种工业以态网。

表 8-10　IEC61158 的现场总线

类型编号	名　称	发起的公司
Type 1	TS61158 现场总线	原来的技术报告
Type 2	ControlNet 和 Ethernet/IP 现场总线	美国 Rockwell 公司
Type 3	PROFIBUS 现场总线	德国 SIEMENS 公司
Type 4	P-NET 现场总线	丹麦 Process Data 公司
Type 5	FF HSE 现场总线	美国 Fisher Rosemount 公司
Type 6	SwiftNet 现场总线	美国波音公司
Type 7	World FIP 现场总线	法国 Alstom 公司
Type 8	INTERBUS 现场总线	德国 Phoenix Contact 公司
Type 9	FF H1 现场总线	现场总线基金会
Type 10	PROFINET 现场总线	德国 SIEMENS 公司

1. 基金会现场总线(Foundation Fieldbus，FF)

这是以美国 Fisher-Rosemount 公司为首的联合了横河、ABB、西门子、英维斯等 80 家公司制定的 ISP 协议和以 Honeywell 公司为首的联合欧洲等地 150 余家公司制定的

World FIP协议于1994年9月合并的。该总线在过程自动化领域得到了广泛的应用,具有良好的发展前景。

2. CAN(Controller Area Network,控制器局域网)

CAN最早由德国BOSCH公司推出,它广泛应用于离散控制领域,其总线规范已被国际标准化组织(ISO)制定为国际标准,得到了Intel、Motorola、NEC等公司的支持。CAN协议分为两层:物理层和数据链路层。CAN的信号传输采用短帧结构,传输时间短,具有自动关闭功能,具有较强的抗干扰能力。CAN支持多种工作方式,并采用了非破坏性总线仲裁技术,通过设置优先级来避免冲突。通信距离最远可达10km(5kbps),通信速率最高可达40Mbps,网络节点数可达110个。目前已有多家公司开发了符合CAN协议的通信芯片。

3. Lonworks

Lonworks由美国Echelon公司推出,并由Motorola、Toshiba公司共同倡导。它采用ISO/OSI模型的全部7层通信协议,采用面向对象的设计方法,通过网络变量把网络通信设计简化为参数设置。支持双绞线、同轴电缆、光缆和红外线等多种通信介质,通信速率为300bps~1.5Mbps,直接通信距离可达2700m(78kbps),被称为通用控制网络。Lonworks技术采用的LonTalk协议被封装到Neuron(神经元)的芯片中,并得以实现。采用Lonworks技术和神经元芯片的产品,被广泛应用于楼宇自动化、家庭自动化、保安系统、办公设备、交通运输、工业过程控制等领域。

4. DeviceNet

DeviceNet既是一种低成本的通信连接,也是一种简单的网络解决方案,有着开放的网络标准。DeviceNet具有的直接互连性不仅改善了设备间的通信,而且提供了相当重要的设备级诊断功能。DeviceNet基于CAN技术,传输速率为125~500kbps,每个网络的最大节点为64个,其通信模式为生产者/客户(Producer/Consumer),采用多信道广播信息发送方式。位于DeviceNet网络上的设备可以自由连接或断开,不影响网上的其他设备,而且其设备的安装布线成本也较低。DeviceNet总线的组织结构是开放式设备网络供应商协会。

5. HART

HART是Highway Addressable Remote Transducer的缩写,最早由Rosemount公司开发。其特点是在现有模拟信号传输线上实现数字信号通信,属于模拟系统向数字系统转变的过渡产品。其通信模型采用物理层、数据链路层和应用层三层,支持点对点主从应答方式和多点广播方式。由于它采用模拟数字信号混和,难以开发通用的通信接口芯片。HART能利用总线供电,可满足本质安全防爆的要求,并可用于由手持编程器与管理系统主机作为主设备的双主设备系统。

6. CC-Link

CC-Link是Control&Communication Link(控制与通信链路系统)的缩写,在1996年11月,由以三菱电机公司为主导的多家公司推出,其增长势头迅猛,在亚洲占有较大份额。在其系统中,可以将控制和信息数据同时以10Mbps高速传送至现场网络,具有性能卓越、使用简单、应用广泛、节省成本等优点。其不仅解决了工业现场配线复杂的问题,同时具有优异的抗噪性能和兼容性。CC-Link是一个以设备层为主的网络,同时也可覆盖较高层次的控制层和较低层次的传感层。2005 年 7 月，CC-Link 被中国国家标准化管理委员会批准为中国国家标准指导性技术文件。

7. INTERBUS

INTERBUS 是德国 Phoenix 公司推出的较早的现场总线，2000 年 2 月已成为国际标准 IEC61158。INTERBUS 采用国际标准化组织（ISO）的开放化系统互连（OSI）的简化模型（1 层、2 层和 7 层），即物理层、数据链路层和应用层，具有强大的可靠性、可诊断性和易维护性。其采用集总帧型的数据环通信，具有低速度、高效率的特点，并严格保证了数据传输的同步性和周期性。该总线的实时性、抗干扰性和可维护性也非常出色。INTERBUS 广泛地应用于汽车、烟草、仓储、造纸、包装、食品等工业领域，成为国际现场总线的领先者。

8.5.3　现场总线的特点

现场总线系统打破了传统控制系统采用的按控制回路要求，设备一对一地分别进行连线的结构形式。把原先 DCS 中处于控制室的控制模块、各输入/输出模块放入现场设备，加上现场设备具有通信能力，因而控制系统功能能够不依赖控制室中的计算机或控制仪表，直接在现场完成，实现了彻底的分散控制。

现场总线控制系统既是一个开放通信网络，又是一种全分布控制系统。它把作为网络节点的智能设备连接成自动化网络系统，实现基础控制、补偿计算、参数修改、报警、显示、监控、优化的综合自动化功能，是一项以智能传感器、控制、计算机、数字通信、网络为主要内容的综合技术。

现场总线系统具有以下特点。

1. 系统具有开放性和互用性

通信协议遵从相同的标准，设备之间可以实现信息交换，用户可按自己的需要，把不同供应商的产品组成开放互连的系统。系统间、设备间可以进行信息交换，不同生产厂家的性能类似的设备可以互换。

2. 系统功能自治性

系统将传感测量、补偿计算、工程量处理与控制等功能分散到现场设备中完成，现场设备可以完成自动控制的基本功能，并可以随时诊断设备的运行状况。

3. 系统具有分散性

现场总线构成的是一种全分散的控制系统结构，简化了系统结构，提高了可靠性。

4. 系统具有对环境的适应性

现场总线支持双绞线、同轴电缆、光缆、射频、红外线、电力线等，具有较强的抗干扰能力，能采用两线制实现供电和通信，并可以满足安全防爆的要求。

8.5.4　现场总线的现状

1. 多种现场总线并存

目前世界上存在着四十余种现场总线，如法国的 FIP、英国的 ERA、德国西门子公司的 PROFIBUS、挪威的 FINT、Echelon 公司的 LONWorks、Phoenix Contact 公司的 INTERBUS、Rober Bosch 公司的 CAN、Fisher Rosemount 公司的 HART、Carlo Garazzi 公司的 Dupline、丹麦 Process Data 公司的 P-NET、Peter Hans 公司的 F-Mux、ASI（Actratur Sensor Interface）、Modbus、SDS、Arcnet、国际标准组织-基金会现场总线 FF（Field Bus

Foundation，World FIP）、BitBus、美国的DeviceNet与ControlNet等。这些现场总线用于过程自动化、医药、加工制造、交通运输、国防、航天、农业和楼宇等领域，不到10种类型的总线占有80%左右的市场。

2. 各种总线都有其应用的领域

每种总线都有其应用的领域，如FF和PROFIBUS-PA适用于石油、化工、医药、冶金等行业的过程控制领域，LonWorks、PROFIBUS-FMS和DevieceNet适用于楼宇、交通运输、农业等领域，DeviceNet、PROFIBUS-DP适用于加工制造业。这些划分也不是绝对的，每种现场总线都力图将其应用领域扩大，彼此渗透。

3. 每种现场总线都有其国际组织和支持背景

大多数的现场总线都有一个或几个大型跨国公司为背景并成立相应的国际组织，力图扩大自己的影响，得到更多的市场份额，如PROFIBUS以SIEMENS公司为主要支持，并成立了PROFIBUS国际用户组织；World FIP以Alstom公司为主要支持，成立了World FIP国际用户组织。

4. 多种总线成为国家和地区标准

为了加强自己的竞争能力，很多总线都争取成为国家或者地区的标准，如PROFIBUS已成为德国标准，World FIP已成为法国标准等。

5. 设备制造商参与多个总线组织

为了扩大自己产品的使用范围，很多设备制造商往往参与多个总线组织。

6. 各个总线彼此协调共存

由于竞争激烈，而且还没有哪一种或几种总线能一统市场，很多重要企业都力图开发接口技术，使自己的总线能和其他总线相连，在国际标准中也出现了协调共存的局面。

8.5.5 现场总线的发展

现场总线技术是控制、计算机和通信技术的交叉与集成，几乎涵盖了连续和离散工业领域，如过程自动化、制造加工自动化、楼宇自动化、家庭自动化等。

它的出现和快速发展体现了控制领域对降低成本、提高可靠性、增强可维护性和提高数据采集智能化的要求。现场总线技术的发展趋势体现在以下四个方面。

1. 统一的技术规范与组态技术是现场总线技术发展的一个长远目标

IEC61158是目前的国际标准。然而由于商业利益的问题，该标准只做到了对已有现场总线的确认，从而得到了各个大公司的欢迎。但是却给用户带来了使用的困难。当需要用一种新的总线时，学习的过程是漫长的。从长远来看，各种总线的统一是必由之路。目前主流现场总线都基于EIA485技术或以太网技术，有了统一的硬件基础；组态的过程与操作是相似的，有了统一的用户基础。

2. 现场总线系统的技术水平将不断提高

随着电子技术、网络技术和自动控制技术的发展，现场总线设备将具备更强的性能、更高的可靠性和更好的经济性。

3. 现场总线的应用将越来越广泛

随着现场总线技术的日渐成熟，相关产品的性价比越来越高，更多的技术人员将掌握现场总线的使用方法，现场总线的应用将越来越广泛。

4. 工业以太网技术将逐步成为现场总线技术的主流

虽然基于串行通信的现场总线技术在一段时期之内还会大量使用，但是从发展的眼光来看，工业以太网具有良好的适应性、兼容性、扩展性以及与信息网络的无缝连接等特性，必将成为现场总线技术的主流。

8.5.6　工业通信网络结构

企业网是对工业企业的计算机与控制网络的统称。企业网从结构上可以分为信息网络和控制网络两个层次，如图 8-22 所示。

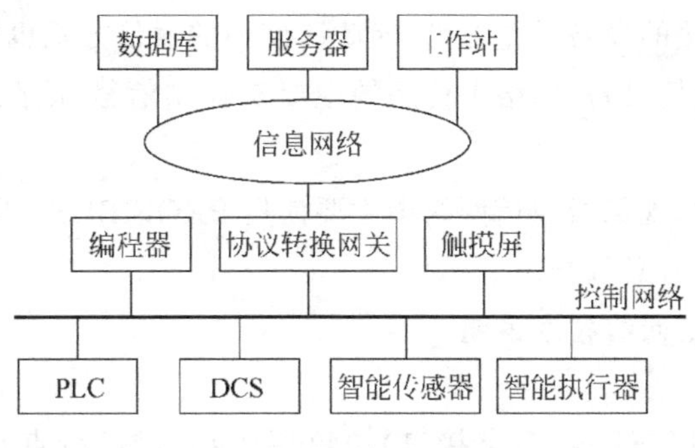

图 8-22　企业网的结构

信息网络是指用于企业内部的信息通信与管理的局域网。信息网络目前的主要应用是办公自动化。信息网络是接入互联网的，并且很多应用也是基于互联网技术的。

控制网络是指工业企业生产现场的通信网络。控制网络既可以是现场总线，也可以是工业以太网。控制网络主要实现现场设备之间、现场设备与控制器之间、现场设备与监控设备之间的通信。

网络化控制的功能模型是从功能的角度对基于网络的自动控制系统进行分层，简称网络控制模型。网络控制模型分为现场设备层、监控层和管理层，如图 8-23 所示。

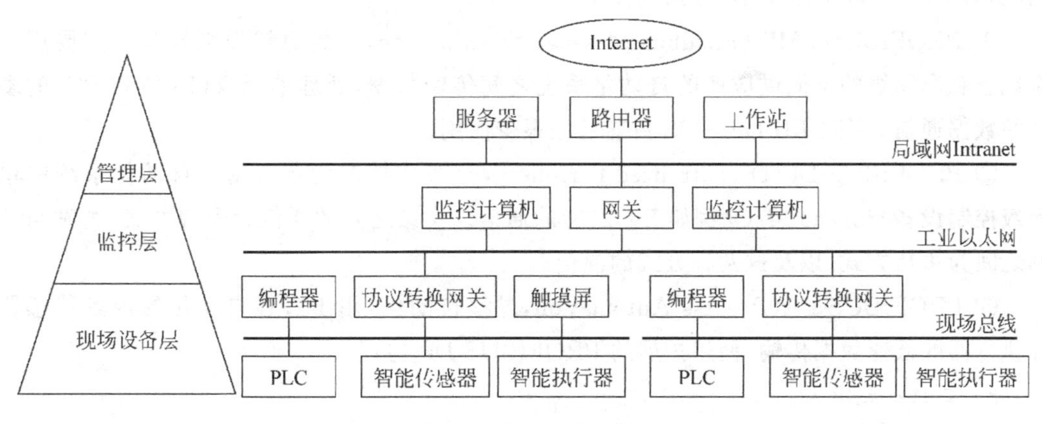

图 8-23　网络控制模型

1. 管理层

其为企业提供生产、管理和经营数据，通过数据化的方式优化企业资源，提高企业的管理水平。这个层中,IT 技术得到了广泛的应用,如 Internet 和 Intranet。

2. 监控层

其介于管理层和现场层之间。其主要功能是解决车间内各需要协调工作的不同工艺段之间的通信。监控层要求能传递大量的信息数据和少量控制信息,而且要求具备较强的实时性。这个层主要使用工业以太网。

3. 现场设备层

其处于工业网络的底层,直接连接现场的各种设备,包括 I/O 设备、变频与驱动、传感器和变送器等,由于连接的设备千差万别,因此所使用的通信方式也比较复杂。又由于现场级通信网络直接连接现场设备,网络上传递的主要是控制信号,因此,对网络的实时性和确定性有很高的要求。

SIMATIC NET 中,现场级通信网络中主要使用 PROFIBUS。同时 SIMATIC NET 也支持 AS-Interface、EIB 等总线技术。

8.5.7 西门子通信网络技术说明

1. MPI 通信

MPI(Multi-Point Interface,多点接口)协议用于小范围、少点数的现场级通信。MPI 为 S7/M7/C7 系统提供接口,它设计用于编程设备的接口,也可用于在少数 CPU 间传递少量的数据。

2. PROFIBUS 通信

PROFIBUS 符合国际标准 IEC61158,是目前国际上通用的 20 大现场总线之一,并以独特的技术特点、严格的认证规范、开放的标准和众多的厂家支持,成为现场级通信网络的优秀解决方案,目前其全球网络节点已经突破 3000 万个。

从用户的角度看,PROFIBUS 提供了三种通信协议类型:PROFIBUS-FMS、PROFIBUS-DP 和 PROFIBUS-PA。

① PROFIBUS-FMS (Fieldbus Message Specification,现场总线报文规范),主要用于系统级和车间级的不同供应商的自动化系统之间传输数据,处理单元级(PLC 和 PC)的多主站数据通信。PROFIBUS-FMS 目前已经很少使用。

② PROFIBUS-DP(Decentralized Periphery,分布式外部设备),用于自动化系统中单元级控制设备与分布式 I/O(例如 ET 200)的通信。主站之间的通信为令牌方式,主站与从站之间为主从方式,以及这两种方式的混合。

③ PROFIBUS-PA(Process Automation,过程自动化)用于过程自动化的现场传感器和执行器的低速数据传输,使用扩展的 PROFIBUS-DP 协议。

3. 工业以太网

工业以太网符合 IEEE802.3 国际标准,是功能强大的区域和单元网络,是目前工控界最为流行的网络通信技术之一。

4. 点对点连接

严格地说,点对点(Point-to-Point)连接并不是网络通信。但点对点连接可以通过串口连接模块实现数据交换，应用比较广泛。

5. AS-Interface

它用于自动化系统底层的通信网络。它专门用来连接二进制的传感器和执行器，每个从站的最大数据量为 4bit。

8.5.8　Modbus 通信概述

1. Modbus 简介

Modbus 协议是应用于电子控制器上的一种通用语言。通过此协议，控制器相互之间、控制器经由网络(例如以太网)和其他设备之间可以通信。它已经成为了一种通用工业标准。有了它，不同厂商生产的控制设备可以连成工业网络，进行集中监控。

此协议定义了一个控制器能认识使用的消息结构，而不管它们是经过何种网络进行通信的。它描述了控制器请求访问其他设备的过程，如回应来自其他设备的请求，以及怎样侦测错误并记录。它制定了消息域格局和内容的公共格式。

当在一个 Modbus 网络上通信时，此协议决定了每个控制器需要知道它们的设备地址，识别按地址发来的消息，决定要产生何种行动。如果需要回应，控制器将生成反馈信息并用 Modbus 协议发出。在其他网络上，包含了 Modbus 协议的消息转换、在此网络上使用的帧或包结构。这种转换也扩展了根据具体的网络解决地址、路由路径及错误校验的方法。

2. 功能码设置

消息帧功能代码包括两个字符(ASCII)或 8 位(RTU)。有效码范围为 1～247(十进制)，其中有些代码适用于全部型号的 Modicon 控制器，而有些代码仅适用于某些型号的控制器。还有一些代码留作将来使用。

当主机向从机发送信息时，功能代码向从机说明应执行的动作。如读一组离散式线圈或输入信号的 ON/OFF 状态，读一组寄存器的数据，读从机的诊断状态，写线圈(或寄存器)，允许下载、记录、确认从机内的程序等。当从机响应主机时，功能代码可说明从机正常响应或出现错误(即不正常响应)，正常响应时，从机简单返回原始功能代码；不正常响应时，从机返回与原始代码相等效的一个码，并把最高有效位设定为"1"。

例如，主机要求从机读一组保持寄存器时，则发送信息的功能码为：

```
0000 0011 (十六进制 03)
```

若从机正确接收请求的动作信息后，则返回相同的代码值作为正常响应。发现错时，则返回一个不正常响信息：

```
1000 0011(十六进制 83)
```

从机对功能代码做修改，此外，还把一个特殊码放入响应信息的数据区中，告诉主机出现的错误类型和不正常响应的原因。主机设备的应用程序负责处理不正常响应，典型处理过程是主机把对信息的测试和诊断送给从机，并通知操作者。

Modbus 功能码与数据类型对应见表 8-11，如果从底层起编写程序，这个表格是十分关键的。

表 8-11　Modbus 功能码与数据类型对应表

代　码	功　能	数据类型
01	读	位
02	读	位
03	读	整型、字符型、状态型、浮点型
04	读	整型、状态型、浮点型
05	写	位
06	写	整型、字符型、状态型、浮点型
08	N/A	重复"回路反馈"信息
15	写	位
16	写	整型、字符型、状态型、浮点型
17	读	字符型

8.5.9　S7-200 PLC 间 Modbus 通信

1. 使用 Modbus 协议库

STEP 7-Micro/WIN 指令库包括专门为 Modbus 通信设计的预先定义的子程序和中断服务程序，使得与 Modbus 设备的通信变得更简单。通过 Modbus 协议指令，可以将 S7-200 组态为 Modbus 主站或从站设备。

可以在 STEP 7-Micro/WIN 指令树的库文件夹中找到这些指令。当在程序中输入一个 Modbus 指令时，自动将一个或多个相关的子程序添加到项目中。

西门子指令库以一个独立的光盘销售，在购买和安装了 1.1 版本的西门子指令库后，任何后续的 STEP 7-Micro/WIN V3.2x 和 V4.0 升级都会在不需要附加费用的情况下自动升级指令库(当增加或修改库时)。

【关键点】 STEP 7-Micro/WIN V4.0 SP4(含)以前的版本，指令库只有从站指令，之后的版本才有主站指令库，如果需要 SP4(含)以前 S7-200 作主站，读者必须在自由口模式下，按照 Modbus 协议编写程序，这会很麻烦。CPU 的固化程序版本不低于 V2.0 才能支持 Modbus 指令库。

2. Modbus 的地址

Modbus 地址通常是包含数据类型和偏移量的 5 个字符。第一个字符确定数据类型，后面四个字符选择数据类型内的正确数值。

(1) 主站寻址

Modbus 主站指令可将地址映射到正确功能，然后发送至从站设备。Modbus 主站指令支持下列 Modbus 地址：

00001 到 09999 是离散输出(线圈)；

10001 到 19999 是离散输入(触点)；

30001 到 39999 是输入寄存器(通常是模拟量输入)；

40001 到 49999 是保持寄存器。

所有 Modbus 地址都基于 1，即从地址 1 开始第一个数据值。有效地址范围取决于从站设备。不同的从站设备将支持不同的数据类型和地址范围。

(2) 从站寻址

Modbus 主站设备将地址映射到正确功能。Modbus 从站指令支持以下地址：

00001 至 00128 是实际输出，对应于 Q0.0～Q15.7；

10001 至 10128 是实际输入，对应于 I0.0～I15.7；

30001 至 30032 是模拟输入寄存器，对应于 AIW0～AIW62；

40001 至 04××××是保持寄存器，对应于 V 区。

所有 Modbus 地址都是从 1 开始编号的。表 8-12 为 Modbus 地址与 S7-200 地址的对应关系。

表 8-12　Modbus 地址与 S7-200 地址的对应关系

序号	Modbus 地址	S7-200 地址
1	00001	Q0.0
	00002	Q0.1
	…	…
	00127	Q15.6
	00128	Q15.7
2	10001	I0.0
	10002	I0.1
	…	…
	10127	I15.6
	10128	I15.7
3	30001	AIW0
	30002	AIW1
	…	…
	30032	AIW62
4	40001	HoldStart
	40002	HoldStart+2
	…	
	4xxxx	HoldStart+2×(xxxx-1)

Modbus 从站协议允许对 Modbus 主站可访问的输入、输出、模拟输入和保持寄存器(V 区)的数量进行限定。例如，若 HoldStart 是 VB0，那么 Modbus 地址 40001 对应 S7-200 地址的 VB0。

3. Modbus 通信指令

(1) 主设备指令

初始化主设备指令 MBUS_CTRL 用于 S7-200 端口 0(或用于端口 1 的 MBUS_CTRL_P1 指令)可初始化、监视或禁用 Modbus 通信。在使用 MBUS_MSG 指令之前，必须正确执行 MBUS_CTRL 指令，指令执行完成后，立即设定“完成”位，才能继续执行下一条指令。其各输入/输出参数见表 8-13。

表 8-13　MBUS_CTRL 指令的参数表

子　程　序	输入/输出	说　　明	数据类型
MBUS_CTRL EN Mode Baud　Done Parity　Error Timeout	EN	使能	BOOL
	Mode	为 1 将 CPU 端口分配给 Modbus 协议并启用该协议。为 0 将 CPU 端口分配给 PPI 协议，并禁用 Modbus 协议	BOOL
	Baud	将波特率设为 1200、2400、4800、9600、19200、38400、57600 或 115200bps	DWORD
	Parity	0-无奇偶校验，1-奇校验，2-偶校验	BYTE
	Timeout	等待来自从站应答的毫秒时间数	WORD
	Error	出错时返回错误代码	BYTE

MBUS_MSG 指令(或用于端口 1 的 MBUS_MSG_P1)用于启动对 Modbus 从站的请求，并处理应答。当 EN 输入和“首次”输入打开时，MBUS_MSG 指令启动对 Modbus 从站的请求，发送请求、等待应答并处理应答。EN 输入必须打开，以启用请求的发送，并保持打开，直到“完成”位被置位。此指令在一个程序中可以执行多次。其各输入/输出参数见表 8-14。

表 8-14　MBUS_MSG 指令的参数表

子　程　序	输入/输出	说　　明	数 据 类 型
MBUS_MSG EN First Slave　Done RW　Error Addr Count DataPtr	EN	使能	BOOL
	First	“首次”参数应该在有新请求要发送时才打开，进行一次扫描。“首次”输入应当通过一个边沿检测元素(例如上升沿)打开，这将保证请求被传送一次	BOOL
	Slave	“从站”参数是 Modbus 从站的地址。允许的范围是 0～247	BYTE
	RW	0—读，1—写	BYTE
	Addr	“地址”参数是 Modbus 的起始地址	DWORD
	Count	“计数”参数，读取或写入的数据元素的数目	INT
	DataPtr	S7-200 CPU 的 V 存储器中与读取或写入请求相关数据的间接地址指针	DWORD
	Error	出错时返回错误代码	BYTE

【关键点】 指令 MBUS_CTRL 的 EN 要接通，在程序中只能调用一次，MBUS_MSG 指令可以在程序中多次调用，要特别注意区分 Addr、DataPtr 和 Slave 三个参数。

(2) 从设备指令

MBUS_INIT 指令用于启用、初始化或禁止 Modbus 通信。在使用 MBUS_SLAVE 指令之前，必须正确执行 MBUS_INIT 指令。指令完成后立即设定“完成”位，才能继续执行下一条指令。其各输入/输出参数见表 8-15。

表 8-15　MBUS_INIT 指令的参数表

子程序	输入/输出	说　明	数据类型
MBUS_INIT EN Mode　Done Addr　Error Baud Parity Delay MaxIQ MaxAI MaxHold HoldSt~	EN	使能	BOOL
	Mode	为 1 将 CPU 端口分配给 Modbus 协议并启用该协议。为 0 将 CPU 端口分配给 PPI 协议，并禁用 Modbus 协议	BYTE
	Baud	将波特率设为 1200、2400、4800、9600、19200、38400、57600 或 115200 波特	DWORD
	Parity	0—无奇偶校验，1—奇校验，2—偶校验	BYTE
	Addr	“地址”参数，是 Modbus 的起始地址	BYTE
	Delay	“延时”参数，通过将指定的毫秒数增加至标准 Modbus 信息超时的方法，延长标准 Modbus 信息结束超时条件	WORD
	MaxIQ	参数将 Modbus 地址 0xxxx 和 1xxxx 使用的 I 和 Q 点数设为 0 至 128 之间的数值	WORD
	MaxAI	参数将 Modbus 地址 3xxxx 使用的字输入(AI)寄存器数目设为 0 至 32 之间的数值	WORD
	MaxHold	参数设定 Modbus 地址 4xxxx 使用的 V 存储器中的字保持寄存器数目	WORD
	HoldStart	参数是 V 存储器中保持寄存器的起始地址	DWORD
	Error	出错时返回错误代码	BYTE

MBUS_SLAVE 指令用于为 Modbus 主设备发出的请求服务，并且必须在每次扫描时执行，以便允许该指令检查和回答 Modbus 请求。在每次扫描且 EN 输入开启时，执行该指令。其各输入/输出参数见表 8-16。

表 8-16　MBUS_SLAVE 指令的参数

子程序	输入/输出	说　明	数据类型
MBUS_SLAVE EN Done Error	EN	使能	BOOL
	Done	当 MBUS_SLAVE 指令对 Modbus 请求做出应答时，“完成”输出打开。如果没有需要服务的请求，“完成”输出关闭	BOOL
	Error	出错时返回错误代码	BYTE

【关键点】 MBUS_INIT 指令只在首次扫描时执行一次，MBUS_SLAVE 指令无输入参数。

8.5.10　自由口通信

S7-200 的自由口通信是基于 RS-485 通信基础的半双工通信，西门子 S7-200 系列 PLC 拥有自由口通信功能，顾名思义，就是没有标准的通信协议，用户可以自己规定协议。第三方设备大多支持 RS-485 串口通信，西门子 S7-200 系列 PLC 可以通过自由口通信模式控制串口通信。最简单的使用案例就是只用发送指令(XMT)向打印机或者变频器等第三方设备发送信息。不管是任何情况，都通过 S7-200 系列 PLC 编写程序实现。

自由口通信的核心就是发送(XMT)和接收(RCV)两条指令,以及相应的特殊寄存器控制。由于S7-200 CPU通信端口是RS-485半双工通信口,因此发送和接收不能同时处于激活状态。RS-485半双工通信串行字符通信的格式可以包括一个起始位、7或8位字符(数据字节)、一个奇/偶校验位(或者没有校验位)、一个停止位。

自由口通信波特率可以设置为1200、2400、4800、9600、19200、38400、57600或115200。凡是符合这些格式的串行通信设备,理论上都可以和S7-200 CPU通信。自由口模式可以灵活应用。STEP 7-Micro/WIN的两个指令库(USS和Modbus RTU)就是使用自由口模式编程实现的。

S7-200 CPU使用SMB30(对于Port0)和SMB130(对于Port1)定义通信口的工作模式,控制字节的定义如图8-24所示。

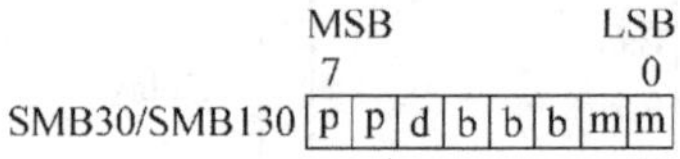

	MSB 7							LSB 0
SMB30/SMB130	p	p	d	b	b	b	m	m

图8-24 控制字节的定义

① 通信模式由控制字的最低的两位“mm”决定。

- mm=00:PPI从站模式(默认值)。
- mm=01:自由口模式。
- mm=10:PPI主站模式。

所以,只要将SMB30或SMB130赋值为2#01,即可将通信口设置为自由口模式。

② 控制位的“pp”是奇偶校验选择。

- pp=00:无校验。
- pp=01:偶校验。
- pp=10:无校验。
- pp=11:奇校验。

③ 控制位的“d”是每个字符的位数。

- d=0:每个字符8位。
- d=1:每个字符7位。

④ 控制位的“bbb”是波特率选择。

- bbb=000:38400bps。
- bbb=001:19200bps。
- bbb=010:9600bps。
- bbb=011:4800bps。
- bbb=100:2400bps。
- bbb=101:1200bps。
- bbb=110:115200bps。
- bbb=111:57600bps。

1. 发送指令

以字节为单位,XMT向指定通信口发送一串数据字符,要发送的字符以数据缓冲区指定,一次发送的字符最多为255个。

发送完成后,会产生一个中断事件,对于Port0口为中断事件9,而对于Port1口为中断事件26。当然也可以不通过中断,而通过监控SM4.5(对于Port0口)或者SM4.6(对于Port1口)的状态来判断发送是否完成,如果状态为1,说明完成。XMT指令缓冲区格式见表8-17。

表 8-17　XMT 指令缓冲区格式

序号	字节编号	内　　容
1	T+0	发送字节的个数
2	T+1	数据字节
3	T+2	数据字节
…	…	…
256	T+255	数据字节

2. 接收指令

以字节为单位，RCV 通过指定通信口接收一串数据字符，接收的字符保存在指定的数据缓冲区，一次接收的字符最多为 255 个。

接收完成后，会产生一个中断事件，对于 Port0 口为中断事件 23，而对于 Port1 口为中断事件 24。当然也可以不通过中断，而通过监控 SMB86（对于 Port0 口）或者 SMB186（对于 Port1 口）的状态来判断发送是否完成，如果状态为非零，说明完成。SMB86 和 SMB186 含义见表 8-18，SMB87 和 SMB187 含义见表 8-19。

表 8-18　SMB86 和 SMB186 的含义

对于 Port0 口	对于 Port1 口	控制字节各位的含义
SM86.0	SM186.0	为 1 说明奇偶校验错误而终止接收
SM86.1	SM186.1	为 1 说明接收字符超长而终止接收
SM86.2	SM186.2	为 1 说明接收超时而终止接收
SM86.3	SM186.3	为 0
SM86.4	SM186.4	为 0
SM86.5	SM186.5	为 1 说明是正常收到结束字符
SM86.6	SM186.6	为 1 说明输入参数错误或者缺少起始和终止条件而结束接收
SM86.7	SM186.7	为 1 说明用户通过禁止命令结束接收

表 8-19　SMB87 和 SMB187 的含义

对于 Port0 口	对于 Port1 口	控制字节各位的含义
SM87.0	SM187.0	0
SM87.1	SM187.1	1—使用中断条件，0—不使用中断条件
SM87.2	SM187.2	1—使用 SM92 或者 SM192 时间段结束接收 0—不使用 SM92 或者 SM192 时间段结束接收
SM87.3	SM187.3	1—定时器是消息定时器，0—定时器是内部字符定时器
SM87.4	SM187.4	1—使用 SM90 或者 SM190 检测空闲状态 0—不使用 SM90 或者 SM190 检测空闲状态
SM87.5	SM187.5	1—使用 SM89 或者 SM189 终止符检测终止消息 0—不使用 SM89 或者 SM189 终止符检测终止消息
SM87.6	SM187.6	1—使用 SM88 或者 SM188 起始符检测起始消息 0—不使用 SM88 或者 SM188 起始符检测起始消息
SM87.7	SM187.7	0—禁止接收，1—允许接收

与自由口通信相关的其他重要特殊控制字/字节见表 8-20。

表 8-20 其他重要特殊控制字/字节

对于 Port0 口	对于 Port1 口	控制字节或者控制字的含义
SMB88	SMB188	消息字符的开始
SMB89	SMB189	消息字符的结束
SMW90	SMW190	空闲线时间段，按毫秒设定。空闲线时间用完后接收的第一个字符是新消息的开始
SMW92	SMW192	中间字符/消息定时器溢出值，按毫秒设定。如果超过这个时间段，则终止接收消息
SMW94	SMW194	要接收的最大字符数(1 到 255 字节)。此范围必须设置为期望的最大缓冲区大小，即使不使用字符计数消息终端

RCV 指令缓冲区格式见表 8-21。

表 8-21 RCV 指令缓冲区格式

序号	字节编号	内容
1	T+0	接收字节的个数
2	T+1	起始字符(如果有)
3	T+2	数据字节
…	…	…
256	T+255	结束字符(如果有)

8.5.11 S7-200 PLC 间 Modbus 通信应用举例

以下以两台 CPU226CN 之间的 Modbus 现场总线通信为例介绍 S7-200 系列 PLC 之间的 Modbus 现场总线通信。

【例 8-1】 模块化生产线的主站为 CPU226CN，从站为 CPU226CN，主站发出开始信号(开始信号为高电平)，从站接收信息，并控制从站的电动机的启停。

【解】

1. 主要软硬件配置

① 1 套 STEP 7-Micro/WIN V4.0 SP9；

② 1 根 PC/PPI 电缆(或者 CP5611 卡)；

③ 2 台 CPU226CN；

④ 1 根 PROFIBUS 网络电缆(含两个网络总线连接器)。

Modbus 现场总线硬件配置如图 8-25 所示。

2. 编写程序

主站和从站的程序如图 8-26 和图 8-27 所示。

【关键点】 在调用了 Modbus 指令库的指令后，还要对库存储区进行分配，这是非常重

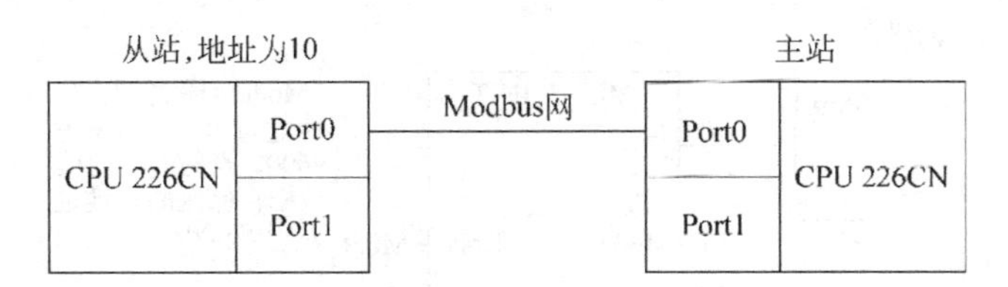

图 8-25　Modbus 现场总线硬件配置图

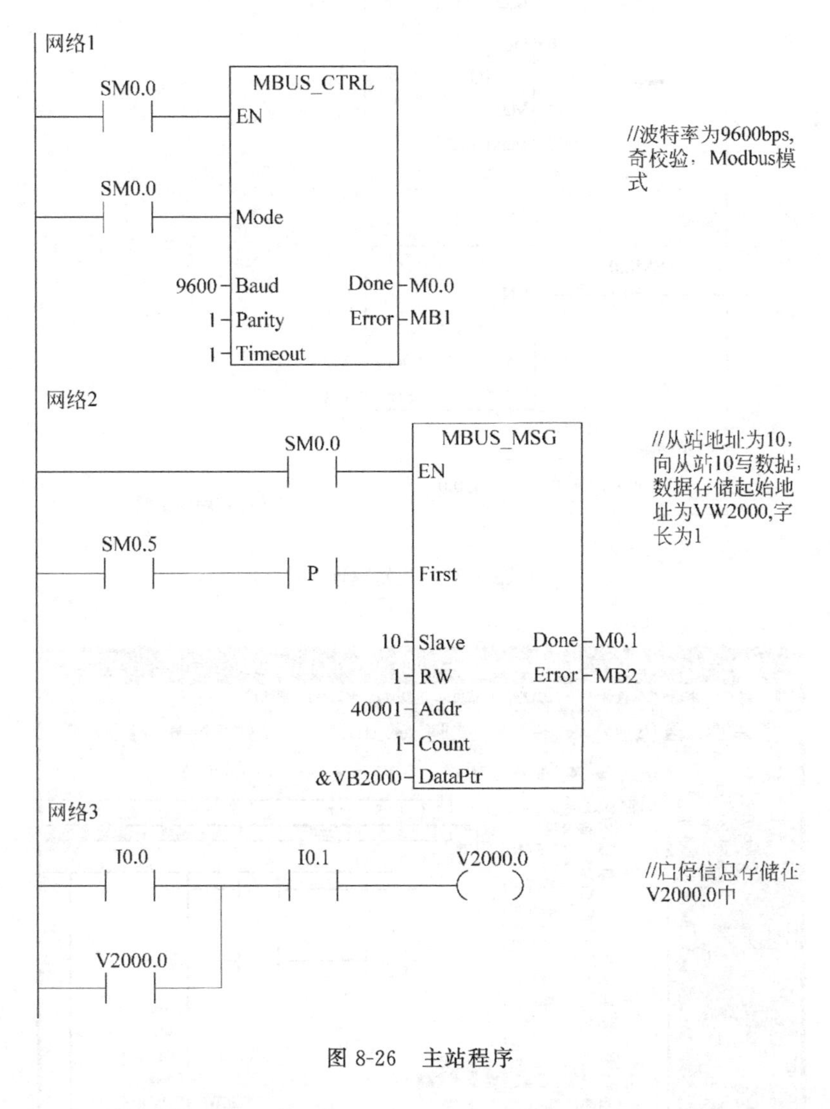

图 8-26　主站程序

要的，否则即使编写程序没有语法错误，程序编译后也会显示至少几十个错误。分配库存储区的方法如下：先选择“程序块”，再右击，弹出快捷菜单，并单击“库存储区”按钮，如图 8-28 所示。再填写 Modbus 指令所需要用到的存储区的起始地址，如图 8-29 所示。示例中 Modbus 指令所需要用到的存储区为 VB0 至 VB283，这个区间的 V 存储区在后续编程中是不能使用的。

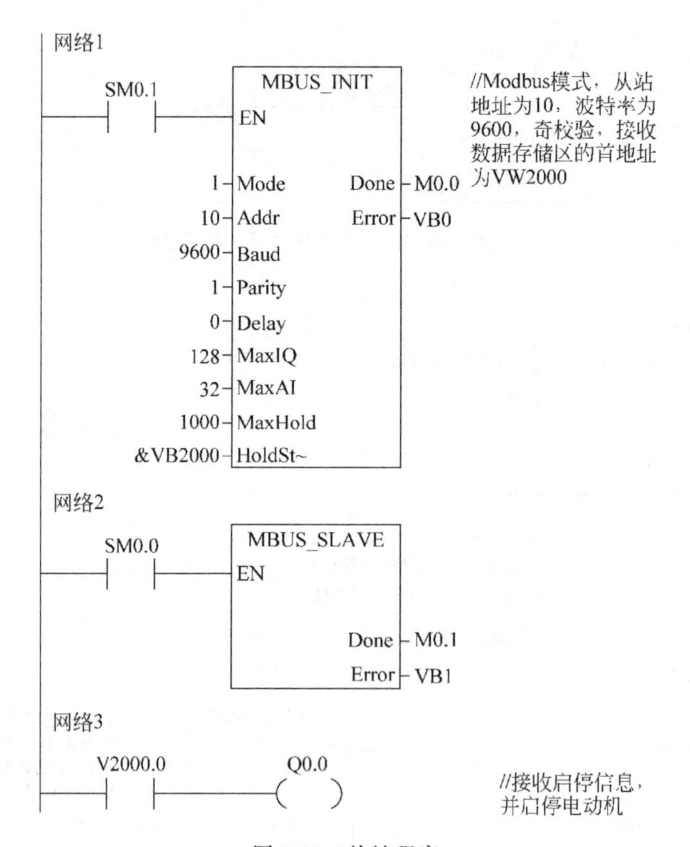

图 8-27　从站程序

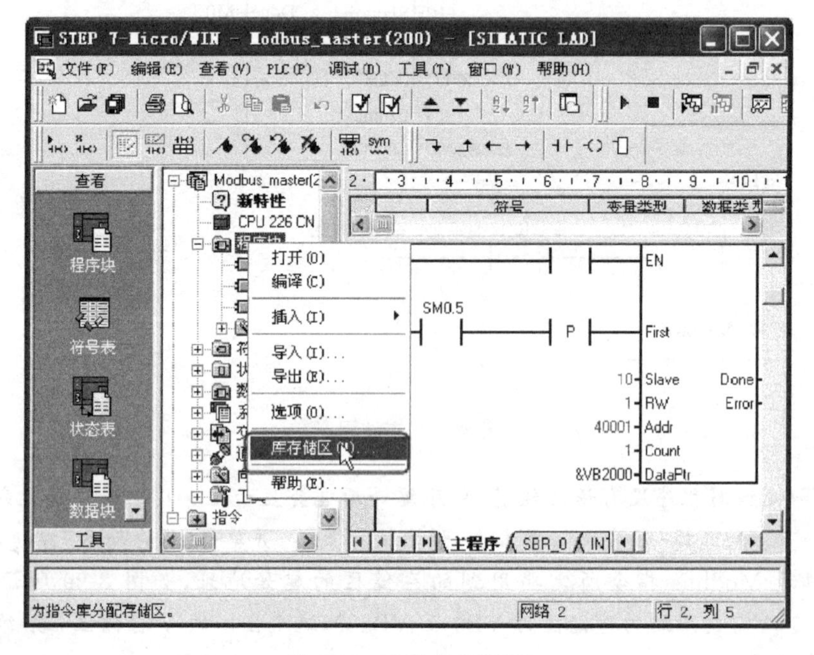

图 8-28　选定库存储区

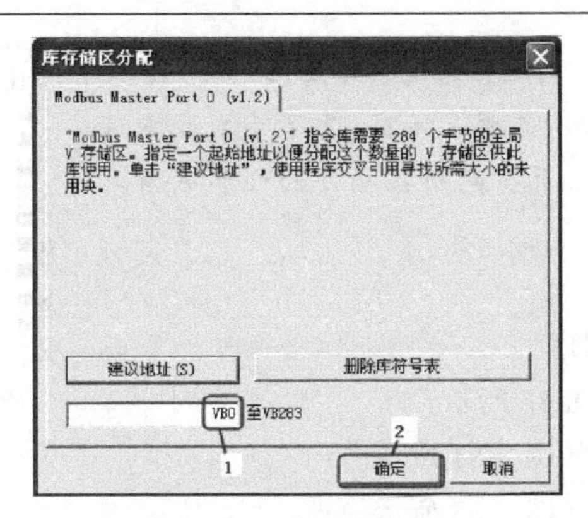

图 8-29　设定库存储区的范围

8.5.12　S7-200 PLC 间自由口通信应用举例

以下以两台 S7-200 CPU 之间的自由口通信为例介绍 S7-200 系列 PLC 之间的自由口通信的编程实施方法。

【例 8-2】 有两台设备，控制器都是 CPU226CN，两者之间为自由口通信，要求实现设备 1 对设备 1 和 2 的电动机，同时进行启停控制，请设计方案，编写程序。

【解】

1. 主要软硬件配置

① 1 套 STEP 7-Micro/WIN V4.0 SP9；

② 2 台 CPU226CN；

③ 1 根 PROFIBUS 网络电缆(含 2 个网络总线连接器)；

④ 1 根 PC/PPI 电缆。

自由口通信硬件配置如图 8-30 所示，两台 CPU 的接线如图 8-31 所示。

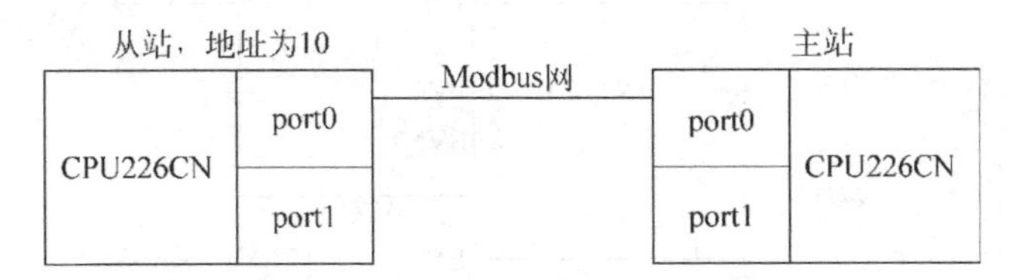

图 8-30　自由口通信硬件配置图

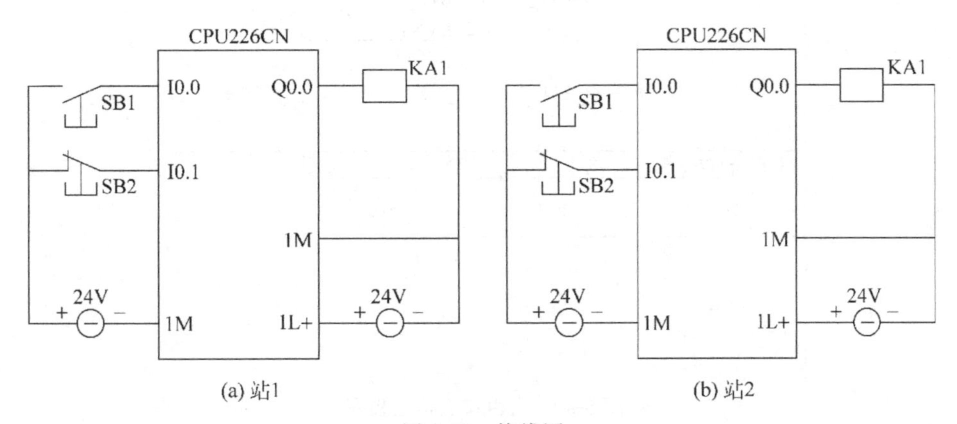

图 8-31　接线图

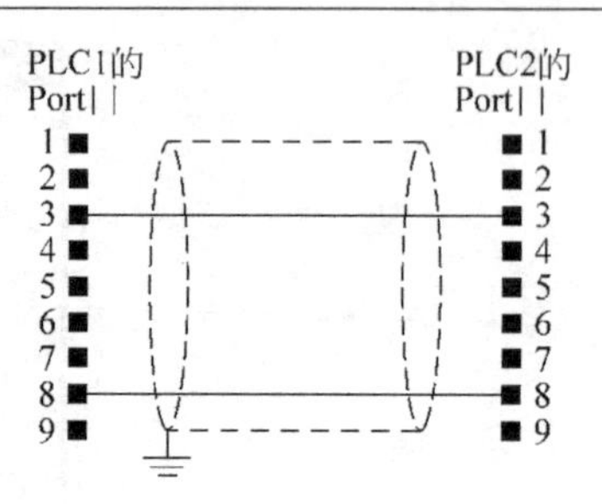

图 8-32　自由口通信连线的另一种方案

【关键点】 自由口通信的通信线缆最好使用 PROFIBUS 网络电缆和网络总线连接器，若要求不高，为了节省开支可购买市场上的 DB9 接插件，再将两个接插件的 3 和 8 角对连即可，如图 8-32 所示。

2. 编写设备程序(1)

(1). 编写设备 1 的程序

设备 1 的主程序如图 8-33 所示。

设备 1 的中断程序 0 如图 8-34 所示。

设备 1 的中断程序 1 如图 8-35 所示。

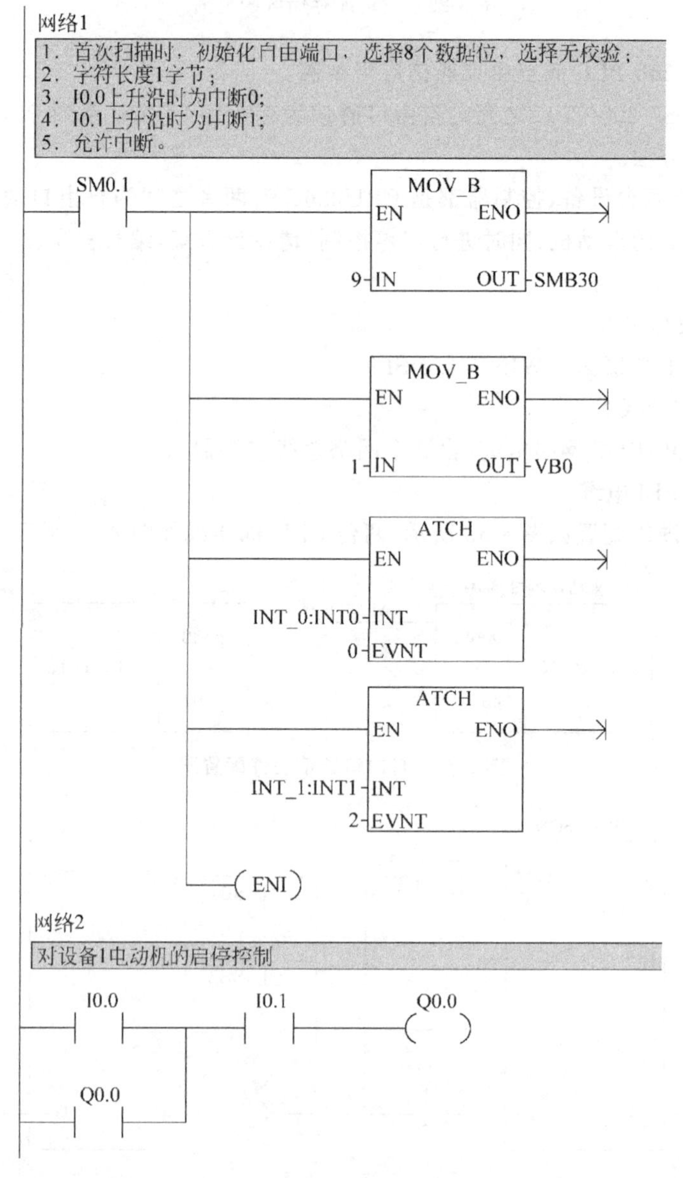

图 8-33　自由口通信主程序

网络1
1. 启动设备2电动机的信息，存储在VB1中;
2. 发送信息。
SM0.0
MOV_B
EN ENO
1 - IN OUT - VB1
XMT
EN ENO
VB0 - TBL
0 - PORT

图 8-34　自由口通信中断程序 0

网络1
1. 停止设备2电动机的信息，存储在VB1中;
2. 发送信息。
SM0.0
MOV_B
EN ENO
0 - IN OUT - VB1
XMT
EN ENO
VB0 - TBL
0 - PORT

图 8-35　自由口通信中断程序 1

(2) 编写设备 2 的程序

设备 2 的主程序如图 8-36 所示。

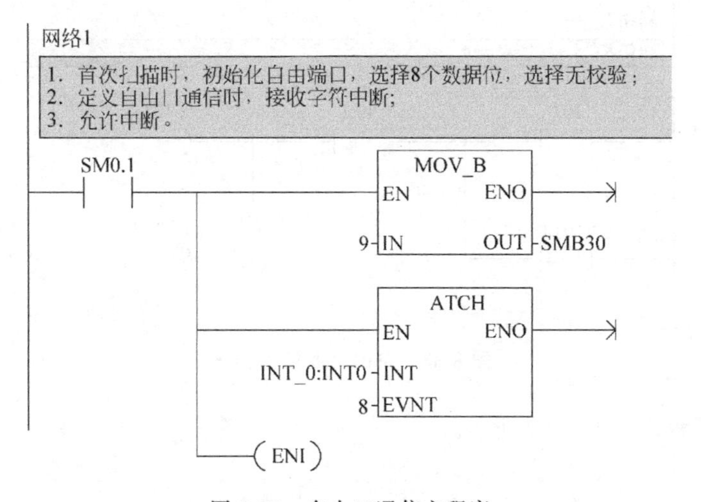

图 8-36　自由口通信主程序

设备 2 的中断程序 0 如图 8-37 所示。

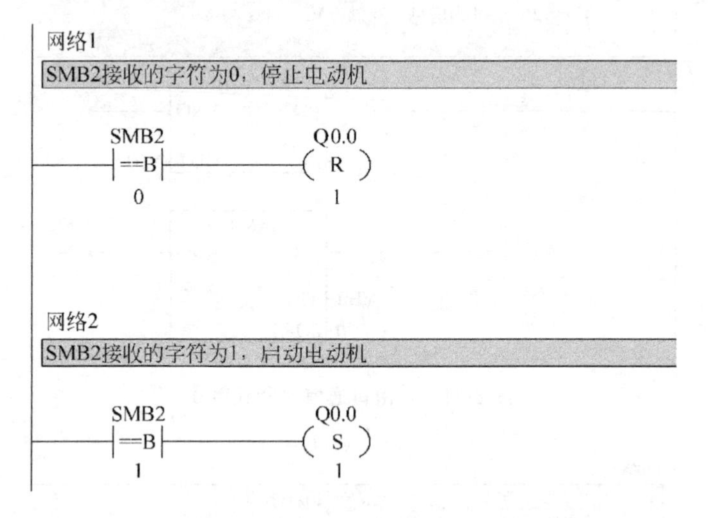

图 8-37　自由口通信中断程序 0

3. 编写设备程序(2)

(1) 设备 1 程序

设备 1 的主程序如图 8-38 所示。

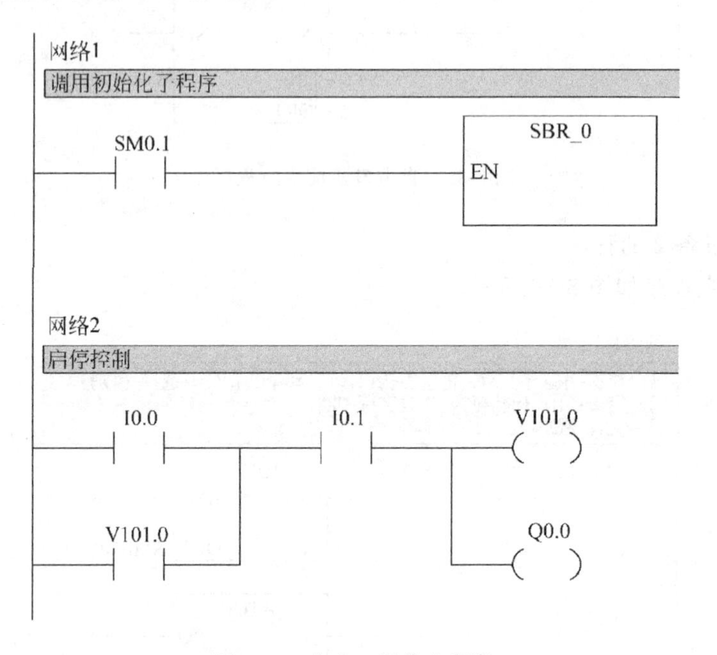

图 8-38　自由口通信主程序

设备 1 的子程序如图 8-39 所示。

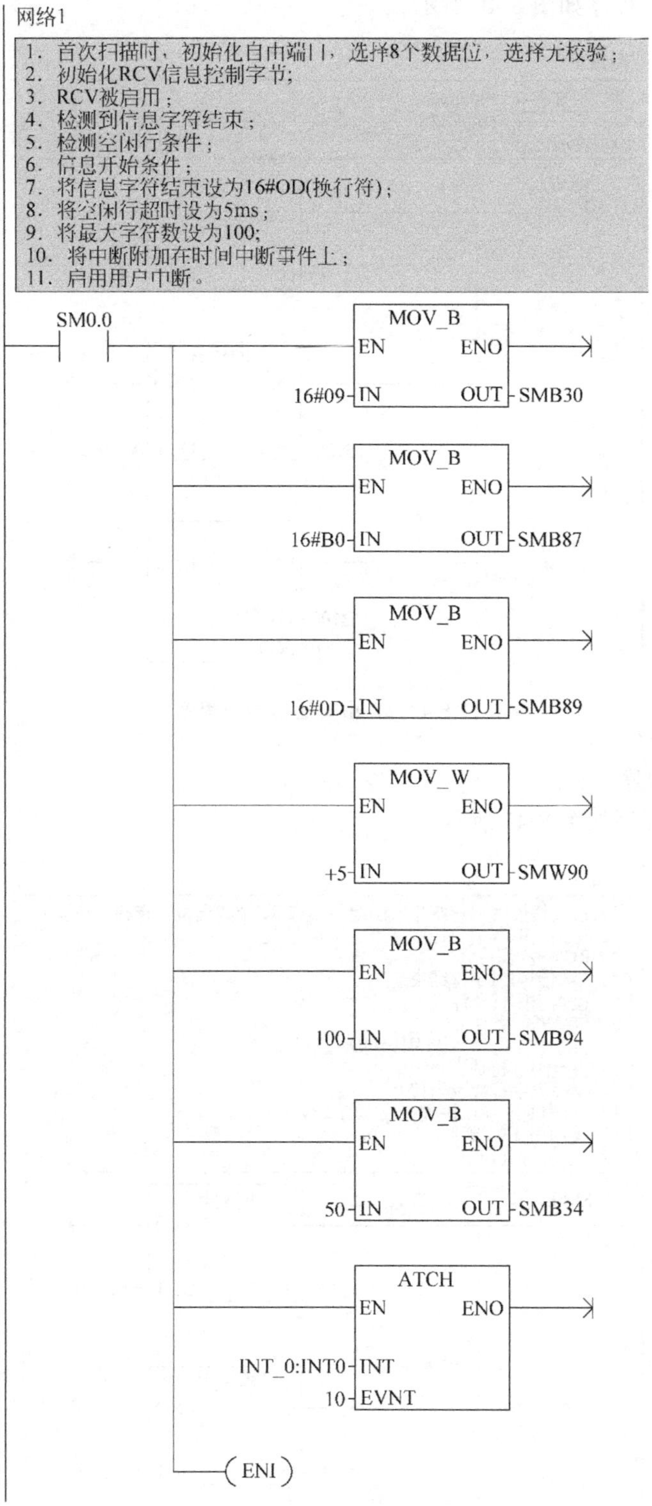

网络1

1．首次扫描时，初始化自由端口，选择8个数据位，选择无校验；
2．初始化RCV信息控制字节;
3．RCV被启用；
4．检测到信息字符结束；
5．检测空闲行条件；
6．信息开始条件；
7．将信息字符结束设为16#OD(换行符)；
8．将空闲行超时设为5ms；
9．将最大字符数设为100;
10．将中断附加在时间中断事件上；
11．启用用户中断。

SM0.0

MOV_B
EN ENO
16#09-IN OUT-SMB30

MOV_B
EN ENO
16#B0-IN OUT-SMB87

MOV_B
EN ENO
16#0D-IN OUT-SMB89

MOV_W
EN ENO
+5-IN OUT-SMW90

MOV_B
EN ENO
100-IN OUT-SMB94

MOV_B
EN ENO
50-IN OUT-SMB34

ATCH
EN ENO
INT_0:INT0-INT
10-EVNT

(ENI)

图 8-39　自由口通信子程序

设备 1 的中断程序如图 8-40 所示。

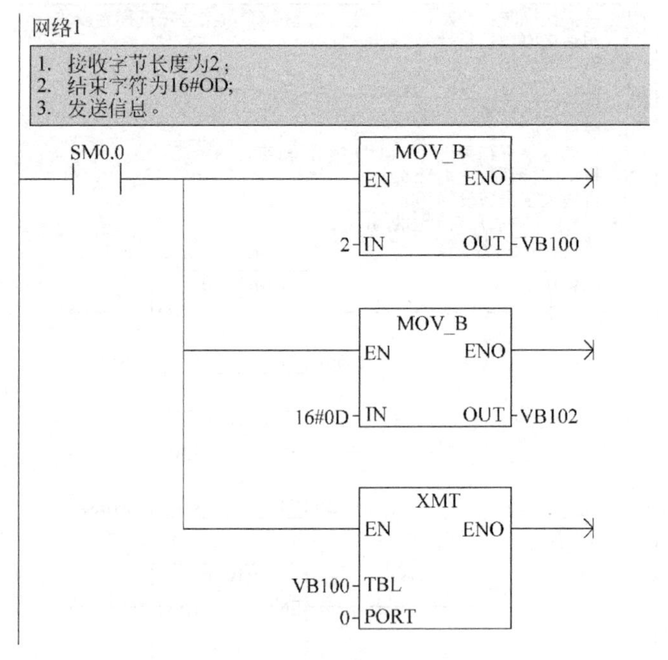

图 8-40　自由口通信中断程序

(2) 设备 2 程序

设备 2 的主程序如图 8-41 所示。

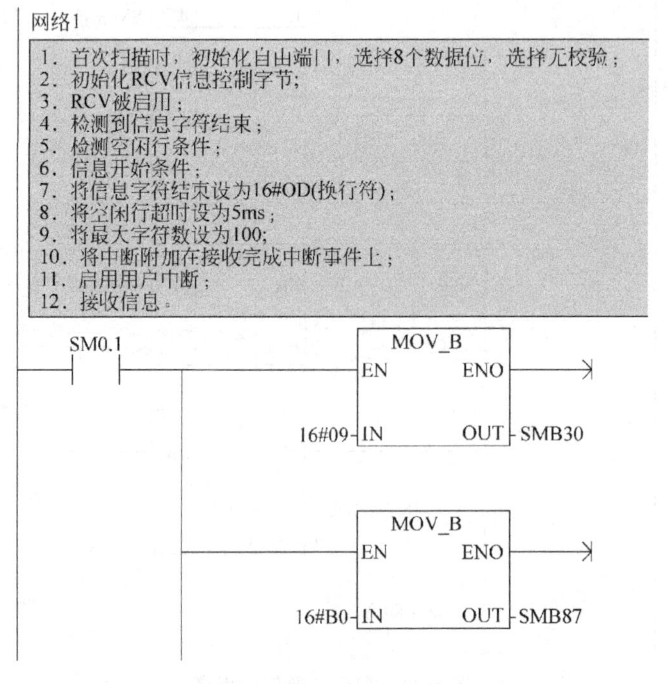

图 8-41　自由口通信主程序

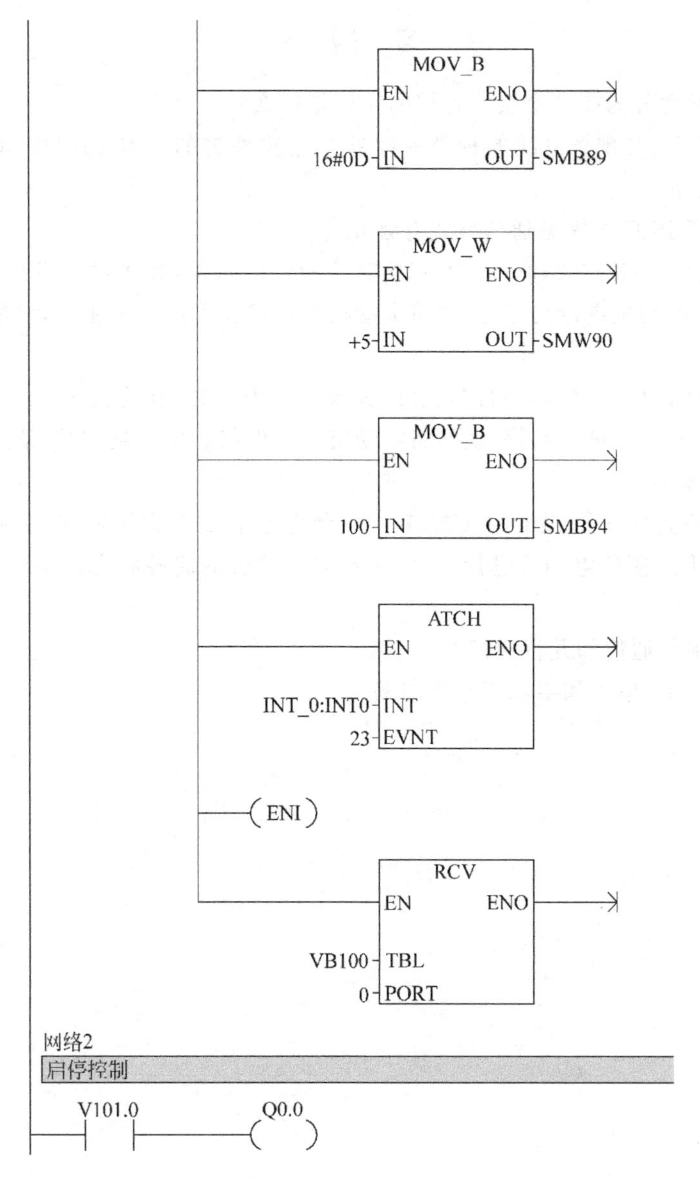

图 8-41　(续)

设备 2 的中断程序如图 8-42 所示。

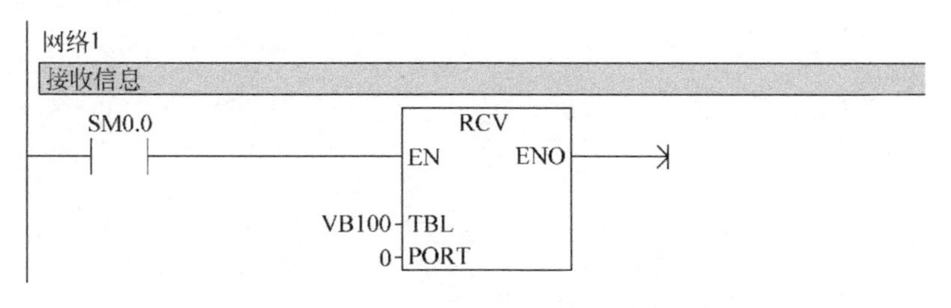

图 8-42　自由口通信中断程序

习 题 8

8-1 OSI模型分为哪几个层？各层的作用是什么？

8-2 PROFIBUS现场总线的种类有哪些？这些种类的PROFIBUS现场总线使用了OSI模型的哪几层？

8-3 西门子PLC的常见通信方式有哪几种？

8-4 有三台CPU226CN，一台为主站，其余两台为从站，在主站上发出一个启停信号，对从站上控制的电动机进行启停，从站将电动机的启停状态反馈到主站，请用网络读写指令编写程序。

8-5 有三台CPU226CN，一台为主站，其余两台为从站，在主站上发出一个启停信号，对从站上控制的电动机进行启停，从站将电动机的启停状态反馈到主站，请用指令向导生成子程序，并编写程序。

8-6 某设备上有三台CPU226CN，其中1台为主站，2台为从站，在主站上发出一个启停信号，对从站上控制的电动机进行启停，从站将电动机的启停状态反馈到主站，请组态硬件并编写程序。

8-7 何谓串行通信和并行通信？

8-8 何谓双工、单工和半双工？请举例说明。

项目 9　十字滑台的控制与调试

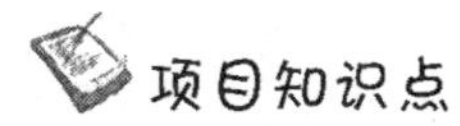

项目知识点

1. 了解十字滑台的结构、功能；
2. 掌握步进电动机的工作原理、调速和定位原理；
3. 掌握回零点的原理；
4. 掌握高速输出指令。

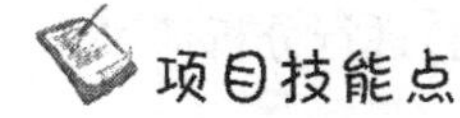

项目技能点

1. 能查询步进驱动相关资料；
2. 能根据步进驱动器的接线图，将 PLC、步进驱动器和步进电动机正确接线；
3. 能使用高速输出指令，并最终完成十字滑台的程序编写和调试任务。

本项目建议学时：6 学时。

9.1　项目提出

1. 十字滑台的结构与功能

十字滑台可广泛应用于各种钻、铣、镗类组合机床及专用机床。一般在十字滑台上安装工件或动力头等相关附件后，通过十字滑台的进给运动，对工件进行铣削、钻削、镗削加工。用多个不同规格的滑台，然后在相应的滑台上面装上动力头和工件组合在一起就形成了组合机床，可进行复杂零部件的加工或进行批量生产，大大提高工件的生产率和制造精度。

十字滑台的外形如图 9-1 所示。十字滑台实际上由两套相互垂直的滑台组成，通常将一个滑台当做 *X* 轴，另一个则当做 *Y* 轴。步进电动机通过联轴器和滚珠丝杠连接在一起，步进电动机转动从而带动滑板在导轨上滑动。滑台的 *X* 轴和 *Y* 轴的极限位置上各有两个限位开关，*X* 轴和 *Y* 轴起始位置的限位开关可以作为坐标轴的原点。十字滑台的滚珠丝杠长 180mm。

从理论上看，通过控制 *X* 和 *Y* 方向的滑台的进给，能使滑台上的工件或者刀具等到达平面上的任何一点。工业上实际应用的“+”字滑台，以伺服系统驱动的最为常见。

2. 十字滑台的控制要求

十字滑台有 *X* 和 *Y* 两个方向，控制系统的每个方向有停止、复位、前进和后退功能，前进和后退的位移由人机界面或者直接在程序中设定。每个方向都要有限位，即 *X* 和 *Y* 方向各有两个极限位开关。

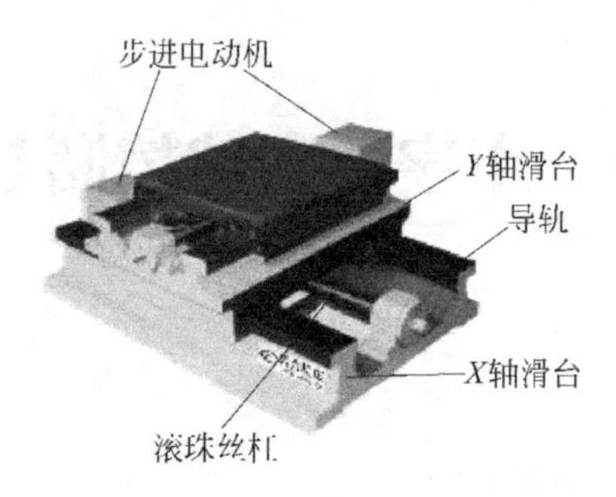

图 9-1 十字滑台外形图

9.2 项目分析

十字滑台的 X 和 Y 方向的控制完全相同,因此选取一个方向(X 方向)进行分析即可。

9.3 必备知识

9.3.1 步进电动机与步进驱动器的接线

1. 步进电动机简介

步进电动机是一种将电脉冲转化为角位移的执行机构。一般电动机是连续旋转的,而步进电动机的转动是一步一步进行的。每输入一个脉冲电信号,步进电动机就转动一个角度。通过改变脉冲频率和数量,即可实现调速和控制转动的角位移大小,具有较高的定位精度,其最小步距角可达 0.36°,转动、停止、反转反应灵敏、可靠。在开环数控系统中得到了广泛的应用。

1) 步进电动机的分类

步进电动机可分为:永磁式步进电动机、反应式步进电动机和混合式步进电动机。

2) 步进电动机的重要参数

(1) 步距角

它表示控制系统每发一个步进脉冲信号,电动机所转动的角度。电动机出厂时给出了一个步距角的值,这个步距角可以称为"电动机固有步距角",它不一定是电动机实际工作时的真正步距角,真正的步距角和驱动器有关。

(2) 相数

步进电动机的相数是指电动机内部的线圈组数,目前常用的有二相、三相、四相、五相等步进电动机。电动机相数不同,其步距角也不同,一般二相电动机的步距角为 0.9°/1.8°、三相的为 0.75°/1.5°、五相的为 0.36°/0.72°。在没有细分驱动器时,用户主要靠选择不同相数的步进电动机来满足步距角的要求。如果使用细分驱动器,则"相数"将变得没有意义,用户只要在驱动器上改变细分数,就可以改变步距角。

(3) 保持转矩(HOLDING TORQUE)

保持转矩是指步进电动机通电但没有转动时,定子锁住转子的力矩。它是步进电动机最重要的参数之一,通常步进电动机在低速时的力矩接近保持转矩。由于步进电动机的输出力矩随速度的增大而不断衰减,输出功率也随速度的增大而变化,所以保持转矩就成为了衡量步进电动机最重要的参数之一。比如,当人们说 2N·m 的步进电动机,在没有特殊说明的情况下是指保持转矩为 2N·m 的步进电动机。

(4) 钳制转矩(DETENT TORQUE)

钳制转矩是指步进电动机没有通电的情况下,定子锁住转子的力矩。由于反应式步进电动机的转子不是永磁材料,所以它没有钳制转矩。

3) 步进电动机主要有以下特点

① 一般步进电动机的精度为步进角的 3%~5%,且不累积。

② 步进电动机外表允许的最高温度取决于不同电动机磁性材料的退磁点。步进电动机温度过高时,会使电动机的磁性材料退磁,从而导致力矩下降乃至于失步,因此电动机外表允许的最高温度应取决于不同电动机磁性材料的退磁点。一般来讲,磁性材料的退磁点都在 130℃以上,有的甚至高达 200℃以上,所以步进电动机外表温度在80~90℃完全正常。

③ 步进电动机的力矩会随转速的升高而下降。当步进电动机转动时,电动机各相绕组的电感将形成一个反向电动势;频率越高,反向电动势越大。在它的作用下,电动机随频率(或速度)的增大而相电流减小,从而导致力矩下降。

④ 步进电动机低速时可以正常运转,但若高于一定速度就无法启动,并伴有啸叫声。步进电动机有一个技术参数:空载启动频率,即步进电动机在空载情况下能够正常启动的脉冲频率,如果脉冲频率高于该值,电动机不能正常启动,可能发生丢步或堵转。在有负载的情况下,启动频率应更低。如果要使电动机高速转动,脉冲频率应该有加速过程,即启动频率较低,然后按一定加速度升到所希望的高频(电动机转速从低速升到高速)。

4) 步进电动机的细分

步进电动机的细分控制,从本质上讲是通过对步进电动机的励磁绕组中电流的控制,使步进电动机内部的合成磁场为均匀的圆形旋转磁场,从而实现步进电动机步距角的细分。

一般步进电动机的细分为 1、2、4、8、16、64、128 和 256 几种,通常细分数不超过 256。例如当步进电动机的步距角为 1.8°,那么当细分为 2 时,步进电动机收到一个脉冲,只转动 1.8°/2=0.9°,可见控制精度提高了 1 倍。细分数选择要合理,并非细分越大越好,要根据实际情况而定。细分数一般在步进驱动器上通过拨钮设定。

5) 步进电动机在工业控制领域的主要应用

步进电动机作为执行元件,是机电一体化的关键产品之一,广泛应用在各种家电产品中,例如打印机、磁盘驱动器、玩具、雨刷、机械手臂和录像机等。另外步进电动机也广泛应用于各种工业自动化系统中。由于通过控制脉冲个数可以很方便地控制步进电动机转过的角位移,且步进电动机的误差不积累,可以达到准确定位的目的。还可以通过控制频率很方便地改变步进电动机的转速和加速度,达到任意调速的目的,因此步进电动机可以广泛地应用于各种开环控制系统中。

2. 步进电动机的接线

本系统选用的步进电动机是两相四线的步进电动机,其型号是 17HS111,这种型号的步进电动机的引出线接线图如图 9-2 所示。其含义是，步进电动机的四根引出线分别是红色、绿色、黄色和蓝色；其中红色引出线应该与步进驱动器的 A 接线端子相连，绿色引出线应该与步进驱动器的 $\overline{A}$ 接线端子相连，黄色引出线应该与步进驱动器的 B 接线端子相连，蓝色引出线应该与步进驱动器的 $\overline{B}$ 接线端子相连。

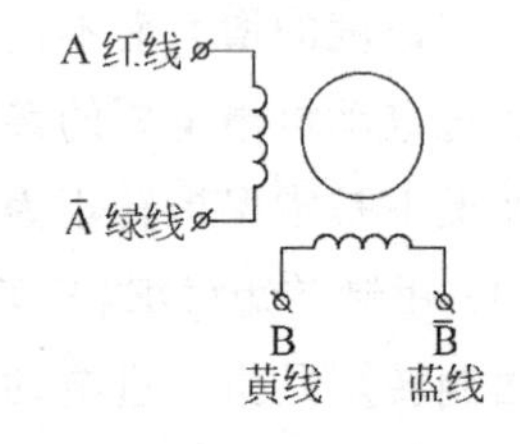

图 9-2　17HS111 型步进电动机引出线接线图

9.3.2　PLC 与步进电动机、步进驱动器的接线

步进驱动器有共阴和共阳两种接法，这与控制信号有关系，西门子 PLC 输出信号是高电平信号，所以应该采用共阴接法，顺便指出三菱的 PLC 输出的是低电位信号，因此应该采用共阳接法。

那么 PLC 能否直接与步进驱动器相连接呢？一般不能，这是因为大多数步进驱动器的控制信号是＋5V，而西门子(以西门子 PLC 为例)PLC 的输出信号通常是＋24V，显然是不匹配的。解决问题的办法就是在 PLC 与步进驱动器之间串联一只 2kΩ 的电阻，起分压作用，因此输入信号近似等于＋5V。有的资料指出串联一只 2kΩ 的电阻是为了将输入电流控制在 10mA 左右，也就是起限流作用，在这里电阻的限流或限压作用，其含义在本质上是相同的。CP＋(CP－)是脉冲接线端子，DIR＋(DIR－)是方向控制信号接线端子。PLC 与步进电动机、步进驱动器的接线图如图 9-3 所示。

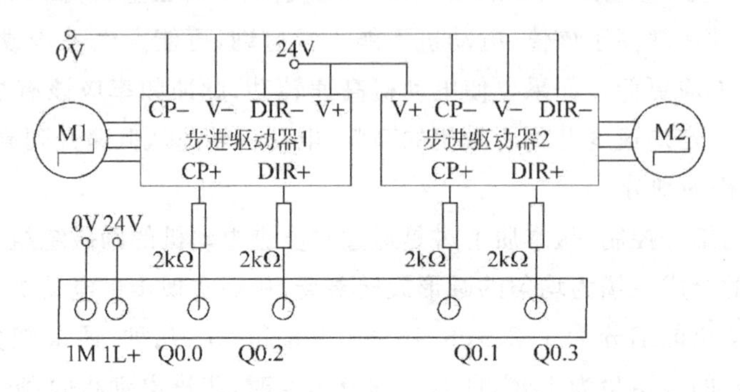

图 9-3　PLC 与步进电动机、步进驱动器的接线图

9.3.3　高速脉冲输出指令

高速脉冲输出功能指在 PLC 的指定输出点上实现脉冲输出(PTO)和脉宽调制(PWM)功能。S7-200 系列 PLC 配有两个 PTO/PWM 发生器，它们可以产生一个高速脉冲串或者一个脉冲调制波形。一个发生器输出点是 Q0.0，另一个发生器输出点是 Q0.1。当 Q0.0 和 Q0.1 作为高速输出点时，其普通输出点的作用被禁用，而不作为 PTO/PWM 发生器时，Q0.0 和 Q0.1 可作为普通输出点使用。一般情况下，PTO/PWM 输出负载至少为 10％额定负载。

脉冲输出指令(PLS)配合特殊存储器用于配置高速输出功能，具体是“脉冲串输出”(PTO)和“脉宽调制”(PWM)功能。PLS 指令格式见表 9-1。

表 9-1　脉冲输出格式

LAD	参数	数据类型	说　明	存储区
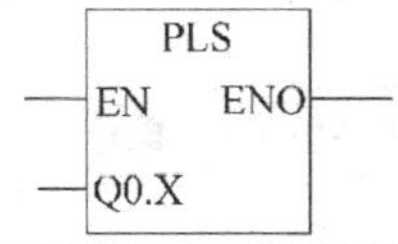 PLS EN　ENO Q0.X	EN	BOOL	允许输入	V,I,Q,M,S,SM,L
	ENO	BOOL	允许输出	
	Q0. X	WORD	脉冲输出范围	常数 0 或者 1

1. 脉冲串操作(PTO)

脉冲串操作(PTO)按照给定的脉冲个数和周期输出一串方波(占空比为 50%)。如图 9-4 所示,PTO 可以产生单段脉冲串或者多段脉冲串(使用脉冲包络)。可以以微秒或毫秒为单位指定脉冲宽度和周期。

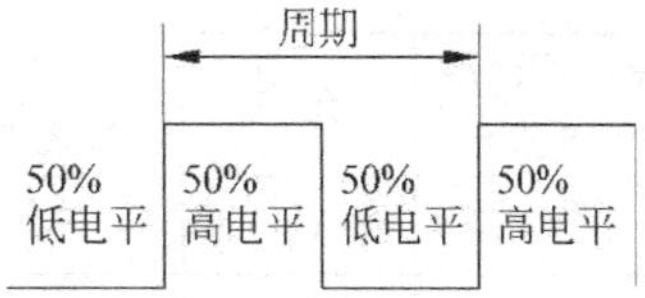

PTO 脉冲个数范围：1～4294967295。

PTO 周期范围：10～65535μs 或者 2～65535ms。

图 9-4　脉冲串输出

2. 与 PLS 指令相关的特殊寄存器的含义

如果要装入新的脉冲数(SMD72 或 SMD82)、脉冲宽度(SMW70 或 SMW80)或周期(SMW68 或 SMW78),应该在执行 PLS 指令前装入这些值到控制寄存器中,然后 PLS 指令会从特殊存储器 SM 中读取数据,并按照存储数值控制 PTO/PWM 发生器。这些特殊寄存器分为三大类：PTO/PWM 功能状态字、PTO/PWM 功能控制字和 PTO/PWM 功能寄存器。这些寄存器的含义见表 9-2～表 9-4。

表 9-2　PTO 控制寄存器的 SM 标志

Q0. 0	Q0. 1	控制字节
SM67. 0	SM77. 0	PTO/PWM 更新周期值,0=不更新,1=更新周期值
SM67. 1	SM77. 1	PWM 更新脉冲宽度值,0=不更新,1=脉冲宽度值
SM67. 2	SM77. 2	PTO 更新脉冲数,0=不更新,1=更新脉冲数
SM67. 3	SM77. 3	PTO/PWM 时间基准选择,0=1μs/格,1=1ms/格
SM67. 4	SM77. 4	PWM 更新方法,0=异步更新,1=同步更新
SM67. 5	SM77. 5	PTO 操作,0=单段操作,1=多段操作
SM67. 6	SM77. 6	PTO/PWM 模式选择,0=选择 PTO,1=选择 PWM
SM67. 7	SM77. 7	PTO/PWM 允许,0=禁止,1=允许

表 9-3　其他 PTO/PWM 寄存器的 SM 标志

Q0. 0	Q0. 1	控制字节
SMW68	SMW78	PTO/PWM 周期值(范围：2～65535)
SMW70	SMW80	PWM 脉冲宽度值(范围：0～65535)
SMD72	SMD82	PTO 脉冲计数值(范围：1～4294967295)

续表

Q0.0	Q0.1	控 制 字 节
SMB166	SMB176	进行中的段数(仅用在多段 PTO 操作中)
SMW168	SMW178	包络表的起始位置,用从 V0 开始的字节偏移表示(仅用在多段 PTO 操作中)
SMB170	SMB180	线性包络状态字节
SMB171	SMB181	线性包络结果寄存器
SMD172	SMD182	手动模式频率寄存器

表 9-4　PTO/PWM 控制字节

控制寄存器(16 进)	允许	执行 PLS 指令的结果				
		模式选择	PTO 段操作	时基	脉冲数	周期
16#81	Yes	PTO	单段	1μs/周期		装入
16#84	Yes	PTO	单段	1μs/周期	装入	
16#85	Yes	PTO	单段	1μs/周期	装入	装入
16#89	Yes	PTO	单段	1ms/周期		装入
16#8C	Yes	PTO	单段	1ms/周期	装入	
16#A0	Yes	PTO	单段	1ms/周期	装入	装入
16#A8	Yes	PTO	单段	1ms/周期		

使用 PTO/PWM 功能相关的特殊存储器 SM 还有以下几点需要注意：

① 如果要装入新的脉冲数(SMD72 或 SMD82)、脉冲宽度(SMW70 或 SMW80)或者周期(SMW68 或 SMW78),应该在执行 PLS 指令前装入这些数值到控制寄存器中。

② 如果要手动终止一个正在进行的 PTO 包络,要把状态字中的用户终止位(SM66.5 或者 SM76.5)置 1。

③ PTO 状态字中的空闲位(SM66.7 或者 SM76.7)标志着脉冲输出完成。另外,在脉冲串输出完成时,可以执行一段中断服务程序。如果使用多段操作时,可以在整个包络表完成后执行中断服务程序。

【例 9-1】 如图 9-5 所示的电气原理图,请编写梯形图实现步进电动机正转、反转和停止功能,而且正转时,反转功能失效,反之亦然。

【解】 梯形图如图 9-6 所示。

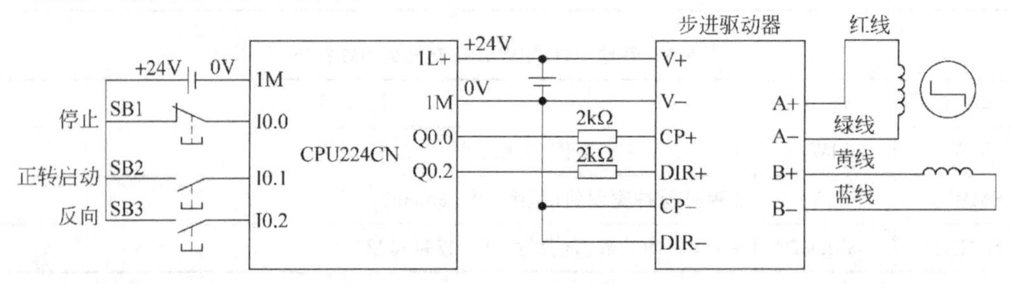

图 9-5　例 9-1 电气原理图

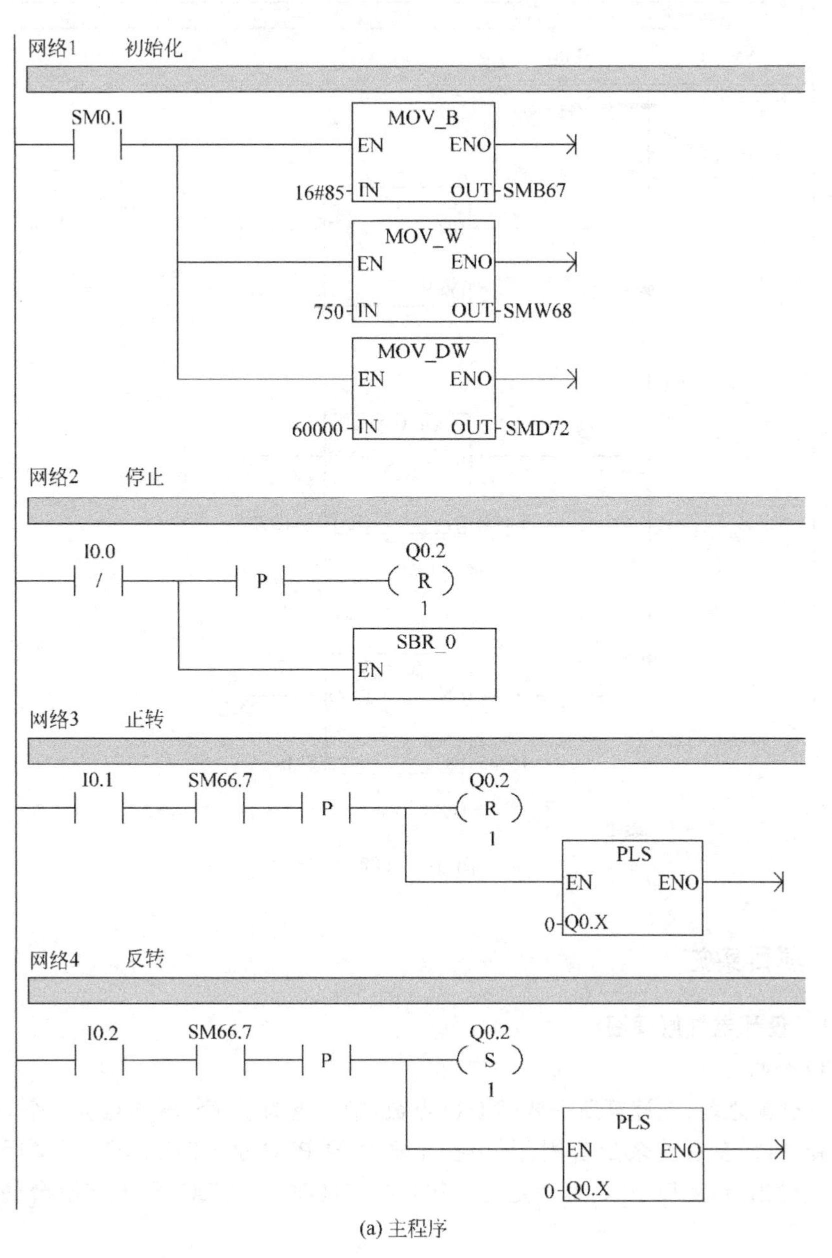

(a) 主程序

图 9-6　例 9-1 梯形图

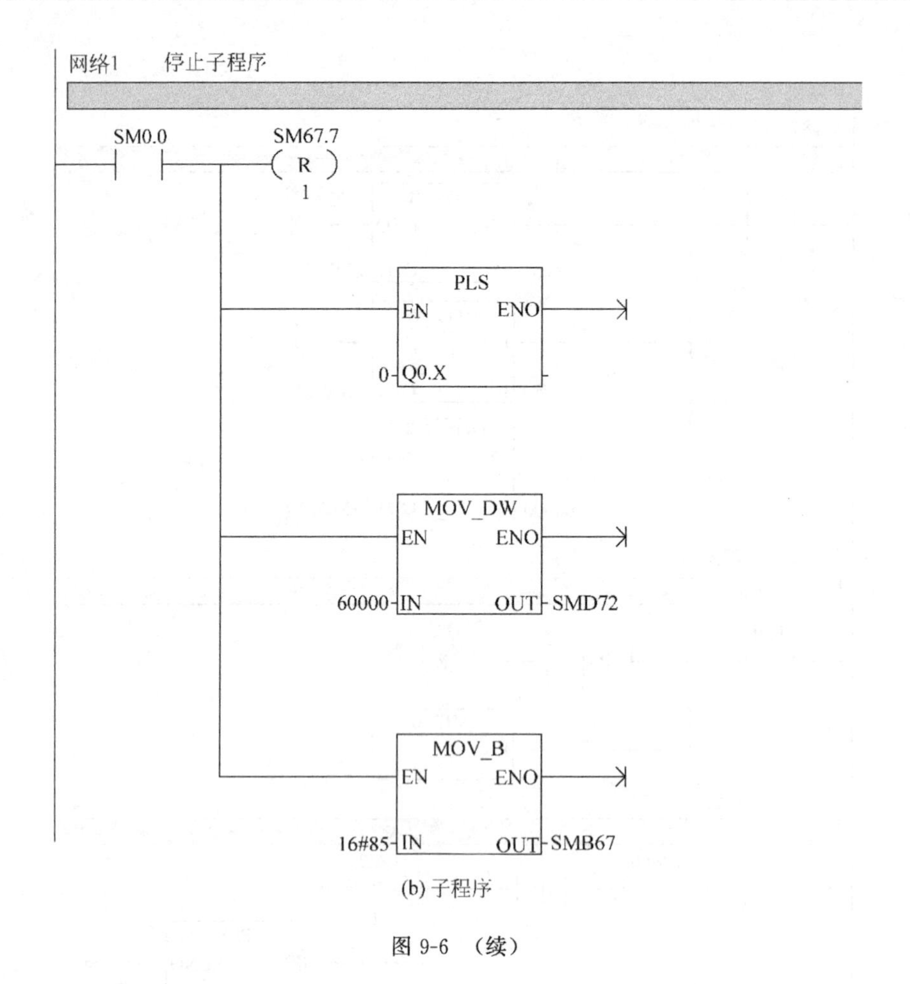

(b) 子程序

图 9-6 （续）

9.4 项目实施

9.4.1 设计电气原理图

1. I/O分配

在I/O分配之前，先计算所需要的I/O点数，输入点为15个，输出点为4个，由于输入/输出最好留15%左右的余量备用，所用初步选择的PLC是CPU224CN。又因为要使用PLC的高速输出点，所以PLC最后定为CPU224CN(DC/DC/DC)。十字滑台的I/O分配见表9-5。

表 9-5 I/O分配表

输　入			输　出		
名称	符号	输入点	名称	符号	输出点
X方向起动按钮	SB1	I0.0	X方向高速输出		Q0.0
X方向停止按钮	SB2	I0.1	X方向控制		Q0.2
复位按钮	SB3	I0.2	复位完成标志	HL	Q0.3

续表

输　　入			输　　出		
名称	符号	输入点	名称	符号	输出点
X 方向前进按钮	SB4	I0.3			
X 方向后退按钮	SB5	I0.4			
X 方向限位 1	SQ1	I1.0			
X 方向限位 2	SQ2	I1.1			
X 原点	SQ3	I1.2			

2. 设计电气原理图

根据 I/O 分配表和题意，设计原理图，如图 9-7 所示。SB2 是停止按钮，压下 SB2 按钮时，X 方向的运动停止。

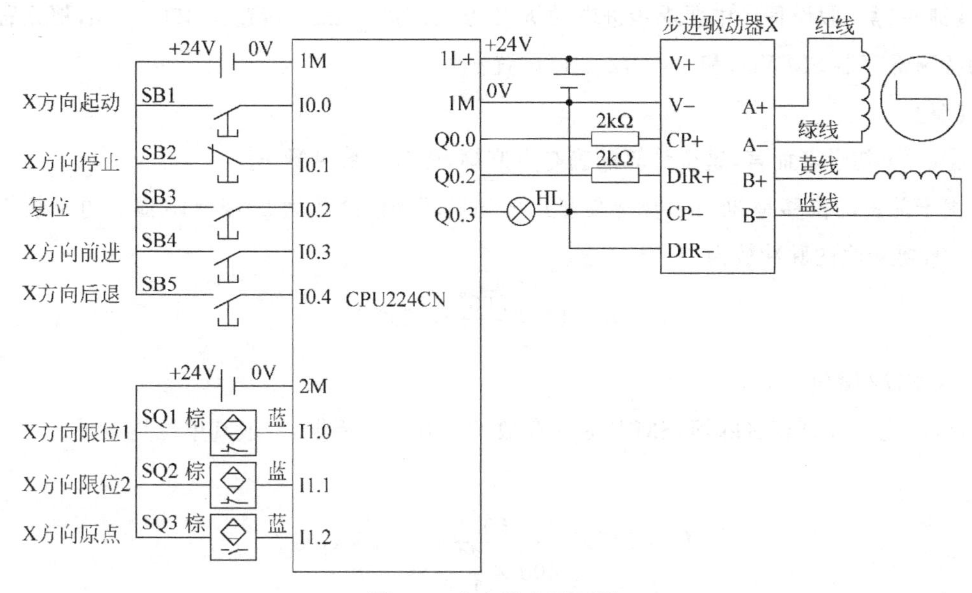

图 9-7　十字滑台原理图

【关键点】 2 个极限位开关应选用常闭触头的接近开关，这点很重要。X 向前进和后退都是点动，限位开关对点动不起限位作用。

9.4.2　编写程序

1. 复位的含义

十字滑台复位实际上就是回到原点，回原点的方式有几种，回原点方式的选择可据实际情况而定，以下介绍一种简单回原点的方式，具体如下：

当压下“复位”按钮时，X 方向的步进电动机拖动十字滑台以较快的速度后退（向原点方向），当接近开关 SQ3 检测到滑台的 A 边时，步进电动机以较慢的速度后退，直到滑台的 B

边离开原点的接近开关SQ3，步进电动机停转，复位完成。Y方向的复位也是类似的。复位(回原点)示意图如图9-8所示。

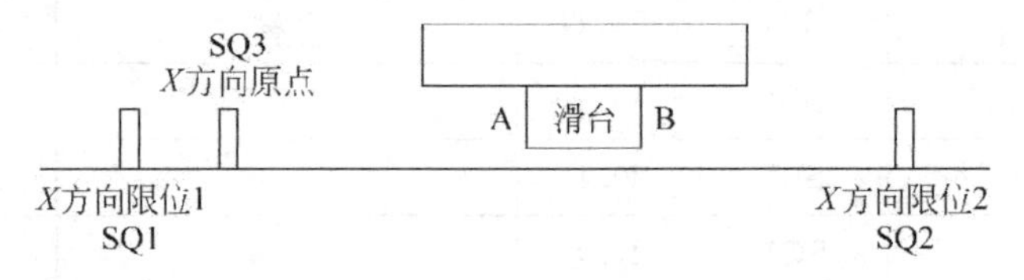

图9-8 复位示意图

2. 相关计算

已知步进电动机的步距角是1.8°，所谓步距角就是步进电动机每接收到一个脉冲信号后，步进电动机转动的角度。步进电动机和滚珠丝杠直接相连，滚珠丝杠的螺距为2mm，也就是说步进电动机每转一圈，工作台水平移动2mm。

【例9-2】 假设程序中要求步进电动机X方向前进20mm，转速是400r/min，那么程序中的特殊寄存器SMW68和SMD72如何设置？

【解】

① 对于初学者而言，这个计算的确有点麻烦，先计算脉冲数n。

由于前进的位移是20mm，则需要步进电动机转动的圈数为20/2=10圈。电动机转动10圈，需要接收的脉冲数为

$$n = 10 \times \frac{360°}{1.8°} = 2000$$

所以，SMD72赋值为2000。

② 速度的计算相对麻烦，SMW68中存放的是脉冲的周期，一般其单位是微秒。

$$T = 10^6 \times \frac{60}{400 \times \frac{360°}{1.8°}} = 750(\mu s)$$

即每秒发出1333个脉冲，这个数值在后面要用到。

3. 编写程序

程序清单主程序如图9-9(a)所示，子程序如图9-9(b)所示。

【关键点】 编写这段程序的关键点在于初始化和强制使步进电动机停机而对SMB67的设定，其核心都在对SMB67寄存器的理解。其中，SMB67=16#85的含义是PTO允许、单段操作、时间基准为微秒、PTO脉冲更新和PTO周期更新，SMB67=16#CB的含义是PTO禁止、选择PTO模式、单段操作、时间基准为微秒、PTO脉冲不更新和PTO周期不更新。

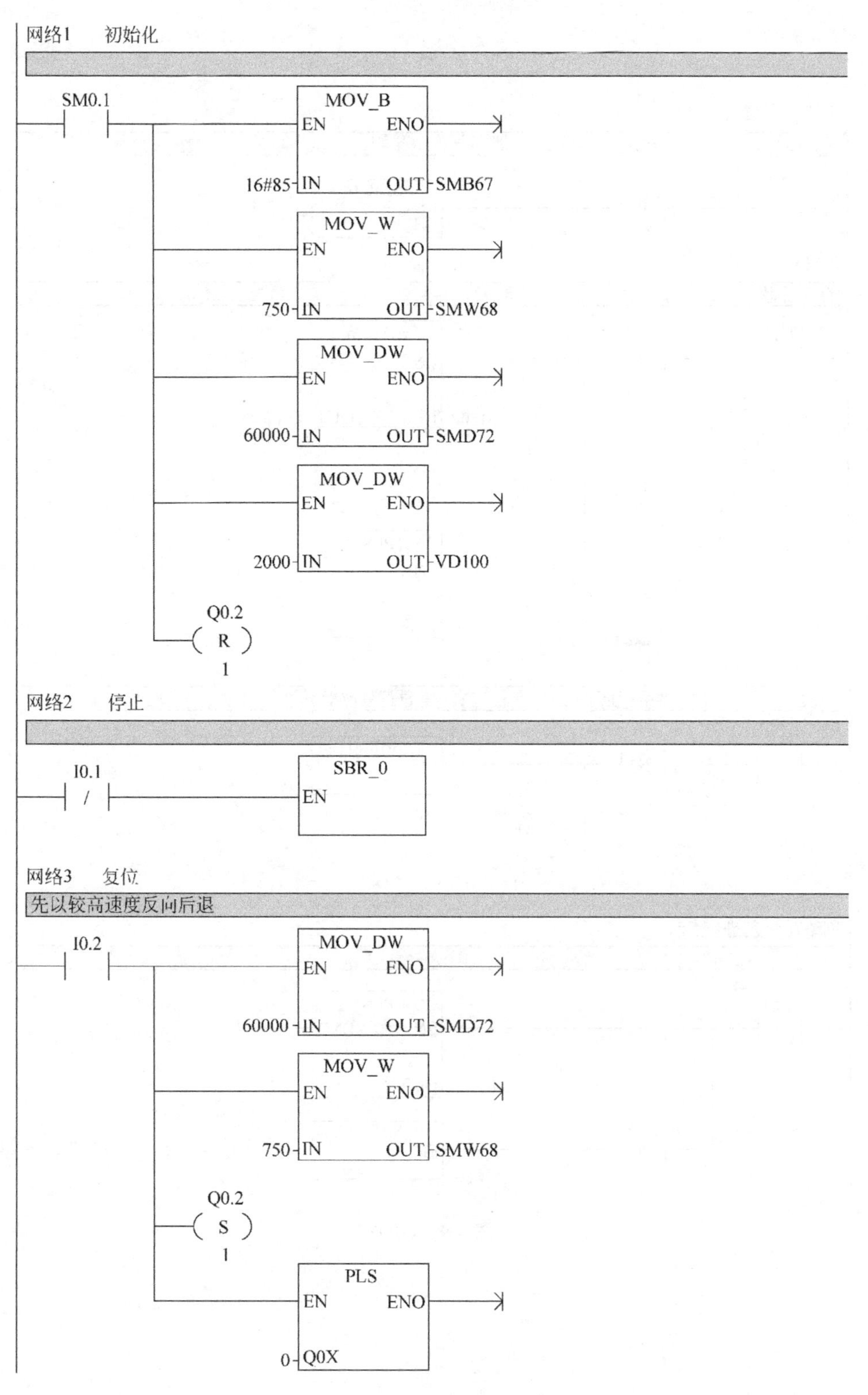
网络1　初始化
SM0.1
MOV_B
EN ENO
16#85 IN OUT SMB67
MOV_W
EN ENO
750 IN OUT SMW68
MOV_DW
EN ENO
60000 IN OUT SMD72
MOV_DW
EN ENO
2000 IN OUT VD100
Q0.2
R
1
网络2　停止
I0.1
/
SBR_0
EN
网络3　复位
先以较高速度反向后退
I0.2
MOV_DW
EN ENO
60000 IN OUT SMD72
MOV_W
EN ENO
750 IN OUT SMW68
Q0.2
S
1
PLS
EN ENO
0 Q0X

图 9-9　程序清单

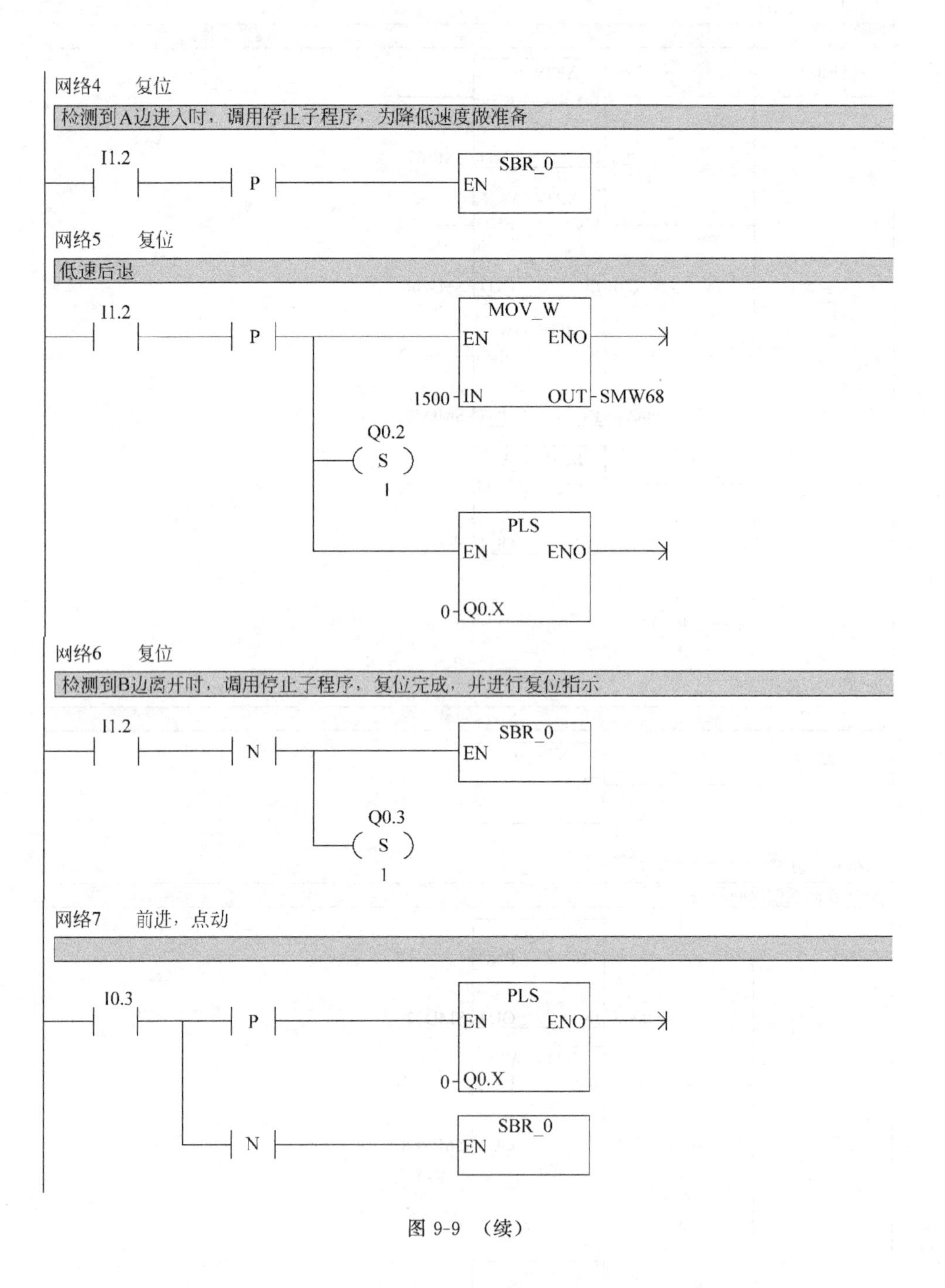
网络4 复位
检测到A边进入时，调用停止子程序，为降低速度做准备
I1.2
P
SBR_0
EN
网络5 复位
低速后退
I1.2
P
MOV_W
EN
ENO
1500
IN
OUT
SMW68
Q0.2
S
1
PLS
EN
ENO
0
Q0.X
网络6 复位
检测到B边离开时，调用停止子程序，复位完成，并进行复位指示
I1.2
N
SBR_0
EN
Q0.3
S
1
网络7 前进，点动
I0.3
P
PLS
EN
ENO
0
Q0.X
N
SBR_0
EN

图 9-9 （续）

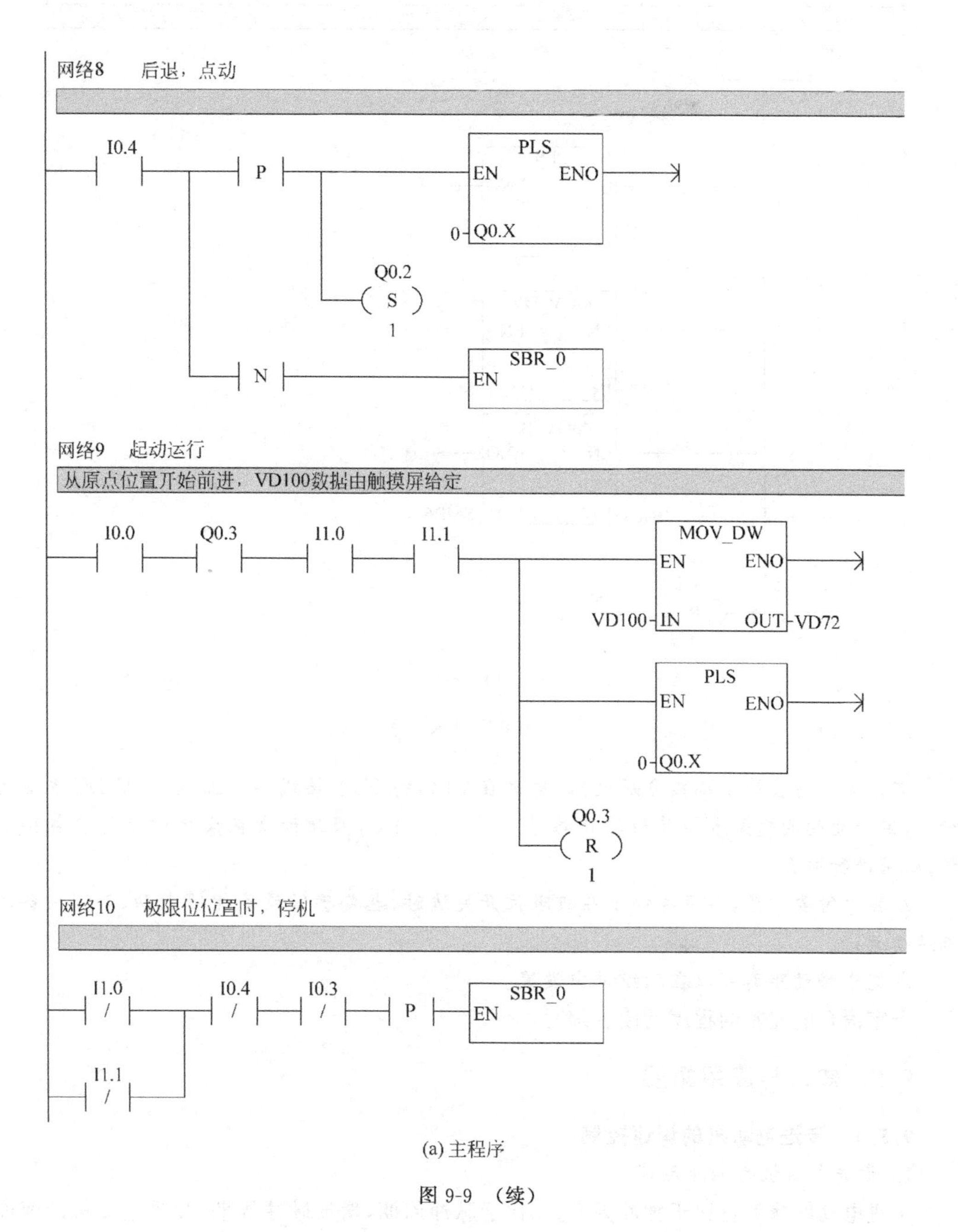

网络8　后退，点动
I0.4
P
PLS
EN
ENO
0
Q0.X
Q0.2
S
1
N
SBR_0
EN
网络9　起动运行
从原点位置开始前进，VD100数据由触摸屏给定
I0.0
Q0.3
I1.0
I1.1
MOV_DW
EN
ENO
VD100
IN
OUT
VD72
PLS
EN
ENO
0
Q0.X
Q0.3
R
1
网络10　极限位位置时，停机
I1.0
I0.4
I0.3
P
SBR_0
EN
I1.1

(a) 主程序

图 9-9 （续）

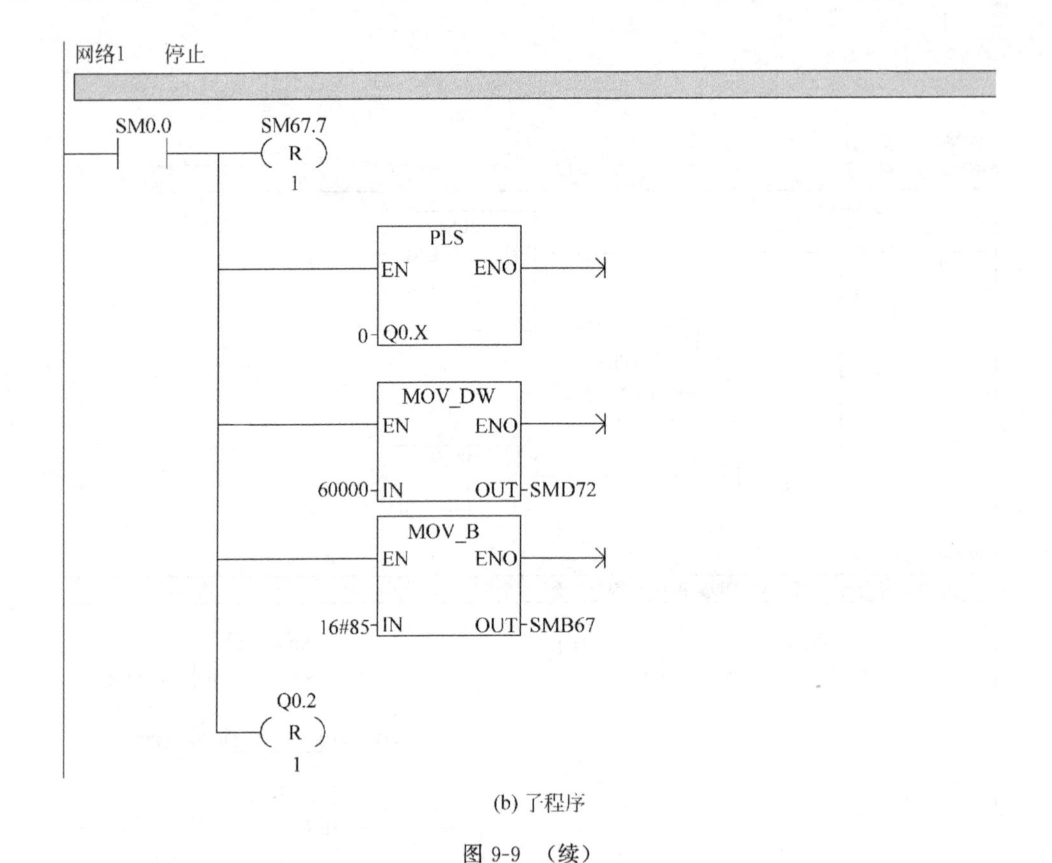

(b) 子程序

图 9-9 （续）

若读者不想在输出端接分压电阻，那么在 PLC 的 1L＋接线端子上接＋5V DC 也是可行的，但产生的问题是本组其他输出信号都为＋5V DC，因此读者在设计时要综合权衡利弊，从而进行取舍。

编程序时要注意，当设备停止在极限位开关边时，也要确保设备能够点动，否则设备不能继续运行。

本例中移动距离可以在触摸屏中设置。

十字滑台的完整的程序请读者编写。

9.5 知识与应用拓展

9.5.1 步进电动机的调速控制

1. 步进电动机的调速原理

步进电动的速度正比于脉冲频率，反比于脉冲周期，增加脉冲周期，步进电动机的速度下降，反之，减小脉冲周期，步进电动机的速度增加。

2. 用西门子 S7-200 控制步进电动机的调速

对于 S7-200 系列 PLC，脉冲周期存在特殊寄存器 SMW68 中，因此要改变步进电动机的转速，必须改变 SMW68 中的脉冲周期。那么是不是只要改变了 SMW68 中的脉冲周期，步进电动机的转速就会随之改变呢？当然不是，因为步进电动机的转速改变，除了改变

SMW68 中的脉冲周期外，还必须在 PLC 把所有的脉冲发送完成后才可以改变。因此，为了使步进电动机的转速立即改变，在改变 SMW68 中的脉冲周期之前，必须先将步进电动机停止，这是至关重要的。以下用一个例子讲解步进电动机的调速。

【例 9-3】 已知步进电动机的步距角是 1.8°，默认情况细分为 4，默认转速为 375r/min，转速的设定在触摸屏中进行，驱动器的细分修改后，触摸屏中的 VW2 也要随之修改。

【解】 本例的默认转速 375r/min 存放在 VW0 中，细分数存放在 VW2 中，新的转速存放在 VW40 中。细分为 4，则步进电动机的转速实际降低到原来的四分之一。程序如图 9-10 所示。

9.5.2 步进电动机的正反转控制

1. 步进电动机的正反转的原理

如图 9-5 所示，当 Q0.2 为高电平时步进电动机反转，当 Q0.2 为低电平时步进电动机正转，深层原理在此不做探讨。

2. 用西门子 S7-200 控制步进电动机实现自动正反转

如果用按钮或者限位开关等控制步进电动机的正反转当然是很容易的，在前面已经讲解过，但如果要求步进电动机自动实现正反转就比较麻烦了，下面用一个实例讲解。

【例 9-4】 已知步进电动机的步距角是 1.8°，转速为 500r/min，要求步进电动机正转 3 圈后，再反转 3 圈，如此往复，请编写程序。

【解】

$$T = 10^6 \times \frac{60}{500 \times \frac{360^\circ}{1.8^\circ}} = 600(\mu s)$$

所以设定 SMW68 为 600。

程序如图 9-11 所示。

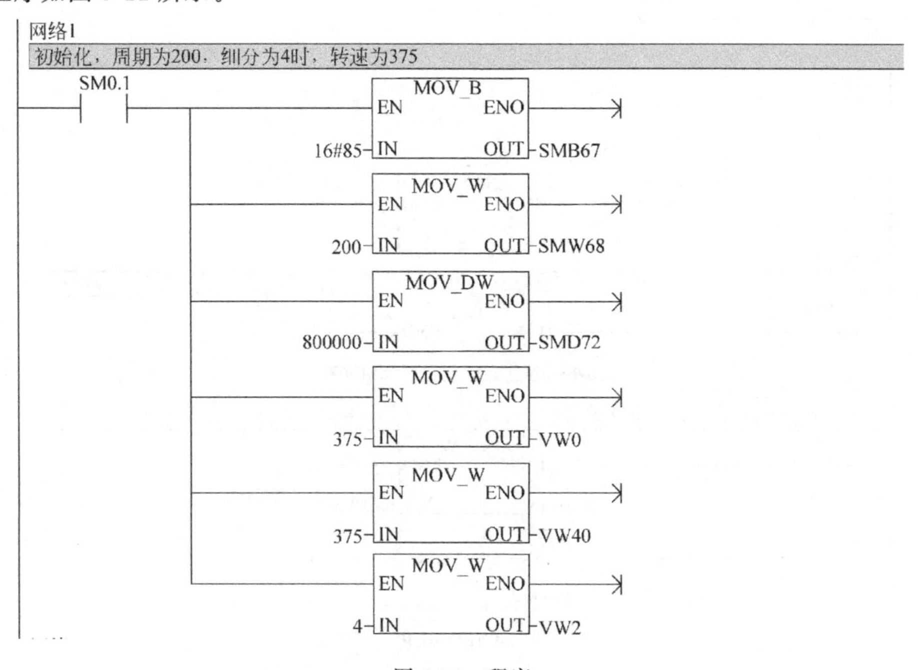

图 9-10　程序

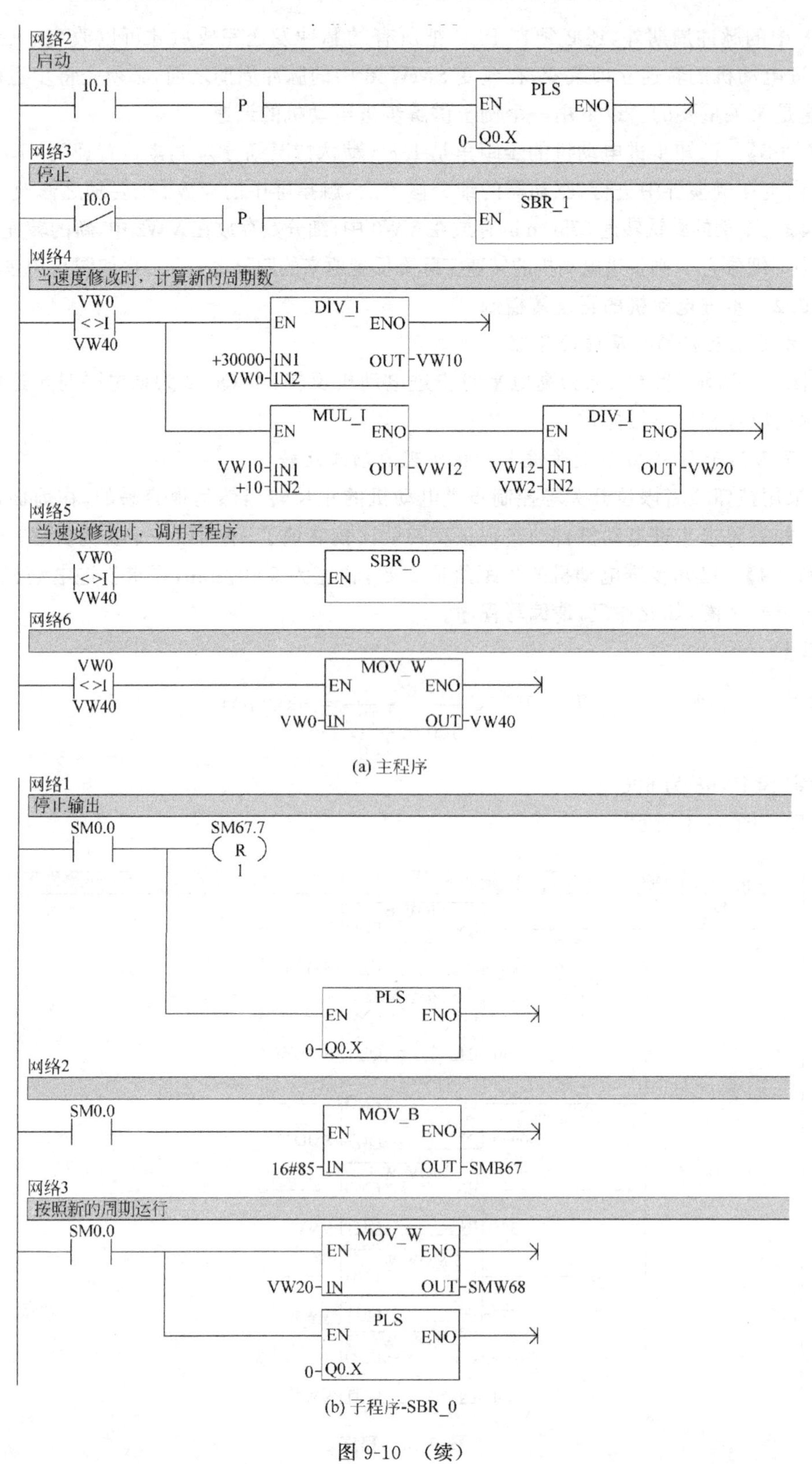

(a) 主程序

(b) 子程序-SBR_0

图 9-10 （续）

网络1
停止输出
SM0.0
SM67.7
R
1
PLS
EN
ENO
0
Q0.X
网络2
SM0.0
MOV_B
EN
ENO
16#85
IN
OUT
SMB67

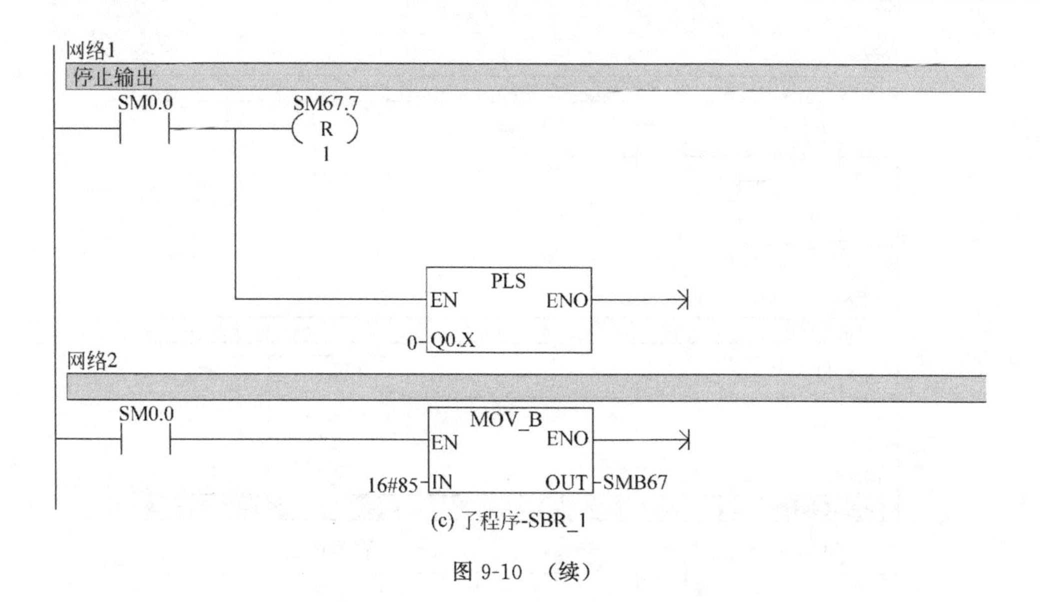

(c) 子程序-SBR_1

图 9-10 （续）

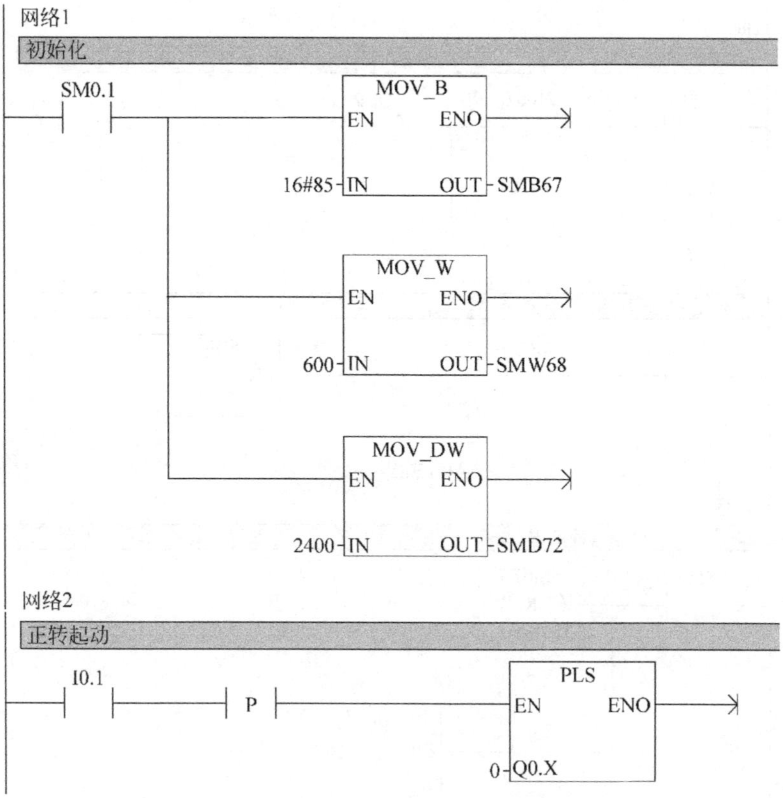

网络1
初始化
SM0.1
MOV_B
EN
ENO
16#85
IN
OUT
SMB67
MOV_W
EN
ENO
600
IN
OUT
SMW68
MOV_DW
EN
ENO
2400
IN
OUT
SMD72
网络2
正转起动
I0.1
P
PLS
EN
ENO
0
Q0.X

图 9-11　程序

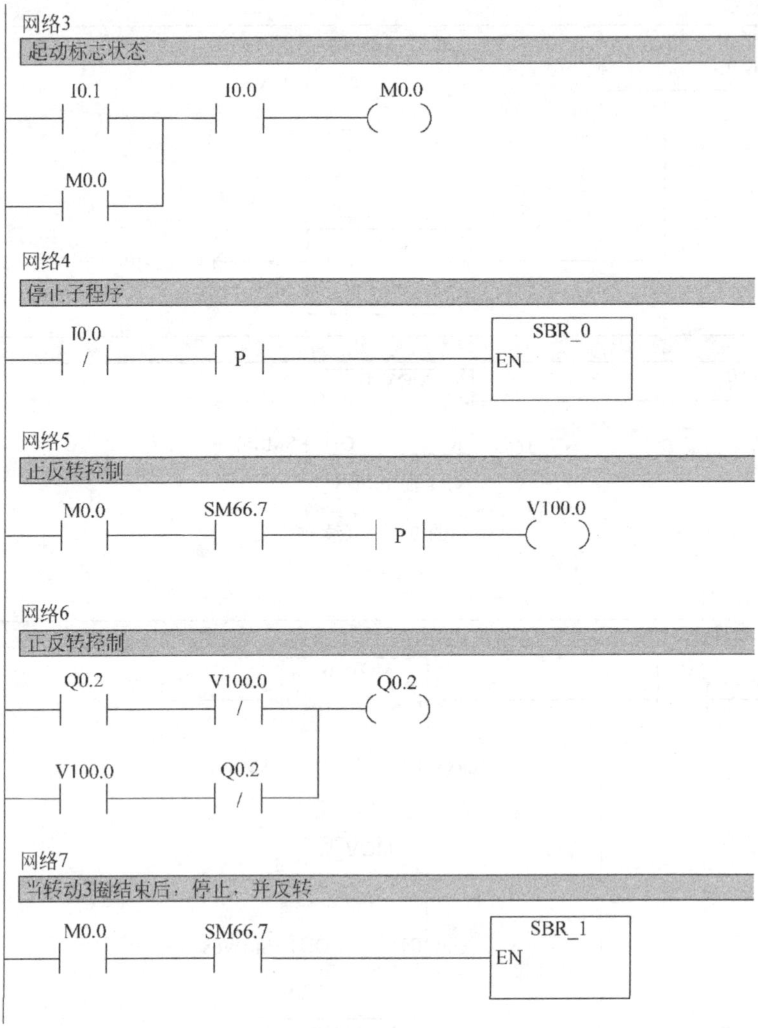

网络3

起动标志状态

I0.1　I0.0　M0.0

M0.0

网络4

停止子程序

I0.0　/　P　SBR_0　EN

网络5

正反转控制

M0.0　SM66.7　P　V100.0

网络6

正反转控制

Q0.2　V100.0　/　Q0.2

V100.0　Q0.2　/

网络7

当转动3圈结束后，停止，并反转

M0.0　SM66.7　SBR_1　EN

(a) 主程序

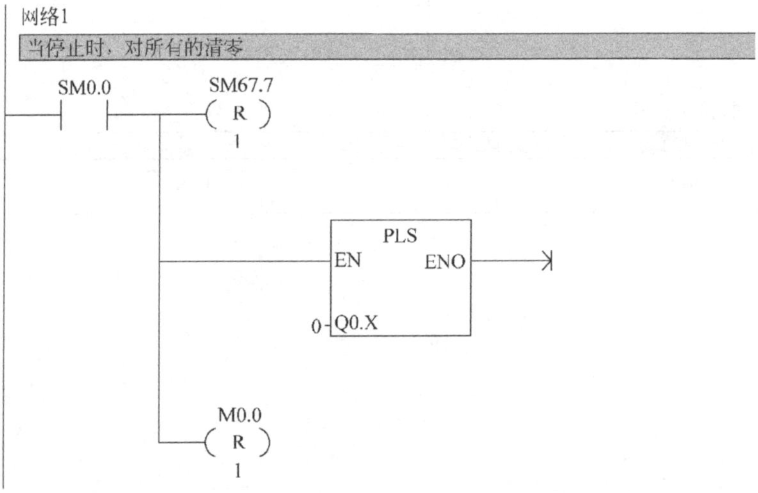

网络1

当停止时，对所有的清零

SM0.0　SM67.7　R　1

PLS　EN　ENO

0　Q0.X

M0.0　R　1

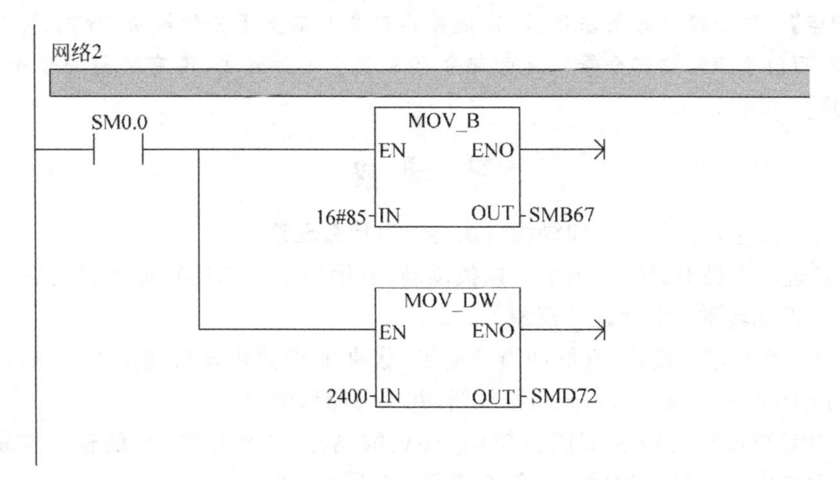

(b) 子程序-SBR_0

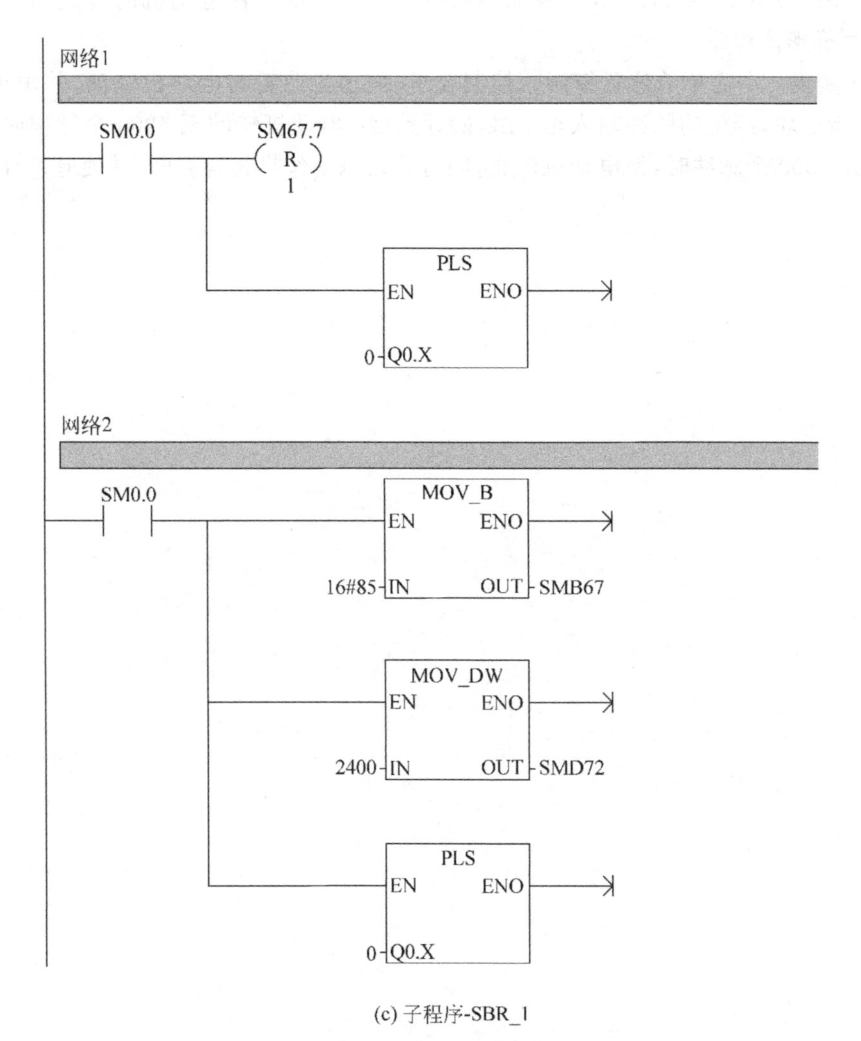

(c) 子程序-SBR_1

图 9-11 （续）

【关键点】 这个题目的解法很多,高速输出部分有不少于 3 种解法(分别是 PLS 指令、指令向导和西门子运动库指令等),反向部分有不少于 4 种解法,请有兴趣的读者自己思考并编写程序。

习 题 9

9-1 将步进电动机的红线和绿线对换会产生什么现象?

9-2 步进电动机不通电时用手可以拨动转轴(因为不带制动),那么通电后,不加信号时,用手能否拨动转轴?解释这个现象。

9-3 有一台步进电动机,其脉冲当量是 3°/脉冲,此步进电动机转速为 250r/min 时,转 10 圈,若用 CPU226CN 控制,请画出接线图,并编写梯形图程序。

9-4 CPU226CN 的输入端能否使用+5V 的电源?CPU226CN 的输出端能否使用+5V 的电源?CPU224XP 的输入端能否使用+5V 的电源?

9-5 用一台 CPU222CN 和一只电感式接近开关测量一台电动机的转速,先设计接线图,再编写梯形图程序。

9-6 实现一个简单的位置控制。控制要求:用多齿凸轮与电动机联动,并用接近开关来检测多齿凸轮,产生的脉冲输入至 PLC 的计数器;电动机转动至 4900 个脉冲时,使电动机减速,到 5000 个脉冲时,使电动机停止,同时剪切机动作将材料切断,并使脉冲计数复位。

参 考 文 献

1. 向晓汉等. PLC 控制技术与应用. 北京:清华大学出版社,2010.12
2. 廖常初.PLC 编程及应用.北京:机械工业出版社,2008.13
3. 西门子(中国)有限公司. S7-200 可编程控制器系统手册,2009
4. 西门子(中国)有限公司. MICROMASTER 440 标准变频器使用大全,2011
5. 蔡行健.深入浅出西门子 S7-200 PLC.北京:北京航空航天大学出版社,2003.12
6. 张胜宇. 可编程控制器实训项目式教程. 北京:电子工业出版社,2012.7
7. 张云刚. 从入门到精通—S7-300/400 PLC 技术与应用. 北京:人民邮电出版社,2007.8